深入理解Flink

核心设计与实践原理

刘洋 | 著

電子工業出版社
Publishing House of Electronics Industry
北京•BEIJING

内 容 简 介

本书从 Apache Flink 的缘起开始，由浅入深，理论结合实践，全方位地介绍 Apache Flink 这一处理海量数据集的高性能工具。本书围绕部署、流处理、批处理、Table API&SQL 四大模块进行讲解，并详细说明 Apache Flink 的每个特性的实际业务背景，使读者不仅能编写可运行的 Apache Flink 程序代码，还能深刻理解并正确地将其运用到合适的生产业务环境中。

虽然本书是以 Apache Flink 技术框架来讲解流计算技术的，但是流计算领域开发所面临的各种问题同样是 Java 后端开发者在进行服务端开发时所要面临的，如有状态计算、Exactly Once 语义等。因此，Apache Flink 框架为解决这些问题而设计的方案同样值得 Java 后端开发者借鉴。

本书适合初级和中级软件工程师阅读，未接触过流计算领域的 Java 开发者也可以从本书中获益。针对初学者，本书提供 Windows 环境搭建的演示，使不具备 Linux 系统操作经验的读者也可以快速学习 Apache Flink。

图书在版编目（CIP）数据

深入理解 Flink 核心设计与实践原理 / 刘洋著. —北京：电子工业出版社，2020.11
ISBN 978-7-121-39911-4

Ⅰ. ①深… Ⅱ. ①刘… Ⅲ. ①数据处理软件 Ⅳ. ①TP274

中国版本图书馆 CIP 数据核字（2020）第 217773 号

责任编辑：陈晓猛
印　　刷：三河市君旺印务有限公司
装　　订：三河市君旺印务有限公司
出版发行：电子工业出版社
　　　　　北京市海淀区万寿路 173 信箱　　邮编：100036
开　　本：787×980　1/16　印张：30.5　字数：683.2 千字
版　　次：2020 年 11 月第 1 版
印　　次：2020 年 11 月第 1 次印刷
定　　价：138.00 元

凡所购买电子工业出版社图书有缺损问题，请向购买书店调换。若书店售缺，请与本社发行部联系，联系及邮购电话：（010）88254888，88258888。

质量投诉请发邮件至 zlts@phei.com.cn，盗版侵权举报请发邮件至 dbqq@phei.com.cn。

本书咨询联系方式：010-51260888-819，faq@phei.com.cn。

前言

为什么要写这本书？

最近几年，在 Apache Flink（简称 Flink）社区的推动下，国内越来越多的公司开始应用 Flink 去解决生产问题。笔者在 2019 年便开始全面从 Storm 转到 Flink。当时正值 Flink 在国内推广的起步阶段，相关系统性学习资料较少，因此笔者只能通过阅读 Flink 官网和浏览 Flink 框架源码进行学习，踩了不计其数的“雷”。例如，某些特性因为相关描述较少，导致初学者无法真正理解该特性所解决的实际业务背景，或者因为某些特性的示例代码不全，导致初学者无法快速使用该特性编写可运行的代码。本书按照笔者的学习过程来编写大纲，可以帮助初学者快速入门 Flink，避免在学习过程中出现各种不必要的问题而浪费时间。

本书介绍的 Flink 的常用特性都附带完整的可运行代码，供读者上手实践。完整代码可在笔者的 GitHub 上下载，相关地址为 https://github.com/intsmaze/flink-book。

本书内容

本书共 10 章，其中第 2、3、10 章是读者必须阅读的章节，其他章节读者可以结合自己的业务情况阅读。

第 1 章主要介绍 Flink 分布式处理框架的背景、特性及应用场景。读者可以快速阅读本章以建立对 Flink 的基本认识。

第 2 章主要介绍 Flink 的多种部署方式，重点讲解了它的单机部署、Standalone 模式部署、YARN 模式部署及相应的高可用设置。读者可以根据自己的业务需求选择其中一种方式搭建 Flink。

第 3 章主要介绍 Flink 分布式开发的基础概念。这些概念是流处理和批处理开发中的通用概念，为此读者需要仔细阅读本章后再根据自己的业务需求选择阅读相关流处理章节、批处理章节或 Table&SQL 章节的内容。

第 4 章主要介绍 Flink 的流处理开发的基本功能，包括读取数据和输出数据，以及对数据流进行各种转换操作等，同时还讲解了如何对开发的 Flink 应用程序进行本地测试。读者在阅读完本章后便可以使用 Flink 进行一些非关键业务程序的开发工作。

第 5 章主要介绍 Flink 在流处理开发中对有状态计算的支持，包括检查点机制、保存点机制、各种状态后端等。读者在阅读完本章后便可以使用 Flink 进行一些关键业务程序的开发工作。

第 6 章主要介绍 Flink 在流处理开发中的高级功能，如窗口操作、时间处理、连接操作、侧端输出操作，以及自定义数据源和自定义数据接收器，同时讲解了 Apache Kafka 连接器对数据源和数据接收器的支持。读者在阅读完本章后便可以使用 Flink 进行一些关键且复杂的业务程序的开发工作。

第 7 章主要介绍 Flink 在批处理开发中的基本操作，包括读取数据和输出数据，以及对数据集进行的各种转换操作等。读者在阅读完本章后便可以使用 Flink 进行一些离线批处理任务的开发工作。

第 8 章主要介绍 Flink 的 Table API 和 SQL 如何统一流处理和批处理。Table API 和 SQL 借助 Apache Calcite 进行查询的解析、校验和优化。它们可以简化用户的开发工作。针对一些常规的业务，开发者只需要写 SQL，Flink 会自动将 SQL 转化为流程序或批程序去执行。

第 9 章主要介绍 Table API 和 SQL 在流处理中的一些特别情况，包括动态表、时间属性和时态表等。

第 10 章主要介绍 Flink 中部署程序的基本操作，包括配置程序的执行参数、程序的并行度、程序的重启策略、发布程序的方式等。

术语约定

- Sink 称为接收器。
- DataStream 中的数据集合称为数据流，DataSet 中的数据集合称为数据集，数据集内部也是数据流。Flink 程序中的数据集合统指数据流或数据集。
- Keyed 状态称为键控状态。
- SideOutput 称为侧端输出。
- Evictor 称为剔除器。
- Temporal Table 称为时态表。
- 流处理表称为流表。

- 数据流中的一条数据（元素）也称为一个事件。
- Flink 集群中运行的 Flink 程序称为作业。
- RichFunction 称为富函数。
- Window 称为窗口。
- Interval Join 称为间隔连接。
- Kafka 中的数据称为消息。
- Kafka 消息的 Value 称为消息的主体，消息的 Key 仍称为 Key，Key 与 Value 的组合称为 Kafka 消息。
- DataStream 和 DataSet 上的转换方法称为操作符。

本书是以 Flink 的 1.7 版本为基础编写的，示例代码均用 Java 语言进行编写，同时本书的大部分代码均可运行在 Flink 的 1.8、1.9、1.10 版本上。在本书的下载资源中提供了 1.8、1.9、1.10 版本的变动详情说明，版本变动主要体现在底层优化上，在 API 的使用方式上并无太大变动，大的差异在于 SQL 模块（例如在基于流处理的 SQL 模块中增加了新的特性，以及集成 Hive 等）。

本书相关资源的下载地址为 www.broadview.com.cn/39911。对本书的勘误也可以在此网页上提交。

由于个人能力有限，书中难免有疏漏之处，欢迎读者批评指正。

刘洋

目录

第 1 章 Apache Flink 介绍

1.1 Apache Flink 简介

1.1.1 Apache Flink 是什么

Apache Flink（简称 Flink）是一个高吞吐、低延迟的分布式流/批处理引擎框架，可以在无边界和有边界数据流中进行有状态的计算，在实时处理上，它提供对事件处理的支持，解决了实时领域和传统的服务端开发领域的消息无序问题，而且 Flink 还提供对 Exactly Once 语义的支持，保证了实时数据处理的正确性。在部署方面，Flink 既可以在服务器上进行独立部署（Standalone 模式），也可以运行在 Mesos、Kubernetes、YARN 等多种资源管理框架上。根据其官网资料，Flink 可以扩展部署到数千台服务器构建的集群中，存储的状态甚至可以达到 TB 级别。

1. 前世今生

Flink 诞生于欧洲的一个大数据研究项目，原名为 StratoSphere。在 2014 年，StratoSphere 项目中的核心成员孵化出 Flink，并将 Flink 捐赠给 Apache 软件基金会，后来 Flink 成为 Apache 的顶级大数据项目。Flink 计算的主流方向被定位为流计算，即用流式计算来做所有大数据的计算工作，这就是 Flink 技术诞生的背景。

2019 年阿里巴巴集团收购了总部位于德国柏林的初创公司 Data Artisans。Data Artisans 成立于 2014 年，是一家专门为企业提供大规模数据处理解决方案服务的公司，而它正是由开源数据流处理项目 Apache Fink 的几位创建者创办的。

2. 无界和有界数据

Flink 是一个能够处理任何类型数据流的框架，任何类型的数据都可以形成一种事件流，比如电商的购物订单、信用卡交易记录、系统产生的日志、网站或移动应用程序中用户的交互记录，这些数据都是按照时间的顺序产生并输出到指定位置的，这些数据在流计算领域被称为数据流。在传统的服务器开发中，这些数据可以理解为一个个 HTTP 请求。请注意，在后面讲解 Flink 特性的章节中也会将数据流中的一条数据称为一个事件。

数据可以分为无界数据流和有界数据流。

- **无界数据流**：可以定义数据流的开始，无法定义数据流的结尾。它们会无休止地产生数据，因此无界数据流的数据必须能被持续处理，即数据被接收后需要立刻被处理。我们无法等到所有数据都到达后再进行处理，因为数据流中输入的数据是无限的，在任何时候，数据的输入都不会结束。在处理无界数据时一般会以特定的顺序进行处理，比如根据数据的产生顺序而不是数据进入处理程序的顺序，以便推断处理结果的完整性。关于事件时间的业务意义会在 6.2 节中讲解。
- **有界数据流**：可以定义数据流的开始，也可以定义数据流的结尾。可以在执行任何计算之前通过获取所有数据来处理有界数据流，其非常适合需要访问全部数据才能完成的计算工作，同时处理有界数据流不需要有序获取数据，所以有界数据流的所有数据可以被排序。相对于无界数据流，在有界数据流上处理数据的有序性问题十分简单。

实际场景中所有的数据都是以流的方式产生的，但用户通常会使用两种截然不同的方式去处理数据，一是在数据生成时进行实时的处理；二是先将数据流持久化到存储系统（例如文件系统）中，然后进行批处理操作。而使用 Flink 程序则能够同时支持处理实时和历史记录的数据流，像 Flink 这种以流为核心的架构所带来的好处就是数据处理上具有极低的延迟。

Flink 擅长处理无界和有界数据流，并且提供了统一的 API，方便进行流处理和批处理的灵活切换，后面将对无界数据流的处理称为流处理、对有界数据流的处理称为批处理。

3. 部署 Flink 程序到任意地方

Flink 是一个分布式系统，它需要计算资源来执行程序。Flink 集成了所有常见的集群资源管理器，例如 Hadoop YARN 和 Kubernetes，同时可以作为独立集群运行。

部署 Flink 程序时，Flink 会根据程序配置的并行度自动标识所需的资源，并从资源管理器中请求这些资源。在发生故障的情况下，Flink 通过请求新资源来替换发生故障的容器。

4. 运行任意规模程序

Flink 可以在任意规模的集群上运行有状态的流处理程序。流处理程序可能会被并行化为数千个任务，这些任务分布在集群中并发执行，所以流处理程序能够充分利用 CPU、内存、磁盘和网络 I/O 资源，而且 Flink 很容易维护具有非常大状态的流处理程序，同时 Flink 的异步和增量的检查点机制对处理延迟会产生最小的影响。

5. 运维

Flink 是一个针对无界和有界数据流进行有状态计算的框架。由于许多流处理程序旨在以最短的停机时间连续运行，因此流处理引擎必须提供出色的故障恢复能力，以及在流/批处理程序运行期间进行监控和维护的工具。

1）稳定运行

在分布式系统开发中，服务发生故障是无法避免的情况，这就需要分布式系统能在服务出现故障时自动重启，同时保证当故障发生时，能持久化服务内部各个组件的当前状态，保证当故障恢复的时候，服务能够从当前失败的地方继续正常运行，不会出现数据重复和丢失的情况，就好像故障就没有发生过一样。而 Flink 提供的故障恢复机制轻松地解决了这个在高并发分布式系统开发领域的棘手问题，保证了开发的流处理程序能够 7 天×24 小时稳定提供服务。

2）升级、迁移、暂停、恢复应用服务

一般核心服务的流处理程序经常需要维护，而不是一次部署之后不再改动，可能需要修复系统漏洞、改进业务功能，或者开发新业务、进行技术框架版本升级、进行服务扩容。面对这种业务场景，升级一个有状态的流处理程序并不是简单的事情。当我们重启停止的流处理程序时，必须保证不会丢失该流处理程序当前的状态信息。为此 Flink 提供了保存点这个组件来解决升级服务过程中记录流处理程序的状态信息等难题。

3）监控和控制应用服务

如同其他应用服务一样，运行的流/批处理程序也需要监控和集成到一些基础的资源管理服务中，比如日志服务等。监控服务有助于预测问题并在问题出现前进行处理，日志服务提供日志的记录功能，帮助运维人员追踪、调查、分析故障发生的根本原因。

Flink 提供了一个便捷易用的 Web UI（管控台）来观察、监视和调试正在运行的流/批处理程序，并且还可以通过它发布要执行的流/批处理程序或者取消流/批处理程序的执行。

1.1.2 Apache Flink 应用场景

在了解了 Flink 的基本情况后，下面将介绍 Flink 所擅长处理的几种应用场景。

1. 事件驱动型应用

1）什么是事件驱动型应用

事件驱动型应用是一类具有状态的应用，它从一个或多个事件流中提取数据，并根据到来的事件触发计算、状态更新或其他外部动作。事件驱动型应用是在计算存储分离的传统应用的基础上进化而来的。在传统架构中，应用需要读写远程事务型数据库，而事件驱动型应用是基于状态化流处理来实现的。在该设计中，数据和计算不会分离，应用只需访问本地（内存或磁盘）即可获取数据。系统容错性的实现依赖于定期向远程持久化存储系统写入检查点。

2）事件驱动型应用的优势

事件驱动型应用无须查询远程事务型数据库，本地数据访问使得它具有更高的吞吐量和更低的延迟。由于定期向远程持久化存储系统写入检查点的工作可以异步、增量式完成，因此对于正常事件处理的延迟影响甚微。事件驱动型应用的优势不仅限于本地数据访问，在传统分层架构下，通常多个应用会共享同一个数据库，因而任何对数据库自身的更改（例如：应用更新或服务扩容导致数据布局发生改变）都需要谨慎协调；反观事件驱动型应用，由于只需考虑自身数据，因此在应用更新或服务扩容时所需的协调工作将大大减少。

3）Flink 如何支持事件驱动型应用

事件驱动型应用会受制于底层流处理系统对时间和状态的把控能力，而 Flink 诸多优秀特性都是围绕这些方面来设计的，它提供了一系列丰富的状态操作原语，允许以精确的 Exactly Once 语义合并海量规模（TB 级别）的状态数据，以应对事件驱动型应用所面临的挑战。此外 Flink 还支持事件时间和自由度极高的定制化窗口逻辑。

Flink 中针对事件驱动应用的最关键特性当属保存点机制。保存点是一个一致性的状态映像，它可以用来初始化任意状态兼容的应用。在完成一次保存点操作后，即可放心对应用进行升级或扩容等。

2. 数据分析型应用

1）什么是数据分析型应用

数据分析型应用需要从原始数据中提取有价值的信息和指标。传统的分析方式通常利用批处理查询，或者将事件记录下来并基于此有限数据集构建应用程序来完成数据分析任务。采用传统的分析方式为了得到最新数据的分析结果，必须先将它们加入分析数据集并重新执行查询或运行应用程序，随后将结果写入存储系统或生成报告。

与传统模式下读取有限数据集不同的是，借助一些先进的流处理引擎，可以实时地进行数据分析，流处理查询的应用会接入实时事件流，并随着事件消费持续产生和更新结果，这些结果数据可能会写入外部数据库系统或以内部状态的形式维护。

2）流处理数据分析型应用的优势

和批处理数据分析相比，流处理数据分析省掉了周期性的数据导入和查询过程，因此从事件中获取指标的延迟更低。同时批处理查询必须处理那些由定期导入和输入有界性导致的人工数据边界，而流处理查询则无须考虑这些问题。

另外，批处理数据分析型应用的流水线通常由多个独立部件组成，需要周期性地调度提取数据和执行查询的操作。如此复杂的流水线操作起来并不容易，一旦某个组件出错将影响流水线的后续步骤。而流处理数据分析型应用整体运行在 Flink 之类的高端流处理引擎上，涵盖了从数据接入到连续结果计算的所有步骤，因此可以依赖底层引擎提供的故障恢复机制。

3）Flink 如何支持数据分析型应用

Flink 为持续流处理数据分析和批处理数据分析都提供了良好的支持。Flink 内置了一个符合 ANSI 标准的 SQL 接口，将流/批查询的语义统一起来。无论记录事件的静态数据集，还是实时事件流，相同 SQL 查询都会得到一致的结果。

3. 数据管道型应用

1）什么是数据管道

提取—转换—加载（ETL）是一种在存储系统之间进行数据转换和迁移的常用方法。ETL 作业通常会周期性地触发，将数据从事务型数据库复制到分析型数据库或数据仓库中。

数据管道和 ETL 作业的用途相似，都可以转换和加载数据，并将其从某个存储系统移动到另一个。但数据管道是以持续流处理模式运行的，而非周期性触发。因此它支持从一个不断生成数据的源头读取记录，并将它们以极低的延迟发送到终点。

图 1-1 描述了周期性 ETL 作业和持续数据管道的差异。

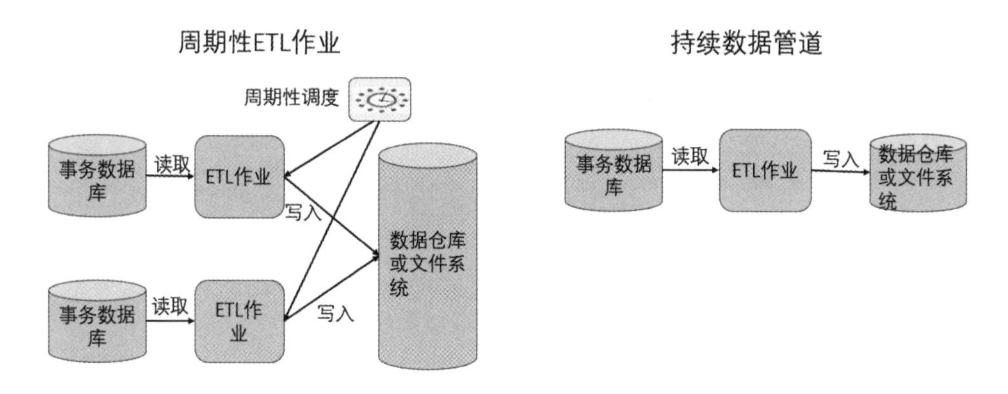

图 1-1

2）数据管道的优势

和周期性 ETL 作业相比，持续数据管道可以明显降低将数据移动到目的端的延迟。

3）Flink 如何支持数据管道型应用

很多常见的数据转换操作可以利用 Flink 的 SQL 接口（或 Table API）及用户自定义函数实现。如果数据管道有更高级的需求，则可以选择更通用的 DataStream API 来实现。Flink 为多种数据存储系统（如 Kafka、Kinesis、Elasticsearch、JDBC 数据库系统等）内置了连接器实现。

1.2 Apache Flink 组件

Flink 自底向上在不同的抽象级别提供了多种 API 供开发者使用，并且针对常见的使用场景开发了专用的扩展库。

1.2.1 分层 API

Flink 提供了不同层次的抽象级别供开发者开发流/批处理程序。Flink 根据抽象程度进行分层，提供了四种不同的 API，如图 1-2 所示。每种 API 在简捷性和表达力上有着不同的侧重，并且针对不同的应用场景去使用。对于下面介绍的理论，如果初学者没有理解，那么可以先忽略，等阅读完本书剩余章节并亲自对 Flink 的每一个具体的特性进行代码编写与提交集群运行后再回顾该章节，可以理解得更深刻。

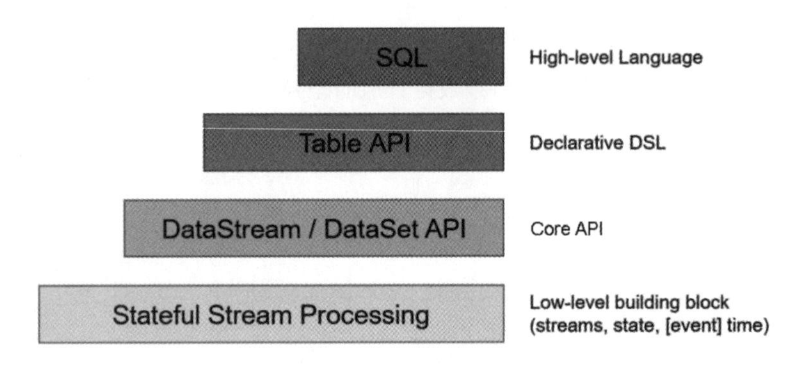

图 1-2

- **Stateful Stream Processing**：该 API 层是最低层次的抽象，仅对开发者提供一个有状态的数据流，它将 Process 操作符嵌入 DataStream API，允许开发者自由地处理来自一个或多个数据流的事件，并使用一致的容错状态。ProcessFunction 是 Flink 提供的最具表达力的函数接口，该接口提供了对时间和状态的细粒度控制，开发者可以在该接口定义的任何方法中任意地修改状态。同时还可以利用 ProcessFunction 函数去实现许多基于单个事件的复杂业务逻辑，比如基于它构建一些新的操作符。

- **DataStream/DataSet API**：在实际开发中，大多数流/批处理程序并不需要使用上面的低级抽象 API，而是针对 Core API（DataStream API，无界数据流；DataSet API，有界数据集）进行编程。这些便利的 API 为开发者处理数据提供了通用的构建块，比如开发者可以对数据流/数据集进行各种形式的转换、连接、聚合操作。
- **Table API**：该 API 层是以表为中心的声明式 DSL，它可以动态地更改表（当它表示流时）。Table API 遵循关系模型：表附带一个 Schema（类似于关系数据库中的表），同时提供了可比较的操作，如 SELECT、PROJECT、JOIN、GROUP BY 等。采用 Table API 的流/批处理程序以声明方式定义应执行的逻辑操作，虽然 Table API 可以通过让开发者编写各种类型的用户定义的函数（UDF）进行逻辑扩展，但它与 Core API 相比，它的表达性更差，只是使用上更简捷（编写的代码更少）。开发者可以在 Table API 和 DataStream/DataSet API 之间进行无缝转换，使得编写的流/批处理程序可以混合使用 Table API 和 DataStream/DataSet API。
- **SQL**：该 API 层是 Flink 提供的最高级抽象，这种抽象在语义和表达方面与 Table API 类似，但它将流/批处理程序表示为 SQL 查询表达式，能够将开发者编写的 SQL 语句转换为流/批处理程序并行地运行在分布式集群中，这降低了开发者学习和开发的门槛。SQL 与 Table API 是紧密交互的，SQL 查询可以在 Table API 中定义的表上执行。SQL 与 Table API 都是批处理和流处理统一的 API，这意味着在无边界的实时数据流和有边界的历史记录数据流中，这两种 API 会以相同的语义执行查询操作，并产生相同的结果。SQL 借助了 Apache Calcite 来进行查询的解析、校验及优化操作。

1.2.2 作业管理器、任务管理器、客户端

Flink 集群由两种类型的进程组成：

- **JobManager**（作业管理器，也称为 Master）：负责接收客户端提交的作业和可执行 JAR 包等资源，协调作业的分布式执行（调度作业中的任务到对应的任务管理器上执行），并协调作业中的任务执行检查点操作，以及当作业发生失败后协调各个任务从检查点进行恢复等。一个 Flink 集群至少要有一个作业管理器，在高可用的架构中会有多个作业管理器，其中一个作业管理器始终是 Leader，其他的作业管理器则是 Standby。
- **TaskManager**（任务管理器，也称为 Worker）：负责执行作业管理器分配的任务，并对数据流进行缓冲和转换。一个 Flink 集群必须至少有一个任务管理器。

Flink 提供多种方式去启动作业管理器和任务管理器：比如直接在机器上以 Standalone 模式

部署 Flink 集群的作业管理器和任务管理器，或者由像 YARN/Mesos 这样的资源框架管理。Flink 集群启动之后任务管理器连接到作业管理器宣布自己可用，并被作业管理器分配任务。

客户端不是 Flink 集群中流/批处理程序执行的一部分，只负责将一个 Flink 作业提交到 Flink 集群的作业管理器中，具体为将提交的流/批处理程序作业转换为 JobGraph（JobGraph 是由操作符 JobVertex 和中间结果 IntermediateDataSet 组成的数据流的图表现形式。每个操作符都带有相关属性，比如并行度和它所执行的用户代码）并将其发送到 Flink 集群的作业管理器中。客户端向 Flink 集群的作业管理器提交作业后，可以断开连接或者保持连接以接收 Flink 集群的作业管理器返回的该作业的进度报告。需要明白的是，客户端可以运行在任何机器上，只要该机器可以连接到 Flink 集群的作业管理器即可。

第 2 章 Apache Flink 的安装与部署

2.1 本地模式

Flink 集群可以部署在 Linux、macOS 和 Windows 系统上，唯一的要求是系统环境安装了 JDK 1.8x 及以上版本。为了开发者快速上手 Flink 进行程序开发，Flink 提供了 Local 模式以支持在一台机器上搭建一个本地模式的 Flink 集群。

在演示如何以本地模式搭建 Flink 集群之前，先介绍一下本次演示的系统环境，这里在 VMware 中创建了一个 64 位的 Linux 系统，设置该 Linux 系统的主机名为 intsmaze-201，同时该系统中安装了 64 位的 JDK 1.8 版本。

2.1.1 安装 JDK

新建一个名为 intsmaze 的用户，后面所有程序的安装均是在该用户账户下进行的。上传 jdk-8u231-linux-x64.tar.gz 压缩包到 Linux 系统的/home/intsmaze 路径下，可以通过 SFTP 工具上传 JDK 的安装包。

在/home/intsmaze 路径下输入如下命令解压 JDK 的压缩包，解压后的文件夹名称为 jdk1.8.0_231。

```
tar -zxvf jdk-8u231-linux-x64.tar.gz
```

切换到 root 用户，修改/etc/profile 文件来定义环境变量 PATH，在文件最后添加如下两行：

```
export JAVA_HOME=/home/intsmaze/1.8.0_231
export PATH=$PATH:$JAVA_HOME/bin
```

修改好/etc/profile 文件后，使用 source /etc/profile 命令让定义好的环境变量立刻生效。

随后切回 intsmaze 用户，在命令行中输入 java -version 检查环境变量和 JDK 是否配置成功，配置成功后会输出类似于下面的结果：

```
[intsmaze@intsmaze-201 ~]$ java -version
java version "1.8.0_231"
Java(TM) SE Runtime Environment (build 1.8.0_231-b11)
Java HotSpot(TM) 64-Bit Server VM (build 25.231-b11, mixed mode)
```

2.1.2 下载并安装 Flink

准备好 JDK 环境以后，下一步就是去 Flink 的官方网站下载 Flink 的二进制发行包，进入 Flink 官方页面后，单击左边栏的“Downloads”按钮下载 Flink 的二进制发行包。

在下载页面可以选择任何 Hadoop/Scala 的组合来下载 Flink 的二进制发行包，如果计划后续开发的所有 Flink 程序都使用本地文件系统，那么选择任何 Hadoop 版本都可以，否则要结合使用的 Hadoop 文件系统选择对应的 Flink 二进制发行包。这里选择 Hadoop 2.8 的 Flink 二进制发行包。

下载好 flink-1.7.2-bin-hadoop28-scala_2.11.tgz 二进制发行包后，将该包上传到 Linux 系统的/home/intsmaze/flink/local 路径下并解压该压缩包：

```
tar -zxvf flink-1.7.2-bin-hadoop28-scala_2.11.tgz
```

解压后的文件夹名称为 flink-1.7.2。

2.1.3 本地模式集群

进入<flink-home>/bin 目录下，直接调用 start-cluster.sh 脚本以启动一个本地模式的 Flink 集群。本地模式的 Flink 集群默认在本地启动一个作业管理器进程和一个任务管理器进程。

```
[intsmaze@intsmaze-201 ~]$ cd /home/intsmaze/flink/local/flink-1.7.2
[intsmaze@intsmaze-201 bin]$ ./start-cluster.sh
Starting cluster.
```

```
Starting standalonesession daemon on host intsmaze-201.
Starting taskexecutor daemon on host intsmaze-201.
```

脚本启动成功后，作业管理器进程默认会在 8081 端口上启动一个 Flink 集群的 Web 管控台。可以在浏览器中输入 http://intsmaze-201:8081 进入 Flink 集群的管控台页面，如果一切正常运行，那么在管控台首页会显示一个可用的任务管理器实例，如图 2-1 所示。

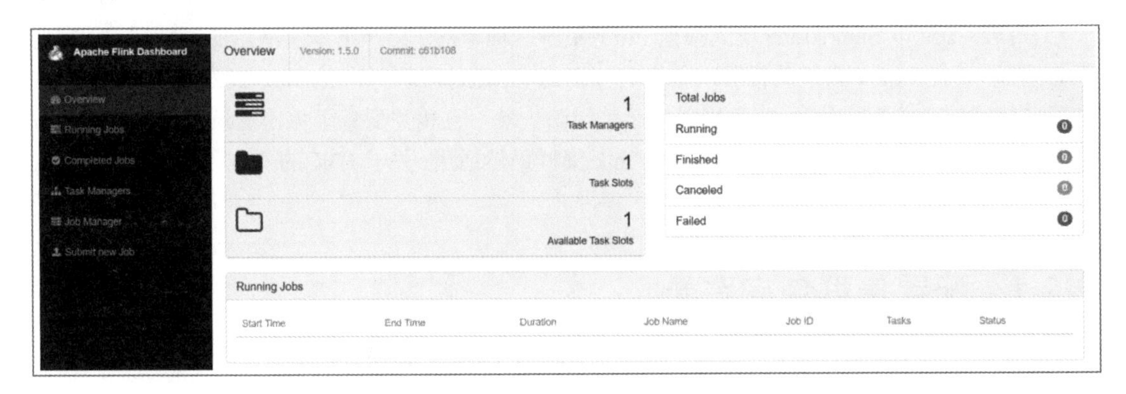

图 2-1

如果发现没有正常启动 Flink 集群，则可以通过查看<flink-home>/log 文件夹下面的相关日志文件来了解 Flink 集群的运行状态，这里的日志文件的路径为/home/intsmaze/flink/local/flink-1.7.2/log。

需要注意的是，启动 Flink 集群的脚本调用方式一定要为./start-cluster.sh，如果使用 sh start-cluster.sh 则会出现类似下面的报错：

```
[intsmaze@intsmaze-201 bin]$ sh start-cluster.sh
/home/intsmaze/flink/local/flink-1.7.2/bin/config.sh: line 32: syntax error near unexpected token `<'
/home/intsmaze/flink/local/flink-1.7.2/bin/config.sh: line 32: `    done < <(find "$FLINK_LIB_DIR" ! -type d -name '*.jar' -print0 | sort -z)'
/home/intsmaze/flink/local/flink-1.7.2/bin/config.sh: line 32: warning: syntax errors in . or eval will cause future versions of the shell to abort as Posix requires
Starting cluster.
start-cluster.sh: line 48: /jobmanager.sh: No such file or directory
start-cluster.sh: line 53: TMSlaves: command not found
```

在<flink-home>/bin/目录下可以使用如下脚本来关闭启动的 Flink 集群：

```
[intsmaze@intsmaze-201 bin]$ ./stop-cluster.sh
```

2.1.4　Windows 系统部署

对于没有安装 VMware 及不会使用 Linux 系统的读者，可以在 Windows 系统上部署本地模式的 Flink 集群，部署方式和上面介绍的方式大致相同，唯一的区别在于启动 Flink 集群时在 <flink-home>/bin 目录下调用 start-cluster.bat 脚本而不是 start-cluster.sh 脚本。

2.2 Standalone 模式

在演示如何以 Standalone 模式搭建 Flink 集群之前，先介绍一下本次演示的系统环境：准备两台安装 64 位 Linux 系统的机器，主机名分别为 intsmaze-201 和 intsmaze-202，同时系统中安装了 64 位的 JDK 1.8 版本。两台机器均已关闭防火墙，且相互配置了免密登录。下面的部署方式对于在多于两个节点的服务器中部署 Flink 集群仍然适用。关于 JDK 的安装和 Flink 二进制发行包的下载可见 2.1 节，这里不再讲解。

2.2.1 配置集群免密登录

在 intsmaze-201 节点上以 intsmaze 用户输入 ssh-keygen 命令来生成本地的公私密钥，当命令行出现“Enter”字符的提示时连续按回车键即可，出现类似如下界面就代表生成本地的公私密钥成功：

```
[intsmaze@intsmaze-201 ~]$ ssh-keygen
Generating public/private rsa key pair.
Enter file in which to save the key (/home/intsmaze/.ssh/id_rsa):
Create directory '/home/intsmaze/.ssh'.
Enter passphrase (empty for no passphrase):
Enter same passphrase again:
Your identification has been saved in /home/intsmaze/.ssh/id_rsa.
Your public key has been saved in /home/intsmaze/.ssh/id_rsa.pub.
The key fingerprint is:
32:63:ed:7c:4e:dc:ca:99:ce:b0:81:62:73:fd:a3:b9 intsmaze@intsmaze-201
The key's randomart image is:
+--[ RSA 2048]----+
|       = S       |
|      . O . .    |
|     + o * + .   |
|    . +   %.+    |
|         E+X.    |
+-----------------+
```

然后在 intsmaze-201 节点上以 intsmaze 用户输入 ssh-copy-id 命令将公钥复制并追加到 intsmaze-201、intsmaze-202 的授权列表文件 authorized_keys 中：

```
[intsmaze@intsmaze-201 ~]$ ssh-copy-id intsmaze-201
[intsmaze@intsmaze-201 ~]$ ssh-copy-id intsmaze-202
```

在 intsmaze-202 节点上重复执行在 intsmaze-201 节点上的操作，至此就配置好了 intsmaze-201 与 intsmaze-202 两台机器之间 intsmaze 用户的免密登录。

随后可以使用 SSH 命令从 intsmaze-201 节点登录到 intsmaze-202 节点，可以发现不再需要输入密码即可登录 intsmaze-202 节点：

```
[intsmaze@intsmaze-201 ~]$ ssh intsmaze-202
Last login: Sun May 17 15:28:51 2020 from intsmaze-201
[intsmaze@intsmaze-202 ~]$
```

2.2.2 部署 Standalone 模式的集群

配置好免密登录之后，先在 intsmaze-201 和 intsmaze-202 节点上的/home/intsmaze/flink/路径下创建一个名为 standalone 的文件夹。将 flink-1.7.2-bin-hadoop28-scala_2.11.tgz 包上传到 intsmaze-201 节点上，使用 tar 命令解压至/home/intsmaze/flink/standalone/文件夹中。

一切准备就绪后，进入<flink-home>目录对其进行相关的配置，这里主要涉及的配置文件是<flink-home>/conf/flink-conf.yaml 和<flink-home>/conf/slaves 文件。

1. flink-conf.yaml 文件配置

下面会列出<flink-home>/conf/flink-conf.yaml 文件中建议修改的主要配置值，在其中指明会在 intsmaze-201 节点上运行一个 JobManager：

```
[intsmaze@intsmaze-201 conf]$ vim <flink-home>/conf/flink-conf.yaml
# 必选，将 jobmanager.rpc.address 的值设置成 Flink 集群中 JobManager 节点的 IP 地址
jobmanager.rpc.address: intsmaze-201

# 可选，默认每个 TaskManager 的任务槽为 1，根据每个节点的硬件配置将任务槽设置为一个合理的值，
# 值越大表示可供运行的 Flink 作业越多，一般根据每台机器的可用 CPU 的数量进行设置
taskmanager.numberOfTaskSlots: 6

# 可选，每个 JobManager 可用内存的大小，内存参数的单位是 MB
jobmanager.heap.mb: 1024

# 可选，每个 TaskManager 可用内存的大小，内存参数的单位是 MB
taskmanager.heap.mb: 1024
```

2. slaves 文件配置

必须为 Flink 集群提供作为 TaskManager 节点的列表，就像 HDFS 集群的配置一样，需要编辑<flink-home>/conf/slaves 文件，在文件中添加每个 TaskManager 节点的 IP 地址（或者是主机名）。

下面将主机名 intsmaze-201 和 intsmaze-202 都添加到 slaves 文件中，以指明在这两台节点上将分别运行一个 TaskManager：

```
[intsmaze@intsmaze-201 conf]$ vim <flink-home>/conf/slaves
localhost # 删除 localhost，然后添加每个 TaskManager 的 IP 地址或主机名
intsmaze-201
intsmaze-202
```

整个 Flink 集群的架构如图 2-2 所示。

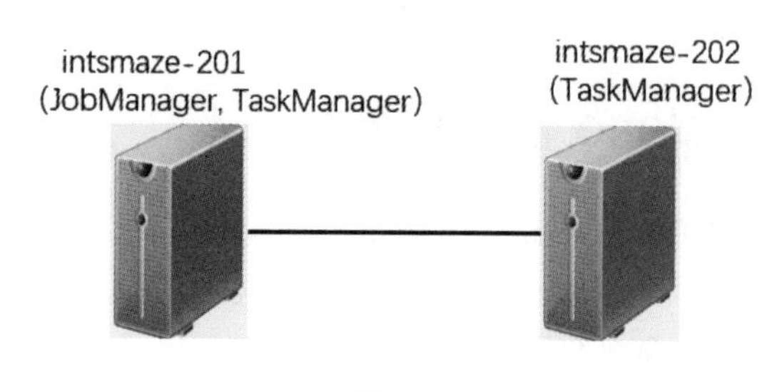

图 2-2

3. 分发 Flink 目录

在 intsmaze-201 节点的<flink-home>/conf 中配置好 Flink 的 Standalone 模式的参数后，需要保证该<flink-home>目录下的文件必须在每个 TaskManager 上的同一路径下可用，为此使用 scp 命令将整个<flink-home>目录复制到 Flink 集群的其他工作节点上：

```
[intsmaze@intsmaze-201 conf]$ scp -r /home/intsmaze/flink/standalone/flink-1.7.2 intsmaze-202:/
home/intsmaze/flink/standalone/
```

4. 启动一个 Flink 集群

分发好<flink-home>目录后，在 intsmaze-201 节点上通过<flink-home>/bin/start-cluster.sh 脚本启动 Flink 集群。该脚本内部会先启动一个 JobManager，随后通过 SSH 连接到在 slaves 文件中列出的所有工作节点，以便在每个节点上启动 TaskManager。当 Flink 集群启动并成功运行后，在 intsmaze-201 节点上运行的 JobManager 将使用在配置文件中配置的 jobmanager.rpc.port 端口来接收开发者提交的作业。

```
[intsmaze@intsmaze-201 flink-1.7.2]$ ./bin/start-cluster.sh
```

Flink 集群启动成功后，作业管理器进程默认会在 8081 端口上启动一个 Flink 集群的 Web 管控台，可以在浏览器中输入 http://intsmaze-201:8081 进入 Flink 集群的管控台页面。如果一切正常，那么在管控台首页会显示两个可用的任务管理器实例，并且集群的任务槽数量为 12，如图 2-3 所示。

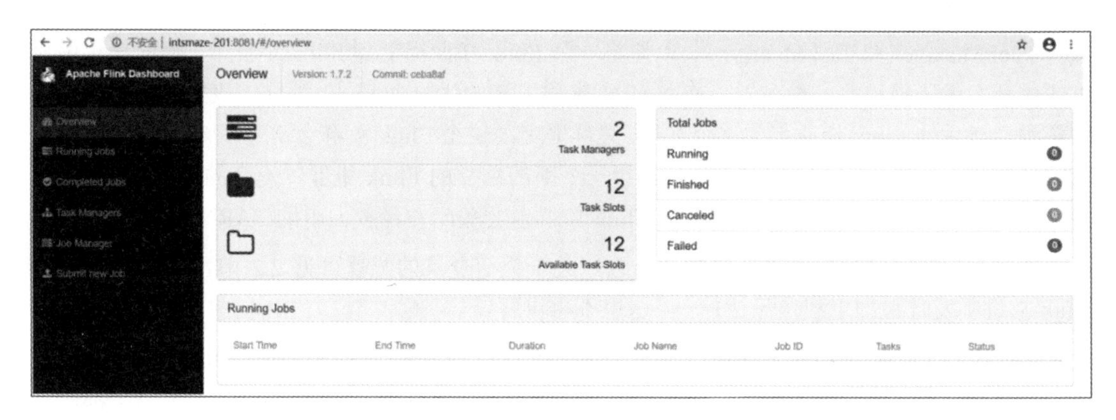

图 2-3

在<flink-home>/bin/目录下可以使用如下脚本来关闭启动的 Flink 集群：

```
[intsmaze@intsmaze-201 flink-1.7.2]$ ./bin/stop-cluster.sh
```

5. 集群节点的重启与扩容

Flink 还提供了动态扩展集群节点或重启集群中指定节点的脚本，在集群中对应的节点上运行<flink-home>/bin/jobmanager.sh 或<flink-home>/bin/taskmanager.sh 脚本来重启集群中的该节点。

JobManager 节点的重启或扩容：

```
<flink-home>/bin/jobmanager.sh ((start|start-foreground) cluster)|stop|stop-all
```

TaskManager 节点的重启或扩容：

```
<flink-home>/bin/taskmanager.sh start|start-foreground|stop|stop-all
```

需要注意的是，必须在期望作为 JobManager 或 TaskManager 的机器上运行上面的脚本才能完成集群节点的动态扩容或重启。

2.3　YARN 模式

YARN 是一个集群资源管理框架，开发者可以在 YARN 集群上运行各种分布式应用程序。Flink 也支持在 YARN 集群上运行，如果读者已经拥有一个现成的 YARN 集群，则无须设置或安装任何额外东西；如果没有现成的 YARN 集群，则至少需要安装 Hadoop 2.2 以上版本及 HDFS（Hadoop 分布式文件系统或 Hadoop 支持的另一个分布式文件系统）。关于 YARN 集群的安装不是本书重点，本书假定读者已经拥有了 YARN 集群环境。

本节将讲解如何在 YARN 集群中启动 Flink 会话，一个 Flink 会话将启动所有必需的 Flink

服务（JobManager 和 TaskManager），以便将一个 Flink 作业提交到 Flink 集群中。目前提供两种方式供开发者选择：第一种方式，在 YARN 集群中初始化一个 Flink 集群，该集群将占用指定的资源，以后的 Flink 作业都向这个 Flink 集群提交，这个 Flink 集群会常驻在 YARN 集群中。第二种方式，每次提交 Flink 作业都会创建一个新的独立的 Flink 集群，提交的 Flink 作业相互独立，互不影响，作业执行完后对应的 Flink 集群也会关闭并释放占用的 YARN 资源。

本次演示的系统环境与 2.2 节中的一致。关于免密登录的配置可见 2.2 节，JDK 的安装和 Flink 二进制发行包的下载可见 2.1 节，这里不再讲解。

两台机器上的服务组件分别是在 intsmaze-201 节点上部署的 YARN 的 ResourceManager 和 NodeManager 服务及 HDFS 的 NameNode 和 DataNode 服务，以及在 intsmaze-202 节点上部署的 YARN 的 NodeManager 服务和 HDFS 的 DataNode 服务。

2.3.1 在 YARN 集群中启动一个长期运行的 Flink 集群

这种方式会在 YARN 集群中初始化一个 Flink 集群，分配指定的资源，以后的 Flink 作业都将提交给该 Flink 集群，这个 Flink 集群会一直在 YARN 集群中运行，除非开发者手动停止它。

在 intsmaze-201 节点的/home/intsmaze/flink/路径下创建名为 flinkOnYarn 的文件夹，将 flink-1.7.2-bin-hadoop28-scala_2.11.tgz 包上传到 intsmaze-201 节点中并使用 tar 命令解压至/home/intsmaze/flink/flinkOnYarn/文件夹中。一切准备就绪后，进入<flink-home>/bin 目录调用 Flink 提供的 yarn-session.sh 脚本以在 YARN 集群中启动一个长期运行的 Flink 集群。

```
[intsmaze@intsmaze-201 ~]$ cd /home/intsmaze/flink/flinkOnYarn/flink-1.7.2/bin/
[intsmaze@intsmaze-201 bin]$  ./yarn-session.sh
...
Flink JobManager is now running on intsmaze-201:38758 with leader id
00000000-0000-0000-0000-000000000000.
JobManager Web Interface: http://intsmaze-201:38758
```

执行 yarn-session.sh 脚本后将在控制台上输出 Flink 集群的相关配置信息，在输出信息的最后可以看到类似于“JobManager Web Interface：http://intsmaze-201:38758”的内容，它表示在 YARN 集群中运行的 Flink 集群的 Web 管控台地址。在浏览器中输入该地址进入 Flink 集群的管控台页面，在首页上可以看到显示的任务管理器实例和任务槽数均为 0，如图 2-4 所示。仅当向该 Flink 集群提交一个作业后，才会在管控台页面上显示当前 Flink 集群的资源使用情况。

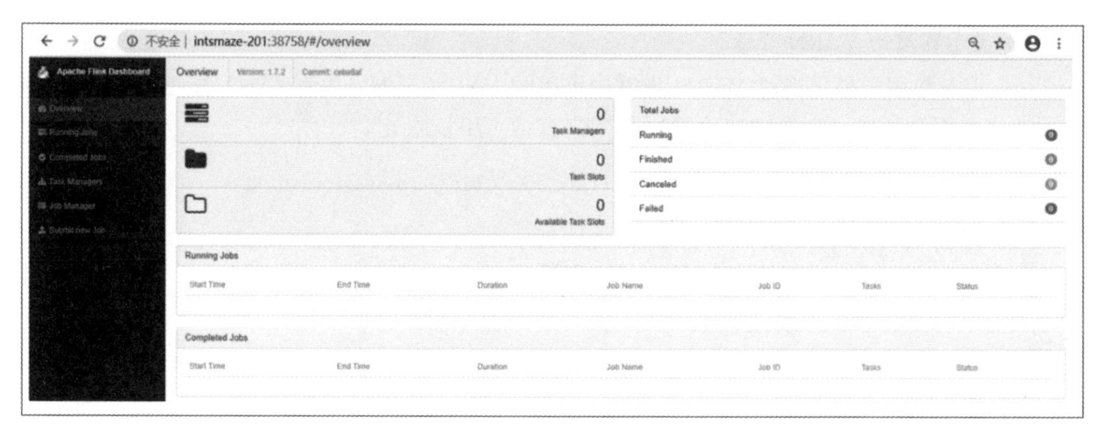

图 2-4

1. yarn-session 命令参数详解

在<flink-home>/bin 目录中调用 Flink 提供的 yarn-session.sh 脚本时，指定-h 参数可以查看该脚本提供的可选参数：

```
[intsmaze@intsmaze-203 flink-1.7.2]$ ./<flink_home>/bin/yarn-session.sh -h
```

下面是 yarn-session 命令常用的一些可选参数，开发者可以根据具体情况选择对应的参数。

```
Usage:
   Optional
      -D <property=value>               动态属性，使用给定属性的值
      -d,--detached                     后台启动
      -jm,--jobManagerMemory <arg>      作业管理器容器的内存大小（单位为 MB）
      -n,--container <arg>              要分配的 YARN 容器数（=任务管理器数）
      -m,--jobmanager <arg>             要连接的 JobManager（主）的地址。使用此标志连接与配置文件中指
                                        定的 JobManager 不同的 JobManager
      -nm,--name                        设置这个应用在 YARN 上的名称
      -q,--query                        显示可用的 YARN 资源（内存大小，核心数），并不会开启 YARN 会话，
                                        仅查询资源
      -qu,--queue <arg>                 指定 YARN 队列
      -s,--slots <arg>                  每个任务管理器的任务槽数量，默认一个任务槽一个核心，每个任务管
                                        理器的任务的个数建议设置为每台计算机的处理器数
      -st,--streaming                   以流模式启动 Flink
      -sae,--shutdownOnAttachedExit     如果作业以附加模式提交，那么在 CLI 突然终止时（例如按 Ctrl+C 组
                                        合键）将尽最大努力关闭集群
      -t,--ship <arg>                   将文件发送到指定文件夹中（用于传输）
      -tm,--taskManagerMemory <arg>     每个任务管理器容器的内存大小（单位为 MB）
      -z,--zookeeperNamespace <arg>     为 HA 模式创建 ZooKeeper 子路径的命名空间
      -j,--jar <arg>                    Flink jar 文件的路径
      -id,--applicationId <arg>         附加到正在运行的 YARN 会话上
      -nl,--nodeLabel <arg>             为 YARN 应用程序指定 YARN 节点标签
```

1）显示可用的 YARN 资源

-q：该参数用于显示当前 YARN 集群中可用的 YARN 资源（内存大小，核心数等），带该参数的命令不会开启一个 YARN 会话，仅用来查询可用资源。

```
[intsmaze@intsmaze-201 flink-1.7.2]$ ./<flink_home>/bin/yarn-session.sh -q
......
2020-02-16 16:59:57,278 INFO  org.apache.hadoop.yarn.client.RMProxy  - Connecting to
ResourceManager at intsmaze-201/192.168.19.201:8032
NodeManagers in the ClusterClient 2|Property         |Value
+---------------------------------------+
|NodeID          |intsmaze-202:48841
|Memory          |8192 MB
|vCores          |8
|HealthReport    |
|Containers      |0
+---------------------------------------+
|NodeID          |intsmaze-201:47044
|Memory          |8192 MB
|vCores          |8
|HealthReport    |
|Containers      |0
+---------------------------------------+
Summary: totalMemory 16384 totalCores 16
Queue: default, Current Capacity: 0.0 Max Capacity: 1.0 Applications: 0
```

2）以指定的参数在 YARN 集群上启动一个长期运行的 Flink 集群

下面是一个在 YARN 上启动一个长期运行的 Flink 集群的命令，该命令使用如下参数来指定该会话开启的 Flink 集群的作业管理器和任务管理器均获得 1026MB 的内存空间，同时每个任务管理器上分配 3 个任务槽，YARN 会话的名称为 flinkJobOnYarn，最后使用-D 标志传递动态属性指定 Flink 集群中运行作业的并行度为 2（默认）。

```
[intsmaze@intsmaze-201 flink-1.7.2]$ ./<flink_home>/bin/yarn-session.sh -jm 1026m -tm 1026m -s 3
-nm flinkJobOnYarn -Dparallelism.default=2
...
... INFO  org.apache.flink.yarn.AbstractYarnClusterDescriptor    - Cluster specification:
ClusterSpecification{masterMemoryMB=1026,                          taskManagerMemoryMB=1026,
numberTaskManagers=1, slotsPerTaskManager=3}
...
... INFO  org.apache.flink.yarn.AbstractYarnClusterDescriptor    - YARapplication has been
deployed successfully.
... INFO  org.apache.flink.runtime.rest.RestClient               - Rest client endpoint started.
Flink JobManager is now running on intsmaze-201:38243 with leader id
00000000-0000-0000-0000-000000000000.
JobManager Web Interface: http://intsmaze-201:38243
```

如果直接使用<flink-home>/bin/yarn-session.sh 脚本而不带有-jm、-tm、-s 等参数，那么会话将使用<flink-home>/conf/flink-conf.yaml 文件中配置的参数值，同时 YARN 上的 Flink 集群将覆盖<flink-home>/conf/flink-conf.yaml 文件中的以下配置参数：

- jobmanager.rpc.address（因为 JobManager 总是随机分配在不同的机器上）；
- io.tmp.dirs（使用 YARN 集群给定的 tmp 目录）；
- parallelism.default（如果使用-D 标志传递动态属性并指定了作业的默认并行度）。

如果不想更改配置文件以设置配置参数，则可以选择通过-D 标志传递动态属性，类似如下：-Dparallelism.default=2。-Dkey 中 Key 的名称为 Flink 的配置参数的名称，具体可以参考 Flink 的配置指南。

观察命令行输出信息我们可以看到如下关键信息“Cluster specification: ClusterSpecification {masterMemoryMB=1026, taskManagerMemoryMB=1026, numberTaskManagers=1, slotsPerTask-Manager=3}”，说明 Flink 集群以配置的参数值启动。

3）停止 Flink YARN 会话

停止 YARN 会话可以通过停止 Linux 进程（使用 Ctrl + C 组合键）或在客户端输入 stop 来实现。在“JobManager Web Interface: http://intsmaze-201:38243”下面输入 stop 后按回车键即可停止该 YARN 会话：

```
[intsmaze@intsmaze-201 flink-1.7.2]$ ./<flink_home>/bin/yarn-session.sh
...
JobManager Web Interface: http://intsmaze-201:38243
stop
... INFO  org.apache.flink.runtime.rest.RestClient   - Shutting down rest endpoint.
... INFO  org.apache.flink.runtime.rest.RestClient   - Rest endpoint shutdown complete.
... INFO  org.apache.flink.yarn.cli.FlinkYarnSessionCli  - Deleted Yarn properties file at
/tmp/.yarn-properties-intsmaze
... INFO  org.apache.flink.yarn.cli.FlinkYarnSessionCli  - Application application_1581750935344_0019
finished with state FINISHED and final state SUCCEEDED at 1581844036967
```

4）独立的 YARN 会话

如果不想一直保持 Flink YARN 客户端运行，那么可以启动独立的 YARN 会话，只需在启动 yarn-session.sh 脚本后添加-d 或--detached 参数即可：

```
[intsmaze@intsmaze-201 flink-1.7.2]$ ./<flink_home>/bin/yarn-session.sh -jm 1026m -tm 1026m -s 3
-nm flinkJobOnYarn -d
...
JobManager Web Interface: http://intsmaze-201:41226
... INFO  org.apache.flink.yarn.cli.FlinkYarnSessionCli   - The Flink YARN client has been started
in detached mode. In order to stop Flink on YARN, use the following command or a YARN web interface to
stop it:yarn application -kill application_1581750935344_0025
```

在这种情况下，Flink YARN 客户端在 YARN 上启动 Flink 集群后就自行关闭，无法再通过停止 Linux 进程（使用 Ctrl + C 组合键）或在客户端输入 stop 来停止 YARN 会话。如果要关闭该 YARN 会话，则需要进入 YARN 的管控台页面先获取该会话的 ID，然后使用 YARN 命令进行关闭。

进入 YARN 的管控台页面获取该会话的 ID 为 application_1589705459965_0008，如图 2-5 所示。

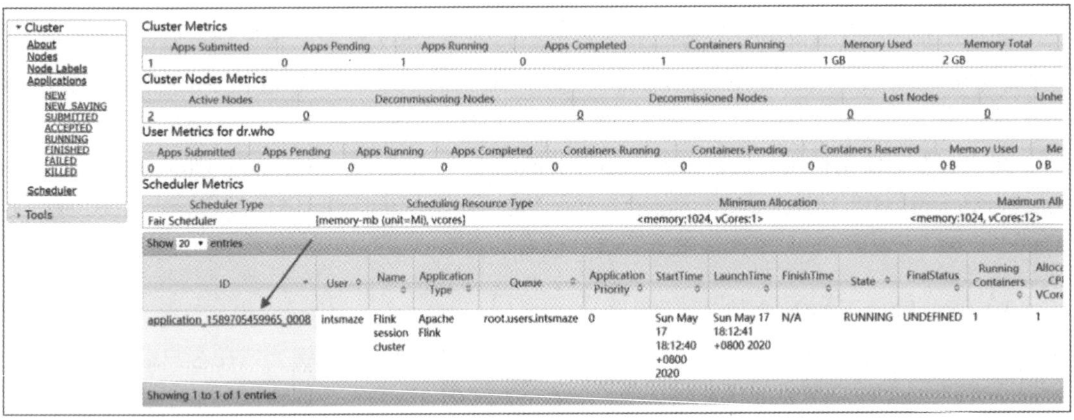

图 2-5

然后使用 yarn application -kill <applicationId>来关闭该会话：

```
[intsmaze@intsmaze-201 flink-1.7.2]$ yarn application -kill application_1589705459965_0008
...
Killing application application_1589705459965_0008
2020-05-17 18:35:03,130 INFO impl.YarnClientImpl: Killed application
application_1589705459965_0008
```

2. 提交作业到 Flink 集群中

在 YARN 集群中启动一个长期运行的 Flink 集群后，可以使用<flink-home>/bin/flink 脚本将作业发布到 Flink 集群中，关于如何提交作业到 Flink 集群的更多细节见 10.5 节。WordCount.jar（位于<flink-home>/examples/batch 目录下）是 Flink 提供的内置 JAR 包，用来测试发布作业到集群中是否正常：

```
[root@intsmaze-201 flink-1.7.2]# ./<flink_home>/bin/flink run ./examples/batch/WordCount.jar
```

在命令行中输入上面的命令后，在 Flink 集群的管控台页面上可以看到当前 Flink 集群的资源使用情况，如图 2-6 所示。

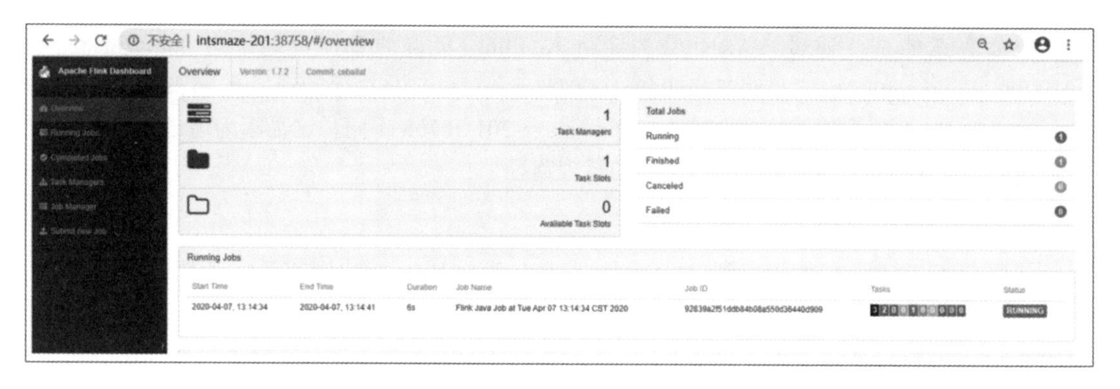

图 2-6

一个 Flink 集群往往是长期运行的，Flink 的 yarn-session.sh 脚本输出的 Flink 集群的管控台地址信息不方便保存，容易丢失。开发者可以通过在 YARN 管控台页面中单击 Flink YARN 会话的 Tracking UI 进入当前 Flink 集群的管控台页面，如图 2-7 和图 2-8 所示。

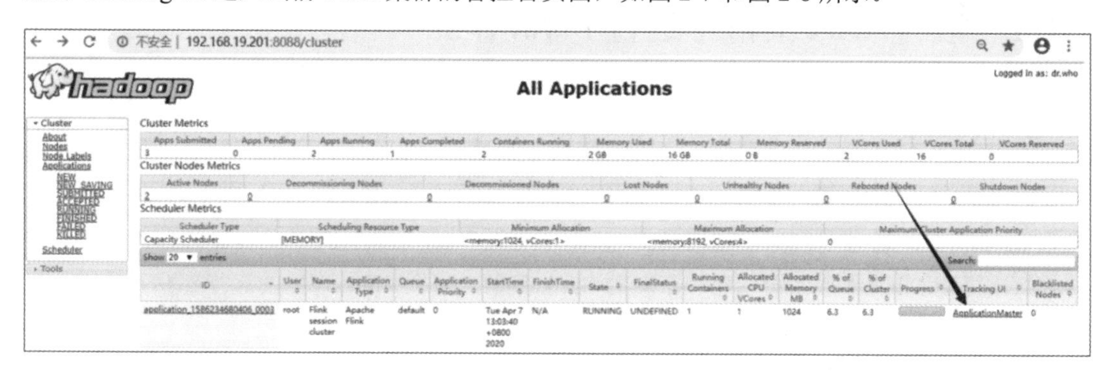

图 2-7

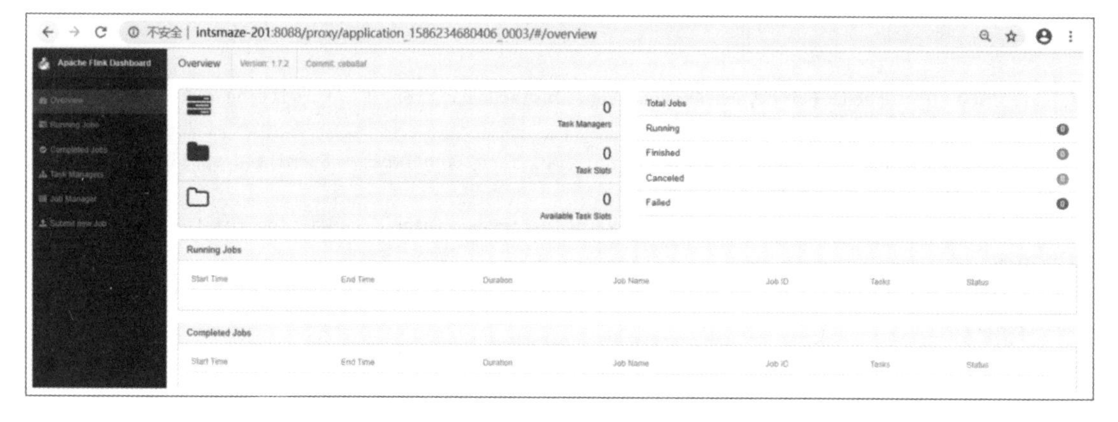

图 2-8

需要注意的是，通过 YARN 管控台进入 Flink 集群的管控台地址为 http://intsmaze-201:8088/proxy/application_1586234680406_0003/#/overview，与执行 yarn-session.sh 脚本时在命令行输出的 Flink 集群的管控台地址 http://intsmaze-201:38758 不同，这是因为通过 YARN 管控台跳转的是一个指向 Flink 集群的管控台的代理路径。

- 指定 JobManager 地址发布作业

使用 Flink 命令将作业提交到 YARN 上的 Flink 集群中时，客户端需要确定作业管理器的地址，万一发布过程中出现问题，还可以使用-m 参数传递作业管理器的地址。作业管理器地址就是启动 Flink YARN 会话时命令行输出的“JobManager Web Interface: http://intsmaze-201:56279”，同时通过在 YARN 管控台页面中找到对应的会话也可以得到作业管理器的地址。

```
[root@intsmaze-201 flink-1.7.2]#./<flink_home>/bin/flink run -m intsmaze-201:56279 ./examples/
batch/WordCount.jar
```

2.3.2 在 YARN 集群中运行 Flink 作业

除了通过在 Hadoop YARN 环境中启动一个 Flink YARN 会话来部署 Flink 集群，Flink 还支持仅在执行单个 Flink 作业时在 YARN 环境中启动一个独立的 Flink 集群，可直接通过 <flink-home>/bin/flink 脚本启动（无须使用<flink-home>/bin/yarn-session.sh 脚本），只需要附带参数-m yarn-cluster 即可，关于如何提交 Flink 作业到 Flink 集群中的更多细节见 10.5 节。这种方式每次提交 Flink 作业都会创建一个新的 Flink 集群，每个 Flink 作业的运行都相互独立，作业运行完成后，创建的 Flink 集群也会消失。

```
[intsmaze@intsmaze-201 flink-1.7.2]$ ./<flink_home>/bin/flink run -m
yarn-cluster  ./examples/batch/WordCount.jar
...

... INFO  org.apache.flink.yarn.AbstractYarnClusterDescriptor    - Submitting application master
application_1586234680406_0001
... INFO  org.apache.hadoop.yarn.client.api.impl.YarnClientImpl  - Submitted application
application_1586234680406_0001
... INFO  org.apache.flink.yarn.AbstractYarnClusterDescriptor    - Waiting for the cluster to be
allocated
... INFO  org.apache.flink.yarn.AbstractYarnClusterDescriptor    - Deploying cluster, current
state ACCEPTED
... INFO  org.apache.flink.yarn.AbstractYarnClusterDescriptor    - YARN application has been
deployed successfully.
Starting execution of program
```

进入 YARN 的管控台后可以看到如图 2-9 所示的会话。

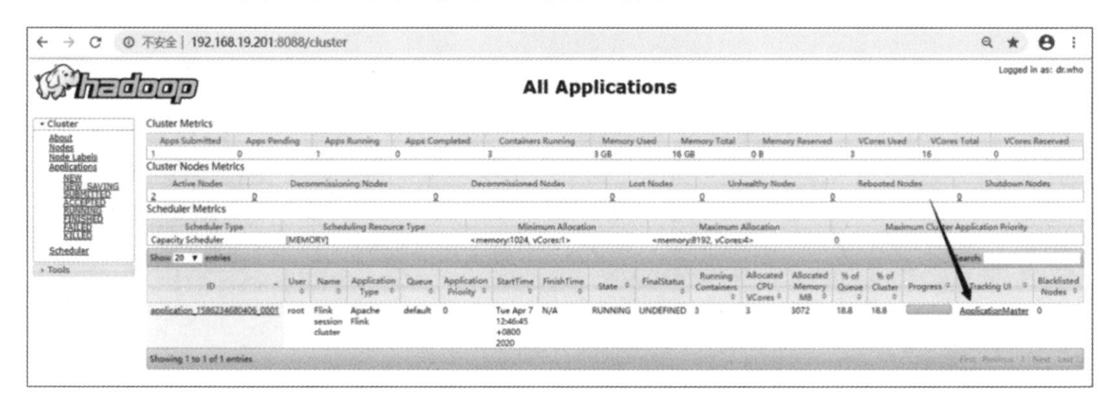

图 2-9

点击该对应会话的 Tracking UI 可进入当前运行 Flink 作业的 Flink 集群的管控台页面，如图 2-10 所示。

图 2-10

2.3.3　Flink 和 YARN 的交互方式

Flink YARN 客户端需要访问 Hadoop 的配置以连接 YARN 资源管理器和 HDFS 集群，Flink YARN 客户端使用以下策略确定 Hadoop 配置。

首先测试 Flink YARN 客户端的本机系统是否设置了 YARN_CONF_DIR、HADOOP_CONF_DIR 或 HADOOP_CONF_PATH（按该顺序）等环境变量。如果设置了这些环境变量之一，则使用它们读取配置。如果没有设置这些环境变量之一，那么将使用本机系统的 HADOOP_HOME 环境变量，如果使用 HADOOP_HOME 环境变量，那么 Flink YARN 客户端将尝试访问$HADOOP_HOME/etc/hadoop（Hadoop 2）和$HADOOP_HOME/conf（Hadoop 1）。

Flink YARN 客户端确定好 Hadoop 配置后，将按照如图 2-11 所示的方式与 YARN 集群进行交互。

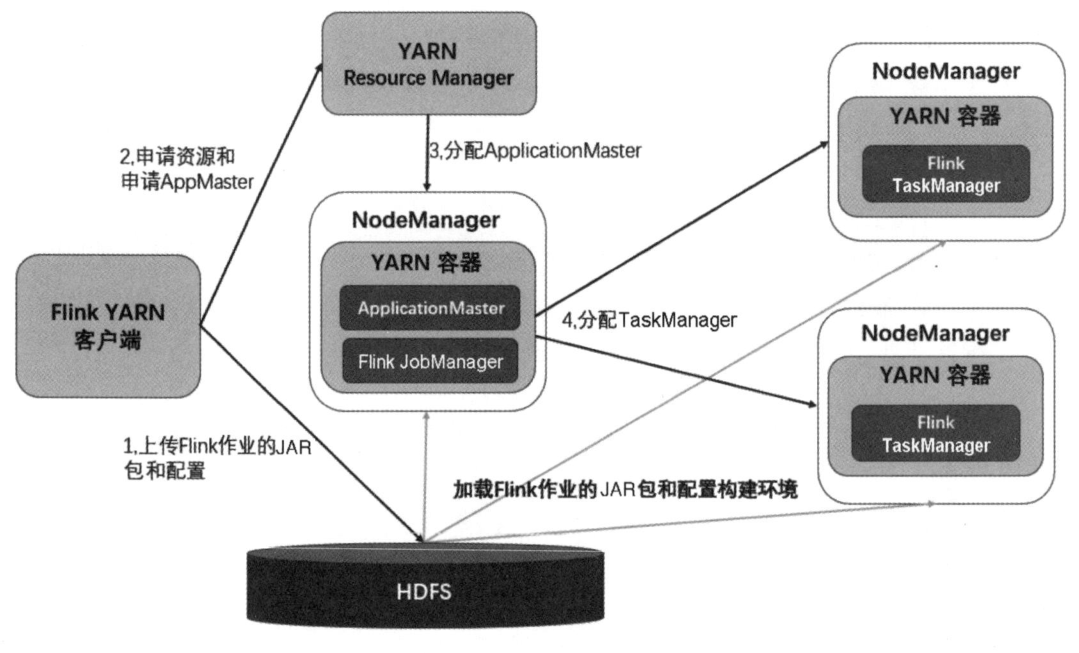

图 2-11

（1）在启动一个新的 Flink YARN 会话时，Flink YARN 客户端先检查所请求的资源（内存和核心数）是否可用，可用之后将 Flink 作业的 JAR 包和配置上传到 HDFS 集群中（步骤 1）。

（2）Flink YARN 客户端请求 YARN 的 Resource Manager（步骤 2）去分配容器资源并通知对应的 NodeManager 启动 ApplicationMaster（步骤 3）。

（3）ApplicationMaster 启动后将从 HDFS 上加载 Flink 作业的 JAR 包和配置的构建环境以启动 JobManager。JobManager 启动之后 ApplicationMaster 向 Resource Manager 申请容器资源以启动 TaskManager（步骤 4）。Resource Manager 分配容器资源后，由 ApplicationMaster 通知容器资源所在的 NodeManager 去启动 TaskManager，随后 NodeManager 将从 HDFS 上加载 Flink 作业的 JAR 包和配置的构建环境并启动 TaskManager，TaskManager 启动后向 JobManager 发送心跳包，并等待 JobManager 向其分配任务。

2.3.4 问题汇总

下面是使用 Flink YARN 客户端时遇到的一些常见问题。另外需要注意一点：在 YARN 模式中，一定要保证集群的时间同步，否则会出现在 YARN 上启动 Flink 集群失败或提交 Flink 作业失败等问题。

1. 删除或重名<flink-home>/conf 下的 log 文件

如果启动一个 Flink YARN 会话时命令行报如下错误，则说明没有将<flink-home>/conf 下的 log4j.properties 和 logback.xml 文件删除或者重命名：

```
[intsmaze@intsmaze-201 flink-1.7.2]$ ./<flink_home>/bin/yarn-session.sh
2020-02-14 21:47:13,610 WARN  org.apache.flink.yarn.AbstractYarnClusterDescriptor
- The configuration directory ('/home/intsmaze/flink/flinkOnYarn/flink-1.7.2/conf')
contains both LOG4J and Logback configuration files. Please delete or rename one of them.
...
```

2. 配置 YARN_CONF_DIR 或 HADOOP_CONF_DIR 环境变量

如果启动一个 Flink YARN 会话时命令行报如下错误，则说明 Flink YARN 客户端所在的机器没有将 YARN_CONF_DIR 或 HADOOP_CONF_DIR 环境变量设置为读取 YARN 和 HDFS 的配置文件：

```
[intsmaze@intsmaze-201 flink-1.7.2]$ ./<flink_home>/bin/yarn-session.sh
2020-02-14 21:47:13,309 WARN  org.apache.flink.yarn.AbstractYarnClusterDescriptor
- Neither the HADOOP_CONF_DIR nor the YARN_CONF_DIR environment variable is set.
The Flink YARN Client needs one of these to be set to properly load the Hadoop configuration for
accessing YARN.
```

切换到 root 用户后修改/etc/profile 文件来添加指定的环境变量，在文件最后添加如下三行内容：

```
export HADOOP_HOME=... #Hadoop 目录
export YARN_CONF_DIR=$HADOOP_HOME/etc/hadoop
export HADOOP_CONF_DIR=$HADOOP_HOME/etc/Hadoop
```

修改好/etc/profile 文件后，使用 source /etc/profile 命令让修改后的环境变量立刻生效。

3. YARN 内存检查

如果启动一个 Flink YARN 会话时命令行报如下错误，则说明是因为虚拟和物理内存检查导致的：

```
[intsmaze@intsmaze-201 flink-1.7.2]$ ./<flink_home>/bin/yarn-session.sh
...
JobManager Web Interface: http://intsmaze-201:53365
The Flink Yarn cluster has failed.
...
```

```
    Failing this attempt.Diagnostics: Container [pid=6756,containerID=
container_1581740048991_0007_01_000001] is running beyond virtual memory limits.
        Current usage: 259.2 MB of 1 GB physical memory used; 2.2 GB of 2.1 GB virtual memory used. Killing
container.
    ...
    Container killed on request. Exit code is 143
    Container exited with a non-zero exit code 143
    For more detailed output, check the application tracking page:
http://intsmaze-201:8088/cluster/app/application_1581740048991_0007
        Then click on links to logs of each attempt.
    . Failing the application.
    2020-02-14 21:06:27,617 WARN  org.apache.flink.yarn.cli.FlinkYarnSessionCli   - If log aggregation
is activated in the Hadoop cluster,
        we recommend to retrieve the full application log using this command:
            yarn logs -applicationId application_1581740048991_0007
    (It sometimes takes a few seconds until the logs are aggregated)
```

YARN 的 NodeManager 能够监控容器的内存（虚拟和物理内存）利用率。如果容器的虚拟内存超过 yarn.nodemanager.vmem-pmem-ratio*mapreduce.reduce.memory.mb 或 mapreduce.map.memory.mb 的值，同时 yarn.nodemanager.vmem-check-enabled 的值为 true，那么此容器将被终止。如果容器的物理内存超过 mapreduce.reduce.memory.mb 或 mapreduce.map.memory.mb 的值，同时 yarn.nodemanager.pmem-check-enabled 的值为 true，那么此容器也将被终止。

面对这种情况，在<hadoop-home>/etc/hadoop/yarn-site.xml 文件中修改下面的参数值即可：

```
<property>
    <name>yarn.nodemanager.vmem-check-enabled</name>
    <value>false</value>
</property>
```

4. HDFS 目录没有权限

如果启动一个 Flink YARN 会话时命令行报如下错误，则说明运行 Flink YARN 客户端的用户不具有对 HDFS 文件系统中/user 目录的执行权限：

```
[intsmaze@intsmaze-201 flink-1.7.2]$ ./<flink_home>/bin/yarn-session.sh
...
2020-05-17 20:27:33,482 ERROR org.apache.flink.yarn.cli.FlinkYarnSessionCli   - Error while running
the Flink Yarn session.
org.apache.flink.client.deployment.ClusterDeploymentException: Couldn't deploy Yarn session
cluster
 ...
        at org.apache.flink.yarn.cli.FlinkYarnSessionCli.main (FlinkYarnSessionCli.java:810)
Caused by: org.apache.hadoop.security.AccessControlException:
                            Permission denied: user=intsmaze, access=EXECUTE,
inode="/user":hdfs:supergroup:drwxr--r--
...
```

在 Linux 中将当前用户切换为 hdfs 用户，然后使用 HDFS 命令修改/user 目录，即目录下所有文件对任何用户都具有可执行权限。

```
[intsmaze@intsmaze-201 ~]# su hdfs
[hdfs@intsmaze-201 root]$  hadoop fs -chmod -R 777 /user
```

2.4　Flink 集群高可用

Flink 集群的作业管理器（JobManager）负责作业调度和资源管理。默认情况下每个 Flink 集群只有一个作业管理器实例，但这样会有一个单点故障问题（SPOF）：如果作业管理器发生了崩溃，则开发者无法向该 Flink 集群提交任何新的作业，并且正在运行的作业也会失败。为此需要使作业管理器具备高可用来保障作业管理器可从故障中恢复，从而消除 SPOF。本节将讲解如何实现 Standalone 模式和 YARN 模式下的 Flink 集群的高可用。

2.4.1　Standalone 模式下 JobManager 的高可用

Standalone 模式下 Flink 集群中作业管理器高可用的总体思想是，随时都有一个作业管理器作为 Leader，并且有多个备用作业管理器可以在 Leader 失败的情况下接管 Leader。这样就可以确保作业管理器没有单点故障，并且只要备用的作业管理器能成为 Leader，Flink 集群就可以正常运转。备用作业管理器实例和主作业管理器实例之间没有明显区别，每个作业管理器都可以充当主角色或备用角色。

图 2-12 是设置了三个作业管理器实例的示例，可以看到在 t0 时刻，最左边的作业管理器为 Leader。在 t1 时刻，作为 Leader 的作业管理器发生了宕机（CRASH），随后在 t2 时刻将中间作为 Standby 的作业管理器自动提升为 Leader 为 Flink 集群提供服务，然后宕机的作业管理器进行故障恢复，到 t3 时刻恢复后的作业管理器成为 Standby。

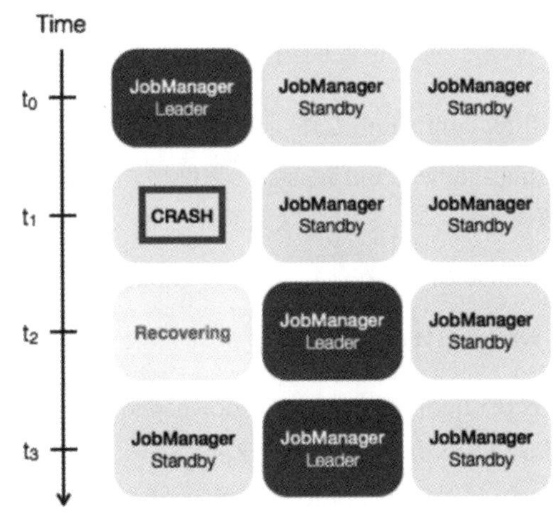

图 2-12

1. 配置

在将 Flink 集群以 Standalone 模式部署后（具体部署方式参见 2.2 节），要实现作业管理器的高可用，就必须将高可用模式设置为 zookeeper，这就需要配置 ZooKeeper 的 quorum 并在<flink-home>/conf/master 文件中配置所有要使用的作业管理器的主机地址及其 Web UI（Web 管控台）的端口，同时在<flink-home>/conf/flink-conf.yaml 中配置 high-availability.* 等参数。

Flink 利用 ZooKeeper 服务以在所有正在运行的作业管理器实例之间进行分布式协调。ZooKeeper 是独立于 Flink 的一项服务，该服务通过 Leader 选举和轻量级一致状态存储以提供高度可靠的分布式协调。Flink 的二进制发行包中包含了用于引导用户简单使用的 ZooKeeper 安装脚本，这里为了方便演示，使用 Flink 内置的 ZooKeeper 安装脚本来启动一个 ZooKeeper 服务。有关 ZooKeeper 的更多信息可以查阅 ZooKeeper 相关资料，这里不过多讲解。

1）配置 Masters 文件

在<flink-home>/conf/masters 文件中配置该 Flink 集群要启动作业管理器的所有主机及 Web 管控台的端口：

```
jobManagerAddress1:webUIPort1
[...]
jobManagerAddressX:webUIPortX
```

默认情况下作业管理器将选择一个随机端口进行进程间通信，可以在<flink_home>/conf/flink-conf.yaml 文件中通过配置 high-availability.jobmanager.port 参数来指定作业管理器之间通信的端口，此参数接收单个值（例如 50010）、范围值（50000～50025）或两者的组合值（50010，50011，50020～50025，50050～50075）。对于范围值和两者的组合值，Flink 将从这指定的范围中随机选择一个端口进行进程间通信。

2）配置 flink-conf.yaml 文件

配置好<flink-home>/conf/masters 文件后，还需在<flink-home>/conf/flink-conf.yaml 文件中添加以下配置参数：

- high-availability（必需）：设置为 zookeeper，以启用高可用模式。

```
high-availability: zookeeper
```

- ZooKeeper quorum（必需）：ZooKeeper 服务器的复制组，它们提供分布式协调服务。每个 addressX:port 都引用一个 ZooKeeper 服务器，要确保 Flink 集群可以通过给定的地址和端口访问对应的 ZooKeeper 服务器。

```
high-availability.zookeeper.quorum: address1:2181[,...],addressX:2181
```

- ZooKeeper root（推荐）：ZooKeeper 根节点，Flink 集群的所有节点都放置在该根节点下。

```
high-availability.zookeeper.path.root: /flink-path-name
```

- ZooKeeper cluster-id（推荐）：在该节点下放置了 Flink 集群所有必需的协调数据。

```
high-availability.cluster-id: /flink-cluster-id  #重要：按集群自定义
```

如果要在同一服务器集群中运行多个独立的高可用的 Flink 集群，且所有高可用的 Flink 集群都公用同一个 ZooKeeper 集群，则必须为每个高可用的 Flink 群集手动配置单独的集群 ID。

- Storage directory（必需）：指定作业管理器中的元数据保留在文件系统中的路径，并且仅将指向此状态的指针存储在 ZooKeeper 中。

```
high-availability.storageDir: hdfs://namenode:9000/filename
```

storageDir 存储了用于恢复作业管理器故障所需的所有元数据。

配置好 Masters 与 flink-conf.yaml 文件后，就可以启动高可用的 Flink 集群了，高可用的 Flink 集群的启动/关闭方式沿用 Standalone 模式的 Flink 集群的启动/关闭方式。

2. 完整示例

下面将一个 Standalone 模式的 Flink 集群配置为高可用。关于 Standalone 模式的 Flink 集群部署见 2.2 节。

需要注意的是，Standalone 模式的 Flink 集群配置为高可用依赖于 Hadoop 的 HDFS，本节假设读者已经安装好了 HDFS 集群。在此处演示中已在 intsmaze-201 节点上部署了 HDFS 的 NameNodes 和 DataNode 服务，在 intsmaze-202 节点上部署了 HDFS 的 DataNode 服务。

我们登录 intsmaze-201 节点进行如下操作。

（1）在<flink-home>/conf/flink-conf.yaml 中配置如下参数，使得作业管理器中的元数据保留在 HDFS 中指定的路径下，同时指定 ZooKeeper 服务的地址。

```
high-availability: zookeeper
high-availability.zookeeper.quorum: intsmaze-201:2181,intsmaze-202:2181
high-availability.zookeeper.path.root: /flink
high-availability.cluster-id: /flinkHA-id-one
high-availability.storageDir: hdfs://intsmaze-201:9000/flink/recovery
```

（2）在<flink-home>/conf/masters 中配置如下参数指定 intsmaze-201 和 intsmaze-202 节点都启动一个作业管理器。

```
intsmaze-201:8081
```

```
intsmaze-202:8081
```

（3）在<flink-home>/conf/zoo.cfg 中配置 ZooKeeper 服务器（这里使用 Flink 内置的 ZooKeeper 服务，如果已经部署了独立的 ZooKeeper 服务，则可以忽略步骤（3）和步骤（5））。

```
server.1=intsmaze-201:2888:3888
server.2=intsmaze-202:2888:3888
```

（4）将 intsmaze-201 节点的/home/intsmaze/flink/standaloneHA/flink-1.7.2 文件夹分发到 intsmaze-202 节点上，以保证该 Flink 目录下的文件必须在每个节点上的同一路径下可用，为此使用 scp 命令将整个 Flink 目录复制到每个工作节点上。

```
scp -r /home/intsmaze/flink/standaloneHA/flink-1.7.2 intsmaze-202:/home/intsmaze/flink/standaloneHA/
```

（5）在 intsmaze-201 节点上启动 ZooKeeper 服务。

```
[intsmaze@intsmaze-201 ~]$ ./<flink-home>/bin/start-zookeeper-quorum.sh
```

（6）启动高可用的 Flink 集群，通过命令行输出的信息可以看到该 Flink 集群以高可用的方式启动，且具有两个 JobManager。

```
[intsmaze@intsmaze-201 ~]$ ./<flink-home>/bin/start-cluster.sh
Starting HA cluster with 2 masters.
Starting standalonesession daemon on host intsmaze-201.
Starting standalonesession daemon on host intsmaze-202.
Starting taskexecutor daemon on host intsmaze-201.
Starting taskexecutor daemon on host intsmaze-202.
```

（7）关闭高可用的 Flink 集群。

```
[intsmaze@intsmaze-201 ~]$ ./<flink-home>/bin/stop-cluster.sh
Stopping taskexecutor daemon (pid: 47467) on host intsmaze-201.
Stopping taskexecutor daemon (pid: 24560) on host intsmaze-202.
Stopping standalonesession daemon (pid: 48018) on host intsmaze-201.
Stopping standalonesession daemon (pid: 24082) on host intsmaze-202.
[intsmaze@intsmaze-201 ~]$ ./<flink-home>/bin/stop-zookeeper-quorum.sh
Stopping zookeeper daemon (pid: 40955) on host intsmaze-201.
Stopping zookeeper daemon (pid: 19517) on host intsmaze-202.
```

（8）访问 Flink 集群的作业管理器的管理控制台页面，分别在浏览器中输入 http://intsmaze-201:8081 和 http://intsmaze-202:8081，可以看到页面最终都跳转到 http://intsmaze- 201:8081 这个地址，也就说明目前作为 Leader 的作业管理器为 intsmaze-201 节点的进程。单击管理控制台页面中的“Job Manager”菜单可以看到如图 2-13 所示的信息，这些信息也说明 Standalone 模式的 Flink 集群的高可用已经生效。

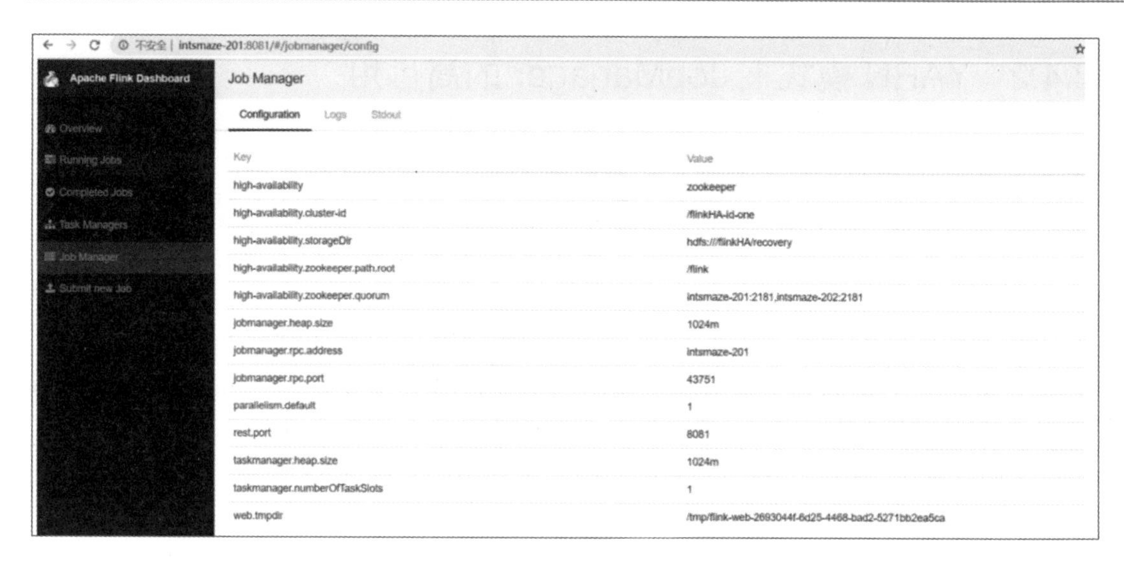

图 2-13

（9）“杀掉”作为 Leader 的作业管理器。

目前作为 Leader 的作业管理器在 intsmaze-201 节点上，登录该节点后使用 JPS 命令获取作业管理器进程的 PID。作业管理器的进程名为 StandaloneSessionClusterEntrypoint，对应的进程的 PID 为 43917。使用 Linux 的 kill 命令“杀掉”作为 Leader 的作业管理器的进程：

```
[intsmaze@intsmaze-201 ~]$ jps
44528 Jps
40955 FlinkZooKeeperQuorumPeer
43917 StandaloneSessionClusterEntrypoint
44414 TaskManagerRunner
[intsmaze@intsmaze-201 ~]$ kill -9 43917
```

intsmaze-201 节点上的作业管理器被手动“kill”后，intsmaze-202 节点上的作业管理器会自动切换为 Leader 状态，在浏览器中再次访问 http://intsmaze- 201:8081 会发现请求失败，稍等片刻后在浏览器中访问 http://intsmaze-202:8081 会发现访问成功。这是因为 intsmaze-202 节点的作业管理器已经由 Standby 变为 Leader 并对 Flink 集群提供协同服务。

（10）将宕机的作业管理器添加进 Flink 集群。在 intsmaze-201 节点上我们将作为 Leader 的作业管理器的进程“杀掉”后，在该节点使用 Flink 的动态扩容脚本将该节点的作业管理器启动并添加进集群中：

```
[intsmaze@intsmaze-201 ~] ./<flink-home>/bin/jobmanager.sh start
```

这时在浏览器中访问 http://intsmaze-201:8081 会跳转到 http://intsmaze-202:8081 这个地址上，也就说明 intsmaze-201 节点的作业管理器启动成功且为 Standby 状态，完成了故障恢复。

2.4.2 YARN 模式下 JobManager 的高可用

在高可用的 YARN 集群中启动一个长期运行的 Flink 集群时并不会运行多个作业管理器实例（ApplicationMaster），只会运行一个作业管理器实例。当作业管理器实例出现故障时，YARN 会重新启动该实例，具体的行为取决于使用的 YARN 版本。

1. 配置

实现 YARN 模式下 Flink 集群作业管理器的高可用，就必须将高可用模式设置为 zookeeper，配置 ZooKeeper 的 quorum 并在<flink-home>/conf/master 文件中配置所有要使用的作业管理器的主机地址及其 Web UI（Web 管控台）的端口，同时在<flink-home>/conf/flink-conf.yaml 中配置 high-availability.* 等参数，最后在<yarn-home>/yarn-site.xml 中配置主要参数。

Masters 文件的配置与 2.4.1 节类似，此处不再介绍。

flink-conf.yaml 文件的配置与 2.4.1 节类似，此处不再介绍相同参数的具体含义。

```
high-availability: zookeeper
high-availability.zookeeper.quorum: address1:2181[,...],addressX:2181
high-availability.zookeeper.path.root: /flink-path-name
high-availability.storageDir: hdfs://namenode:9000/filename
yarn.application-attempts: 10 #必需，配置 ApplicationMaster 重启的次数，重启时整个 Flink 集群将重新启
动，而 YARN 客户端将丢失连接
```

当 yarn.application-attempts 配置为 10 时，意味着 YARN 在确认 Flink 作业管理器失败之前，对于失败的作业管理器 YARN 可以重启 9 次，另外 1 次为作业管理器的初始化。注意：在<yarn-home>/yarn-site.xml 文件中配置的 yarn.resourcemanager.am.max-attempts 是作业管理器重新启动的上限，所以在<flink-home>/conf/flink-conf.yaml 文件中配置的 yarn.application-attempts 不能超过 yarn-site.xml 中配置的上限。

配置 yarn-site.xml 的方法如下。

为了能重启 Flink 集群的作业管理器实例，需要在<yarn-home>/yarn-site.xml 文件中添加以下配置参数来设置作业管理器最多重试次数：

```
<property>
  <name>yarn.resourcemanager.am.max-attempts</name>
  <value>4</value>
  <description>
    The maximum number of application master execution attempts.
  </description>
</property>
```

2. 完整示例

下面将一个 YARN 集群中长期运行的 Flink 集群配置为高可用。

需要注意的是，将 YARN 集群中长期运行的 Flink 集群配置为高可用也依赖于 Hadoop 的 HDFS，具体要求同 2.4.1 节一致。

登录 intsmaze-201 节点进行如下操作。

（1）在<flink-home>/conf/flink-conf.yaml 中配置如下参数，使得作业管理器中的元数据保留在 HDFS 中指定的路径下，同时指定 ZooKeeper 服务的地址。

```
high-availability: zookeeper
high-availability.zookeeper.quorum: intsmaze-201:2181,intsmaze-202:2181
high-availability.zookeeper.path.root: /flinkonyarn
high-availability.storageDir: hdfs://intsmaze-201:9000/flinkonyarn/recovery
yarn.application-attempts: 10
```

（2）在<flink-home>/conf/zoo.cfg 中配置 ZooKeeper 服务器（这里使用 Flink 内置的 ZooKeeper 服务，如果已经部署了独立的 ZooKeeper 服务，则可以忽略步骤（2）和步骤（3））。

```
server.1=intsmaze-201:2888:3888
server.2=intsmaze-202:2888:3888
```

（3）在 intsmaze-201 节点上启动 ZooKeeper 服务。

```
[intsmaze@intsmaze-201 ~]$ ./<flink-home>/bin/start-zookeeper-quorum.sh
```

（4）在 YARN 集群中启动一个长期运行的高可用 Flink 集群。

```
[intsmaze@intsmaze-201 ~]$ ./<flink-home>/bin/yarn-session.sh
2020-02-16 18:06:30,033 INFO  org.apache.flink.runtime.rest.RestClient   - Rest client endpoint started.
Flink JobManager is now running on intsmaze-201:57258 with leader id 85b9f63e-15fd-44ae-9eef-9cd0aa0eb080.
JobManager Web Interface: http://intsmaze-201:46116
```

通过命令行输出的信息我们知道目前作为 Leader 的作业管理器的管控台地址为 http://intsmaze-201:46116。

第3章 Apache Flink的基础概念和通用API

3.1 基础概念

Flink 程序本质上是实施分布式数据集合转换（例如过滤、映射、更新状态、连接、分组、定义窗口、聚合）的常规程序。通过数据源初始化创建分布式数据集合（例如从文件、Kafka主题或本地内存集合中读取数据），程序计算的结果通过接收器返回，例如将数据写入（分布式）文件或标准输出（命令行终端）。Flink 程序既可以在本地 JVM 中执行，又可以在许多机器组成的集群中执行。

根据数据源的类型（即有界数据源或无界数据源），开发者可以编写流/批处理程序，其中 DataSet API 用于批处理，DataStream API 用于流处理。本节将介绍这两种 API 的基本概念，有关使用每种 API 编写 Flink 程序的具体信息，在后面的章节中会讲解。

3.1.1 数据集和数据流

Flink 使用 DataSet 和 DataStream 这两种特殊的类表示 Flink 程序中的数据，我们可以将它们看作不可变的、可包含重复数据的数据集合，类似于 Java 中的常规数据集合。在 DataSet 中，内部的元素数量是有限的；而在 DataStream 中，内部的元素数量是无限的。

虽然这些数据集合类似于 Java 中的常规数据集合，但在某些方面又与 Java 的常规数据集合不同。这些集合内的元素是不可以改变的，这意味着一旦它们被创建，就不能添加或删除元素，也不能简单地查询里面的元素。

一个数据集合最初是通过在 Flink 程序中添加一个数据源而创建的，随后通过使用诸如 Map、Filter 等操作符来转换派生出新的数据集合以达到类似修改数据集合内部元素的效果。

3.1.2　Flink 程序的组成

Flink 程序的编写方式和普通的 Java 程序很相似，每个 Flink 程序都通过如下步骤创建。

（1）获得一个执行环境。

（2）加载/创建初始数据集合。

（3）在此数据集合上指定要做的转换操作。

（4）指定将计算结果（即最终的数据集合）放在哪里。

（5）触发程序执行。

下面对每一个基本步骤进行简单介绍，更多细节将在后面几章中描述。

Java 的 DataSet API 的所有核心类可在 org.apache.flink.api.java 包中找到，而 Java 的 DataStream API 的所有核心类可在 org.apache.flink.streaming.api 包中找到。

StreamExecutionEnvironment 和 ExecutionEnvironment 分别是基于 DataStream API 和 DataSet API 开发 Flink 程序的基础类，开发者可以在 StreamExecutionEnvironment 和 ExecutionEnvironment 类上使用下面列出的静态方法获得一个 Flink 程序的执行环境。

- getExecutionEnvironment()：创建一个执行环境，该环境代表当前在其中执行 Flink 程序的上下文。
- createLocalEnvironment()：创建一个本地执行环境，本地执行环境将在与创建该环境相同的 JVM 进程中以多线程方式运行 Flink 程序，除非手动设置了 Flink 程序中操作符的并行度，否则本地环境中操作符的默认并行度是硬件上下文（CPU 内核/线程）的数量。
- createRemoteEnvironment(String host, int port, String... jarFiles)：创建一个远程执行环境，远程环境将 Flink 程序发送到 Flink 集群中执行。除非手动设置了 Flink 程序中操作符的并行度，否则执行 Flink 程序的操作符任务的默认并行度为 1。将 JAR 文件提交到远程服务器中，需要在调用时指定 Flink 集群中的作业管理器的 IP 地址和端口号，并指定要在集群中运行的 JAR 文件。

一般来说，推荐开发者使用 getExecutionEnvironment()静态方法来获取执行环境，因为这个方法将根据执行 Flink 程序的上下文环境选择正确的操作：如果判断是在 IDE 内执行 Flink 程序，那么它将创建一个本地执行环境，以在本地机器上执行 Flink 程序。如果将 Flink 程序打包成 JAR 文件并通过 Flink 命令行客户端调用它，则 Flink 集群的作业管理器将执行 JAR 文件中的启动类的 main 方法，同时 getExecutionEnvironment()将返回一个执行环境以在集群中执行 Flink 程序。

获取 Flink 程序的执行环境后，下一步就需要指定一个数据源来加载或创建初始数据集合。执行环境提供多种方式来读取数据源，这里以从文件中读取数据为例：可以逐行读取数据，也可以以 CSV 文件的形式读取数据。下面是一个逐行读取文本文件内数据的示例：

```
import org.apache.flink.streaming.api.environment.StreamExecutionEnvironment;
import org.apache.flink.streaming.api.datastream.DataStream;
//获取执行环境
final StreamExecutionEnvironment env = StreamExecutionEnvironment.getExecutionEnvironment();
//从/home/intsmaze/flink/in/file 路径下的文件中读取数据来创建初始数据集合
DataStream<String> input = env.readTextFile("file:///home/intsmaze/flink/in/file");
```

指定数据源后就得到了一个初始的数据集合（这里为 DataStream），随后就可以在 DataStream 上调用 Flink 提供的操作符（方法）去派生新的 DataStream。比如对 DataStream 执行一个 Map 转换操作：

```
import org.apache.flink.streaming.api.datastream.DataStream;
import org.apache.flink.api.common.functions.MapFunction;
...
DataStream<Integer> parsedStream = input.map(new MapFunction<String, Integer>() {
    //将 String 类型的元素转换为 Integer 类型的元素
    @Override
    public Integer map(String value) {
        return Integer.parseInt(value);
    }
});
```

在 DataStream 上调用 Map 操作符将创建一个新的 DataStream，该操作符会将原始数据集合中的每个字符串类型的元素转换为整数类型。当获得一个包含最终结果数据集合的 DataStream 时，Flink 提供了一个数据接收器来将其写入外部系统。下面是创建数据接收器的一些示例方法，分别将 DataStream 中的元素写入文本文件或打印在标准的输出流中。

```
//将 DataStream 中的元素写入/home/intsmaze/flink/out/file 路径下的文件
parsedStream.writeAsText("file:///home/intsmaze/flink/out/file")
//将 DataStream 中的元素打印在标准的输出流中
parsedStream.print()
```

编写了完整的 Flink 程序后，开发者需要通过调用 StreamExecutionEnvironment 或 ExecutionEnvironment 上的 execute(...)方法来触发 Flink 程序的执行。根据执行环境的类型，执行器将选择在本地机器上执行或将 Flink 程序提交到集群中执行。

```
import org.apache.flink.api.common.JobExecutionResult;
...
//触发程序执行
JobExecutionResult execute = env.execute("hello intsmaze");
```

execute(...)方法会返回一个 JobExecutionResult 对象，它包含 Flink 程序的执行时间和累加器的结果。

至此已经介绍了 Flink 程序的基本组成，后面会详细介绍 DataStream 和 DataSet 支持的各种转换操作符。

3.1.3 延迟计算

所有 Flink 程序都是延迟执行的，也就是说当 Flink 程序的 main 方法被执行时，数据集合的加载和转换并不会立刻发生，而是创建每一个转换，并将操作添加到 Flink 程序的执行计划中，只有在执行环境中调用 execute(...)方法时才显式地触发执行操作。Flink 程序在本地执行还是在集群中执行取决于执行环境的类型。

3.1.4 指定分组数据集合的键

Flink 提供的一些转换操作符（Join、CoGroup、KeyBy、GroupBy）会要求在数据集合中定义一个 Key，以保证其他一些转换操作符（Reduce、GroupReduce、Aggregate、Window）能应用之前在 Key 上分组的数据。

在使用 DataSet API 的程序中指定 Key 的方式：

```
DataSet<T> input = // [...]
DataSet<T> reduced = input
  .groupBy(/*在这里定义分组数据集的 Key*/)
  .reduceGroup(/*执行逻辑操作*/);
```

在使用 DataStream API 的程序中指定 Key 的方式：

```
DataStream<T> input = // [...]
DataStream<T> windowed = input
  .keyBy(/*在这里定义分组数据流的 Key*/)
  .window(/*窗口格式*/);
```

Flink 的数据模型不要求数据集合中的元素类型一定要基于键值对，因此开发者并不需要将数据集合中的元素类型组装成 Key-Value 形式。键是“虚拟的”，它们被定义为实际数据的函数以指导分组操作符。

接下来将使用 DataStream API 的 KeyBy 操作符来演示如何对数据流中的元素进行分组，对于 DataSet API，只需用 DataSet 和 groupBy 替换 DataStream 和 keyBy 即可。

1. 使用索引定义键

对于元组（Tuples）类型的数据流，可以通过指定索引的方式定义元组类型的数据流的键来分组数据流。

在下面这个例子中，Tuples 类型的数据流将根据 Tuples 中的第一个字段进行分组（这个字段是 Integer 类型）：

```
DataStream<Tuple3<Integer,String,Long>> input = // [...]
KeyedStream<Tuple3<Integer,String,Long>,Tuple> keyed = input.keyBy(0)
```

在下面这个例子中，Tuples 类型的数据流将根据 Tuples 中的第一个和第二个字段组成的复合键进行分组：

```
DataStream<Tuple3<Integer,String,Long>> input = // [...]
KeyedStream<Tuple3<Integer,String,Long>,Tuple> keyed = input.keyBy(0,1)
```

将嵌套的 Tuples 中完整的 Tuple2 类型的字段作为键（以 Integer 和 Float 为键）来分组数据流。如果开发者想进一步指定嵌套的 Tuple2 中的某个字段作为键，则使用指定索引的方式就无法实现了，必须使用下面介绍的字段表达式方式去指定键。

```
DataStream<Tuple3<Tuple2<Integer, Float>,String,Long>> input = // [...]
KeyedStream<Tuple3<Tuple2<Integer, Float>,String,Long>> keyed = input.keyBy(0)
```

2. 使用字段表达式定义键

除了使用索引的方式指定 Tuples 类型的数据流中的键，还可以使用基于字符串的字段表达式来引用嵌套字段并定义分组键来分组数据流。

通过 POJO 的字段名称来选择它的属性，例如“name”指的是 POJO 类型的“name”字段。同时因为 Tuples 类型也是 POJO，所以可以按字段名称来选择元组中的字段，例如“f0”指的是 Tuples 类型的第一个字段。

字段表达式可以很容易地选择（嵌套）复合类型中的字段。例如“person.name”指的是存储在 POJO 类型的“person”字段中的 POJO 的“name”字段，甚至可以支持任意嵌套/混合 POJO 和 Tuples，例如“person.bankCard.f1”。

下面的例子中有一个包含两个字段“person”和“count”的 City POJO 类和包含三个字段“name”“age”“bankCard”的 Person POJO 类。

```
//一个嵌套的 POJO
public static class City {
  public Person person; //嵌套 POJO
  public int count;
}
public static class Person{
  public String name;
  public float age;
  public Tuple3<Long, Long, String> bankCard;
}
```

对于类型为 City 的数据流，如果要按字段“person”进行分组，那么只需将其名称传递给 KeyBy 操作符即可。

```
DataStream<City> cityDataStream = // [...]
KeyedStream<City> resultDataStream = cityDataStream.keyBy("person");
```

对于将嵌套 City 中的 Person 类型的某个字段作为键来分组数据流，通过字段表达式就很容易实现。

```
DataStream<City> cityDataStream = // [...]
KeyedStream<City> resultDataStream = cityDataStream.keyBy("person.age");
```

3. 使用键选择器函数定义键

还有一种定义键的方式是使用 KeySelector 函数，键选择器函数接收单个元素作为输入，并返回元素的键，返回的键可以是任何类型，且由任意的计算推导出来。

下面的示例显示了一个使用键选择器函数将返回 Person 对象的 CityCode 字段作为分组数据流的键：

```
//一个普通的 POJO
public class Person {
    public String name;
    public Integer cityCode;
}
import org.apache.flink.api.java.functions.KeySelector;
DataStream<Person> words = // [...]
KeyedStream<Person> keyed = words
  .keyBy(new KeySelector<Person, Integer>() {
     public Integer getKey(Person person) {
         return person.cityCode;
     }
   });
```

3.1.5 指定转换函数

大多数操作符提供对应的函数供用户定义以执行相应的逻辑，Flink 提供了多种方式将用户定义的函数传递到 DataStream 或 DataSet 的操作符上。

1. 实现 Interface

所有用户定义的函数都可以实现对应操作符提供的接口，例如下面实现了对应 Map 操作符提供的 MapFunction 接口。

```
import org.apache.flink.api.common.functions.MapFunction;
public class MyMapFunction implements MapFunction<String, Integer> {
  public Integer map(String value)
  {
      return Integer.parseInt(value);
   }
};
```

将用户定义的函数应用在对应数据流的 Map 操作符上：

```
dataStream.map(new MyMapFunction());
```

2. 继承富函数

所有用户定义的函数都可以继承对应操作符提供的富函数抽象类，例如下面的代码继承了对应 Map 操作符提供的 RichMapFunction 抽象类。

```
import org.apache.flink.api.common.functions.RichMapFunction;
public class MyMapFunction extends RichMapFunction<String, Integer> {
  public Integer map(String value) {
      return Integer.parseInt(value);
  }
};
```

将用户定义的函数应用在对应数据流的 Map 操作符上：

```
dataStream.map(new MyMapFunction());
```

富函数除了提供用户定义的方法（map、reduce 等），还提供另外四个方法（open、close、getRuntimeContext、setRuntimeContext）。这些额外的方法用于参数化函数，创建和保存本地状态，以及访问运行时信息（如累加器和计数器等）。

3. 匿名类

对于实现了对应操作符提供接口的用户定义的函数或者继承了对应操作符提供的抽象类的用户定义的函数，还可以通过匿名类的方式将用户定义的函数传递到对应数据流的操作符上。

```
import org.apache.flink.api.common.functions.MapFunction;
dataStream.map(new MapFunction<String, Integer> () {
  public Integer map(String value) {
      return Integer.parseInt(value);
  }
});

import org.apache.flink.api.common.functions.RichMapFunction;
dataStream.map (new RichMapFunction<String, Integer>() {
  public Integer map(String value) {
      return Integer.parseInt(value);
  }
});
```

4. Java 8 的 Lambda 语法

对于使用 Java API 进行 Flink 程序的开发，Flink 还支持使用 Java 8 的 Lambda 语法来应用用户定义的函数：

```
dataStream.map(value -> value+"intsmaze")
```

3.1.6　支持的数据类型

Flink 对 DataSet 和 DataStream 中的数据类型做了一些限制，这样做的原因是为了使 Flink 系统能够通过分析 DataSet 和 DataStream 中的数据类型来确定有效的执行策略。下面列出了 Flink 支持的七种不同的数据类型。

1. Tuples 和 Case 类

下面仅演示 Java 的 Tuples，Scala 的案例请参考官方文档。元组（Tuples）是包含固定数量的各种类型字段的复合类型，元组的每个字段都可以是元组类型，从而成为一个嵌套元组。Java API 提供了从 Tuple1 到 Tuple25 一共 25 个预定义的类，Tuple#{num}中的#{num}表示该元组内保存几个字段，可以根据具体的业务场景需要的字段数量选择 Tuple#{num}。查看 Flink 的源码也可以看到 Tuples 自动支持最多 25 个字段，如图 3-1 所示。

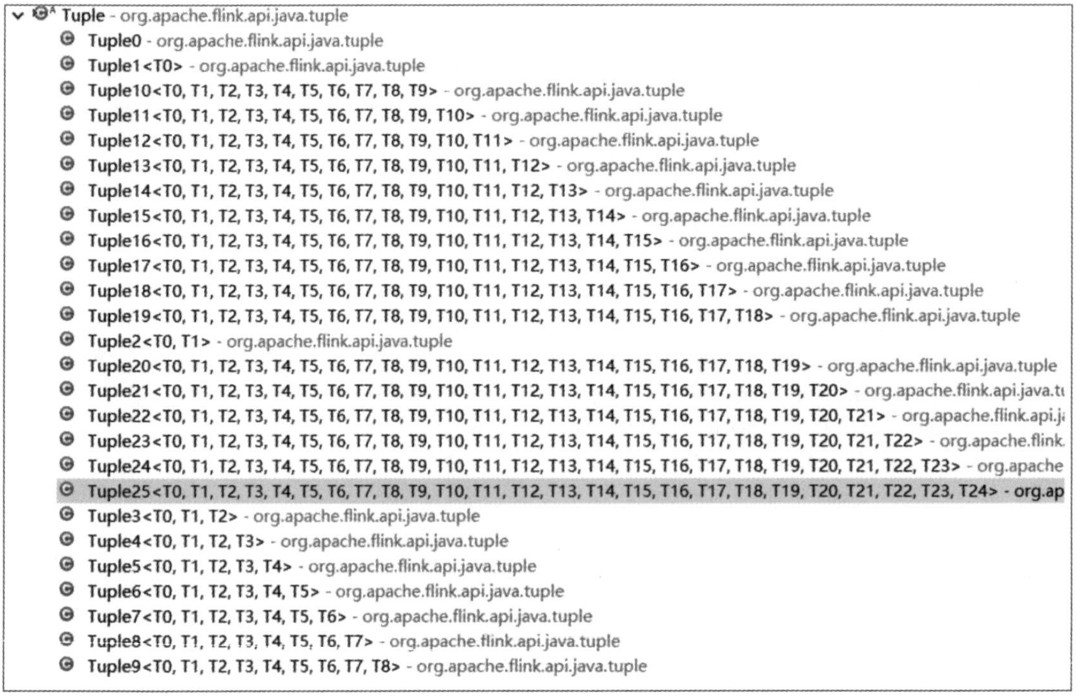

Tuple - org.apache.flink.api.java.tuple
Tuple0 - org.apache.flink.api.java.tuple
Tuple1<T0> - org.apache.flink.api.java.tuple
Tuple10<T0, T1, T2, T3, T4, T5, T6, T7, T8, T9> - org.apache.flink.api.java.tuple
Tuple11<T0, T1, T2, T3, T4, T5, T6, T7, T8, T9, T10> - org.apache.flink.api.java.tuple
Tuple12<T0, T1, T2, T3, T4, T5, T6, T7, T8, T9, T10, T11> - org.apache.flink.api.java.tuple
Tuple13<T0, T1, T2, T3, T4, T5, T6, T7, T8, T9, T10, T11, T12> - org.apache.flink.api.java.tuple
Tuple14<T0, T1, T2, T3, T4, T5, T6, T7, T8, T9, T10, T11, T12, T13> - org.apache.flink.api.java.tuple
Tuple15<T0, T1, T2, T3, T4, T5, T6, T7, T8, T9, T10, T11, T12, T13, T14> - org.apache.flink.api.java.tuple
Tuple16<T0, T1, T2, T3, T4, T5, T6, T7, T8, T9, T10, T11, T12, T13, T14, T15> - org.apache.flink.api.java.tuple
Tuple17<T0, T1, T2, T3, T4, T5, T6, T7, T8, T9, T10, T11, T12, T13, T14, T15, T16> - org.apache.flink.api.java.tuple
Tuple18<T0, T1, T2, T3, T4, T5, T6, T7, T8, T9, T10, T11, T12, T13, T14, T15, T16, T17> - org.apache.flink.api.java.tuple
Tuple19<T0, T1, T2, T3, T4, T5, T6, T7, T8, T9, T10, T11, T12, T13, T14, T15, T16, T17, T18> - org.apache.flink.api.java.tuple
Tuple2<T0, T1> - org.apache.flink.api.java.tuple
Tuple20<T0, T1, T2, T3, T4, T5, T6, T7, T8, T9, T10, T11, T12, T13, T14, T15, T16, T17, T18, T19> - org.apache.flink.api.java.tuple
Tuple21<T0, T1, T2, T3, T4, T5, T6, T7, T8, T9, T10, T11, T12, T13, T14, T15, T16, T17, T18, T19, T20> - org.apache.flink.api.java.tu
Tuple22<T0, T1, T2, T3, T4, T5, T6, T7, T8, T9, T10, T11, T12, T13, T14, T15, T16, T17, T18, T19, T20, T21> - org.apache.flink.api.j
Tuple23<T0, T1, T2, T3, T4, T5, T6, T7, T8, T9, T10, T11, T12, T13, T14, T15, T16, T17, T18, T19, T20, T21, T22> - org.apache.flink.
Tuple24<T0, T1, T2, T3, T4, T5, T6, T7, T8, T9, T10, T11, T12, T13, T14, T15, T16, T17, T18, T19, T20, T21, T22, T23> - org.apache
Tuple25<T0, T1, T2, T3, T4, T5, T6, T7, T8, T9, T10, T11, T12, T13, T14, T15, T16, T17, T18, T19, T20, T21, T22, T23, T24> - org.ap
Tuple3<T0, T1, T2> - org.apache.flink.api.java.tuple
Tuple4<T0, T1, T2, T3> - org.apache.flink.api.java.tuple
Tuple5<T0, T1, T2, T3, T4> - org.apache.flink.api.java.tuple
Tuple6<T0, T1, T2, T3, T4, T5> - org.apache.flink.api.java.tuple
Tuple7<T0, T1, T2, T3, T4, T5, T6> - org.apache.flink.api.java.tuple
Tuple8<T0, T1, T2, T3, T4, T5, T6, T7> - org.apache.flink.api.java.tuple
Tuple9<T0, T1, T2, T3, T4, T5, T6, T7, T8> - org.apache.flink.api.java.tuple

图 3-1

下面是 Tuple2 类的源码，可以发现它内部维护了两个字段，字段的访问权限都是 public，且字段名为 f0、f1，这也说明了为什么元组类型的元素可以直接使用字段名称（比如 tuple2.f0）作为分组数据集合的键，同时通过 getField(int position)方法也解释了为何元组类型的元素还可以通过指定索引的方式指定元组中对应的字段作为分组数据集合的键，其中方法的参数 position 代表字段索引的位置，字段索引从 0 开始。

```
package org.apache.flink.api.java.tuple;
...
public class Tuple2<T0, T1> extends Tuple {
 /** 元组索引为 0 的字段 */
 public T0 f0;
 /** 元组索引为 1 的字段 */
 public T1 f1;
 public Tuple2() {}
 public Tuple2(T0 value0, T1 value1) {
  this.f0 = value0;
  this.f1 = value1;
 }
 public <T> T getField(int pos) {
  switch(pos) {
```

```
      case 0: return (T) this.f0;
      case 1: return (T) this.f1;
      default: throw new IndexOutOfBoundsException(String.valueOf(pos));
     }
    }
   }
```

对于包含许多字段的复合数据类型，建议使用 POJO 而不是 TupleX，因为 POJO 可用于为大型 TupleX 提供友善的字段名称。

2. POJO

如果满足以下要求，则 Java 类将被 Flink 视为特殊的 POJO 数据类型：

- 类的访问权限必须是 public。
- 类必须有一个没有参数的公共构造函数（默认构造函数）。
- 类的所有字段都是可以访问的，字段类型为 public 或者字段都能通过 getter 和 setter 方法去访问。比如名为 name 的字段，如果该字段的访问权限不是 public，那么它的 getter 和 setter 方法必须命名为 getName()和 setName(String name)且该问权限必须是 public。
- 字段的类型必须是 Flink 支持的，Flink 目前使用序列化框架 Avro 序列化任意对象。

以下示例显示了一个包含两个字段的简单 POJO：

```
public class WordCount {
    private String word;
    private int count;
    public WordCount () {}
    public WordCount (String word, int count) {
        this.word = word;
        this.count = count;
    }

    public String getWord() {
        return word;
    }

    public void setWord(String word) {
        this.word = word;
    }

    public int getCount() {
        return count;
    }

    public void setCount(int count) {
        this.count = count;
    }
}
```

3. 基本类型

Flink 支持所有 Java 基本类型，比如 Integer、String 和 Double 等。

4. 一般类型

Flink 支持大多数 Java 类，对于包含无法序列化字段的类是限制使用的，比如文件指针、I/O 流或其他本地资源。只要是遵循 Java Beans 约定设计的类一般都可以在 Flink 中良好地运行。对于未被 Flink 识别为 POJO 类型的类都被 Flink 作为一般类型来处理，Flink 将这些数据类型视为黑匣子，无法访问其内容（即进行高效排序）。一般类型将使用序列化框架 Kryo 进行序列化或反序列化。

5. Value

Value 类型需要开发者手动描述它们的序列化和反序列化方式。它们不使用通用的序列化框架，而是实现 org.apache.flink.types.Value 接口的 write(DataOutputView out)和 read(DataInputView in)方法来提供自定义序列化和反序列逻辑。需要注意一点的是，实现 Value 接口时，要保证实现的类具有默认的构造函数。

如果开发者无法正确实现自己的 Values 类，则可以参考 Flink 内置的 org.apache.flink.types.Value 接口的 IntValue（org.apache.flink.types.IntValue）类的具体实现。

当通用序列化框架的序列化和反序列化的效率非常低时，推荐使用 Value 类型。例如，有一个数据类型，它实现一个稀疏的元素 vector 作为数组。数组中的大部分元素为零，自定义序列化和反序列化可以对非零元素使用特殊编码，而通用序列化方法将简单地写入所有数组元素。

6. Hadoop Writable

开发者也可以使用实现 org.apache.hadoop.io.Writable 接口的类型，在 write(DataOutput out)和 readFields(DataInput in)方法中定义的序列化和反序列化逻辑。需要注意一点的是，字段的反序列化顺序与序列化时的顺序要保持一致。下面是一个实现了 org.apache.hadoop.io.Writable 接口的简单示例。

```
import org.apache.hadoop.io.Writable;
public class IntsmazeBean implements Writable{

    private long intsmaze;

    public IntsmazeBean() {}

    //序列化方法
    @Override
    public void write(DataOutput out) throws IOException {
        out.writeLong(intsmaze);
    }
```

```
    //反序列化方法
    @Override
    public void readFields(DataInput in) throws IOException {
        this.intsmaze = in.readLong();
    }
}
```

7. 特殊类型

特殊的类型包括 Scala 的 Either、Option 和 Try。Flink 的 Java API 具有自己的 Either 自定义实现 org.apache.flink.types.Either，它代表了 Left 或 Right 两种可能类型的值，对于错误处理或需要输出两种不同类型记录的操作来说，它是很有用的。

3.2 Flink 程序模型

本节将简单介绍 Flink 的程序模型，初学者可能一时无法理解这些概念，如果无法理解，建议读者大体浏览一遍后就跳过该节，等待熟悉 Flink 的每一个具体的特性后再回顾该节。

3.2.1 程序和数据流

一个 Flink 程序的基本构建块是流（streams）和转换（transformations），需要注意 Flink 的 DataSet API 中使用的数据集内部也是流。从概念上讲，流是数据记录的（可能是无限的）流动，而转换是流上的一个操作，转换操作以一个或多个流作为输入并产生一个或多个流作为输出结果。

在 Flink 集群中运行一个 Flink 程序（这里我们也将在 Flink 集群中运行的程序称为作业）时，该程序将映射到由流和转换组成的数据流，每个数据流从一个或多个数据源开始，并在一个或多个数据接收器中结束，数据流类似于任意的有向无环图（DAG）。

下面是一个 Flink 程序的简单示例，读者可以暂时忽略对该程序的剖析，只需要知道该程序的数据流从 addSource(...)操作符指定的数据源开始，经过了 Map、KeyBy/Window/Apply 操作符的转换，最后通过 addSink(...)操作符指定一个数据接收器来结束数据流即可。

```
...
env.setParallelism(2);
DataStream<String> dataSource = env.addSource(new FlinkKafkaConsumer<>(...));

DataStream<String> mapStream = dataSource.map((MapFunction<String, String>) value -> {
            return userDefinedMethod(value);
        });

DataStream<String> resultStream=mapStream.keyBy("id")
        .timeWindow(Time.seconds(10))
        .apply(new UserDefinedApplyWindowFunction())
```

```
resultStream.addSink(new FlinkKafkaProducer(...)).setParallelism(1);
...
```

该 Flink 程序对应的程序模型如图 3-2 所示。

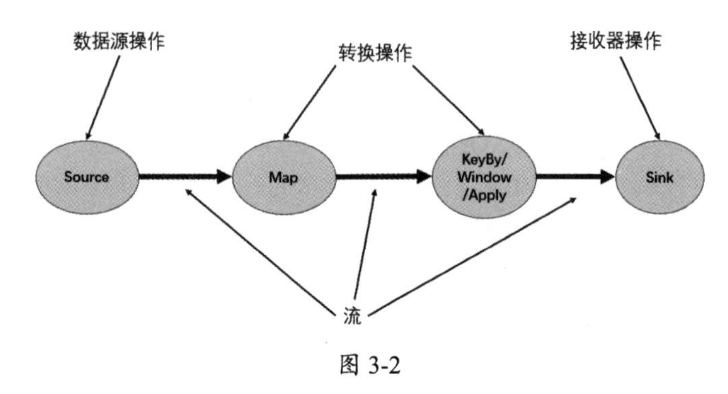

图 3-2

通常情况下，Flink 程序中的转换与数据流中的操作符之间通常存在一对一的对应关系，但有时候一个转换可能由多个操作符组成。

3.2.2 并行数据流

Flink 程序本质上是并行和分布式的，在 Flink 程序执行的过程中，一个流会有一个或多个流分区，每个操作符都有一个或多个操作符子任务，这些操作符子任务彼此独立，在不同的线程中执行，并且可能在不同的机器或容器中执行。

一个特定操作符的子任务的个数被称为并行度，一个流的并行度总是等同于其操作符的并行度，同时一个 Flink 程序中不同的操作符可能具有不同的并行度。

上一节中的 Flink 程序对应的并行化视图如图 3-3 所示，Source、Map、KeyBy/Window/ Apply 操作符的并行度为 2，Sink 操作符的并行度为 1。

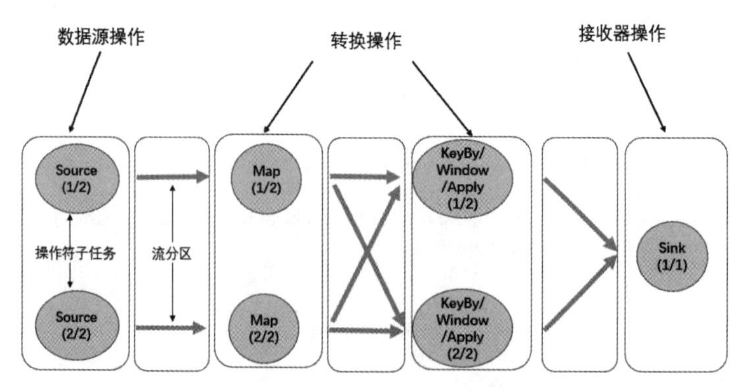

图 3-3

流可以在两个操作符之间以一对一模式传输数据，也可以以重新分配模式传输数据，具体是哪一种传输模式取决于操作符的种类。

- 一对一模式的流（比如图 3-3 中的 Source 和 Map 两个操作符之间）维护着元素的分区和排序，这意味着 Map 操作符的子任务 1 看到的元素的个数和顺序与 Source 操作符的子任务 1 生产的元素的个数和顺序相同。
- 重新分配模式的流（如图 3-3 的 Map 和 KeyBy/Window/Apply 操作符之间，以及 KeyBy/Window/Apply 和 Sink 操作符之间）将改变流的分区，每个操作符的子任务根据选择的转换方式将数据发送给不同的目标子任务，这里 KeyBy 操作符将通过 Hash 键进行重新分配。元素在操作符之间以重新分配模式进行传输时，元素之间的顺序只保存在每对发送和接收子任务中（如图 3-3 的 Map 操作符的子任务 1 和 KeyBy/Window/Apply 操作符的子任务 2），在这个示例中，每个键内的顺序被保留了，但是操作符并行度的存在确实引入了非确定性的顺序，即不同键的聚合结果到达 Sink 操作符的顺序无法保证。

在 10.2 节中可以找到关于配置和控制 Flink 程序并行度的更多细节。

3.2.3 窗口

聚合事件（如 count、sum）在流处理程序中的工作方式与批处理程序中的工作方式有所不同。例如，不可能对流中的所有元素进行计数，因为流一般是无穷大的（数据是无限的）。流上的聚合（如 count、sum）只能依赖窗口机制来实现，例如“统计过去 10 分钟的元素个数”或“最近 200 个元素的总和”。

窗口的范围可以由时间划分（例如：每 60 秒为一个窗口），或者由数据的个数划分（例如：每 200 个元素为一个窗口），图 3-4 是窗口在数据流中的逻辑化表示。除此之外 Flink 还提供不同类型的窗口，例如滚动窗口（无重叠）、滑动窗口（有重叠）和会话窗口（被不活动的间隙打断）。

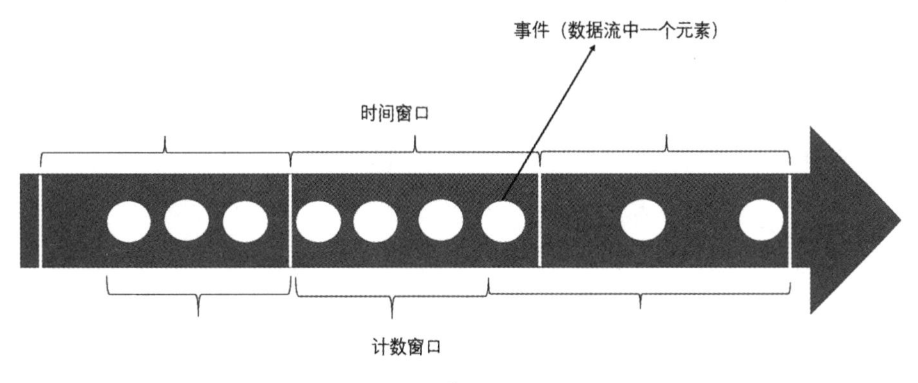

图 3-4

在 6.1 节中会讲解窗口的更多细节。

3.2.4 时间

时间是流处理程序的另一个重要组成部分，因为事件总是在特定时间点发生的，大多数的事件流（数据流）都拥有事件本身所自带的时间属性。其实许多常见的流处理程序都是基于时间语义进行开发的，例如窗口聚合、会话计算、模式检测和基于时间的连接等，但由于在大部分开发场景中流处理程序是基于处理时间语义进行开发的，因此开发者对时间语义在流处理程序中的重要性感受并不强烈。

在进行流处理程序的开发时，一个无法避免的问题是如何为流处理程序选择一个正确的时间语义，Flink 提供了 3 种时间语义：Event Time、Ingestion Time 与 Processing Time。

- Event Time（事件时间）：是每个事件（记录）在其生产设备上发生的时间，这个时间通常在每个事件进入流处理程序之前就已经嵌入每个事件了，并且可以从每个事件中提取事件时间戳。例如发生信用卡交易事件时，该事件的交易时间“2020/01/23 10:04:00.960”将作为附加的时间戳字段跟随交易事件（记录）进入流处理程序。
- Ingestion Time（摄入时间）：是事件进入流处理程序的时间，即事件进入流处理程序数据源函数时的时间戳。例如发生信用卡交易事件时，虽然该事件的交易时间“2020/01/23 10:04:00.960”作为附加的时间戳字段跟随交易事件（记录）进入流处理程序，但事件进入流处理程序中的数据源函数时的时间“2020/01/23 10:04:01.960”才是摄入时间。
- Processing Time（处理时间）：是执行基于时间操作的每个操作符的本地时间，也就是处理该事件（记录）的流处理程序所在操作系统的时间，它与事件本身的时间戳无关。处理时间根据处理引擎的机器时钟触发计算，一般适用于有着严格的低延迟需求，并且能够容忍近似结果的流处理程序。

图 3-5 以 POS 机刷卡来说明事件的每种时间发生的位置。

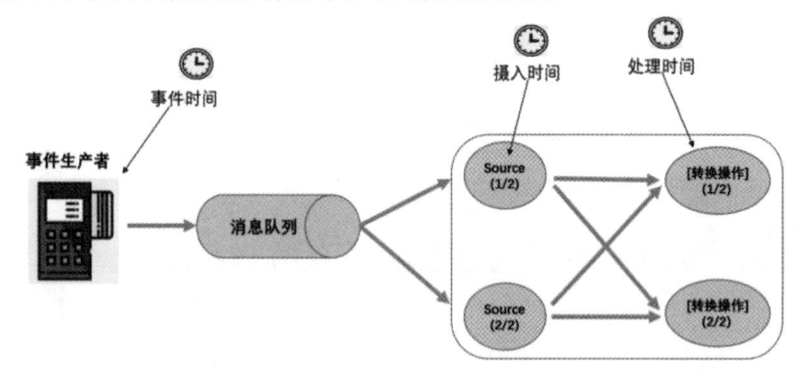

图 3-5

在 6.2 节中可以找到关于时间的更多细节。

3.2.5 有状态计算

如果流处理程序的每次计算只依赖于当前输入的数据，根据当前输入的数据产生独立的计算结果，则该计算是无状态的计算，比如流处理程序接收 Kafka 服务传来的消息，将消息以 JSON 格式进行解析后存入外部数据库就是无状态的计算。

如果流处理程序的每次计算不仅依赖于当前输入的数据，还依赖于该次计算之前的计算结果，则该计算是有状态的计算。比如用户消费总金额，当天用户的交易金额会累计在之前该用户的所有交易金额之上从而得到该用户当前交易的总金额。在这个计算过程中，每个用户的交易总金额就是一个状态数据。

有状态计算中的状态可以被认为是一种内置在流处理程序中的 Key/Value 存储介质。状态被严格地与有状态操作符读取的流一起分区和分发，因此只有在 KeyBy 操作符之后的 KeyedStream 上才能访问 Key/Value 状态，并且只能访问与当前事件的 Key 关联的值。

有状态计算是 Flink 中的重要特性，Flink 为此提供了许多状态管理相关的特性支持，其中包括：

- **多种状态基础类型**：Flink 提供了多种状态基础类型用于满足状态数据的不同存储需求，例如原子值（ValueState）、列表（ListState）和映射（MapState）。开发者可以基于处理函数对状态的访问方式，选择最高效、最适合的状态基础类型。
- **插件化的状态后端**：状态后端负责管理流处理程序中的计算状态，并在需要的时候执行检查点操作。Flink 支持多种状态后端实现，可以将状态存储在内存或者 RocksDB（RocksDB 是一种高效的嵌入式、持久化键值存储引擎）等状态后端中。
- **超大数据量状态**：Flink 能够利用其异步和增量式的检查点算法来存储 TB 级别的状态数据。
- **可弹性伸缩的应用**：Flink 能够通过在更多或更少的工作节点上对状态进行重新分布来支持有状态的流处理程序的分布式的横向伸缩。

关于有状态计算的更多细节见 5.1 节。

3.2.6 容错检查点

Flink 中的每个操作符都可以是有状态的，有状态操作符在单个元素的处理过程中会存储计算的数据，但是当作业（流处理程序）发生失败后进行恢复时，该操作符中存储的本地状态就会丢失。为了使状态具备容错特性，Flink 需要定期对作业中完整状态的快照执行检查点操作以将其持久化存储在硬盘中，使得恢复失败的作业时仍能访问失败前的状态数据，让作业具有与无故障执行相同的结果。

在流处理程序的开发中，消息的语义一般有三种：

（1）At Most Once：上游操作符发送给下游操作符的数据最多只会接收 1 次（也可能是 0 次，代表上游操作符发送给下游操作符的数据发生了丢失），也就是说上游操作符发送数据给下游操作符时，无论该数据是否被下游操作符成功接收，上游操作符都不会再发送该数据了。

（2）At Least Once：上游操作符发送给下游操作符的数据最少接收 1 次（也可能是多次，代表上游操作符发送给下游操作符的数据出现了重复），也就是说上游操作符发送数据给下游操作符时，如果下游操作符在规定的时间内没有回复上游操作符接收成功的响应，那么上游操作符就会重发该数据给下游操作符，直到收到下游操作符对该数据接收成功的响应。

（3）Exactly Once：上游操作符发送给下游操作符的数据会确保只收到一条。

Flink 的容错检查点机制允许开发者在 At Least Once 与 Exactly Once 之间进行灵活的选择。

3.2.7 状态后端

当作业（流处理程序）的检查点机制被激活后，每次执行检查点操作就会将完整状态的当前快照持久化存储来防止作业失败导致状态数据丢失后无法从之前的状态恢复。状态如何在内部表示，以及在检查点上如何持久保存取决于所选的状态后端。Flink 提供不同的状态后端来指定状态存储的方式和位置。状态可以位于 Java 的堆内，也可以位于 Java 的堆外。根据选择的状态后端，Flink 还可以管理作业的状态，这意味着 Flink 可以进行内存管理，必要的话会将内存中的状态溢出到磁盘存储，以允许作业保存非常大的状态。

图 3-6 描绘了作业在 Flink 集群中执行检查点操作时的大致流程。

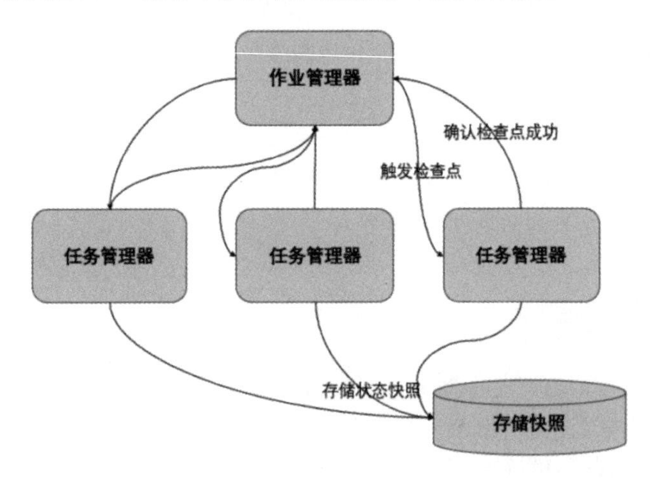

图 3-6

3.2.8 保存点

保存点是作业（流处理程序）执行时状态的一致性快照，它是通过 Flink 的检查点机制创建的，保存点允许在不丢失任何状态的情况下更新作业或升级 Flink 集群。

保存点类似于定期检查点，只是保存点是由用户手动触发的检查点操作，它获取作业的状态快照并将其写入状态后端，用户可以使用 Flink 命令行客户端操作来创建作业的保存点，或者在取消作业时自动创建该作业的保存点。

3.3 Flink 程序的分布式执行模型

简单了解了 Flink 的程序模型后，本节将进一步讲解 Flink 程序的分布式执行模型。初学者可能一时无法理解这些概念，如果无法理解，建议读者大体浏览一遍后就跳过本节，等熟悉 Flink 的每一个具体的特性后再回顾本节。

3.3.1 任务和任务链

在分布式计算环境中，Flink 会将同一个 Flink 程序中具有依赖关系的多个操作符的子任务链接到一起形成一个任务链，每个任务链由一个线程执行。将多个操作符子任务链接为一个任务是 Flink 的一个有用优化：它减少了线程到线程的切换和缓冲的开销，并在减少延迟的同时提高了总体吞吐量（减少了序列化与反序列化，减少数据在缓冲区的交换）。

这里仍然以 3.2 节中的 Flink 程序的模型进行讲解，该程序模型对应的数据流逻辑视图如图 3-7 所示。

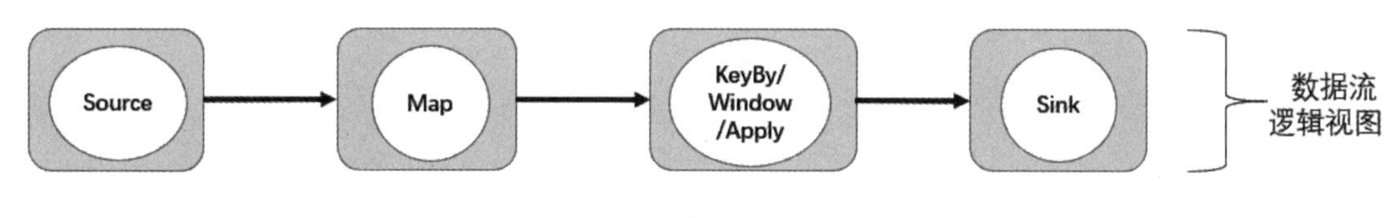

图 3-7

该程序中 Source、Map、KeyBy/Window/Apply 操作符的并行度为 2，Sink 操作符的并行度为 1（对应图 3-8 中的数据流并行化视图）。因为 Flink 会尽可能地将多个操作符的子任务链接为一个任务链，KeyBy/Window/Apply 是一个 Shuffle 操作，所以 Flink 会将 Source 和 Map 操作符的子任务合并为一个任务链，KeyBy/Window/Apply 操作符的子任务合并为一个独立的任务链，又因为 Sink 操作符的并行度是 1，KeyBy/Window/Apply 操作符的并行度是 2，所以 Sink 操作符的子任务不会与 KeyBy/Window/Apply 操作符的子任务合并为一个任务链，也是一个独立的任务链（对应下图中的数据流优化后视图）。

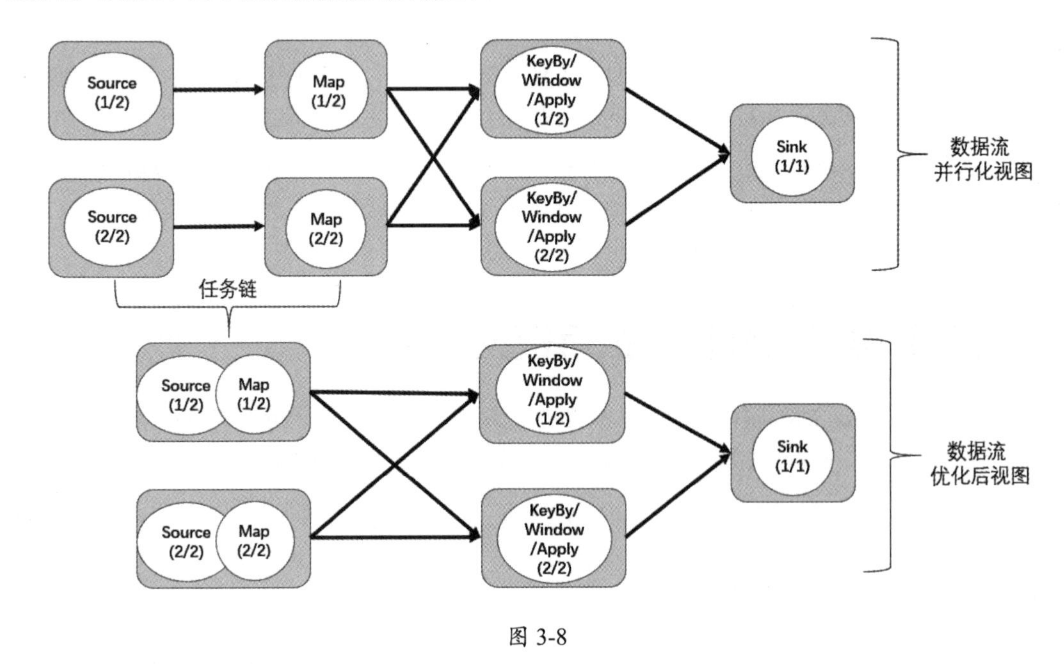

图 3-8

该程序最终会由 5 个子任务（形成了 5 个任务链）去执行，对应由 5 个并行的线程去调度对应的任务链（其中每个方框就是一个子任务，也就是 5 个线程）。

除了使用 Flink 默认的策略尽可能链接多个操作符形成一个任务链，Flink 还在 API 层面允许开发者手动配置操作符子任务的链接行为，具体内容见 4.4 节。

3.3.2 任务槽和资源

Flink 集群中的每一个任务管理器都是一个独立的 JVM 进程，这个进程会拥有一定量的资源，比如内存、CPU、网络、磁盘等，而 Flink 程序中的每个子任务就运行在其中的独立线程里。为了控制一个任务管理器接收能处理的任务的数量，在任务管理器中引入了任务槽的概念（每个任务管理器至少包含一个任务槽）。

每个任务槽都表示任务管理器的一个固定的资源子集，Flink 将任务管理器的内存划分到多个任务槽中（每个子任务运行在一个任务槽中）。划分资源意味着该任务槽中运行的子任务不会与其他 Flink 程序中的子任务竞争托管的内存，而是拥有一定数量的内存储备，这样在一个任务管理器中可以运行多个不同的 Flink 程序的子任务。需要注意的是，任务槽没有 CPU 隔离，目前只能分隔任务的托管内存。

假设 Flink 集群有 2 个任务管理器，每个任务管理器上有 3 个任务槽，那么任务管理器会为每个任务槽分配 1/3 的托管内存。这里仍以上面的数据流的并行化视图模型为例，该程序的子任务在任务槽中的分布如图 3-9 所示。

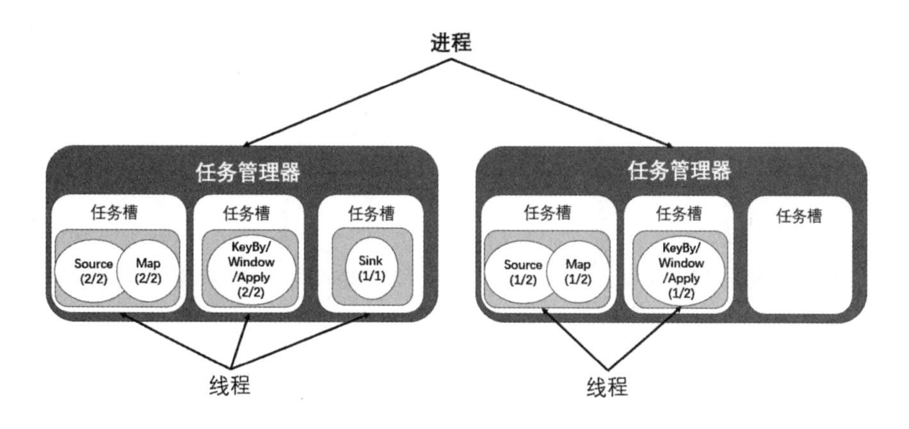

图 3-9

通过调整任务槽的数量，开发者可以设定子任务是如何相互隔离的。如果每个任务管理器有一个任务槽，则意味着每个子任务都在一个独立的 JVM 进程中运行。如果每个任务管理器拥有多个任务槽，则意味着更多的子任务共享同一个 JVM 进程，同一个 JVM 进程中的子任务会共享 TCP 连接（通过多路复用）和心跳消息，它们还可以共享数据集和数据结构，从而减少了每个任务的开销。

任务槽是静态的概念，指的是任务管理器最多能同时并发执行的任务数量，可以通过在<flink-home>/flink-conf.xml 文件中修改 taskmanager.numberOfTaskSlots 参数进行配置。而 Flink 程序中任务的并行度是动态的概念，指的是在任务管理器中运行该程序时实际使用的任务槽数，可以通过在<flink-home>/flink-conf.xml 文件中修改 parallelism.default 参数去配置 Flink 程序默认的并行度。比如这里一共有两个任务管理器，每个任务管理器分配 3 个任务槽，整个集群一共有 6 个任务槽，如果 parallelism.default 设置为 3，那么上述程序的最大并行度为 3，这样就会形成 7 个子任务，也就是该程序最少需要 7 个任务槽，现有集群中可用任务槽的数量无法满足该程序的需要，导致该程序得不到足够的资源而无法运行。

共享任务槽

默认情况下，Flink 允许子任务共享同一个任务槽，即使它们是不同操作符的子任务，只要它们来自同一个 Flink 程序即可，这样做的结果是一个任务槽可能承载了整个程序的操作管线。

对于图 3-9 中的数据流模型，在使用默认共享任务槽下（所有操作符都在名为 default 的共享组下），该程序的子任务在任务槽中的实际分布如图 3-10 所示。

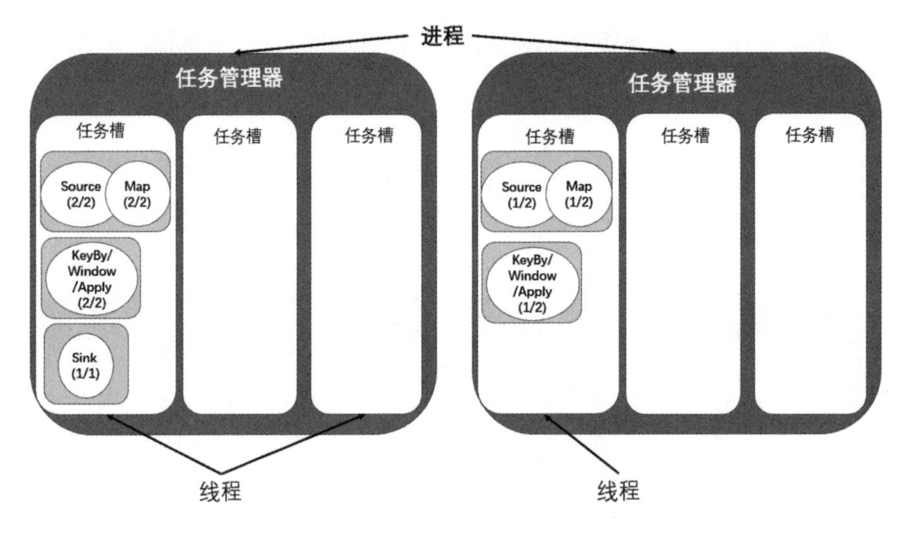

图 3-10

有了共享任务槽机制，开发者就可以将该程序的基本并行度从 2 提升到 3 甚至 6，这大大提高了任务槽资源的利用率，同时确保繁重的子任务在任务管理器之间公平分配，否则按照现有资源，将缺少足够的任务槽去运行该程序。

Flink 允许共享任务槽有两个主要优点：

- 开发者不需要计算即将发布到 Flink 集群的程序会有多少个任务，只需要知道该程序中操作符最大并行度是多少即可，最大并行度就是该程序需要 Flink 集群提供的可用任务槽数量。
- 共享任务槽可以充分提高资源利用率。如果没有共享任务槽，那么像 Source/Map 这种非密集型计算的子任务会占用与 KeyBy/Window/Apply 密集型计算的子任务一样多的资源。

作为经验之谈，一个好的默认任务槽数量最好是机器的 CPU 核心的数量。对于超线程，每个任务槽需要 2 个或更多的硬件线程上下文，可以让 taskmanager.numberOfTaskSlots=2*cpuCore。

Flink 默认启动共享任务槽机制，除此之外，Flink 还为开发者提供了对应 API 用来防止不需要的共享任务槽的情况，具体内容见 4.4 节。

3.4 Java 的 Lambda 表达式

初学者可以先跳过本节，待了解了 Flink 的基本转换操作后再阅读本节的内容，如果开发者在开发 Flink 程序时不使用 Java 的 Lambda 表达式，则可忽略本节的内容。

Java 8 引入了一些新的语言特性，旨在让开发者用更快、更清晰的方法进行编码。Java 8

中最重要的特性即所谓的“Lambda 表达式”，它为函数式编程打开了大门。Lambda 表达式允许以一种直接的方式实现和传递函数，而不需要声明额外的（匿名的）类。Flink 支持对 Java API 的所有操作符使用 Lambda 表达式，但是当 Lambda 表达式使用了 Java 泛型时，开发者需要显式地声明类型信息。如果开发者没有显式地声明类型信息，那么使用 Lambda 表达式会导致 Flink 程序出错，这是由于 Java 编译器的类型擦除问题所导致的。下面将展示如何使用 Lambda 表达式，并描述当前的限制。

3.4.1　类型擦除

Java 编译器在编译后会抛弃大部分的泛型类型信息，这被称为 Java 的类型擦除。这意味着 Flink 程序在运行时，对象的一个实例不会知道它的泛型类型，例如 DataStream<String>和 DataStream<Long>的实例在 JVM 进程中看起来是相同的。当 Flink 准备执行程序时（程序的 main 方法被调用），Flink 需要知道具体的类型信息，这时 Flink 的 Java API 会尝试以各种方式重建丢弃的类型信息，并将其明确存储在数据集和操作符中。但是 Java 的类型推断也有它的局限性，在某些情况下需要该程序的开发者“合作”。以 StreamExecutionEnvironment.from- Elements(...)方法创建一个数据流为例，开发者可以在其中传递描述类型的参数，但是对于 MapFunction<T, 0>这样的泛型函数可能需要额外的类型信息。

下面是一个在 Map 操作符中使用 Lambda 表达式的简单示例，该 Lambda 表达式对 Map 操作符输入的数据求平方值并返回计算结果。

```
//获取执行环境
final StreamExecutionEnvironment env = StreamExecutionEnvironment.getExecutionEnvironment();
//根据指定的对象序列创建一个数据流
DataStream<Long> dataStream = env.fromElements(1L, 5L);
//Map 操作符使用 Lambda 表达式对数据流中的数据求平方值并将结果传递到新的数据流中
DataStream<Long> resultStream=dataStream.map(i -> i*i);
//将数据流中的元素打印到标准的输出流中
resultStream.print();
//触发程序执行
env.execute();
```

在这里 Flink 可以从方法签名 OUT map(IN value)的实现中自动提取结果的类型信息，因为它们可以由 Java 编译器推断出来。但是对于那些具有泛型返回或输入类型的 map(...)方法，Tuple2<Long, Long> map(Tuple2<Long, Long> value)会被 Java 编译器编译成 Tuple2 map(Tuple2 value)，这使得 Flink 不可能自动推断输入和输出的类型信息。

下面的示例程序将根据指定的对象序列创建一个类型为 Tuple2<Long, Long>数据流，在该数据流中执行 Map 操作，Map 操作符使用 Lambda 表达式对输入的数据不做任何处理并输出到新的数据流中，最后将数据流中的元素打印在标准的输出流中。

```
//获取执行环境
final StreamExecutionEnvironment env = StreamExecutionEnvironment.getExecutionEnvironment();
//根据指定的对象序列创建一个数据流，该数据流中元素的类型为 Tuple2<Long, Long>
DataStream<Tuple2<Long, Long>> dataStream = env.fromElements(Tuple2.of(1L, 1L), Tuple2.of(5L, 5L));
//Map 操作符使用 Lambda 表达式对输入的数据不做任何处理并输出到新的数据流中
DataStream<Tuple2<Long, Long>> resultStream = dataStream.map(i -> i);
//将数据流中的元素打印到标准的输出流中
resultStream.print();
//触发程序执行
env.execute();
```

在 IDE 中运行上述程序，因为 Map 操作的数据流中的元素为 Tuple2<Long, Long>，具有泛型类型，而 Map 操作符使用了 Lambda 表达式导致 Flink 无法推断出泛型的类型，该程序会抛出一个类似于下面的异常：

```
    Caused by: org.apache.flink.api.common.functions.InvalidTypesException: The generic type
parameters of 'Tuple2' are missing.
    In many cases lambda methods don't provide enough information for automatic type extraction when
Java generics are involved.
    An easy workaround is to use an (anonymous) class instead that
    implements the 'org.apache.flink.api.common.functions.MapFunction' interface.
    Otherwise the type has to be specified explicitly using type information.
        at org.apache.flink.api.java.typeutils.TypeExtractionUtils.validateLambdaType
(TypeExtractionUtils.java:350)
        at org.apache.flink.api.java.typeutils.TypeExtractor.getUnaryOperatorReturnType
(TypeExtractor.java:579)
        at org.apache.flink.api.java.typeutils.TypeExtractor.getMapReturnTypes
(TypeExtractor.java:175)
        at org.apache.flink.streaming.api.datastream.DataStream.map(DataStream.java:587)
        ... 1 more
```

3.4.2 类型提示

对于在操作符中使用 Lambda 表达式导致 Flink 无法推断出泛型类型的问题，需要开发者在使用 Lambda 表达式传递函数的操作符后调用 returns(...)方法来添加有关此操作符的类型信息提示，否则输出将被视为 Object 类型，从而导致无效的序列化。对于上面的程序，我们在 dataStream 对象上调用 Map 操作符之后，再调用 returns(...)方法添加此操作符返回类型的类型信息提示。

```
import org.apache.flink.api.common.typeinfo.Types;
...
DataStream<Tuple2<Long, Long>> dataStream = // [...]
//Map 操作符使用 Lambda 表达式对输入的数据不做任何处理并输出到新的数据流中
```

```
DataStream<Tuple2<Long, Long>> resultStream = dataStream.map(i -> i)
                                //提供明确的类型信息
                                .returns(Types.TUPLE(Types.LONG, Types.LONG));
...
```

returns(...)方法提供了三个重载方法，在大部分情况下它们是等价的，它们都用于添加有关此操作符的返回类型的类型信息提示。在 Flink 无法自动确定生成的函数类型是什么的情况下，可以使用 returns(…)方法进行提示。

- public SingleOutputStreamOperator<T> returns(Class<T> typeClass)：Class 可以用作非泛型类型（没有泛型参数的类）的类型提示，但不能用于诸如 Tuples 之类的泛型类型。对于那些泛型类型，可使用 returns(TypeHint<T> typeHint)方法。
- public SingleOutputStreamOperator<T> returns(TypeHint<T> typeHint)：通过以下方式使用此方法：

```
import org.apache.flink.api.common.typeinfo.TypeHint;
DataStream<Tuple2<String, Double>> result =dataStream.map(i -> i)
              .returns(new TypeHint<Tuple2<String, Double>>(){});
```

- public SingleOutputStreamOperator<T> returns(TypeInformation<T> typeInfo)：在大多数情况下，开发者应该首选 returns(Class)和 returns(TypeHint)方法。通过以下方式使用此方法：

```
import org.apache.flink.api.common.typeinfo.Types;
DataStream<Tuple2<String, Double>> result =dataStream.map(i -> i)
              .returns(Types.TUPLE(Types.String, Types.Double));
```

第 4 章 流处理基础操作

4.1 DataStream 的基本概念

Flink 中使用 DataStream API 的程序是对数据流实现转换（例如过滤、更新状态、定义窗口、聚合）的常规程序。数据流最初是从各种数据源（例如消息队列、套接字流、文件）中创建的，计算的结果通过数据接收器返回，数据接收器可以将数据流中的数据写入文件或标准输出流（例如命令行终端）。Flink 的 DataStream 程序可以在本地 JVM 进程中执行，也可以在许多机器的集群中执行。

4.1.1 流处理示例程序

在讲解 DataStream 程序的基本概念之前，先从零开始建立一个简单的 Flink 流处理项目。

1. 建立一个 Maven 项目

使用 IDE 工具创建一个 Maven 项目，在 pom.xml 文件中添加如下依赖：

```
<dependencies>
    <dependency>
        <groupId>org.apache.flink</groupId>
        <artifactId>flink-java</artifactId>
        <version>${flink.version}</version>
    </dependency>
    <dependency>
```

```
        <groupId>org.apache.flink</groupId>
        <artifactId>flink-streaming-java_2.11</artifactId>
        <version>${flink.version}</version>
    </dependency>
    <dependency>
        <groupId>org.slf4j</groupId>
        <artifactId>slf4j-api</artifactId>
        <version>1.7.21</version>
    </dependency>
    <dependency>
        <groupId>org.slf4j</groupId>
        <artifactId>slf4j-log4j12</artifactId>
        <version>1.7.21</version>
    </dependency>
</dependencies>
```

本书使用的是 Flink 1.7.2，所以使用 1.7.2 替换上面的${flink.version}。由于本地执行还需要添加日志依赖，因此在项目的 resources 文件夹下创建一个 log4j.properties 文件，配置信息如下。关于流处理章节的所有示例代码都可以在本项目名为 flink-streaming 的 model 中找到。

```
log4j.rootLogger = INFO,stdout,D
log4j.appender.stdout = org.apache.log4j.ConsoleAppender
log4j.appender.stdout.Target = System.out
log4j.appender.stdout.layout = org.apache.log4j.PatternLayout
log4j.appender.stdout.layout.ConversionPattern = %-5p,[%l],%m%n

log4j.appender.D = org.apache.log4j.DailyRollingFileAppender
log4j.appender.D.File = /home/intsmaze/flink/log/DataStream.log
log4j.appender.D.DatePattern=.yyyy-MM-dd
log4j.appender.D.Append = true
log4j.appender.D.Threshold = INFO
log4j.appender.D.layout =  org.apache.log4j.PatternLayout
log4j.appender.D.layout.ConversionPattern =%-d{yyyy-MM-dd HH:mm:ss},%-5p,[%t], [%l],%m%n
```

2. 写一个流处理示例程序

在 IDE 中创建一个名为 WordCount 的 Java 类：

```
package com.intsmaze.flink.streaming.helloworld;
public class WordCount {
    public static void main(String[] args) throws Exception {

    }
}
```

这个程序非常简单，我们将慢慢填写模板代码。请注意不会在这里提供 import 语句，IDE 可以自动添加它们。完整的代码可以在 com.intsmaze.flink.streaming.helloworld.WordCount 中找到。

创建 Flink 流处理程序的第一步是获取一个 StreamExecutionEnvironment，该对象可以用来设置执行参数并创建一个数据源以从外部系统读取数据，将该对象添加到 main 方法中：

```
StreamExecutionEnvironment env = StreamExecutionEnvironment.getExecutionEnvironment();
```

接下来根据从字符串数组中读取的数据来创建一个初始数据流，该数据流中的元素为 String 类型：

```
public static final String[] WORDS = new String[] {
        "com.intsmaze.flink.streaming.window.helloworld.WordCountTemplate",
        "com.intsmaze.flink.streaming.window.helloworld.WordCountTemplate",
        "com.intsmaze.flink.streaming.window.helloworld.WordCountTemplate",
        "com.intsmaze.flink.streaming.window.helloworld.WordCountTemplate",
};

DataStream<String> text = env.fromElements(WordCountData.WORDS);
```

获取初始数据流后，下面就对该数据流执行各种转换操作，对数据流执行 FlatMap 操作，将数据流中的每个元素根据小数点进行切分，并将切分的每个单词组合为 new Tuple2<>(word, 1) 元组类型的数据后发送到新的数据流中：

```
DataStream<Tuple2<String, Integer>> word=
                text.flatMap(new FlatMapFunction<String, Tuple2<String, Integer>>()
                {
                    @Override
                    public void flatMap(String value, Collector<Tuple2<String, Integer>> out)
                        throws Exception {
                        String[] tokens = value.toLowerCase().split("\\.");
                        for (String token : tokens) {
                            if (token.length() > 0) {
                                out.collect(new Tuple2<>(token, 1));
                            }
                        }
                    }
                })
```

对执行 FlatMap 操作后的数据流使用 KeyBy 操作，指定数据流中的元素以 f0 字段作为 Key 进行分组，并对位于同一分组中的元素对字段 f1（对应索引为 1）进行求和：

```
DataStream<Tuple2<String, Integer>> counts =word.keyBy("f0").sum(1);
```

最后要做的是将最终计算的结果打印到标准输出流中并触发流处理程序的执行：

```
result.print("hello datastream");
```

```
env.execute();
```

最后一次调用 execute()方法是启动实际流处理程序的必要动作，所有操作（如数据转换操作、创建数据源操作、创建数据接收器操作）会构建表示该程序拓扑结构的作业图。只有在调用 execute(...)方法时，这个作业图才会派发到集群中或在本地机器上执行。

3. 完整示例代码

以下程序是 WordCount 类的完整代码示例。

```
import org.apache.flink.api.common.functions.FlatMapFunction;
import org.apache.flink.api.java.tuple.Tuple2;
import org.apache.flink.streaming.api.datastream.DataStream;
import org.apache.flink.streaming.api.environment.StreamExecutionEnvironment;
import org.apache.flink.util.Collector;

public class WordCount {

    public static final String[] WORDS = new String[] {
            "com.intsmaze.flink.streaming.window.helloworld.WordCountTemplate",
            "com.intsmaze.flink.streaming.window.helloworld.WordCountTemplate",
            "com.intsmaze.flink.streaming.window.helloworld.WordCountTemplate",
            "com.intsmaze.flink.streaming.window.helloworld.WordCountTemplate",
    };

    public static void main(String[] args) throws Exception {
        StreamExecutionEnvironment env = StreamExecutionEnvironment.getExecutionEnvironment();

        DataStream<String> text = env.fromElements(WORDS);

        DataStream<Tuple2<String, Integer>> word =
                text.flatMap(new FlatMapFunction<String, Tuple2<String, Integer>>()
                {
                    @Override
                    public void flatMap(String value, Collector<Tuple2<String, Integer>> out)
                    throws Exception {
                        String[] tokens = value.toLowerCase().split("\\.");
                        for (String token : tokens) {
                            if (token.length() > 0) {
                                out.collect(new Tuple2<>(token, 1));
                            }
                        }
                    }
                });

        DataStream<Tuple2<String, Integer>> counts=word.keyBy("f0").sum(1);

        counts.print("hello datastream");
```

```
        env.execute();
    }
}
```

完整代码见 com.intsmaze.flink.streaming.helloworld.WordCount。

在 IDE 中运行上述程序后，在控制台中可以看到类似如下输出信息。因为流处理程序的数据是无限的，所以流处理程序的计算结果是不断更新的。这里以 helloworld 单词为例，可以看到对该单词的统计是一个不断更新先前计算结果的过程：

```
hello datastream:6> (helloworld,1)
hello datastream:3> (intsmaze,1)
hello datastream:6> (helloworld,2)
hello datastream:1> (com,1)
hello datastream:6> (helloworld,3)
hello datastream:1> (com,2)
hello datastream:1> (com,3)
hello datastream:3> (intsmaze,2)
hello datastream:6> (helloworld,4)
...
```

4.1.2 数据源

数据源是流处理程序从中读取数据输入的地方，可以使用 StreamExecutionEnvironment.addSource (SourceFunction)操作符将数据源函数添加到流处理程序中。Flink 内置了大量预先实现好的读取各种数据源的函数来方便开发者进行快速开发，如果 Flink 内置的数据源函数不满足开发者的业务需求，那么开发者可以通过为非并行数据源实现 SourceFunction 接口或者为并行数据源实现 ParallelSourceFunction 接口又或者扩展 RichParallelSourceFunction 抽象类来编写自己的定制数据源，自定义数据源将在后面章节具体讲解。Flink 内置的各种数据源函数很多在 StreamExecutionEnvironment 中都有快捷方法可以进行访问。

1. 基于文件

- public DataStreamSource<String> readTextFile(String filePath)：使用系统默认的 UTF-8 字符集读取指定路径中的文件，一次性读取文本文件，该文件要符合 TextInputFormat 规范，逐行读取数据并作为字符串返回。
- public DataStreamSource<String> readTextFile(String filePath, String charsetName)：针对上面的 readTextFile(path)方法，开发者还可以指定字符集类型去读取文本文件中的数据。
- public <OUT> DataStreamSource<OUT> readFile(FileInputFormat<OUT> inputFormat, String filePath)：针对上面的 readTextFile(path)方法，开发者还可以指定以何种输入文件

格式去读取指定路径中的文件。

- public <OUT> DataStreamSource<OUT> readFile(FileInputFormat<OUT> inputFormat, String filePath, FileProcessingMode watchType, long interval)：在指定以何种输入文件格式去读取指定路径中的文件的内容时，还可以指定 watchTyp 监视策略，该数据源有两种策略：定期监视该路径下的新数据，或者处理当前路径中存在的数据后退出。该方法的参数 interval 仅在定期监视模式下有效，每隔 interval 毫秒就去指定路径检测是否有新增数据。
- public <OUT> DataStreamSource<OUT> readFile(FileInputFormat<OUT> inputFormat, String filePath, FileProcessingMode watchType, long interval, TypeInformation<OUT> typeInformation)：该方法是 readFile 方法的通用方法，如果观察上述各个 readFile 方法的源码，那么可以发现它们在内部都调用了本方法。该方法提供了最丰富的语义去满足开发者的各种需求，比如指定以何种输入文件格式和监视策略去读取指定路径下文件中的内容，同时还可以通过 TypeInformation 将读取的数据转换为指定类型。

1）监视策略模式

文件的监视策略通过 org.apache.flink.streaming.api.functions.source.FileProcessingMode 来配置，默认策略为 PROCESS_ONCE。

（1）如果将 watchType 值设置为 FileProcessingMode.PROCESS_CONTINUOUSLY，则监视路径并对新数据做出反应，当文件被修改时，其内容将被完全重新处理。这种策略会打破 Exactly Once 语义，因为在文件末尾附加的数据将导致其文件内的所有内容被重新处理。

（2）如果将 watchType 值设置为 FileProcessingMode.PROCESS_ONCE，则扫描一次路径后就退出监视，不会等待阅读器完成文件内容的读取。阅读器会在扫描结束后继续阅读，直到读取所有文件的内容为止。

2）TypeInformation 内置实现

Flink 内置了以下几种类型，在读取文件内容时会尝试将读取的数据转换为指定类型，默认类型为 STRING_TYPE_INFO，这些类型都在 org.apache.flink.api.common.typeinfo.BasicTypeInfo 类中进行定义。

```
BasicTypeInfo.STRING_TYPE_INFO
BasicTypeInfo.BOOLEAN_TYPE_INFO
BasicTypeInfo.BYTE_TYPE_INFO
BasicTypeInfo.SHORT_TYPE_INFO
BasicTypeInfo.INT_TYPE_INFO
BasicTypeInfo.LONG_TYPE_INFO
BasicTypeInfo.FLOAT_TYPE_INFO
BasicTypeInfo.DOUBLE_TYPE_INFO
```

```
BasicTypeInfo.CHAR_TYPE_INFO
BasicTypeInfo.DATE_TYPE_INFO
BasicTypeInfo.VOID_TYPE_INFO
BasicTypeInfo.BIG_INT_TYPE_INFO
BasicTypeInfo.BIG_DEC_TYPE_INFO
BasicTypeInfo.INSTANT_TYPE_INFO
```

3）FileInputFormat 内置实现

Flink 内置了以下几种读取文件的格式，以下类都继承 org.apache.flink.api.common.io.FileInputFormat 类，默认输入文件格式为 TextInputFormat，如图 4-1 所示。

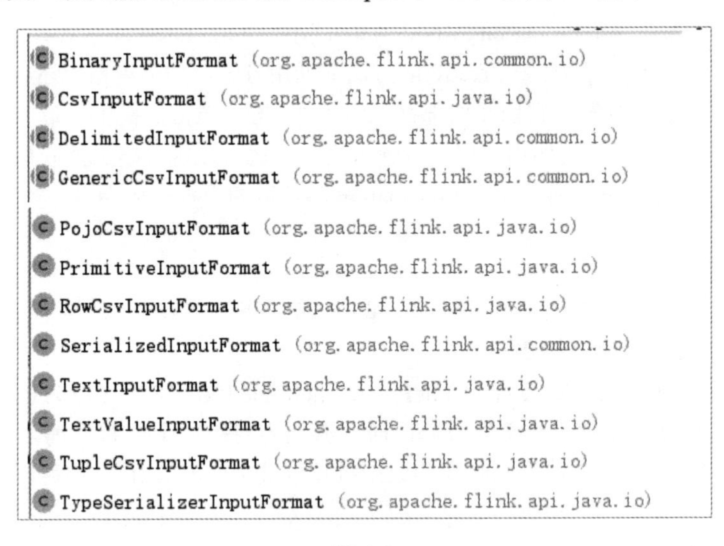

图 4-1

4）代码演示

这里重点演示 readFile 的通用方法，其他方法不做过多演示。先在本地/home/intsmaze/flink/Source/路径下创建一个名为 TextFileSource.txt 的文件，该文件有三行数据，内容如下：

```
@author intsmaze
@description: https://www.cnblogs.com/intsmaze/
@date : 2020/3/4 16:57
```

然后在编写的流处理程序中使用常规的 readTextFile(path)方法读取该文件中的内容，并将读取的数据打印到标准输出流中：

```
final StreamExecutionEnvironment env = StreamExecutionEnvironment.getExecutionEnvironment();
String filePath = "///home/intsmaze/flink/Source/TextFileSource.txt";
DataStreamSource<String> dataStream = env.readTextFile(filePath);
dataStream.print();
```

```
env.execute("TextFileSource");
```

在 IDE 中运行上述程序后，在控制台的输出信息中可以看到该流处理程序输出了三条记录后就立刻结束运行，文本文件中的一行数据对应一条记录：

```
5> @author intsmaze
7> @description: https://www.cnblogs.com/intsmaze/
1> @date : 2020/3/4 16:57
```

下面仍以 TextFileSource.txt 文件作为数据源，在编写的流处理程序中使用 readFile 的通用方法读取该文件内的数据，设置读取文件的策略为每 10 秒扫描一次文件以读取文件新增的数据：

```
import org.apache.flink.streaming.api.environment.StreamExecutionEnvironment;
import org.apache.flink.streaming.api.functions.source.FileProcessingMode;
import org.apache.flink.api.common.typeinfo.BasicTypeInfo;
import org.apache.flink.api.common.typeinfo.TypeInformation;
import org.apache.flink.api.java.io.TextInputFormat;
import org.apache.flink.core.fs.Path;
import org.apache.flink.streaming.api.datastream.DataStream;

final StreamExecutionEnvironment env = StreamExecutionEnvironment.getExecutionEnvironment();
String filePath = "///home/intsmaze/flink/Source/TextFileSource.txt";
//设置读取文件的格式为 TextInputFormat
TextInputFormat format = new TextInputFormat(new Path(filePath));
//指定将读取的文件中的数据转换为 STRING_TYPE_INFO 类型
TypeInformation<String> typeInfo = BasicTypeInfo.STRING_TYPE_INFO;
//每隔 10 秒监视指定路径下的文件是否发生了改变
DataStreamSource<String> dataStream = env.readFile(format, filePath, FileProcessingMode.PROCESS_
CONTINUOUSLY, 10000, typeInfo);

dataStream.print();
env.execute("TextFileSource");
```

完整代码见 com.intsmaze.flink.streaming.connector.source.TextFileSource。

在 IDE 中运行上述程序后，在控制台的输出信息中可以看到该流处理程序输出了三条记录后并没有立刻结束运行，而是一直保持运行状态：

```
9> @author intsmaze
5> @date : 2020/3/4 16:57
11> @description: https://www.cnblogs.com/intsmaze/
```

这个时候我们向 TextFileSource.txt 文件中追加如下一条数据：

```
定时监听数据生成
```

运行中的流处理程序大约最长等待 10 秒后，在 IDE 的控制台中可以看到如下输出：

```
...
3> @date : 2020/3/4 16:57
6> 定时监听数据生成
9> @author intsmaze
10> @description: https://www.cnblogs.com/intsmaze/
```

这说明新添加到 TextFileSource.txt 文件中的数据被流处理程序成功读取并输出到标准输出流中，同时可以发现先前被处理的三条数据再次被流处理程序处理并输出到标准输出流中。

在 Flink 中，Flink 将文件读取过程分成两个子任务，即目录监视和数据读取。每个子任务都由一个独立的实例来实现，监控是通过单一的非并行任务实现的，而读取则由多个并行的任务执行。后者的并行度等于该 Flink 任务的并行度。单一监控任务的作用是扫描目录（根据 watchType 的不同，定期或者只扫描一次），查找要处理的文件后将它们拆分并分配给下游阅读器（阅读器会阅读实际数据）。每个分割后的文件块仅由一个阅读器读取，而一个阅读器可以逐个读取多个文件块。

2. 基于 Socket

- public DataStreamSource<String> socketTextStream(String hostname, int port)：指定 Socket 服务器绑定的主机名和端口信息，默认的分隔符为换行符“\n”。
- public DataStreamSource<String> socketTextStream(String hostname, int port, String delimiter)：除了指定 Socket 服务器绑定的主机名和端口信息，还可以使用指定的分隔符。
- public DataStreamSource<String> socketTextStream(String hostname, int port, String delimiter, long maxRetry)：除了指定 Socket 服务器绑定的主机名和端口信息及分隔符，还可以指定流处理程序等待 Socket 暂时关闭的最大重试间隔（以秒为单位），数字 0 表示读取器将立即终止，而负值可确保永久重试，默认重试间隔为 0。

3. 基于集合

基于 Java 的常规集合去创建数据源仅仅是为了方便进行流处理程序的本地测试，实际生产中不会使用该方式，用法也比较简单。

- public <OUT> DataStreamSource<OUT> fromCollection(Collection<OUT> data)：在 Java 的 java.util.Collection 中创建一个数据流，集合中的所有元素必须是相同的类型。
- public final <OUT> DataStreamSource<OUT> fromElements(OUT... data)：根据给定的对象序列创建一个数据流，对象序列的所有对象必须是相同的类型。
- public DataStreamSource<Long> generateSequence(long from, long to)：在给定的区间内并行生成数字序列来创建一个数据流。

4. 自定义数据源函数

调用 StreamExecutionEnvironment 的 addSource(…)操作符可以附加一个新的数据源。Flink 提供了一批实现好的连接器以支持对应的数据源。例如要从 Kafka 中读取数据，可以使用 addSource(new FlinkKafkaConsumer <>(...))，同时开发者也可以实现自定义的数据源函数去读取指定系统的数据。关于自定义数据源函数的详细内容可见 6.6 节。

4.1.3　数据流的转换操作

数据流的转换操作是流处理程序处理数据的地方，在这些转换操作中开发者编写对应的业务逻辑并输出处理后的结果。Flink 提供了大量的转换操作便于开发者处理各种应用场景。数据流的转换操作是 Flink 的核心，将在单独的章节进行讲解。

4.1.4　数据接收器

Sink 在本书中统一称为接收器。数据接收器用于消费数据流中的数据并将它们转发到文件、套接字、外部系统中，或者在标准输出流中打印它们。Flink 内置了大量预先实现好的各种数据接收器函数来方便开发者进行快速开发, 它们中的许多函数在 DataStream 中都有快捷方式可以进行访问。

1. 基于文件

1）writeAsText

将数据流中的元素以文本格式写入指定路径的文件，通过调用每个元素的 toString()方法获得写入的字符串。该方法的内部实现采用 TextOutputFormat 格式作为数据的输出格式，同时提供两个重载方法：

- public DataStreamSink<T> writeAsText(String path)：默认以 NO_OVERWRITE 模式将数据写入指定文件。
- public DataStreamSink<T> writeAsText(String path, WriteMode writeMode)：可以由开发者手动指定以 NO_OVERWRITE 模式还是 OVERWRITE 模式将数据写入指定文件。

NO_OVERWRITE 模式：仅在该路径上不存在指定的文件时创建目标文件，不覆盖现有文件和目录。如果指定路径的文件存在，则会报出 java.nio.file.FileAlreadyExistsException 的错误。

OVERWRITE 模式：无论指定路径上是否存在文件或目录，都将创建一个新的目标文件，现有文件和目录将在创建新文件之前自动（递归）删除。

2）writeAsCsv

将数据流中的元组类型的元素写到以逗号分隔的值文件中。写入值文件中的行和字段的分隔符是可配置的，每个字段的值来自元素的 toString()方法。该方法的内部实现采用 CsvOutputFormat 格式去指定文件的输出格式，同时提供了三个重载方法。

- public DataStreamSink<T> writeAsCsv(String path)：默认以 NO_OVERWRITE 模式将数据写入指定文件。
- public DataStreamSink<T> writeAsText(String path, WriteMode writeMode)：可以由开发者手动指定以 NO_OVERWRITE 模式还是 OVERWRITE 模式将数据写入指定文件。
- public <X extends Tuple> DataStreamSink<T> writeAsCsv(String path,WriteMode writeMode, String rowDelimiter,String fieldDelimiter)：除了由开发者手动指定以 NO_OVERWRITE 模式还是 OVERWRITE 模式将数据写入指定文件，还可以指定行和字段的分割符。

一般来说在数据流中调用 write...(...)方法主要用于调试，这些方法没有进行 Flink 的检查点设计，这也意味着这些方法只具有 At Least Once 语义级别。同时将数据流中的数据刷新到目标系统取决于 OutputFormat 的具体实现，这也意味着并非所有发送到 OutputFormat 的数据都会立即在目标系统中显示，因此在流处理程序出现失败的情况下，这些数据可能会丢失。为了将数据流中的元素传送到文件系统时具有可靠的 Exactly Once 语义保障，请使用 flink-connector-filesystem。

3）FileOutputFormat 内置实现

Flink 内置了以下几种将数据输出到文件的格式，以下类都继承 org.apache.flink.api.common.io.FileOutputFormat 类，默认输入文件格式为 TextOutputFormat，如图 4-2 所示。

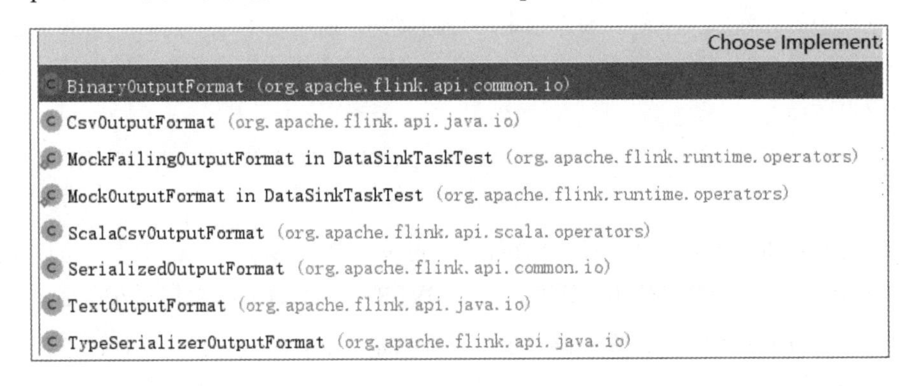

图 4-2

2. 基于标准输出流

将数据流中的元素以字符串的形式打印在标准输出流/标准错误流中，通过调用元素的

toString()方法得到字符串。同时还可以指定输出字符串的固定前缀，这可以帮助区分不同的打印要求。如果数据接收器操作符任务的并行度大于 1，则输出时指定的固定前缀还会与生成输出的任务的标识符一起作为前缀。

- public DataStreamSink<T> print(String sinkIdentifier)/print()：将数据流中的元素写入标准输出流。
- public DataStreamSink<T> printToErr(String sinkIdentifier)/printToErr()：将数据流中的元素写入标准错误流。

因为后面章节的示例程序中会大量用到 Print 操作，所以这里简单演示一下该操作符的使用方式，下面的代码将在数据流中调用 print(…)方法，同时设置该方法的参数“intsmaze--”来作为指定前缀和要打印的数据流中的元素一并输出在标准输出流中。

```
final StreamExecutionEnvironment env = StreamExecutionEnvironment.getExecutionEnvironment();
env.setParallelism(1);
DataStreamSource<Long> input = env.fromElements(1L, 21L, 22L);
input.print("intsmaze--");
env.execute();
```

在 IDE 中运行上述程序后，在控制台的输出信息中可以看到如下内容：

```
intsmaze--> 1
intsmaze--> 21
intsmaze--> 22
```

当注释掉流处理程序的 env.setParallelism(1)方法后再次在 IDE 中运行该程序，在控制台的输出信息中可以看到如下内容（其中“:”号后面的 1、2、3 为执行 Print 操作符的子任务标识符）：

```
intsmaze--:1> 1
intsmaze--:2> 21
intsmaze--:3> 22
```

3. 基于 Socket

充当数据流接收器的 Socket 客户端根据指定的 SerializationSchema 将元素写入 Socket，在底层中数据以字节数组的形式发送到Socket服务器。同时需要注意该操作符的并行度默认为1，且不能更改。

- public DataStreamSink<T> writeToSocket(String hostName, int port, SerializationSchema<T> schema)：指定 Socket 服务器绑定的主机名和端口，将数据以 SimpleStringSchema 模式写入 Socket。关于 SerializationSchema 的更多细节将在 6.8 节进行讲解。

Socket 数据接收器可以设置为在发送失败后重试消息发送，同时还可以设置为自动刷新，在这种情况下，Socket 流将在每条消息之后刷新。这样做将大大降低吞吐量，但是将减少消息的等待时间。

下面是 writeToSocket 方法的源码，观察源码我们可以看到，该数据接收器的任务并行度已经预设置为 1，且无法更改：

```
package org.apache.flink.streaming.api.datastream;
...
public DataStreamSink<T> writeToSocket(String hostName, int port, SerializationSchema<T> schema) {
      DataStreamSink<T> returnStream = addSink(new SocketClientSink<>(hostName, port, schema, 0));
      returnStream.setParallelism(1); //如果多个实例连接到同一个端口则无法工作
      return returnStream;
}
```

4. 自定义数据接收器函数

调用 StreamExecutionEnvironment 的 addSink(…)操作符可以附加一个新的数据接收器。Flink 内置了一批实现好的数据接收器以提供对应的数据接收器支持。例如要将处理的数据发送到 Kafka，则可以使用 addSource(new FlinkKafkaProducer<>(...))，同时开发者也可以实现自定义的数据接收器函数将数据流中的数据输出到指定系统。关于自定义数据接收器函数的详细内容可见 6.7 节。

4.2 数据流基本操作

在 4.1 节我们已经知道如何使用 Flink 提供的内置数据源函数从指定的位置读取数据，以及内置的数据接收器函数如何将流处理程序处理的结果输出到指定的位置。Flink 提供了大量的转换操作方便开发者处理各种应用场景。数据流的转换是 Flink 的核心，为了读者能够快速理解各个转换操作的应用场景，演示代码不使用 Java 的 Lambda 表达式进行编写，同时为了清晰地从 IDE 的控制台观察流处理程序的输出结果，去掉了 log4j.properties 配置文件的 log4j.rootLogger = stdout，在流处理程序中使用 System.out.println 代替 logger.info 来打印调试信息。

4.2.1 Map

Map 操作符将用户定义的 MapFunction 函数应用于数据流中的每个元素。数据流中的每个元素将作为输入元素进入用户定义的 MapFunction 函数，MapFunction 函数将对输入的元素进行转换并产生一个结果元素输出到新的数据流中。Map 操作符实现了一对一的映射，即用户定义的 MapFunction 函数必须恰好返回一个元素。该操作典型的应用场景是解析元素、转换数据类型等。

- 数据流转换：DataStream → DataStream

- 实现接口：org.apache.flink.api.common.functions.MapFunction

在下面的程序中，数据源函数向数据流中生成 5 个 Long 类型的元素（1～5），在数据流中应用 Map 操作符以使用用户定义的 MapFunction 函数将元素转换为 Tuple2 类型的数据（f0 字段的值为输入数据×100，f1 字段的值为输入数据对应的 hashCode）后发送到下游的 Print 操作符以打印到标准的输出流中。

```
import org.apache.flink.api.common.functions.MapFunction;
import org.apache.flink.api.java.tuple.Tuple2;

//获取执行环境
StreamExecutionEnvironment env = StreamExecutionEnvironment.getExecutionEnvironment();

//创建一个包含指定数字序列的数据流
DataStream<Long> streamSource = env.generateSequence(1, 5);

//第一个泛型类型为输入参数的类型，第二个泛型类型为返回结果的类型
DataStream<Tuple2<Long, Integer>> mapStream = streamSource.map(new MapFunction<Long, Tuple2<Long,
Integer>>() {
    @Override
    public Tuple2<Long, Integer> map(Long values) throws Exception {
        return new Tuple2<>(values * 100, values.hashCode());
    }
});

//将数据流中的元素打印在标准输出流中
mapStream.print("输出结果");
//触发程序执行
env.execute("Map Template");
```

完整代码见 com.intsmaze.flink.streaming.operator.base.MapTemplate。在 IDE 中运行上述程序后，在控制台中可以看到如下输出结果：

```
输出结果:5> (500,5)
输出结果:4> (400,4)
输出结果:1> (100,1)
输出结果:2> (200,2)
输出结果:3> (300,3)
```

4.2.2 FlatMap

FlatMap 操作符将用户定义的 FlatMapFunction 函数应用于数据流中的每个元素。数据流中的每个元素将作为输入元素进入 FlatMapFunction 函数，FlatMapFunction 函数将对输入的元素进行转换并产生 0 个、1 个或多个结果元素输出到新的数据流中。该操作典型的应用场景是拆分不需要的列表和数组。如果每个输入元素只要求产生一个结果元素，那么使用 Map 操作符也

是可以的。

- 数据流转换：DataStream → DataStream
- 实现接口：org.apache.flink.api.common.functions.FlatMapFunction

在下面的程序中，数据源函数向数据流中生成 3 个 Tuple2 类型的元素，在数据流中应用 FlatMap 操作符以使用用户定义的 FlatMapFunction 函数对元素进行处理。当输入元素的 f0 字段的值为 liu yang 时，则输出 0 个结果元素，当 f0 字段的值包含 intsmaze 时，以空格为分隔符切割字符串，然后输出多个分隔后的子字符串，也就是输出多个结果元素，否则直接将 f0 字段的值加上固定的“Not included intsmaze：”前缀后输出一个结果元素。

```
import org.apache.flink.api.common.functions.FlatMapFunction;
import org.apache.flink.api.java.tuple.Tuple1;
import org.apache.flink.api.java.tuple.Tuple2;
import org.apache.flink.util.Collector;

//获取执行环境
StreamExecutionEnvironment env = StreamExecutionEnvironment.getExecutionEnvironment();

//创建一个包含给定元素的数据流，数据流中的元素全部为 Tuple2<String, Integer>类型
DataStream<Tuple2<String, Integer>> streamSource = env.fromElements(
        new Tuple2<>("liu yang", 1),
        new Tuple2<>("my blog is intsmaze", 2),
        new Tuple2<>("hello flink", 2));

//第一个泛型类型为输入参数的类型，第二个泛型类型为返回结果的类型
DataStream<Tuple1<String>> resultStream = streamSource.flatMap(new FlatMapFunction<Tuple2<String,
Integer>, Tuple1<String>>() {
        @Override
        public void flatMap(Tuple2<String, Integer> value, Collector<Tuple1<String>> out) {
            if ("liu yang".equals(value.f0))//取一个元素，如果元素的 f0 字段是 liu yang 则产生 0 个输出元素
            {
                return;
            }
            if (value.f0.indexOf("intsmaze") >= 0) {
                //取一个元素，以空格为分隔符切割字符串产生多个字符串进行输出
                for (String word : value.f0.split(" ")) {
                    out.collect(new Tuple1<String>("Split intsmaze: " + word));
                }
            } else {
                //取一个元素，产生一个输出元素
                out.collect(new Tuple1<String>("Not included intsmaze: " + value.f0));
            }
        }
    });
```

```
//将数据流中的元素打印在标准输出流中
resultStream.print("输出结果");
//触发程序执行
env.execute("FlatMap Template");
```

完整代码见 com.intsmaze.flink.streaming.operator.base.FlatMapTemplate。在 IDE 中运行上述程序后，在控制台中可以看到如下输出结果：

```
输出结果:4> (Not included intsmaze: hello flink)
输出结果:3> (Split intsmaze: my)
输出结果:3> (Split intsmaze: blog)
输出结果:3> (Split intsmaze: is)
输出结果:3> (Split intsmaze: intsmaze)
```

4.2.3 Filter

Filter 操作符将用户定义的 FilterFunction 函数应用于数据流中的每个元素。数据流中的每个元素将作为输入元素进入 FilterFunction 函数，FilterFunction 函数将对输入的元素进行判断来决定保留该元素还是丢弃该元素，返回 true 代表保留该元素，返回 false 代表丢弃该元素。该操作典型的应用场景是数据去重。

- 数据流转换：DataStream → DataStream
- 实现接口：org.apache.flink.api.common.functions.FilterFunction

注意：Flink 假定该函数内的操作不会修改元素的内容。如果用户违反此假设，那么可能导致错误的结果，因此不建议用户在 FilterFunction 函数中修改输入元素的内容。

在下面的程序中，数据源函数向数据流中生成 5 个 Long 类型的元素（1～5），在数据流中应用 Filter 操作符将用户定义的 FilterFunction 函数作用于数据流中的每个元素，对数据流中的元素进行判断，如果元素的值为 2 或 4，则过滤该元素，不将该元素输出到新的数据流中。

```
import org.apache.flink.api.common.functions.FilterFunction;

//获取执行环境
StreamExecutionEnvironment env = StreamExecutionEnvironment.getExecutionEnvironment();

//创建一个包含指定数字序列的数据流
DataStream<Long> streamSource = env.generateSequence(1, 5);

DataStream<Long> filterStream = streamSource.filter(new FilterFunction<Long>() {
    //返回 true 代表保留该元素，返回 false 代表丢弃该元素
    @Override
    public boolean filter(Long value) throws Exception {
        if (value == 2L || value == 4L) {
```

```
                return false;
            }
            return true;
        }
    });
    //将数据流中的元素打印在标准输出流中
    filterStream.print("输出结果");
    //触发程序执行
    env.execute("Filter Template");
```

完整代码见 com.intsmaze.flink.streaming.operator.base.FilterTemplate。在 IDE 中运行上述程序后，在控制台中可以看到如下输出结果：

```
输出结果:1> 1
输出结果:3> 3
输出结果:5> 5
```

4.2.4 KeyBy

KeyBy 操作符的执行逻辑是将一个数据流分成不相交的流分区，所有具有相同 Key 的元素都被分配到相同的流分区，在 KeyBy 操作符的内部通过散列算法来划定元素到对应的流分区。

- 数据流转换：DataStream → KeyedStream

Flink 提供了三种方式来指定在数据流中将元素的哪一个字段作为 Key。

- dataStream.keyBy("someKey");
- dataStream.keyBy(0);
- dataStream.keyBy(new KeySelector<...,...>(...))。

以上三种方式指定分组数据流的 Key 的详细内容见 3.1.4 节。

在下面的程序中，数据源函数向数据流中生成 4 个 Tuple2 类型的元素，其中第一个元素与第二个元素的索引为 0 的字段值相同。KeyBy 操作符指定数据流中元素的索引为 0 的字段作为 Key 去分组 DataStream 来得到一个 KeyedStream 类型的数据流。因为 KeyedStream 继承 DataStream，所以直接在得到的 KeyedStream 中调用 Print 操作符将转换后的数据流打印在标准输出流中。

```
import org.apache.flink.api.java.tuple.Tuple;
import org.apache.flink.api.java.tuple.Tuple2;
import org.apache.flink.streaming.api.datastream.KeyedStream;

//获取执行环境
StreamExecutionEnvironment env = StreamExecutionEnvironment.getExecutionEnvironment();
```

```
List<Tuple2<Integer, Integer>> list = new ArrayList<Tuple2<Integer, Integer>>();
list.add(new Tuple2<>(1, 11));
list.add(new Tuple2<>(1, 22));
list.add(new Tuple2<>(3, 33));
list.add(new Tuple2<>(5, 55));

//在给定的非空集合中创建一个数据流，数据流中元素的类型是集合中元素的类型
DataStream<Tuple2<Integer, Integer>> dataStream = env.fromCollection(list);

//将数据流中元素的索引为 0 的字段作为 Key 去分组数据流
KeyedStream<Tuple2<Integer, Integer>, Tuple> keyedStream = dataStream.keyBy(0);

//将数据流中的元素打印在标准输出流中
keyedStream.print("输出结果");
//触发程序执行
env.execute("KeyBy Template");
```

完整代码见 com.intsmaze.flink.streaming.operator.base.KeyByTemplate。在 IDE 中运行上述程序后，在控制台中可以看到如下输出结果：

```
输出结果:9> (1,11)
输出结果:12> (5,55)
输出结果:11> (3,33)
输出结果:9> (1,22)
```

可以看到，“X>”中的 X 代表该元素被 Print 操作符的哪个并行子任务执行，具有相同 Key 的元素都在 Print 操作符的同一个子任务中进行处理。一般仅打印 KeyedStream 中的元素没有太大意义，通常的做法是在 KeyBy 操作符后面调用 Reduce 等聚合类型的操作符来对数据流中同一个 Key 下的数据进行聚合计算。

4.2.5 Reduce

Reduce 操作符应用用户定义的 ReduceFunction 函数将 KeyedStream 中具有相同 Key 的元素合并为单个值，而且总是将两个元素合并为一个元素，具体细节为将上一个合并过的值和当前输入的元素结合，产生新的值并发出。Reduce 操作符将 ReduceFunction 函数连续应用于同一个组的所有值，直到仅剩一个值为止。

- 数据流转换：KeyedStream → DataStream
- 实现接口：org.apache.flink.api.common.functions.ReduceFunction

在下面的程序中，数据源函数向数据流中生成 6 个 POJO 类型的元素，这里定义为 Trade，其中第一个元素与第二个元素的 cardNum 字段值相同，第三个元素与第四个元素的 cardNum 字

段值相同，第五个元素与第六个元素的 cardNum 字段值相同。KeyBy 操作符指定数据流中元素的 cardNum 字段作为 Key 对数据流进行分组，Reduce 操作符应用用户定义的 ReduceFunction 函数对分组后的数据流进行聚合计算，将位于同一分组下元素的交易金额 trade 字段进行累计并输出。

```
import com.intsmaze.flink.streaming.bean.Trade;
import org.apache.flink.api.common.functions.ReduceFunction;

//获取执行环境
StreamExecutionEnvironment env = StreamExecutionEnvironment.getExecutionEnvironment();

List<Trade> list = new ArrayList<Trade>();
list.add(new Trade("123XXXXX", 899, "2018-06"));
list.add(new Trade("123XXXXX", 699, "2018-06"));
list.add(new Trade("188XXXXX", 88, "2018-07"));
list.add(new Trade("188XXXXX", 69, "2018-07"));
list.add(new Trade("158XXXXX", 100, "2018-06"));
list.add(new Trade("158XXXXX", 1000, "2018-06"));

//在给定的非空集合中创建一个数据流，数据流中元素的类型是集合中元素的类型
DataStream<Trade> dataSource = env.fromCollection(list);

DataStream<Trade> resultStream = dataSource.keyBy("cardNum")//将数据流中元素的 cardNum 字段作为 Key
        //在分组的数据流中应用 Reduce 操作符
        .reduce(new ReduceFunction<Trade>() {
            @Override
            public Trade reduce(Trade value1, Trade value2) {
                System.out.println(Thread.currentThread().getName() + "-----" + value1 + ":" +
value2);
                return new Trade(value1.getCardNum(), value1.getTrade() + value2.getTrade(),
"----");
            }
        });
//将数据流中的元素打印在标准输出流中
resultStream.print("输出结果");
//触发程序执行
env.execute("Reduce Template");
```

完整代码见 com.intsmaze.flink.streaming.operator.base.ReduceTemplate。在 IDE 中运行上述程序后，在控制台中可以看到如下输出结果。可以发现当同一个分组下的第一个元素发送到 ReduceFunction 函数时，因为该函数中只有一个刚传入的值，不存在两个值，所以无法对两个值进行合并，该元素会保存在 ReduceFunction 函数中，同时直接发送给下游的 Print 操作符以打印在标准的输出流中，并不会进入用户定义的 ReduceFunction 函数的 reduce(...)方法中。当同一个分组下的第二个元素发送到 ReduceFunction 函数时才会进入 reduce(...)方法中进行两个值

的合并操作，将合并的结果保存在 ReduceFunction 函数中同时发送给下游的 Print 操作符以打印在标准的输出流中。

```
输出结果:9> Trade [cardNum=123XXXXX, trade=899, time=2018-06]
输出结果:11> Trade [cardNum=188XXXXX, trade=88, time=2018-07]
输出结果:10> Trade [cardNum=158XXXXX, trade=100, time=2018-06]
Keyed Reduce -> Sink: Print to Std. Out (11/12)-----
Trade [cardNum=188XXXXX, trade=88, time=2018-07]:Trade [cardNum=188XXXXX, trade=69, time=2018-07]
Keyed Reduce -> Sink: Print to Std. Out (9/12)-----
Trade [cardNum=123XXXXX, trade=899, time=2018-06]:Trade [cardNum=123XXXXX, trade=699,
time=2018-06]
Keyed Reduce -> Sink: Print to Std. Out (10/12)-----
Trade [cardNum=158XXXXX, trade=100, time=2018-06]:Trade [cardNum=158XXXXX, trade=1000,
time=2018-06]
输出结果:11> Trade [cardNum=188XXXXX, trade=157, time=----]
输出结果:10> Trade [cardNum=158XXXXX, trade=1100, time=----]
输出结果:9> Trade [cardNum=123XXXXX, trade=1598, time=----]
```

4.2.6 Aggregations

Aggregations 操作提供一系列内置的聚合逻辑，可以对 KeyedStream 中具有相同 Key 的元素进行求和、求最大值或最小值等。

- 数据流转换：KeyedStream → DataStream

Flink 提供两种方式对具有相同 Key 的元素进行聚合计算。对于 POJO 类型的元素可以通过指定字段名称来指定聚合字段，对于元组类型的元素可以通过指定元素的索引来指定聚合字段。以下是 Flink 提供的聚合类型的操作符：

```
keyedStream.sum(0)
keyedStream.sum("key")
keyedStream.min(0)
keyedStream.min("key")
keyedStream.max(0)
keyedStream.max("key")
keyedStream.minBy(0)
keyedStream.minBy("key")
keyedStream.maxBy(0)
keyedStream.maxBy("key")
```

Sum 操作符返回同一个 Key 分组下指定字段的和，Min 操作符返回同一个 Key 分组下指定字段的最小值，MinBy 操作符返回同一个 Key 分组下指定字段中具有最小值的元素。这一点很类似关系型数据库的 SQL 语法，Min 是取指定字段的最小值，MinBy 是取指定字段最小的一整行数据（Max 和 MaxBy 同理）。描述起来可能过于空洞，下面以一个例子来说明。

在下面的程序中，数据源函数向数据流中生成 4 个 POJO 类型的元素，这里定义为 Trade，其中第一个元素与第二个元素的 cardNum 字段值相同，第三个元素与第四个元素的 cardNum 字段值相同。KeyBy 操作符将数据流中元素的 cardNum 字段作为 Key 对数据流进行分组，对分组后的数据流分别调用 Sum、Min、MinBy 操作符进行聚合计算，将聚合计算的值分别以不同的前缀打印在标准输出流中。

```
import com.intsmaze.flink.streaming.bean.Trade;
import org.apache.flink.api.java.tuple.Tuple;

//获取执行环境
StreamExecutionEnvironment env = StreamExecutionEnvironment.getExecutionEnvironment();

List<Trade> list = new ArrayList<Trade>();
list.add(new Trade("188XXX", 30, "2018-07"));
list.add(new Trade("188XXX", 20, "2018-11"));
list.add(new Trade("158XXX", 1, "2018-07"));
list.add(new Trade("158XXX", 2, "2018-06"));

//在给定的非空集合中创建一个数据流，数据流中元素的类型是集合中元素的类型
DataStream<Trade> streamSource = env.fromCollection(list);

//将数据流中元素的 cardNum 字段作为 Key 对数据流进行分组
KeyedStream<Trade, Tuple> keyedStream =  streamSource.keyBy("cardNum");

//在分组的数据流中应用 Sum 操作符，将转换后的数据流中的元素打印在标准输出流中，并指定输出前缀为“sum:”
keyedStream.sum("trade").print("sum");

//在分组的数据流中应用 Min 操作符，将转换后的数据流中的元素打印在标准输出流中，并指定输出前缀为“min:”
keyedStream.min("trade").print("min");

//在分组的数据流中应用 MinBy 操作符，将转换后的数据流中的元素打印在标准输出流中，并指定输出前缀为“minBy:”
keyedStream.minBy("trade").print("minBy");

//触发程序执行
env.execute("Aggregations Template");
```

完整代码见 com.intsmaze.flink.streaming.operator.base.AggregationsTemplate。

在 IDE 中运行上述程序后，在控制台中可以看到如下输出结果。关于 Min 和 MinBy 操作符的详细区别，请注意观察输出的 time 字段。以卡号为“188XXX”的元素为例，这些元素中交易的最小金额为 20，对应交易的时间为“2018-11”。当使用 Min 操作符时，可以看到输出的最终结果为“cardNum= 188XXX, trade=20, time=2018-07”，输出的时间不是元素记录的“2018-11”，而是“2018-07”，该时间是卡号为“188XXX”分组下第一个进入 Min 操作符的元素的时间。而使用 MinBy 操作符可以看到输出的最终结果为“cardNum=188XXX, trade=20, time=2018-11”，这里输出的时间就是该金额实际的交易时间。

```
min:1> Trade [cardNum=158XXX, trade=1, time=2018-07]
min:1> Trade [cardNum=158XXX, trade=1, time=2018-07]
min:11> Trade [cardNum=188XXX, trade=30, time=2018-07]
min:11> Trade [cardNum=188XXX, trade=20, time=2018-07]

sum:11> Trade [cardNum=188XXX, trade=30, time=2018-07]
sum:11> Trade [cardNum=188XXX, trade=50, time=2018-07]
sum:1> Trade [cardNum=158XXX, trade=1, time=2018-07]
sum:1> Trade [cardNum=158XXX, trade=3, time=2018-07]

minBy:11> Trade [cardNum=188XXX, trade=30, time=2018-07]
minBy:11> Trade [cardNum=188XXX, trade=20, time=2018-11]
minBy:1> Trade [cardNum=158XXX, trade=1, time=2018-07]
minBy:1> Trade [cardNum=158XXX, trade=1, time=2018-07]
```

4.2.7 Split 和 Select

Split 和 Select 两个操作符是组合使用的，Split 操作符根据用户定义的标准将数据流拆分为两个或更多的数据流，Select 操作符根据用户定义的标准获取对应的数据流，以便在获取的数据流中执行后续的转换操作。

- Split 操作符的数据流转换：DataStream → SplitStream
- Select 操作符的数据流转换：SplitStream → DataStream
- 实现接口：org.apache.flink.streaming.api.collector.selector.OutputSelector

Split 操作符应用用户定义的 OutputSelector 函数以将元素定向发送到指定命名的输出中，在 DataStream 中调用 Split 操作符将创建一个 SplitStream 类型的数据流。

在下面的程序中，数据源函数向数据流中生成 3 个 POJO 类型的元素，这里定义为 Trade。在数据流中应用 Split 操作符以使用用户定义的 OutputSelector 函数对元素进行判断，如果元素的交易金额小于 100，则发送到名为 Small amount 和 Small amount backup 的输出中，如果元素的交易金额大于 100，则发送到名为 Large amount 的输出中。

```
import com.intsmaze.flink.streaming.bean.Trade;
import org.apache.flink.streaming.api.collector.selector.OutputSelector;
import org.apache.flink.streaming.api.datastream.SplitStream;

//获取执行环境
StreamExecutionEnvironment env = StreamExecutionEnvironment.getExecutionEnvironment();

List<Trade> list = new ArrayList<Trade>();
```

```
list.add(new Trade("185XXX",899,"周一"));
list.add(new Trade("155XXX",1199,"周二"));
list.add(new Trade("138XXX",19,"周三"));

//在给定的非空集合中创建一个数据流，数据流中元素的类型是集合中元素的类型
DataStream<Trade> dataStream = env.fromCollection(list);

//根据用户自定义的标准将数据流分成多个数据流
SplitStream splitStream=dataStream.split(new OutputSelector<Trade>() {
        @Override
        public Iterable<String> select(Trade value) {
            List<String> output = new ArrayList<String>();
    //如果元素的交易金额小于 100，则将元素发送到名为 Small amount 和 Small amount backup 的输出中
            if (value.getTrade()<100) {
                output.add("Small amount");
                output.add("Small amount backup");
            }
            //如果元素的金额大于 100，则将元素发送到名为 Large amount 的输出中
            else if(value.getTrade()>100){
                output.add("Large amount");
            }
            return output;
        }
    });
```

现在已经将一个数据流切分为多个数据流了，下面要做的就是使用 Select 操作符从切分的数据流中获取指定的数据流，Select 操作符的参数就是 Split 操作符中定义的输出名称。

```
//从切分的数据流中选择名为 Small amount 的数据流
//将数据流中的元素打印在标准输出流中，并指定输出前缀为“Small amount:”
splitStream.select("Small amount").print("Small amount");

//从切分的数据流中选择名为 Large amount 的数据流
//将数据流中的元素打印在标准输出流中，并指定输出前缀为“Large amount:”
splitStream.select("Large amount").print("Large amount");

//从切分的数据流中选择名为 Small amount backup 和 Large amount 的数据流
//将数据流中的元素打印在标准输出流中，并指定输出前缀为“Small amount backup and Large amount:”
splitStream.select("Small amount backup","Large amount")
        .print("Small amount backup and Large amount");

//触发程序执行
env.execute("SplitTemplate");
```

完整代码见 com.intsmaze.flink.streaming.operator.base.SplitTemplate。在 IDE 中运行上述程序后，在控制台中可以看到如下输出结果：

```
Small amount backup and Large amount:8> Trade [cardNum=138XXX, trade=19, time=周三]
Small amount backup and Large amount:6> Trade [cardNum=185XXX, trade=899, time=周一]
Small amount backup and Large amount:7> Trade [cardNum=155XXX, trade=1199, time=周二]
Small amount:11> Trade [cardNum=138XXX, trade=19, time=周三]
Large amount:8> Trade [cardNum=155XXX, trade=1199, time=周二]
Large amount:7> Trade [cardNum=185XXX, trade=899, time=周一]
```

4.2.8 Project

Project 操作符用在元素的数据类型是元组的数据流中，它根据指定的索引从元组中选择对应的字段组成一个子集。该操作符的参数是一个变长参数，类型为 int，参数指定保留的输入元组的字段索引，输出元组中的字段顺序与字段索引的顺序相对应。

```
dataStream.project(int... fieldIndexes)
```

- 数据流转换：DataStream → DataStream

在下面的程序中，数据源函数向数据流中生成 3 个 Tuple3 类型的元素，元素的 f0 和 f2 字段的类型为 String，f1 字段的类型为 Integer。Project 操作符输入 2 和 0 两个参数，指定保留 Tuple3 类型元素中的 f0 和 f2 字段的值，同时置换它们的位置。

```
import org.apache.flink.api.java.tuple.Tuple2;
import org.apache.flink.api.java.tuple.Tuple3;
//获取执行环境
final StreamExecutionEnvironment env = StreamExecutionEnvironment.getExecutionEnvironment();

List<Tuple3<String,Integer, String>> list = new ArrayList<Tuple3<String,Integer, String>>();
list.add(new Tuple3("185XXX",899,"周一"));
list.add(new Tuple3("155XXX",1199,"周二"));
list.add(new Tuple3("138XXX",19,"周三"));

//在给定的非空集合中创建一个数据流，数据流中元素的类型是集合中元素的类型
DataStream<Tuple3<String,Integer, String>> streamSource = env.fromCollection(list);

//将 Tuple3<String,Integer, String>转换为 Tuple2<String, String>
DataStream<Tuple2<String, String>> result = streamSource.project(2,0);

//将数据流中的元素打印在标准输出流中
result.print("输出结果");
//触发程序执行
env.execute("Project Template");
```

完整代码见 com.intsmaze.flink.streaming.operator.base.ProjectTemplate。在 IDE 中运行上述程序后，在控制台中可以看到如下输出结果：

```
输出结果:1> (周二,155XXX)
输出结果:12> (周一,185XXX)
输出结果:2> (周三,138XXX)
```

请注意 Java 编译器无法推断 Project 操作符的返回类型。如果对 Project 操作的结果调用另一个操作符，则可能引起一些问题，例如：

```
DataStream<Tuple5<String,String,String,String,String>> ds = // [...]
DataStream<Tuple1<String>> filterStream = ds.project(0)
                                      .filter(...);
```

面对这样的场景，可以通过提示 Project 操作符的返回类型来解决此问题，例如：

```
DataStream<Tuple1<String>> filterStream = ds.<Tuple1<String>>project(0)
                                       .filter(...);
```

4.2.9 Union

Union 操作符负责将两个或多个相同类型的数据流进行合并来创建一个包含数据流中所有元素的新数据流。该操作符的参数是一个变长参数，可以支持合并多个相同类型的数据流。

```
dataStream.union(otherStream1, otherStream2, ...)
```

- 数据流转换：DataStream* → DataStream

在下面的程序中，使用两个数据源函数分别向名为 dataStream 的数据流中生成 2 个 Long 类型的元素（1～2），向名为 otherStream 的数据流生成 2 个 Long 类型的元素（1001～1002），然后使用 Union 操作符将这两个数据流进行合并得到一个新的数据流。

```
//获取执行环境
StreamExecutionEnvironment env = StreamExecutionEnvironment.getExecutionEnvironment();

//创建一个包含指定数字序列的新数据流
DataStream<Long> dataStream = env.generateSequence(1, 2);

//创建一个包含指定数字序列的新数据流
DataStream<Long> otherStream = env.generateSequence(1001, 1002);

//将 dataStream 与 otherStream 两个数据流进行合并得到一个新的数据流
DataStream<Long> union = dataStream.union(otherStream);

//将数据流中的元素打印在标准输出流中
union.print("输出结果");
//触发程序执行
```

```
env.execute("Union Template");
```

完整代码见 com.intsmaze.flink.streaming.operator.base.UnionTemplate。在 IDE 中运行上述程序后，在控制台中可以看到如下输出结果：

```
输出结果:1> 1001
输出结果:2> 1002
输出结果:1> 1
输出结果:2> 2
```

4.2.10　Connect 和 CoMap、CoFlatMap

Connect 操作符将连接两个保留其类型的数据流来创建新的连接流，从而允许这两个数据流共享状态。

- 数据流转换：DataStream+DataStream → ConnectedStreams

在下面的程序中，使用两个数据源函数分别创建不同类型的数据流，一个数据流的元素类型为 Long，另一个数据流元素的类型为 String。

```
import org.apache.flink.streaming.api.datastream.ConnectedStreams;

List<Long> listLong = new ArrayList<Long>();
listLong.add(1L);
listLong.add(2L);

List<String> listStr = new ArrayList<String>();
listStr.add("www cnblogs com intsmaze");
listStr.add("hello intsmaze");
listStr.add("hello flink");
listStr.add("hello java");

//获取执行环境
StreamExecutionEnvironment env=StreamExecutionEnvironment.getExecutionEnvironment();

//在给定的非空集合中创建一个数据流，数据流中元素的类型是集合中元素的类型
DataStream<Long> longStream = env.fromCollection(listLong);

//在给定的非空集合中创建一个数据流，数据流中元素的类型是集合中元素的类型
DataStream<String> strStream = env.fromCollection(listStr);

//将两个不同类型的数据流进行 Connect 操作得到一个 ConnectedStreams
ConnectedStreams<Long, String> connectedStreams=longStream.connect(strStream);
```

通过得到的 ConnectedStreams 类型的数据流的泛型类型可以知道，第一个泛型类型对应 longStream 数据流中元素的类型，第二个泛型类型对应 strStream 数据流中元素的类型。将两个不同类型的数据流连接后，下一步是使用 CoFunctions 函数对连接的数据流进行计算。

在 ConnectedStreams 中可以使用 CoMapFunction 或 CoFlatMapFunction 函数来对连接后的数据流进行计算。

CoMapFunction 函数

在 ConnectedStreams 中使用 Map 操作符将用户定义的 CoMapFunction 函数应用于 ConnectedStreams 中的每个元素。数据流中的每个元素将作为输入元素进入 CoMapFunction 函数，CoMapFunction 函数将对输入的元素进行转换并产生一个结果元素输出到新的数据流中。它实现了一对一的映射，即 CoMapFunction 函数必须恰好返回一个元素。

- 数据流转换：ConnectedStreams → DataStream
- 实现接口：org.apache.flink.streaming.api.functions.co.CoMapFunction

下面的程序紧接着在上面连接后的 ConnectedStreams 中应用 Map 操作符，在用户定义的 CoMapFunction 函数中对来自 longStream 数据流的元素添加字符串为“数据来自元素类型为 Long 的流”的前缀，对来自 strStream 数据流中的元素添加字符串为“数据来自元素类型为 String 的流”的前缀。

```
import org.apache.flink.streaming.api.datastream.ConnectedStreams;
import org.apache.flink.streaming.api.functions.co.CoMapFunction;

...
ConnectedStreams<Long, String> connectedStreams=longStream.connect(strStream);

//在 ConnectedStreams 数据流中执行 Map 转换操作
DataStream<String> connectedMap = connectedStreams.map(new CoMapFunction<Long, String, String>() {
    //转换 longStream 数据流中的元素
    @Override
    public String map1(Long value) {
        return "数据来自元素类型为 Long 的流" + value;
    }
    //转换 strStream 数据流中的元素
    @Override
    public String map2(String value) {
        return "数据来自元素类型为 String 的流" + value;
    }
});

//将数据流中的元素打印在标准输出流中
connectedMap.print("输出结果");
//触发程序执行
env.execute("CoMapFunction Template");
```

完整代码见 com.intsmaze.flink.streaming.operator.base.ConnectTemplate。在 IDE 中运行上述程序后，在控制台中可以看到如下输出结果：

```
输出结果:8> 数据来自元素类型为 String 的流 hello intsmaze
输出结果:9> 数据来自元素类型为 String 的流 hello flink
输出结果:10> 数据来自元素类型为 String 的流 hello java
输出结果:7> 数据来自元素类型为 String 的流 www cnblogs com intsmaze
输出结果:1> 数据来自元素类型为 Long 的流 2
输出结果:12> 数据来自元素类型为 Long 的流 1
```

CoFlatMapFunction 函数

在 ConnectedStreams 中使用 FlatMap 操作符将用户定义的 CoFlatMapFunction 函数应用于 ConnectedStreams 中的每个元素。数据流中的每个元素将作为输入元素进入 CoFlatMapFunction 函数，CoFlatMapFunction 函数将对输入的元素进行转换并产生 0 个、1 个或多个结果元素输出到新的数据流中。

- 数据流转换：ConnectedStreams → DataStream
- 实现接口：org.apache.flink.streaming.api.functions.co.CoFlatMapFunction

下面的程序在上面连接后的 ConnectedStreams 中应用 FlatMap 操作符，在用户定义的 CoFlatMapFunction 函数中将来自 longStream 数据流的元素转换为 String 类型并输出，将来自 strStream 数据流的元素根据空格符进行分隔，然后将分隔后的子字符串输出。

```
import org.apache.flink.streaming.api.datastream.ConnectedStreams;
import org.apache.flink.streaming.api.functions.co.CoFlatMapFunction;
import org.apache.flink.util.Collector;

...
ConnectedStreams<Long, String> connectedStreams=longStream.connect(strStream);

//在 ConnectedStreams 数据流中执行 FlatMap 转换操作
DataStream<String> connectedFlatMap = connectedStreams.flatMap(new CoFlatMapFunction<Long, String, String>() {
    //转换 longStream 数据流中的元素
    @Override
    public void flatMap1(Long value, Collector<String> out) {
        out.collect(value.toString());
    }
    //转换 strStream 数据流中的元素
    @Override
    public void flatMap2(String value, Collector<String> out) {
        for (String word : value.split(" ")) {
            out.collect(word);
        }
```

```
    }
});

//将数据流中的元素打印在标准输出流中
connectedFlatMap.print("输出结果");
//触发程序执行
env.execute("CoFlatMapFunction Template");
```

完整代码见 com.intsmaze.flink.streaming.operator.base.ConnectTemplate。

在 IDE 中运行上述程序后，在控制台中可以看到如下输出结果：

```
输出结果:7> 1
输出结果:6> www
输出结果:8> 2
输出结果:7> hello
输出结果:7> intsmaze
输出结果:9> hello
输出结果:9> java
输出结果:8> hello
输出结果:6> cnblogs
输出结果:8> flink
输出结果:6> com
输出结果:6> intsmaze
```

4.2.11 Iterate

流处理程序的迭代计算实现了一个 Step 函数并将其嵌入 IterativeStream 类型的数据流。由于流处理程序可能永远不会完成，所以没有最大迭代次数。相反需要开发者指定数据流的哪一部分被反馈回迭代操作中，以及哪一部分使用 Split 操作符或 Filter 操作符被转发到下游数据流。

迭代操作将一个操作符的输出重定向到某个先前的操作符，在数据流中创建“反馈”循环，这种模式对于定义不断更新模型的算法特别有用。

- 数据流转换：DataStream → IterativeStream → DataStream

迭代操作由两个方法组成：

- DataStream.iterate(long maxWaitTimeMillis)：负责启动流处理程序的迭代部分以反馈数据流，返回的 IterativeStream 表示 DataStream 中迭代的开始，带有迭代的 DataStream 永远不会终止，但是用户可以使用 maxWaitTime 参数设置迭代头的最大等待时间。如果在设置的时间内没有收到数据，则流会终止，默认值为 0 秒。
- IterativeStream.closeWith(DataStream<T> feedbackStream)：此方法定义了迭代程序部分的末尾，指定的 DataStream 将反馈并用作迭代头的输入的数据源。如果在 Datastream

中调用了 iterate(...)方法，那么一定要在 IterativeStream 中调用 closeWith(...)方法，否则会报如下错误。

```
java.lang.IllegalStateException: Iteration FeedbackTransformation{id=2, name='Feedback',
outputType=Java Tuple2<String, Integer>, parallelism=1} does not have any feedback edges.
```

在下面的程序中，数据源函数向数据流中生成 6 个 Tuple2 类型的元素，在输入流中创建一个迭代数据流，同时设置超时时间为 5 秒。在迭代流中可以调用各种转换操作符，这里以 Map 操作符为例，对迭代流中每个元素的 f1 字段的值进行减一操作。在 Map 操作符转换的数据流中调用 Split 操作符，将 f1 字段的值大于 30 的元素输出到名为 iterate 的输出中，将不大于 30 的元素输出到名为 output 输出中。最后使用 Select 操作符从切分的数据流中获取名为 iterate 的数据流作为 closeWith(...)方法的参数，以指定将该数据流的数据再次发送到迭代流中，同时获取名为 output 的数据流并将数据流中的数据直接发送给 Print 操作符以打印到标准的输出流中。

```
import org.apache.flink.api.common.functions.MapFunction;
import org.apache.flink.api.java.tuple.Tuple2;
import org.apache.flink.streaming.api.collector.selector.OutputSelector;
import org.apache.flink.streaming.api.datastream.IterativeStream;
import org.apache.flink.streaming.api.datastream.SplitStream;

List<Tuple2<String, Integer>> list = new ArrayList<>();
list.add(new Tuple2<>("flink", 33));
list.add(new Tuple2<>("storm", 32));
list.add(new Tuple2<>("spark", 15));
list.add(new Tuple2<>("java", 18));
list.add(new Tuple2<>("python", 31));
list.add(new Tuple2<>("scala", 29));

//获取执行环境
StreamExecutionEnvironment env = StreamExecutionEnvironment.getExecutionEnvironment();
//设置作业的全局并行度为 1
env.setParallelism(1);

//从给定的非空集合中创建一个数据流，数据流中元素的类型是集合中元素的类型
DataStream<Tuple2<String, Integer>> inputStream = env.fromCollection(list);

//从数据流中创建一个迭代数据流，超时时间为 5 秒
IterativeStream<Tuple2<String, Integer>> it = inputStream.iterate(5000);

//Map 操作符将元素的 value.f1 进行减一操作，Split 操作符根据 value.f1 是否大约 30 来选择将元素输出到名为
//iterate 或 output 的输出中
SplitStream<Tuple2<String, Integer>> split = it.map(new MapFunction<Tuple2<String, Integer>,
Tuple2<String, Integer>>() {
    @Override
    public Tuple2<String, Integer> map(Tuple2<String, Integer> value) throws Exception {
```

```
            Thread.sleep(1000);
            System.out.println("在迭代流中调用逻辑处理方法，参数为:" + value);
            return new Tuple2<>(value.f0, --value.f1);
        }
    }).split(new OutputSelector<Tuple2<String, Integer>>() {
                @Override
                public Iterable<String> select(Tuple2<String, Integer> value) {
                    List<String> output = new ArrayList<>();
                    if (value.f1 > 30) {
                        //如果元素的 f1 字段的值大于 30，则将元素发送到名为“iterate”的输出中
                        System.out.println("返回迭代数据:" + value);
                        output.add("iterate");
                    } else {
                        //如果元素的 f1 字段的值小于等于 30，则将元素发送到名为“output”的输出中
                        output.add("output");
                    }
                    return output;
                }
            });

    //通过在输出选择器中选择名为“iterate”输出中的元素来关闭迭代
    it.closeWith(split.select("iterate"));

    //选择名为“output”输出中的元素来生成最终输出
    split.select("output").print("输出结果:");

    //触发程序执行
    env.execute("Iterate Template");
```

完整代码见 com.intsmaze.flink.streaming.operator.base.IterateTemplate。

在 IDE 中运行上述程序后，在控制台中可以看到如下输出结果。同时当数据流中的所有元素的 f1 字段值小于 30 后，程序便结束运行。

```
迭代流上面调用逻辑处理方法，参数为:(flink,33)
返回迭代数据:(flink,32)
迭代流上面调用逻辑处理方法，参数为:(storm,32)
返回迭代数据:(storm,31)
迭代流上面调用逻辑处理方法，参数为:(spark,15)
输出结果:> (spark,14)
迭代流上面调用逻辑处理方法，参数为:(java,18)
输出结果:> (java,17)
迭代流上面调用逻辑处理方法，参数为:(python,31)
输出结果:> (python,30)
迭代流上面调用逻辑处理方法，参数为:(scala,29)
输出结果:> (scala,28)
迭代流上面调用逻辑处理方法，参数为:(flink,32)
返回迭代数据:(flink,31)
```

```
迭代流上面调用逻辑处理方法，参数为:(storm,31)
输出结果:> (storm,30)
```

4.3 富函数

前面讲解了 Flink 的基本操作符，在讲解 Flink 的高级操作符之前，本节将讲解 Flink 操作符中的富函数，在本书中统一将 RichFunction 接口称为富函数。所有操作符上应用的函数都有其富函数版本，只需要在各种函数类名前面加上 Rich 前缀即可，比如 FlatMapFunction 函数的富函数为 RichFlatMapFunction。富函数在基本函数提供的操作方法之外额外提供了一系列方法方便开发者丰富自己的业务逻辑。

4.3.1 基本概念

富函数除了提供基本的操作方法（map、reduce 等），还提供了另外五个方法。

- void open(Configuration parameters)：执行基本操作方法前的初始化方法，它在基本的操作方法第一次被调用之前调用，因此适合在方法中进行编写初始化资源等一次性设置工作。Configuration 参数为传递给该函数的配置对象，一般存储初始资源的配置信息（例如数据库连接信息），Configuration 的详细内容见 4.8 节。该方法可能会转发运行时捕获的异常，当运行时捕获异常时，它将中止任务，并根据指定的重启策略决定是否重试任务，关于重启策略详细见 10.3 节。
- void close() throws Exception：在最后一次调用基本的操作方法之后调用它，换句话说就是 Flink 程序结束前被调用，主要用于释放程序中的资源，比如数据库连接等。和 open(Configuration parameters)方法一样，该方法也可能转发运行时捕获的异常。
- RuntimeContext getRuntimeContext()：获取有关用户定义的函数运行时的上下文信息，例如函数的并行度、函数的子任务索引或执行函数的任务的名称。RuntimeContext 还提供对累加器、分布式缓存、计数器、当前配置信息、状态等对象的访问。RuntimeContext 是一个很重要的对象，对于高级开发是十分有帮助的。
- IterationRuntimeContext getIterationRuntimeContext()：获取 RuntimeContext 的专用版本，该版本具有有关执行函数迭代的其他信息。仅当函数是迭代的一部分时，此 IterationRuntimeContext 才可用，否则调用此方法将引发异常。
- void setRuntimeContext(RuntimeContext t)：设置函数的运行时上下文，将用户定义的函数应用于操作符的并行实例时由 Flink 框架自动调用。

下面的代码以 FlatMap 操作符为例，解释 RichFunction 和 Function 之间的关系。通过相关源码我们可以看到 RichFunction 接口继承了基本的 Function 接口，而 AbstractRichFunction 抽象类实现了 RichFunction 接口，开发者在编写 FlatMap 操作符中的函数时一般要实现对应的 FlatMapFunction 接口，在该接口声明的方法内编写自己的业务逻辑，而使用富函数则需要继承对应的 RichFlatMapFunction 抽象类。对于其他操作符，则要使用富函数的通用模板，在原有接口的名称前面加上 Rich，将实现改为继承即可。

```
public interface RichFunction extends Function {...}

public abstract class AbstractRichFunction implements RichFunction, Serializable {...}

//FlatMap 操作符对应的富函数，该抽象类最终也实现 Function 接口
public abstract class RichFlatMapFunction<IN, OUT> extends AbstractRichFunction implements
FlatMapFunction<IN, OUT> {
    public abstract void flatMap(IN value, Collector<OUT> out) throws Exception;
}

//FlatMap 操作符对应的基本接口，可以看到该接口也继承 Function 接口
public interface FlatMapFunction<T, O> extends Function, Serializable {

    void flatMap(T value, Collector<O> out) throws Exception;
}
```

AbstractRichFunction 抽象类定义了用户定义的函数生命周期的方法，以及访问在其中执行函数的上下文的方法，开发者一般只需要重写 open(...)和 close()方法即可，其他方法在 AbstractRichFunction 抽象类中已经给出了具体的实现逻辑。

4.3.2 代码演示

下面是一个使用 FlatMap 操作符的简单实例，应用在 FlatMap 操作符上的用户定义的函数采用继承 RichFlatMapFunction 抽象类的方式去实现，在 open(...)和 close()方法中打印日志信息来模拟 Flink 程序启动/结束时初始化资源和释放资源等步骤。首先使用 Flink 内置的 generateSequence(...)数据源函数创建一个含有 100 个元素的数据流，在数据流中应用 FlatMap 操作符以使用用户定义的 FlatMapFunction 函数对输入的元素执行一秒的睡眠后，就将元素转发到下游的 Print 操作符以打印在标准的输出流中。

```
import org.apache.flink.api.common.functions.RichFlatMapFunction;
import org.apache.flink.configuration.Configuration;
import org.apache.flink.util.Collector;

public class RichFunctionTemplate extends RichFlatMapFunction<Long, Long> {

    public static Logger LOGGER = LoggerFactory.getLogger(RichFunctionTemplate.class);
```

```
    public static void main(String[] args) throws Exception {
        //获取执行环境
        StreamExecutionEnvironment env = StreamExecutionEnvironment.getExecutionEnvironment();
        //设置作业的全局并行度为 2
        env.setParallelism(2);
        //创建一个包含指定数字序列的新数据流
        DataStream<Long> streamSource = env.generateSequence(1, 100);

        DataStream<Long> dataStream = streamSource.flatMap(new RichFunctionTemplate())
                     .name("intsmaze-flatMap");//name 方法定义 FlatMap 操作符的任务名称

        //将数据流中的元素打印在标准输出流中
        dataStream.print();
        //触发程序执行
        env.execute("RichFunctionTemplate");
    }

    @Override
    public void open(Configuration parameters) throws Exception {
        RuntimeContext rc = getRuntimeContext();
        String taskName = rc.getTaskName();
        String subtaskName = rc.getTaskNameWithSubtasks();
        int subtaskIndexOf = rc.getIndexOfThisSubtask();
        int parallel = rc.getNumberOfParallelSubtasks();
        int attemptNum = rc.getAttemptNumber();
        LOGGER.info("调用 open 方法,初始化资源信息..");
        LOGGER.info("调用 open 方法,任务名称:{}...带有子任务的任务名称: {}...并行子任务的标识: {}...当
前任务的总并行度:{}", taskName, subtaskName, subtaskIndexOf, parallel);
        LOGGER.info("调用 open 方法,该任务因为失败进行重启的次数:{}", attemptNum);
    }

    @Override
    public void flatMap(Long input, Collector<Long> out) throws Exception {
        Thread.sleep(1000);
        out.collect(input);
    }

    public void close(){
        LOGGER.info("调用 close 方法 ----------------------");
    }
}
```

完整代码见 com.intsmaze.flink.streaming.operator.rich.RichFunctionTemplate。

将上面的程序打包部署到集群上作为一个作业运行(关于如何发布 Flink 程序到集群见 10.4 节)，分别以两种方式结束作业，一种是等待 100 秒后任务自动结束，另一种是任务在运行中由开发者手动取消该任务。通过日志我们可以观察到不管任务是自动运行结束还是由开发者手动

取消，close()方法都会被立刻调用，这两种方式均符合“在最后一次调用基本操作方法之后调用它”。同时我们可以看到关于 FlatMap 操作符的每个并行子任务实例的信息（该信息对于编写并行的数据源函数是十分有用的）。

```
... INFO com.......rich.RichFunctionTemplate - 调用 open 方法,初始化资源信息...
... INFO com.......rich.RichFunctionTemplate - 调用 open 方法,初始化资源信息...
... INFO com.......rich.RichFunctionTemplate - 调用 open 方法,任务名称:
    Source: Sequence Source -> intsmaze-flatMap -> Sink: Print to Std. Out...
    带有子任务的任务名称：Source: Sequence Source -> intsmaze-flatMap -> Sink: Print to Std. Out (2/2)..
    并行子任务的标识：1..当前任务的总并行度:2
... INFO com.......rich.RichFunctionTemplate - 调用 open 方法,该任务因为失败进行重启的次数:0
... INFO com.......rich.RichFunctionTemplate - 调用 open 方法,任务名称:
    Source: Sequence Source -> intsmaze-flatMap -> Sink: Print to Std. Out...
    带有子任务的任务名称：Source: Sequence Source -> intsmaze-flatMap -> Sink: Print to Std. Out (1/2)..
    并行子任务的标识：0...当前任务的总并行度:2
... INFO com.......rich.RichFunctionTemplate - 调用 open 方法,该任务因为失败进行重启的次数:0
... INFO com.......rich.RichFunctionTemplate - 调用 close 方法 ---------------
... INFO com.......rich.RichFunctionTemplate - 调用 close 方法 ---------------
```

4.4 任务链和资源组

在分布式计算环境中，Flink 会将同一个流处理程序中具有依赖关系的多个操作符的子任务链接到一起形成一个任务链，这意味着可以将它们放在同一个线程中执行以获得更好的性能。将多个操作符子任务链接为一个任务是 Flink 的一个有用优化：它减少了线程到线程的切换和缓冲的开销，并在减少延迟的同时提高了总体吞吐量（减少序列化与反序列化，减少数据在缓冲区的交换）。

在默认情况下，Flink 会尽可能地链接多个操作符的子任务来形成一个任务链。同时 Flink 在 API 层面也为开发者提供了对任务链细粒度的控制，允许开发者在 DataStream 中调用任务链函数。需要注意的是，这些任务链函数只能在 DataStream 转换之后使用，因为它们引用了前一个转换。例如可以使用 sourceStream.map(...).startNewChain()，但是不能使用 sourceStream.startNewChain()。如果开发者希望在整个流处理程序中禁用操作符的自动链接行为，则可以在流处理程序中使用 StreamExecutionEnvironment.disableOperatorChaining()进行全局设置。

Flink 提供了以下三种方式对流处理程序中的任务链进行细粒度控制：

```
DataStream<T> dataStream= // [...];
dataStream.startNewChain()
dataStream.disableChaining()
dataStream.slotSharingGroup("custom-name")
```

在演示 Flink 任务链的各种策略之前，我们先将 Flink 集群的任务槽数量设置为 6。

4.4.1　默认链接

下面的流处理程序将演示 Flink 默认的操作符链接行为，为了方便观察，这里先提供一个自定义的数据源函数，该数据源函数每隔 30 秒发送一个元素到数据流中，一共发送 3 个元素，整个流处理程序的转换如下：

```
inputStream.filter(...).map(...).map(...).print(...)
```

同时为了清晰地从控制台观察该流处理程序处理后的结果，将 log4j.properties 配置文件的 log4j.rootLogger=stdout 去掉，使用 System.out.println 代替 logger.info 来打印调试信息，同时设置整个流处理程序的全局并行度为 3，在每个操作符对应的函数中仅打印执行当前操作符所属的子任务的名称，不做任何逻辑处理，因此用户定义的函数必须继承富函数以获取操作符运行的上下文内容。

下面是流处理程序的自定义数据源函数实现，该数据源函数每隔 30 秒向数据流中发送一个元素，一共发送 3 个元素。

```
    import org.apache.flink.streaming.api.functions.source.RichSourceFunction;

    public class ChainSource extends RichSourceFunction<Tuple2<String, Integer>> {

        int sleep = 30000;

        @Override
        public void run(SourceContext<Tuple2<String, Integer>> ctx) throws Exception {
            //向数据流中发送元素
            ctx.collect(new Tuple2("185XXX", 899));
            System.out.println("source 操作所属子任务名称:" +
getRuntimeContext().getTaskNameWithSubtasks() +",元素:" + new Tuple2("185XXX", 899));
            Thread.sleep(sleep);
            //向数据流中发送元素
            ctx.collect(new Tuple2("155XXX", 1199));
            System.out.println("source 操作所属子任务名称:" +
getRuntimeContext().getTaskNameWithSubtasks() +",元素:" + new Tuple2("155XXX", 1199));
            Thread.sleep(sleep);
            //向数据流中发送元素
            ctx.collect(new Tuple2("138XXX", 19));
            System.out.println("source 操作所属子任务名称:" +
getRuntimeContext().getTaskNameWithSubtasks() +",元素:" + new Tuple2("138XXX", 19));
            Thread.sleep(sleep);
        }
        ...
    }
```

完整代码见 com.intsmaze.flink.streaming.chain.ChainSource。

下面是流处理程序的拓扑主体，该程序会对数据流执行一次 Filter 转换操作、两次 Map 转换操作，最后通过 Print 操作符将数据流中的元素打印到标准输出流中。

```
    import org.apache.flink.api.common.functions.RichFilterFunction;
    import org.apache.flink.api.common.functions.RichMapFunction;

    //获取执行环境
    StreamExecutionEnvironment env = StreamExecutionEnvironment.getExecutionEnvironment();
    //设置作业的全局并行度为3
    env.setParallelism(3);

    //自定义数据源函数，每隔30秒向数据流中发送一个元素
    DataStream<Tuple2<String, Integer>> inputStream = env.addSource(new ChainSource());

    DataStream<Tuple2<String, Integer>> filter = inputStream.filter(new
RichFilterFunction<Tuple2<String, Integer>>() {
        @Override
        public boolean filter(Tuple2<String, Integer> value) {
            System.out.println("filter 操作所属子任务名称:"+getRuntimeContext().
getTaskNameWithSubtasks() + ",元素:" + value);
            return true;
        }
    });

    DataStream<Tuple2<String, Integer>> mapOne =filter.map(new RichMapFunction<Tuple2<String, Integer>,
Tuple2<String, Integer>>() {
        @Override
        public Tuple2<String, Integer> map(Tuple2<String, Integer> value) {
            System.out.println("map-one 操作所属子任务名
称:"+getRuntimeContext().getTaskNameWithSubtasks() + ",元素:" + value);
            return value;
        }
    });

    DataStream<Tuple2<String, Integer>> mapTwo=mapOne.map(new RichMapFunction<Tuple2<String, Integer>,
Tuple2<String, Integer>>() {
        @Override
        public Tuple2<String, Integer> map(Tuple2<String, Integer> value) {
            System.out.println("map-two 操作所属子任务名
称:"+getRuntimeContext().getTaskNameWithSubtasks() + ",元素:" + value);
            return value;
        }
    });

    //将数据流中的元素打印在标准输出流中
```

```
mapTwo.print();
//触发程序执行
env.execute("chain");
```

完整代码见 com.intsmaze.flink.streaming.chain.DefaultChainTemplate。

在 IDE 中运行上述程序后，在控制台的输出信息中可以看到每个操作符的子任务根据依赖关系相互链接形成一个名为“Filter→Map→Map→Sink: Print to Std. Out”的任务链，一共形成 3 个子任务链，这些在同一个子任务链中的子任务由同一个任务进行处理。同时数据源操作符单独作为一个名为“Custom Source”的任务链且只有 1 个子任务链。关于数据源操作符的子任务的数量为何为 1，将在 6.6 节进行讲解。

```
source 操作所属子任务名称:Source: Custom Source (1/1),元素:(185XXX,899)
filter 操作所属子任务名称:Filter -> Map -> Map -> Sink: Print to Std. Out (2/3),元素:(185XXX,899)
map-one 操作所属子任务名称:Filter -> Map -> Map -> Sink: Print to Std. Out (2/3),元素:(185XXX,899)
map-two 操作所属子任务名称:Filter -> Map -> Map -> Sink: Print to Std. Out (2/3),元素:(185XXX,899)

source 操作所属子任务名称:Source: Custom Source (1/1),元素:(155XXX,1199)
filter 操作所属子任务名称:Filter -> Map -> Map -> Sink: Print to Std. Out (3/3),元素:(155XXX,1199)
map-one 操作所属子任务名称:Filter -> Map -> Map -> Sink: Print to Std. Out (3/3),元素:(155XXX,1199)
map-two 操作所属子任务名称:Filter -> Map -> Map -> Sink: Print to Std. Out (3/3),元素:(155XXX,1199)

...
```

将该程序打包后部署到 Flink 集群上运行，我们可以看到该作业有 4 个子任务，但是它们运行在 3 个任务槽上，其中名为“Source: Custom Source (1/1)”的子任务和名为“Filter→Map→Map→Sink: Print to Std. Out”的某一子任务运行在同一任务槽上，如图 4-3 和图 4-4 所示。

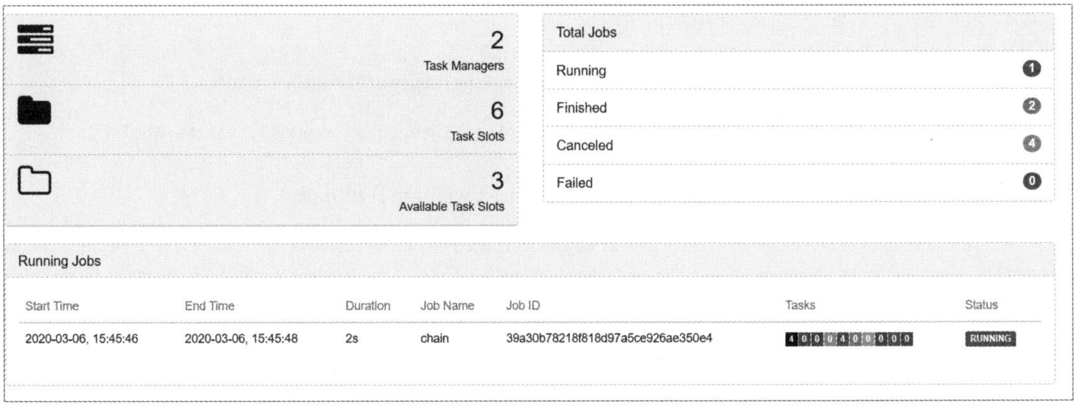

2 Task Managers
6 Task Slots
3 Available Task Slots

Total Jobs	
Running	1
Finished	2
Canceled	4
Failed	0

Running Jobs

Start Time	End Time	Duration	Job Name	Job ID	Tasks	Status
2020-03-06, 15:45:46	2020-03-06, 15:45:48	2s	chain	39a30b78218f818d97a5ce926ae350e4	4 0 0 0 4 0 0 0 0 0	RUNNING

图 4-3

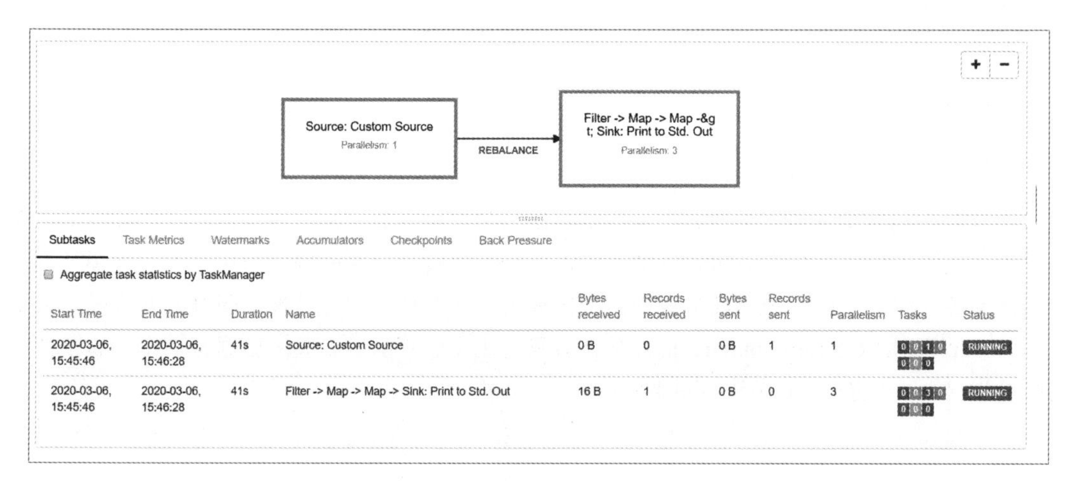

图 4-4

4.4.2 开启新链接

除了使用 Flink 默认的操作符链接行为，开发者还可以在调用 startNewChain()方法的操作符的地方启动一个新的任务链，此操作符不会链接到前一个操作符，但是后面的操作符可以链接到此操作符。整个流处理程序的转换如下：

```
inputStream.filter(...).map(...).startNewChain().map(...).print(...)
```

inputStream 是数据源操作符生成的数据流，因此不能直接在 inputStream 中调用 startNewChain()方法，必须对 inputStream 进行一次转换操作，在转换后的数据流中调用 startNewChain()方法，这里在第二次转换的数据流中调用 startNewChain()方法。我们在 4.4.1 节示例代码的第 31 行中添加如下代码即可：

```
import org.apache.flink.streaming.api.datastream.SingleOutputStreamOperator;

mapOne = ((SingleOutputStreamOperator<Tuple2<String, Integer>>) mapOne).startNewChain();
```

完整代码见 com.intsmaze.flink.streaming.chain.NewChainTemplate。

在 IDE 中运行上述程序后，在控制台的输出信息中可以看到该程序的每个操作符的子任务根据依赖关系相互链接形成 1 个任务链，整个程序共有 3 个独立的任务链。数据源操作符单独作为一个名为“Source: Custom Source”的任务链且只有 1 个子任务链，Filter 操作符单独作为一个名为“Filter”任务链且有 3 个子任务链，后续两个 Map 操作符和 Print 操作符链接为一个名为“Map -> Map -> Sink: Print to Std. Out”的任务链且有 3 个子任务链，任务链的分界以在第一个 Map 操作符转换的数据流中执行 startNewChain()方法为依据。

```
source 操作所属子任务名称:Source: Custom Source (1/1),元素:(185XXX,899)
filter 操作所属子任务名称:Filter (1/3),元素:(185XXX,899)
map-one 操作所属子任务名称:Map -> Map -> Sink: Print to Std. Out (1/3),元素: (185XXX,899)
map-two 操作所属子任务名称:Map -> Map -> Sink: Print to Std. Out (1/3),元素: (185XXX,899)
source 操作所属子任务名称:Source: Custom Source (1/1),元素:(155XXX,1199)
filter 操作所属子任务名称:Filter (2/3),元素:(155XXX,1199)
map-one 操作所属子任务名称:Map -> Map -> Sink: Print to Std. Out (2/3),元素: (155XXX,1199)
map-two 操作所属子任务名称:Map -> Map -> Sink: Print to Std. Out (2/3),元素: (155XXX,1199)
...
```

将该程序打包后部署到 Flink 集群上运行，我们可以看到该作业有 7 个子任务，但是它们运行在 3 个任务槽上，名为“Filter”的任务的 3 子任务链分别运行在 3 个任务槽上，名为“Map→Map→Sink: Print to Std. Out”的任务的 3 个子任务链也分别运行在 3 个任务槽上，名为“Source: Custom Source”的任务的 1 个子任务链运行在其中 1 个任务槽上，如图 4-5 和图 4-6 所示。

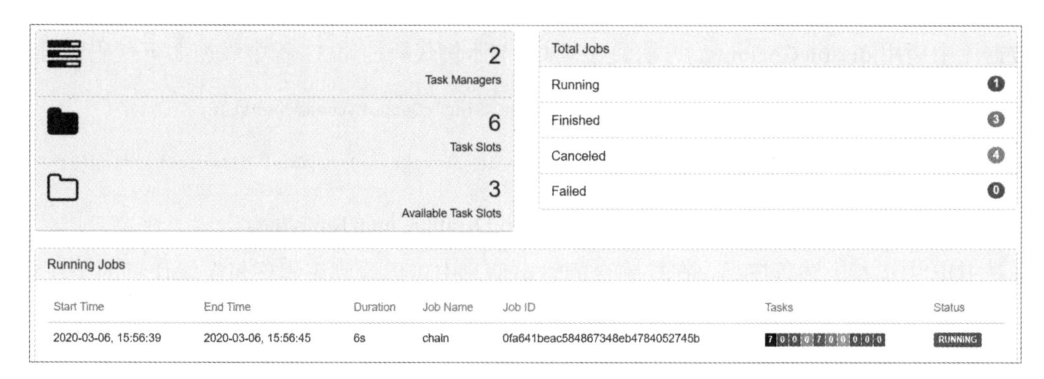

图 4-5

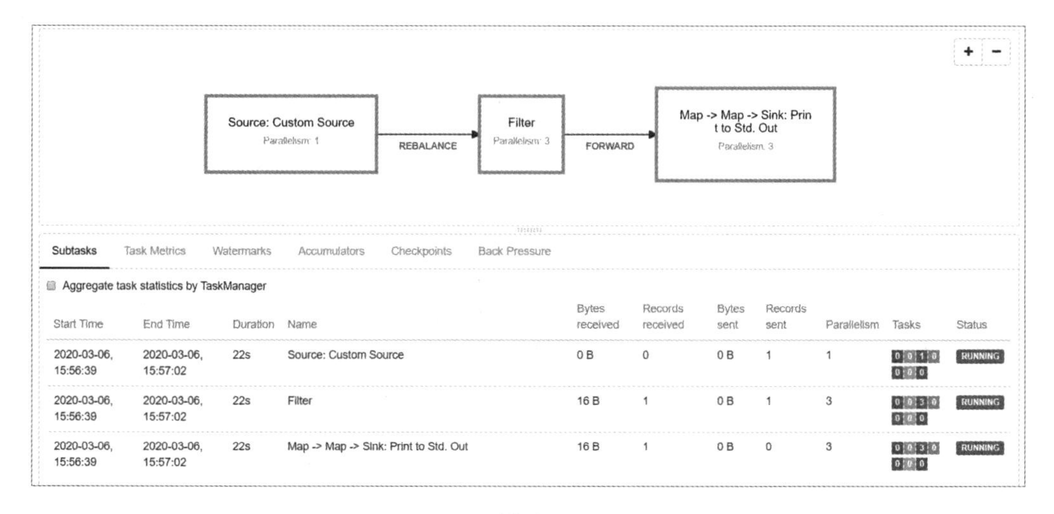

图 4-6

4.4.3 禁用链接

在数据流的操作符上禁用操作符链接行为，该操作符不会被之前或之后的操作符链接上。同时 Flink 也提供了全局禁用操作符链接行为，通过在流处理程序中调用 StreamExecutionEnvironment 对象上的 disableOperatorChaining()方法可以为整个程序关闭操作符链接，但是出于性能考虑，一般不建议开发者使用这个方法。

1. 在操作符上禁用链接

整个流处理程序的转换如下：

```
inputStream.filter(...).map(...).disableChaining().map(...).print(...)
```

和 4.4.2 节在数据流中调用 startNewChain()方法开启一个新的链接一样，这里在第二次转换的数据流中调用 disableChaining()方法。在 4.4.1 节示例代码的第 31 行中添加如下代码即可：

```
import org.apache.flink.streaming.api.datastream.SingleOutputStreamOperator;

mapOne = ((SingleOutputStreamOperator<Tuple2<String,Integer>>) mapOne).disableChaining();
```

完整代码见 com.intsmaze.flink.streaming.chain.DisableChainTemplate。

在 IDE 中运行上述程序后，在控制台的输出信息中可以看到该程序每个操作符的子任务根据依赖关系相互链接形成一个任务链，整个程序共有 4 个任务链，数据源操作符单独作为一个名为“Source: Custom Source”的任务链且只有 1 个子任务链，Filter 操作符单独作为一个名为“Filter”任务链且有 3 个子任务链，第一个 Map 操作符单独为一个名为“Map”任务链且有 3 个子任务链，第二个 Map 操作符和 Print 操作符链接为一个名为“Map->Sink: Print to Std. Out”的任务链且有 3 个子任务链。任务链的分界以在第一个 Map 操作符转换的数据流中执行 disableChaining()方法为依据。

```
source 操作所属子任务名称:Source: Custom Source (1/1),元素:(185XXX,899)
filter 操作所属子任务名称:Filter (2/3),元素:(185XXX,899)
map-one 操作所属子任务名称:Map (2/3),元素:(185XXX,899)
map-two 操作所属子任务名称:Map -> Sink: Print to Std. Out (2/3),元素:(185XXX,899)

source 操作所属子任务名称:Source: Custom Source (1/1),元素:(155XXX,1199)
filter 操作所属子任务名称:Filter (3/3),元素:(155XXX,1199)
map-one 操作所属子任务名称:Map (3/3),元素:(155XXX,1199)
map-two 操作所属子任务名称:Map -> Sink: Print to Std. Out (3/3),元素:(155XXX,1199)

...
```

将该程序打包后部署到 Flink 集群上运行，我们可以看到该作业有 10 个子任务，但是它们运行在 3 个任务槽上。名为“Filter”的任务的 3 子任务链分别运行在 3 个任务槽上，名为“Map”

的任务的 3 个子任务链也分别运行在 3 个任务槽上，名为“Map→Sink: Print to Std. Out”的任务的 3 个子任务链分别运行在 3 个任务槽上，同时名为“Source: Custom Source”的任务的 1 个子任务链运行在其中 1 个任务槽上，如图 4-7 和图 4-8 所示。

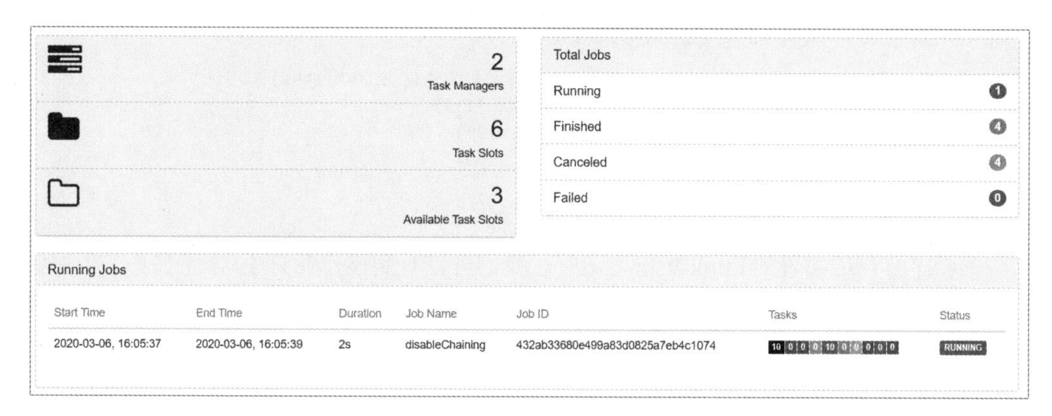

图 4-7

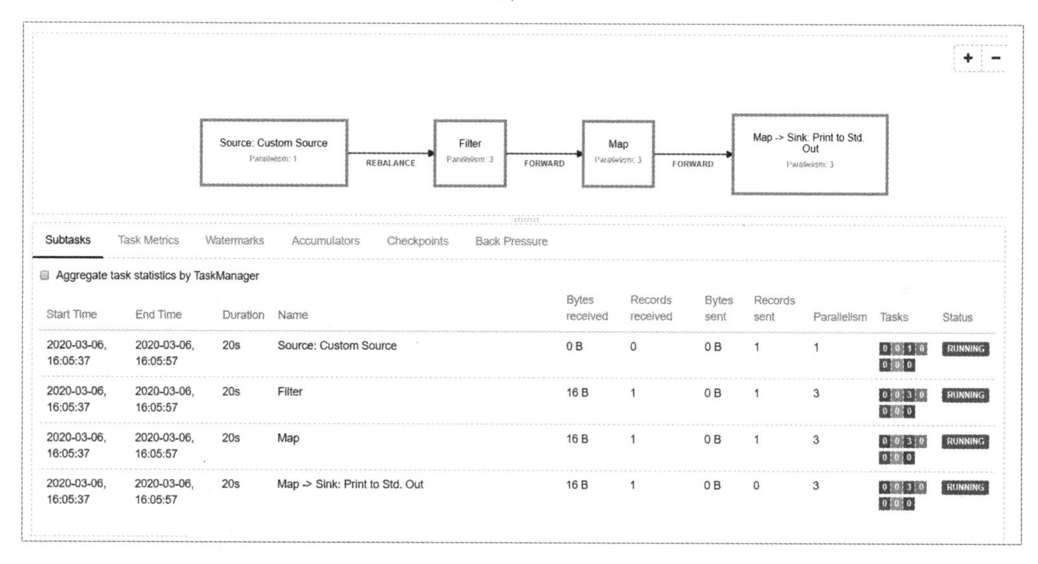

Start Time	End Time	Duration	Name	Bytes received	Records received	Bytes sent	Records sent	Parallelism	Tasks	Status
2020-03-06, 16:05:37	2020-03-06, 16:05:57	20s	Source: Custom Source	0 B	0	0 B	1	1	0 0 1 0 0 0 0	RUNNING
2020-03-06, 16:05:37	2020-03-06, 16:05:57	20s	Filter	16 B	1	0 B	1	3	0 0 3 0 0 0 0	RUNNING
2020-03-06, 16:05:37	2020-03-06, 16:05:57	20s	Map	16 B	1	0 B	1	3	0 0 3 0 0 0 0	RUNNING
2020-03-06, 16:05:37	2020-03-06, 16:05:57	20s	Map -> Sink: Print to Std. Out	16 B	1	0 B	0	3	0 0 3 0 0 0 0	RUNNING

图 4-8

2. 全局操作符禁用链接

在 4.4.1 节示例代码的第 8 行中添加如下代码来设置整个流处理程序禁用操作符链接：

```
env.disableOperatorChaining();
```

完整代码见 com.intsmaze.flink.streaming.chain.DisableChainTemplate。

在 IDE 中运行上述程序后，在控制台的输出信息中可以看到程序的每个操作符的任务都单独为一个任务链，相邻操作符的子任务不会进行任何链接操作去形成子任务链。

```
source 操作所属子任务名称:Source: Custom Source (1/1),元素:(185XXX,899)
filter 操作所属子任务名称:Filter (2/3),元素:(185XXX,899)
map-one 操作所属子任务名称:Map (2/3),元素:(185XXX,899)
map-two 操作所属子任务名称:Map (2/3),元素:(185XXX,899)

source 操作所属子任务名称:Source: Custom Source (1/1),元素:(155XXX,1199)
filter 操作所属子任务名称:Filter (3/3),元素:(155XXX,1199)
map-one 操作所属子任务名称:Map (3/3),元素:(155XXX,1199)
map-two 操作所属子任务名称:Map (3/3),元素:(155XXX,1199)

...
```

将该程序打包后部署到 Flink 集群上运行，我们可以看到该作业有 10 个子任务，但是它们运行在 3 个任务槽上。除了名为“Source: Custom Source”的任务的 1 个子任务链运行在其中 1 个任务槽上，其他操作符的 3 个子任务链分别运行在 3 个任务槽上，如图 4-9 和图 4-10 所示。

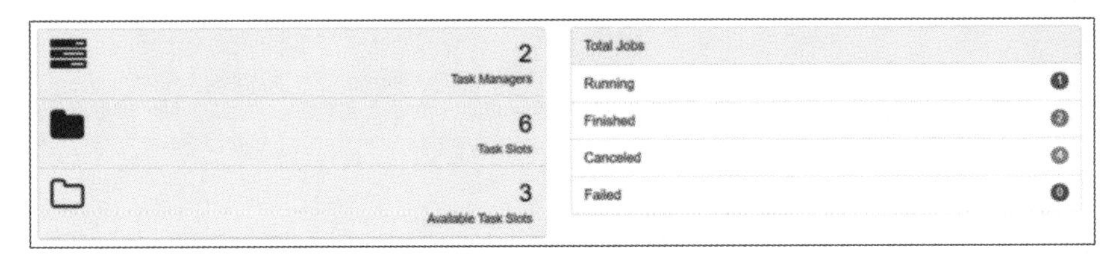

图 4-9

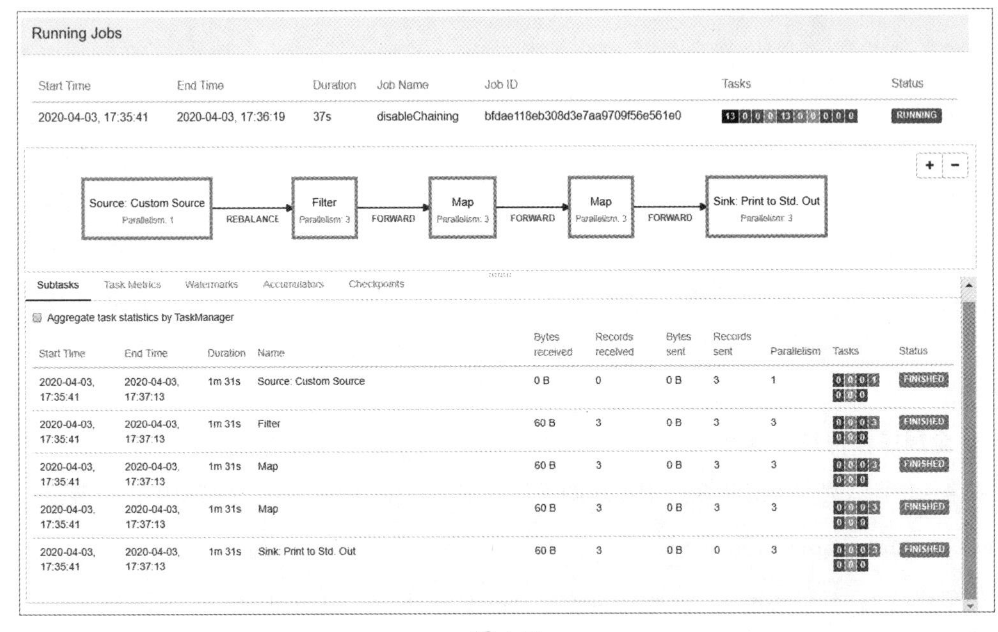

图 4-10

4.4.4 设置任务槽共享组

在默认情况下，Flink 允许子任务共享同一个任务槽，即使它们是不同任务的子任务，只要它们来自同一个流处理程序即可，这样做的结果是一个任务槽可能承载了整个程序的管线。除了 Flink 的默认任务槽共享组，Flink 也允许开发者手动设置操作符的任务槽共享组，指定将流处理程序中具有相同任务槽共享组的操作符放入相同的任务槽，同时将没有任务槽共享组的操作符保留在其他任务槽中。Flink 默认的任务槽槽共享组的名称为“default”，在没有设置任务槽共享组的情况下，流处理程序中的所有的操作符都在该共享组下，可以通过在操作符上调用 slotSharingGroup("custom-name")方法显式地将该操作符放入指定的任务槽共享组。

整个流处理程序的转换如下：

```
inputStream.filter(...).map(...).slotSharingGroup("custom-name").map(...).print()
```

和 4.4.2 节在数据流中调用 startNewChain()方法开启一个新的链接一样，这里在第二次转换的数据流中调用 slotSharingGroup("custom-name")方法。

在 4.4.1 节示例代码的第 31 行中添加如下代码即可：

```
import org.apache.flink.streaming.api.datastream.SingleOutputStreamOperator;

mapOne = ((SingleOutputStreamOperator<Tuple2<String, Integer>>) mapOne).slotSharingGroup
("custom-name");
```

完整代码见 com.intsmaze.flink.streaming.chain.SoltSharingTemplate。

要想观察该程序中设置任务槽共享组的效果，必须将该程序部署到 Flink 集群上运行。将该程序打包后部署到 Flink 集群上运行，我们可以看到该作业有 7 个子任务，但是它们运行在 6 个任务槽上，不同于前面几节中作业运行在 3 个任务槽上，因为对程序中的第一个 Map 操作符指定了一个自定义的任务槽共享组，所以该 Map 操作符后面的操作符都位于该任务槽共享组下，如图 4-11 和图 4-12 所示。

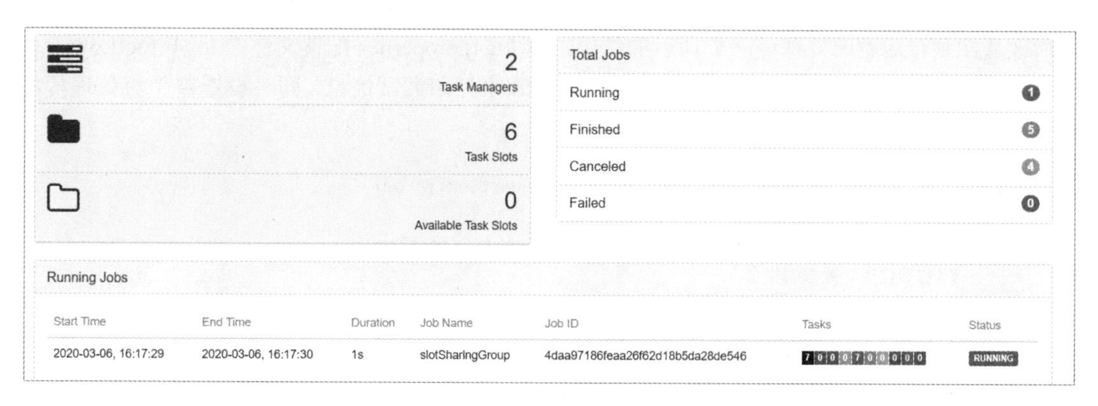

图 4-11

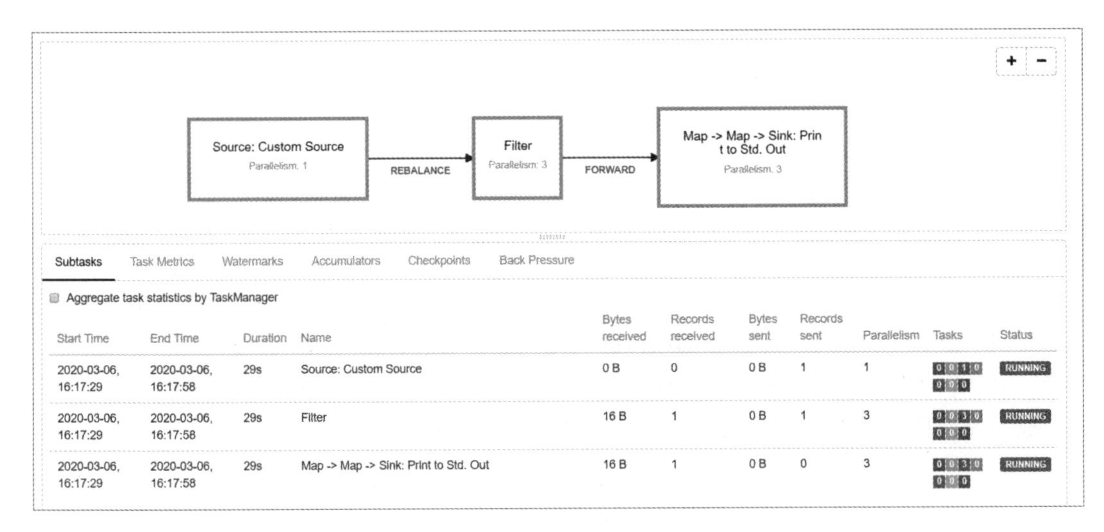

图 4-12

4.5 物理分区

在 4.4 节我们已经知道 Flink 默认会尽可能将同一个流处理程序中具有依赖关系的多个操作符的子任务链接到一起形成一个任务链，这个任务链的子任务由同一个线程也就是在 Flink 集群的同一个任务槽中执行。现在我们要谈论的是，数据流中的元素在由上一个操作符传递给下一个操作符时，上游操作符发送的元素被分配给下游操作符的哪些并行实例。默认情况下 Flink 会将上游操作符并行实例发送的元素尽可能地转发到和该实例在同一个任务管理器下的下游操作符的并行实例中。

在演示 Flink 物理分区的各种分区策略之前，我们先自定义一个简单的数据源函数为后面的各分区策略所用，这里我们只需要知道该数据源函数会依次向数据流中发送 6 个元素即可。为了清晰地从控制台观察流处理程序处理后的结果，将 log4j.properties 配置文件的 log4j.rootLogger = stdout 去掉，使用 System.out.println 代替 logger.info 来打印调试信息，同时设置整个流处理程序的全局并行度为 3。

```
public class PartitionSource extends RichSourceFunction<Trade> {
    @Override
    public void run(SourceContext<Trade> ctx) throws Exception {
        //初始化指定数据的集合
        List<Trade> list = new ArrayList<Trade>();
        list.add(new Trade("185XXX", 899, "2018"));
        list.add(new Trade("155XXX", 1111, "2019"));
        list.add(new Trade("155XXX", 1199, "2019"));
        list.add(new Trade("185XXX", 899, "2018"));
```

```
            list.add(new Trade("138XXX", 19, "2019"));
            list.add(new Trade("138XXX", 399, "2020"));
            //遍历数据集合内的元素并依次发送到数据流中
            for (int i = 0; i < list.size(); i++) {
                Trade trade =  list.get(i);
                ctx.collect(trade);
            }
            String subtaskName = getRuntimeContext().getTaskNameWithSubtasks();
            System.out.println("source 操作所属子任务名称:" +subtaskName );
        }
        ...
    }

    //数据流中的元素类型为自定义的 Trade，Trade 为普通的 POJO 类
    public class Trade {
        private String cardNum;
        public int trade;
        public String time;
        public Trade() {}
        ...
        getXXX(),setXXX()...
    }
```

完整代码见 com.intsmaze.flink.streaming.partition.PartitionSource。

在讲解 Flink 提供的内置分区策略之前，我们先讲解如何创建用户自定义的分区策略。Flink 内置分区策略的实现方式和自定义分区策略的实现方式相同，通过理解自定义分区策略的创建方式，可以在后面查看 Flink 内置分区策略源码时获得更好的体验。

4.5.1　自定义分区策略

Flink 提供了用户自定义分区策略的实现，允许开发者指定将上游操作符并行实例发送的元素转发到下游操作符的哪一个并行实例中。

开发者在编写自定义分区类时，需要实现 org.apache.flink.api.common.functions.Partitioner 接口，该接口提供了一个 int partition(K key, int numPartitions)方法来定义开发者自己的分区策略，开发者可以通过方法的参数 key 来计算该 key 对应的元素下发到下游操作符的哪一个分区上（下游操作符的哪一个并行实例），参数 numPartitions 为下游操作符分区（并行实例）的总数量，分区的数值从 0 开始，返回的数值范围只能是 0 到 numPartitions-1 之间。

为了使数据流具备自定义分区策略，Flink 提供了三个重载的 partitionCustom(...)方法，其中参数 partitioner 为自定义分区策略类。

（1）dataStream.partitionCustom(Partitioner<K> partitioner , String field)：对于元素类型为

POJO 的数据流，可以通过字段名称来指定 Key。

（2）dataStream.partitionCustom(Partitioner<K> partitioner , int field)：对于元素类型为元组的数据流，可以通过指定元素的索引来指定 Key。如果数据流的元素类型不是 Tuple，则会报如下错误：

```
org.apache.flink.api.common.InvalidProgramException: Specifying keys via field positions is only valid for tuple data types.
```

（3）dataStream.partitionCustom(Partitioner<K> partitioner , KeySelector<T, K> keySelector)：元素为任意类型的数据流都可以使用 KeySelector 函数来指定 Key。

以上三个重载方法中指定数据流的 Key 的详细内容见 3.1.4 节。

首先我们自定义一个分区策略类，针对元素中用户电话号码开头的 3 位进行分区，将 185 开头的数据映射到 0 分区，将 155 开头的数据映射到 1 分区，将其他开头的数据都映射到 2 分区。因为我们只需要根据 Trade 的 cardNum 字段进行分区逻辑判断，所以分区策略类的泛型类型为 String。

```
import org.apache.flink.api.common.functions.Partitioner;

public class MyPartitioner implements Partitioner<String> {
    /**
     * @param key 与数据流每个元素绑定的 Key 值
     * @param numPartitions 分区的数量，根据下游操作符的并行度指定
     * @return 分区的指定从 0 开始，如果 numPartitions 为 3，则返回值只能为 0、1、2
     */
    @Override
    public int partition(String key, int numPartitions) {
        if(key.indexOf("185")>=0){
            return 0;
        }else if(key.indexOf("155")>=0){
            return 1;
        }else {
            return 2;
        }
    }
}
```

完整代码见 com.intsmaze.flink.streaming.partition.MyPartitioner。

下面是一个使用自定义分区策略的流处理程序，为了方便观察，该流处理程序中的所有转换操作不执行任务逻辑，仅打印执行该元素的并行操作实例的名称和编号，因此用户定义的函数必须继承富函数以获取操作符运行的上下文内容，同时在第一次 Map 操作符生成的数据流中调用 partitionCustom(...)方法来指定元素发送到第二个 Map 操作符的并行实例中的分区策略。

```
public class CustomTemplate {
    public static void main(String[] args) throws Exception {
    //获取执行环境
    StreamExecutionEnvironment env = StreamExecutionEnvironment.getExecutionEnvironment();
    //设置作业的全局并行度为 3
    env.setParallelism(3);

    final String flag = " 分区策略前子任务名称:";

    //自定义数据源函数，一共向数据流中发送 6 个 Trade 类型的元素
    DataStream<Trade> inputStream = env.addSource(new PartitionSource());

    DataStream<Trade> mapOne = inputStream.map(new RichMapFunction<Trade, Trade>() {
        @Override
        public Trade map(Trade value) throws Exception {
            RuntimeContext context = getRuntimeContext();
            String subtaskName = context.getTaskNameWithSubtasks();
            int subtaskIndexOf = context.getIndexOfThisSubtask();
            System.out.println("元素值:" + value + flag + subtaskName
                        +" ,子任务编号:" + subtaskIndexOf);
            return value;
        }
    });

     //指定第一个 Map 操作符发送元素到第二个 Map 操作符采用的是用户自定义的分区策略
     DataStream<Trade> mapTwo = mapOne.partitionCustom(new MyPartitioner(), "cardNum");

    DataStream<Trade> mapThree = mapTwo.map(new RichMapFunction<Trade, Trade>() {
        @Override
        public Trade map(Trade value) throws Exception {
            RuntimeContext context = getRuntimeContext();
            String subtaskName = context.getTaskNameWithSubtasks();
            int subtaskIndexOf = context.getIndexOfThisSubtask();
            System.out.println("元素值:" + value + " 分区策略后子任务名称:" + subtaskName
                    + " ,子任务编号:" + subtaskIndexOf);
            return value;
        }
    });

    //将数据流中的元素打印在标准输出流中
    mapThree.print();
    //触发程序执行
    env.execute("Physical partitioning");
    }
}
```

完整代码见 com.intsmaze.flink.streaming.partition.CustomTemplate。

在 IDE 中运行上述程序后，在控制台的输出信息中可以看到该程序输出的一种结果，第一

个 Map 操作符单独作为一个名为“Map”的任务链且有 3 个子任务链，第二个 Map 操作符和 Print 操作符链接为一个名为“Map -> Sink: Print to Std. Out”的任务链且有 3 个子任务链。同时数据流中的元素都按照我们定义的分区逻辑将上游 Map 操作符的元素发送到对应的下游 Map 操作符的并行实例中，比如“cardNum=155XXX”的元素由上游 Map 操作符的“Map (1/3)”和“Map (2/3)”两个子任务发送给下游 Map 操作符的“Map→Sink: Print to Std. Out (2/3)”的子任务，该子任务对应并行实例的任务编号为 1。

```
    元素值:Trade [cardNum=155XXX, trade=1111, time=2019] 分区策略前子任务名称:Map (1/3) ,子任务编号:0
    元素值:Trade [cardNum=155XXX, trade=1199, time=2019] 分区策略前子任务名称:Map (2/3) ,子任务编号:1
    ...
    元素值:Trade [cardNum=155XXX, trade=1111, time=2019] 分区策略后子任务名称:Map -> Sink: Print to Std. 
Out (2/3) ,子任务编号:1
    元素值:Trade [cardNum=155XXX, trade=1199, time=2019] 分区策略后子任务名称:Map -> Sink: Print to Std. 
Out (2/3) ,子任务编号:1
```

现在讨论一种更复杂的分区逻辑，将数据流中用户电话以 185 开头且交易金额大于 1000 的元素映射到 0 分区，将用户电话以 155 开头且交易金额大于 1150 的数据映射到 1 分区，将其他的数据都映射到 2 分区，这时我们自定义分区类的泛型类型要为 Trade。

```java
import org.apache.flink.api.common.functions.Partitioner;

public class MyTradePartitioner implements Partitioner<Trade> {
    /**
     * @param key 与数据流中每个元素绑定的 Key 值
     * @param numPartitions 分区的数量，根据下游操作符的并行度指定
     * @return 从 0 开始指定分区，如果 i 为 3，则返回值只能为 0、1、2
     */
    @Override
    public int partition(Trade key, int i) {
        if (key.getCardNum().indexOf("185") >= 0&&key.getTrade()>1000) {
            return 0;
        } else if (key.getCardNum().indexOf("155") >= 0&&key.getTrade()>1150) {
            return 1;
        } else {
            return 2;
        }
    }
}
```

完整代码见 com.intsmaze.flink.streaming.partition.MyTradePartitioner。

面对这种分区逻辑，我们在数据流中调用 partitionCustom(...)方法指定元素 Key 的时候就只能采用键选择器的方式，使用如下代码替换上面程序中的第 26 行代码：

```
import org.apache.flink.api.java.functions.KeySelector;

DataStream<Trade> mapTwo = mapOne.partitionCustom(new MyTradePartitioner(), new KeySelector<Trade,
Trade>() {
        @Override
        public Trade getKey(Trade trade) {
            return trade;
        }
    });
```

完整代码见 com.intsmaze.flink.streaming.partition.CustomTemplate。

感兴趣的读者可以自行运行上述代码观察程序输出的结果，这里不再进行过多的讲解。

partitionCustom 内部源码

在查看内置分区策略的源码实现时会发现内置分区策略的类并没有实现 org.apache.flink.api.common.functions.Partitioner接口，而是继承了org.apache.flink.streaming.runtime.partitioner.StreamPartitioner抽象类。先观察 partitionCustom(...)方法的内部逻辑，可以看到最终将用户自定义分区策略类包装在 CustomPartitionerWrapper 类中，而 CustomPartitionerWrapper 类继承了 StreamPartitioner 抽象类。下面的方法存在于 org.apache.flink. streaming.api. datastream.DataStream 类中：

```
public <K> DataStream<T> partitionCustom(Partitioner<K> partitioner, int field) {
    Keys.ExpressionKeys<T> outExpressionKeys = new Keys.ExpressionKeys<>(new int[]{field}, getType());
    return partitionCustom(partitioner, outExpressionKeys);
}

public <K> DataStream<T> partitionCustom(Partitioner<K> partitioner, String field) {
    Keys.ExpressionKeys<T> outExpressionKeys = new Keys.ExpressionKeys<>(new String[]{field},
getType());
    return partitionCustom(partitioner, outExpressionKeys);
}

public <K> DataStream<T> partitionCustom(Partitioner<K> partitioner, KeySelector<T, K> keySelector) {
    return setConnectionType(new CustomPartitionerWrapper<>(clean(partitioner),
            clean(keySelector)));
}

//自定义分区的三种指定方式最终都调用该方法，用户定义的分区策略类都封装在 CustomPartitionerWrapper 中
protected DataStream<T> setConnectionType(StreamPartitioner<T> partitioner) {
    return new DataStream<>(this.getExecutionEnvironment(), new
PartitionTransformation<>(this.getTransformation(), partitioner));
}
```

CustomPartitionerWrapper 类源码如下：

```
public class CustomPartitionerWrapper<K, T> extends StreamPartitioner<T> {
```

```
        private final int[] returnArray = new int[1];
        Partitioner<K> partitioner;
        KeySelector<T, K> keySelector;

        @Override
        public int[] selectChannels(SerializationDelegate<StreamRecord<T>> record, int
numberOfOutputChannels) {
            K key = null;
            try {
                //获取开发者指定数据流元素中作为 Key 的字段值
                key = keySelector.getKey(record.getInstance().getValue());
            } catch (Exception e) {
                throw new RuntimeException("Could not extract key from " + record.getInstance(), e);
            }
            //调用开发者自定义分区策略类的 partition(…)方法
            returnArray[0] = partitioner.partition(key,numberOfOutputChannels);
            return returnArray;
        }

        @Override
        public String toString() {
            return "CUSTOM";
        }
    ...
    }
```

4.5.2 shuffle 分区策略

Flink 提供了 shuffle 分区策略的实现，可以使用随机函数将上游操作符并行实例发送的元素随机转发到下游操作符的某一个并行实例中。

通过在数据流中调用 shuffle()方法使该数据流具备随机分区策略。

- dataStream.shuffle()

在 4.5.1 节示例代码的第 23 行中，使用如下代码进行替换来设置第一个 Map 操作符将元素发送到第二个 Map 操作符时采用 shuffle 分区策略：

```
//指定第一个 Map 操作符发送元素到第二个 Map 操作符采用的是 Flink 内置的 shuffle 分区策略
DataStream<Trade> mapTwo = mapOne.shuffle();
```

完整代码见 com.intsmaze.flink.streaming.partition.ShuffleTemplate。

在 IDE 中运行上述程序后，在控制台的输出信息中可以看到程序输出的一种结果，第一个 Map 操作单独作为一个名为“Map”的任务链且有 3 个子任务链，第二个 Map 操作符和 Print

操作符链接为一个名为“Map -> Sink: Print to Std. Out”的任务链且有3个子任务链。同时数据流中的元素都按照 Flink 内置的 shuffle 分区逻辑将上游 Map 操作符的元素发送到对应的下游 Map 操作符的并行实例中，比如185开头的电话号存在两条一样的数据，它们都由上游 Map 操作符的“Map (3/3)”子任务发送给下游 Map 操作符的“Map→Sink: Print to Std. Out (1/3)”和“Map→Sink: Print to Std. Out (3/3)”两个子任务。

```
元素值:Trade [cardNum=185XXX, trade=899, time=2018] 分区策略前子任务名称:Map (3/3) ,子任务编号:2
元素值:Trade [cardNum=185XXX, trade=899, time=2018] 分区策略前子任务名称:Map (3/3) ,子任务编号:2
...
元素值:Trade [cardNum=185XXX, trade=899, time=2018] 分区策略后子任务名称:Map -> Sink: Print to Std. Out (1/3) ,子任务编号:0
元素值:Trade [cardNum=185XXX, trade=899, time=2018] 分区策略后子任务名称:Map -> Sink: Print to Std. Out (3/3) ,子任务编号:2
```

ShufflePartitioner 分区策略源码

在 DataStream 中调用 shuffle()方法的内部逻辑如下，我们可以看到分区策略的逻辑由 ShufflePartitioner 类指定：

```
public DataStream<T> shuffle() {
    return setConnectionType(new ShufflePartitioner<T>());
}
```

下面是 ShufflePartitioner 分区策略的源码，可以看到该策略是通过 Random 的随机算法选择一个输出通道来分配数据的：

```
package org.apache.flink.streaming.runtime.partitioner;
public class ShufflePartitioner<T> extends StreamPartitioner<T> {
    private Random random = new Random();

     //指定数组的长度为1，代表每个元素只被发往下游的一个渠道
     private final int[] returnArray = new int[1];

    //返回逻辑通道索引，数组中的元素值表示应转发记录的输出通道的索引
     @Override
     public int[] selectChannels(SerializationDelegate<StreamRecord<T>> record,
       int numberOfOutputChannels) {
         //使用随机函数来确定转发到下游操作符的哪一个并行实例中
         returnArray[0] = random.nextInt(numberOfOutputChannels);
         return returnArray;
     }

     @Override
     public StreamPartitioner<T> copy() {
         return new ShufflePartitioner<T>();
```

```
        }

        @Override
        public String toString() {
            return "SHUFFLE";
        }
}
```

4.5.3 broadcast 分区策略

Flink 内置提供了 broadcast 分区策略的实现，可以将上游操作符的并行实例发送的元素广播到下游操作符的每一个并行实例中，即每一个下游操作符的并行实例都可以收到同一个元素。

通过在数据流中调用 broadcast()方法使该数据流具备广播分区策略。

- dataStream.broadcast()

在 4.5.1 节示例代码的第 23 行中使用如下代码进行替换来设置第一个 Map 操作符将元素发送到第二个 Map 操作符时采用 broadcast 分区策略：

```
//指定第一个 Map 操作符发送元素到第二个 Map 操作符采用的是 Flink 内置的 broadcast 分区策略
DataStream<Trade> mapTwo = mapOne.broadcast();
```

完整代码见 com.intsmaze.flink.streaming.partition.BroadcastTemplate。

在 IDE 中运行上述程序后，在控制台的输出信息中可以看到程序输出的一种结果，第一个 Map 操作符单独作为一个名为“Map”的任务链且有 3 个子任务链，第二个 Map 操作符和 Print 操作符链接为一个名为“Map -> Sink: Print to Std. Out”的任务链且有 3 个子任务链。同时数据流中的元素都按照 Flink 内置的 broadcast 分区逻辑将上游 Map 操作符的元素发送到对应的下游 Map 操作符的并行实例中，可以看到第一个 Map 操作符发送的每一个元素都会被第二个 Map 操作符的所有并行实例接收。

```
    元素值:Trade [cardNum=155XXX, trade=1111, time=2019] 分区策略前子任务名称:Map (3/3) ,子任务编号:2
    ...
    元素值:Trade [cardNum=155XXX, trade=1111, time=2019] 分区策略后子任务名称:Map -> Sink: Print to Std.
Out (3/3) ,子任务编号:2
    元素值:Trade [cardNum=155XXX, trade=1111, time=2019] 分区策略后子任务名称:Map -> Sink: Print to Std.
Out (2/3) ,子任务编号:1
    元素值:Trade [cardNum=155XXX, trade=1111, time=2019] 分区策略后子任务名称:Map -> Sink: Print to Std.
Out (1/3) ,子任务编号:0
```

BroadcastPartitioner 分区策略源码

在 DataStream 中调用 broadcast()方法的内部逻辑如下，我们可以看到分区策略的逻辑由 BroadcastPartitioner 类指定。

```
public DataStream<T> broadcast() {
    return setConnectionType(new BroadcastPartitioner<T>());
}
```

下面是 BroadcastPartitioner 分区策略的源码，它将上游操作符的并行实例发送的元素广播到下游操作符的每一个并行实例中，可以看到该策略会创建一个数组，数组的长度和下游并行实例的数量保持一致，数组中的每一个元素分别存储下游并行实例的一个索引。

```
package org.apache.flink.streaming.runtime.partitioner;
public class BroadcastPartitioner<T> extends StreamPartitioner<T> {

    private int[] returnArray;

    //返回逻辑通道索引，数组中的元素值表示应转发记录的输出通道的索引
    @Override
    public int[] selectChannels(SerializationDelegate<StreamRecord<T>> record,
            int numberOfOutputChannels) {
        if (returnArray != null && returnArray.length == numberOfOutputChannels) {
            return returnArray;
        } else {
             //将输出通道的索引值依次添加进 returnArray 数组中，表示上游操作符的元素将发送
             //到下游操作符的所有并行实例上
            this.returnArray = new int[numberOfOutputChannels];
            for (int i = 0; i < numberOfOutputChannels; i++) {
                returnArray[i] = i;
            }
            return returnArray;
        }
    }

    @Override
    public StreamPartitioner<T> copy() {
        return this;
    }

    @Override
    public String toString() {
        return "BROADCAST";
    }
}
```

4.5.4　rebalance 分区策略

Flink 提供了 rebalance 分区策略的实现，这种策略有助于将上游操作符的并行实例中的元素均匀地发送到下游操作符的并行实例中。它使用循环遍历下游分区的方式将上游操作符输出

的元素平均分配给下游操作符的并行实例，每个下游操作符的并行实例具有相等的负载，当数据流中的数据存在数据偏斜时，该分区策略对性能有很大的提升。

通过在数据流中调用 rebalance()方法使该数据流具备均匀分区策略。

- dataStream.rebalance()

为了清晰地演示 rebalance 分区策略，首先初始化一个含有 8 个元素的 Java 的数据集合，使用 Flink 内置的数据源函数从该 Java 数据集合中创建一个数据流，接着使用自定义分区策略将初始化的数据流中的元素以不均匀的方式（元素中手机号以 185 开头的元素发送给下游 Map 操作符的“Map (1/2)”子任务，其他元素发送给“Map (2/2)”子任务）发送给下游 Map 操作符（本流处理程序中第一个 Map 操作符，该操作符的并行度为 2），然后在该 Map 操作符生成的数据流中指定以 rebalance 分区策略将元素发送给并行度为 3 的下游 Map 操作符。为了方便观察，流处理程序中对数据流执行转换的操作符不执行任何处理逻辑，操作符内部仅将输入的元素和该操作符并行实例的名称和编号一并打印在标准输出流中，因此用户定义的函数必须继承相应操作符的富函数以获取操作符运行的上下文。

```
//获取执行环境
StreamExecutionEnvironment env = StreamExecutionEnvironment.getExecutionEnvironment();
//设置作业的全局并行度为3
env.setParallelism(3);

final String flag="分区策略前子任务名称:";
List<Trade> list = new ArrayList<Trade>();
list.add(new Trade("185XXX", 899, "2018"));
list.add(new Trade("155XXX", 1111, "2019"));
list.add(new Trade("155XXX", 1199, "2019"));
list.add(new Trade("185XXX", 899, "2018"));
list.add(new Trade("138XXX", 19, "2019"));
list.add(new Trade("138XXX", 399, "2020"));
list.add(new Trade("138XXX", 399, "2020"));
list.add(new Trade("138XXX", 399, "2020"));

//在给定的非空集合中创建一个数据流
DataStream<Trade> inputStream = env.fromCollection(list);

//指定数据源操作符发送元素到第一个Map操作符采用的是用户自定义的分区策略
DataStream<Trade> mapOne = inputStream.partitionCustom(new Partitioner<String>() {
    @Override
    public int partition(String key, int numPartitions) {
        if (key.indexOf("185") >= 0) {
            return 0;
        } else {
            return 1;
        }
    }
}, "cardNum");
```

```
    //设置该 Map 操作符的并行度为 2，覆盖程序指定的全局并行度 3
    DataStream<Trade> mapTwo = mapOne.map(new RichMapFunction<Trade, Trade>() {
        @Override
        public Trade map(Trade value) throws Exception {
            RuntimeContext context = getRuntimeContext();
            String subtaskName = context.getTaskNameWithSubtasks();
            int subtaskIndexOf = context.getIndexOfThisSubtask();
            System.out.println("元素值:" + value + flag + subtaskName
                    + " ,子任务编号:" + subtaskIndexOf);
            return value;
        }
    }).setParallelism(2);

    //指定第一个 Map 操作符发送元素到第二个 Map 操作符采用的是 Flink 内置的 rebalance 策略
    DataStream<Trade> mapThree = mapTwo.rebalance();

    DataStream<Trade> mapfour =mapThree.map(new RichMapFunction<Trade, Trade>() {
        @Override
        public Trade map(Trade value) throws Exception {
            RuntimeContext context = getRuntimeContext();
            String subtaskName = context.getTaskNameWithSubtasks();
            int subtaskIndexOf = context.getIndexOfThisSubtask();
            System.out.println("元素值:" + value + " 分区策略后子任务名:" + subtaskName+ " ,子任务编号:"
+ subtaskIndexOf);
            return value;
        }
    });

    //将数据流中的元素打印在标准输出流中
    mapfour.print();
    //触发程序执行
    env.execute("Physical partitioning");
```

完整代码见 com.intsmaze.flink.streaming.partition.RebalanceTemplate。

在 IDE 中运行上述程序后，在控制台的输出信息中可以看到程序输出的一种结果，第一个 Map 操作符单独作为一个名为“Map”的任务链且有 2 个子任务链，第二个 Map 操作符和 Print 操作符链接为一个名为“Map -> Sink: Print to Std. Out”的任务链且有 3 个子任务链。我们可以看到第一个 Map 操作符的两个并行实例中，一个实例接收了 2 个元素，另一个接收了 6 个元素。第二个 Map 操作符的三个并行实例中，两个实例分别接收了 3 个元素，另一个实例接收了 2 个元素，元素以一种均匀的方式由上游操作符发送给下游操作符的并行实例。感兴趣的读者可以自行运行上述代码观察程序输出结果。

RebalancePartitioner 分区策略源码

在 DataStream 中调用 broadcast()方法的内部逻辑如下，我们可以看到分区策略的逻辑由

RebalancePartitioner 类指定。

```
public DataStream<T> rebalance() {
    return setConnectionType(new RebalancePartitioner<T>());
}
```

下面是 RebalancePartitioner 分区策略的源码，它将上游操作的并行实例发送的元素通过循环输出通道来平均分配到下游操作符的并行实例中。

```
package org.apache.flink.streaming.runtime.partitioner;
public class RebalancePartitioner<T> extends StreamPartitioner<T> {

    //创建一个数组长度为 1 的数组，且数据中元素的值默认为 Integer.MAX_VALUE - 1
    private final int[] returnArray = {Integer.MAX_VALUE - 1};

    @Override
    public int[] selectChannels(SerializationDelegate<StreamRecord<T>> record,
            int numChannels) {
        //这里可以看到就是不断进行加一操作，也就是以循环遍历下游输出通道的方式将上游操作符输出的元素平均
        //分配给下游操作符的并行实例
        int newChannel = ++returnArray[0];
        if (newChannel >= numChannels) {
            //这里主要将 returnArray[0]的值进行归零
            returnArray[0] = resetValue(numChannels, newChannel);
        }
        return returnArray;
    }

    private static int resetValue(int numChannels,int newChannel) {
        if (newChannel == Integer.MAX_VALUE) {
            //初始化第一个分区，仅在初始化时进入该分支
            return ThreadLocalRandom.current().nextInt(numChannels);
        }
        return 0;
    }

    public StreamPartitioner<T> copy() {
        return this;
    }

    @Override
    public String toString() {
        return "REBALANCE";
    }
}
```

4.5.5 rescale 分区策略

Flink 提供了 rescale 分区策略的实现。rescale 分区策略是低配版 rebalance。rebalance 分区策略是将上游操作符输出的元素平均分配给下游操作符的所有并行实例，而 rescale 分区策略是上游操作符的每个并行实例输出的元素只会平均分配给下游操作符的并行实例的某个子集。

rescale 分区策略会尽可能避免数据在网络间传输，而能否避免在网络中传输上下游操作符间的数据，具体还取决于其他配置值，例如任务管理器的任务槽数、上下游操作符的并发度。如果上游操作符的并行度为 2，而下游操作符的并行度为 6，则上游操作符的 1 个并行实例发送的元素会分发到下游操作符的 3 个并行实例中，而上游操作符的另 1 个并行实例发送的元素会分发到下游操作符的另外 3 个并行实例中。相反，如果上游操作符的并行实例为 6，而下游操作符的并行度为 2，则上游操作符的 3 个并行实例发送的元素会分发到下游操作符的 1 个并行实例中，上游操作符的另外 3 个并行实例发送的元素会分发到另外 1 个下游操作符的另外 1 个并行实例中。

如果想将上游操作符的每个并行实例发送的元素分散到若干下游操作符的并行实例中以实现负载均衡，同时不期望实现 rebalance 策略那样的全局负载均衡，则可以使用 rescale 分区策略。

通过在数据流中调用 rescale()方法使该数据流实现均匀分区策略。

- dataStream.rescale()

为了演示 rescale 分区策略，在 4.5.4 节示例代码的第 46 行中使用如下代码进行替换来设置第一个 Map 操作将元素发送到第二个 Map 操作时采用 rescale 分区策略，同时将作业的全局并行度由 3 改为 4。

```
//设置作业的全局并行度为 4
env.setParallelism(4);
...
//指定第一个 Map 操作符发送元素到第二个 Map 操作符采用的是 Flink 内置的 rescale 分区策略
DataStream<Trade> mapThree = mapTwo.rescale();
```

完整代码见 com.intsmaze.flink.streaming.partition.RescalingTemplate。

在 IDE 中运行上述程序后，在控制台的输出信息中可以看到程序输出的一种结果，第一个 Map 操作符单独作为一个名为“Map”的任务链且有 2 个子任务链，第二个 Map 操作符和 Print 操作符链接为一个名为“Map -> Sink: Print to Std. Out”的任务链且有 4 个子任务链。我们可以看到第一个 Map 操作符的两个并行实例中，一个实例接收了 2 个元素，另一个接收了 6 个元素。第二个 Map 操作符的 4 个并行实例中，两个实例分别接收了 1 个元素，另外两个实例分别接收了 3 个元素，如图 4-13 所示。感兴趣的读者可以自行运行上述代码观察程序的输出结果。

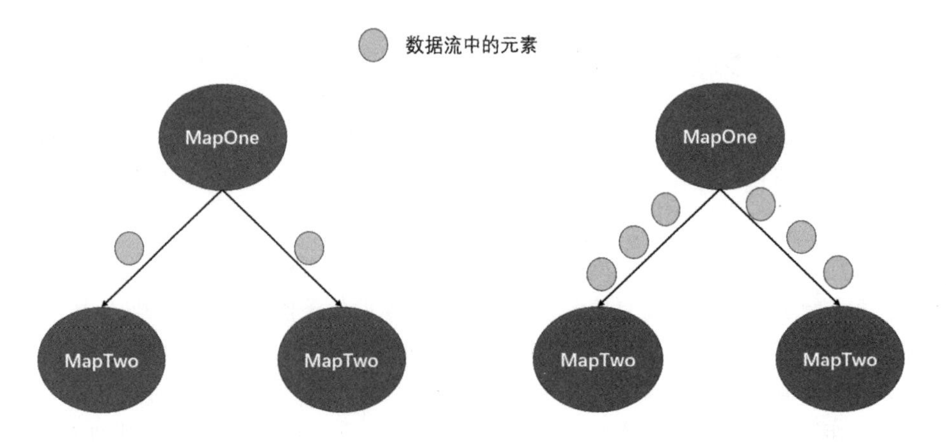

图 4-13

RescalePartitioner 分区策略源码

在 DataStream 中调用 rescale()方法的内部逻辑如下，我们可以看到分区策略的逻辑由 RescalePartitioner 类指定：

```
public DataStream<T> rescale() {
    return setConnectionType(new RescalePartitioner<T>());
}
```

下面是 RescalePartitioner 分区策略的源码，可以看到它也是将上游操作的并行实例发送的元素通过循环输出通道平均分配到下游操作的并行实例中。

```
package org.apache.flink.streaming.runtime.partitioner;

public class RescalePartitioner<T> extends StreamPartitioner<T> {
     //创建一个数组长度为 1 的数组，且数据中元素的值默认为-1
     private final int[] returnArray = new int[] {-1};

    @Override
     public int[] selectChannels(SerializationDelegate<StreamRecord<T>> record, int
numberOfOutputChannels) {
         //这里可以看到就是不断进行加一操作，也就是以循环遍历下游输出通道的方式将上游操作符输出的元素平
         //均分配给下游操作符的并行实例
         int newChannel = ++this.returnArray[0];
         if (newChannel >= numberOfOutputChannels) {
             this.returnArray[0] = 0;
         }
         return this.returnArray;
     }

    public StreamPartitioner<T> copy() {
```

```
        return this;
    }

    @Override
    public String toString() {
        return "RESCALE";
    }
}
```

仔细观察 RescalePartitioner 的源码会发现它和 RebalancePartitioner 的源码在逻辑上很相似，都是通过循环输出通道将数据平均分配到下游操作符的并行实例中，Flink 如何通过 RescalePartitioner 分区策略做到将上游操作符的每个并行实例输出的元素只会平均分配给下游操作符的并行实例的某个子集，而不是全局负载呢？这是因为流处理程序内部的 org.apache.flink.streaming.api.graph.StreamingJobGraphGenerator 在遇到 RescalePartitioner 时会实例化 DistributionPattern#POINTWISE 分发模式，做到只分发给下游节点的子集。

```
org.apache.flink.streaming.api.graph.StreamingJobGraphGenerator#connect

private void connect(Integer headOfChain, StreamEdge edge) {

    physicalEdgesInOrder.add(edge);

    Integer downStreamvertexID = edge.getTargetId();

    JobVertex headVertex = jobVertices.get(headOfChain);
    JobVertex downStreamVertex = jobVertices.get(downStreamvertexID);

    StreamConfig downStreamConfig = new StreamConfig(downStreamVertex. getConfiguration());

    downStreamConfig.setNumberOfInputs(downStreamConfig.getNumberOfInputs() + 1);

    StreamPartitioner<?> partitioner = edge.getPartitioner();
    JobEdge jobEdge;
    //判断上游操作符发送给下游操作符的分区策略是否为 RescalePartitioner，如果是则使用
    //DistributionPattern.POINTWIS 策略
    if (partitioner instanceof ForwardPartitioner || partitioner instanceof RescalePartitioner) {
        jobEdge = downStreamVertex.connectNewDataSetAsInput(
            headVertex,
            DistributionPattern.POINTWISE,
            ResultPartitionType.PIPELINED_BOUNDED);
    } else {
        jobEdge = downStreamVertex.connectNewDataSetAsInput(
                headVertex,
                DistributionPattern.ALL_TO_ALL,
                ResultPartitionType.PIPELINED_BOUNDED);
    }
    //设置策略名称，以便可以在 Flink 集群的管控台页面中显示
```

```
    jobEdge.setShipStrategyName(partitioner.toString());
}
```

- DistributionPattern.POINTWISE：每个上游操作符（生产）的子任务都链接到下游操作符（消耗）任务的一个或多个子任务。
- DistributionPattern.ALL_TO_ALL：每个上游操作符（生产）的子任务都链接到下游操作符（消耗）任务的每个子任务。

4.5.6 forward 分区策略

Flink 提供了 forward 分区策略的实现，可以将上游操作符并行实例发送的元素尽可能地转发到和该实例在同一个任务管理器下的下游操作符的并行实例中。

通过在数据流中调用 forward()方法使该数据流实现 forward 分区策略。

- dataStream.forward()

在 4.5.1 节示例代码的第 23 行中使用如下代码进行替换来设置第一个 Map 操作符将元素发送到第二个 Map 操作符时采用 forward 分区策略：

```
//指定第一个 Map 操作符发送元素到第二个 Map 操作符采用的是 Flink 内置的 forward 策略
DataStream<Trade> mapTwo = mapOne.forward();
```

完整代码见 com.intsmaze.flink.streaming.partition.ForwardTemplate。

在 IDE 中运行上述程序后，在控制台的输出信息中可以看到程序输出的一种结果，第一个 Map 操作符、第二个 Map 操作符和 Print 操作符链接为一个名为“Map->Map->Sink: Print to Std. Out”的任务链且有 3 个子任务链。每个任务链由同一个任务执行，数据流中的任何一个元素都只会在同一个任务链中处理完成，也就说明 Flink 将上游操作符的并行实例发送的元素转发到了和该实例在同一个任务管理器下的下游操作符的并行实例中。

```
    元素值:Trade [cardNum=155XXX, trade=1111, time=2019] 分区策略前子任务名称:Map -> Map -> Sink: Print
to Std. Out (1/3) ,子任务编号:0
    元素值:Trade [cardNum=155XXX, trade=1199, time=2019] 分区策略前子任务名称:Map -> Map -> Sink: Print
to Std. Out (2/3) ,子任务编号:1
    元素值:Trade [cardNum=185XXX, trade=899, time=2018] 分区策略前子任务名称:Map -> Map -> Sink: Print
to Std. Out (3/3) ,子任务编号:2
    ...
    元素值:Trade [cardNum=155XXX, trade=1111, time=2019] 分区策略后子任务名称:Map -> Map -> Sink: Print
to Std. Out (1/3) ,子任务编号:0
    元素值:Trade [cardNum=155XXX, trade=1199, time=2019] forward 分区策略后子任务名称:Map -> Map -> Sink:
Print to Std. Out (2/3) ,子任务编号:1
    元素值:Trade [cardNum=185XXX, trade=899, time=2018] forward 分区策略后子任务名称:Map -> Map -> Sink:
```

```
Print to Std. Out (3/3) ,子任务编号:2
```

同时需要注意的是，如果第一个 Map 操作符和第二个 Map 操作符的并行度不一致，则指定第一个 Map 操作符以 forward 分区策略将元素发送给第二个 Map 操作符的并行实例时，程序会报如下错误：

```
Exception in thread "main" java.lang.UnsupportedOperationException:
Forward partitioning does not allow change of parallelism. Upstream operation: Map-2 parallelism: 3, downstream operation: Map-4 parallelism: 2
You must use another partitioning strategy, such as broadcast, rebalance, shuffle or global.
...
```

ForwardPartitioner 分区策略源码

在 DataStream 中调用 forward()方法的内部逻辑如下，我们可以看到分区策略的逻辑由 ForwardPartitioner 类指定：

```
public DataStream<T> forward() {
    return setConnectionType(new ForwardPartitioner<T>());
}
```

下面是 ForwardPartitioner 分区策略的源码，我们可以看到它默认返回一个数组长度为 1 且元素为 0 的数组对象，以此来表明将上游操作符的并行实例发送的元素尽可能地转发到和该实例在同一个任务管理器下的下游操作符的并行实例中。ForwardPartitioner 分区策略虽然返回的数组对象的元素值始终唯一，但是并没有将上游操作符的并行实例发送的元素都发送给下游操作符的并行实例 ID 为 0 的实例，这是因为它和 RescalePartitioner 分区策略类一样，流处理程序内部的 org.apache.flink.streaming.api.graph.StreamingJobGraphGenerator 在遇到 ForwardPartitioner 时会实例化 DistributionPattern#POINTWISE 分发模式。

```
package org.apache.flink.streaming.runtime.partitioner;
public class ForwardPartitioner<T> extends StreamPartitioner<T> {

    private final int[] returnArray = new int[] {0};

    @Override
    public int[] selectChannels(SerializationDelegate<StreamRecord<T>> record, int numberOfOutputChannels) {
        return returnArray;
    }

    public StreamPartitioner<T> copy() {
        return this;
    }
```

```
    @Override
    public String toString() {
        return "FORWARD";
    }
}
```

4.5.7 global 分区策略

Flink 提供了 global 分区策略的实现，可以将上游操作符的并行实例发送的元素全部发送给下游操作符的 ID 为 0 的并行实例上。

通过在数据流中调用 global()方法使该数据流实现 global 分区策略。

- dataStream.global()

在 4.5.1 节示例代码的第 23 行中，使用如下代码进行替换来设置第一个 Map 操作符将元素发送到第二个 Map 操作符时采用 forward 分区策略：

```
//指定第一个 Map 操作符发送元素到第二个 Map 操作符采用的是 Flink 内置的 global 策略
DataStream<Trade> mapTwo = mapOne.global();
```

完整代码见 com.intsmaze.flink.streaming.partition.GlobalTemplate。

在 IDE 中运行上述程序后，在控制台的输出信息中可以看到程序输出的一种结果，第一个 Map 操作符的子任务单独作为一个任务链，第二个 Map 操作符的子任务单独作为一个任务链，同时我们可以看到在第一个 Map 操作符发送的每一个元素都会被第二个 Map 操作符的 ID 为 0 的并行实例接收。

```
元素值:Trade [cardNum=185XXX, trade=899, time=2018] 分区策略前子任务名称:Map (2/3) ,子任务编号:1
...
元素值:Trade [cardNum=155XXX, trade=1199, time=2019] 分区策略后子任务名称:Map (1/3) ,子任务编号:0
元素值:Trade [cardNum=138XXX, trade=399, time=2020] 分区策略后子任务名称:Map (1/3) ,子任务编号:0
元素值:Trade [cardNum=155XXX, trade=1111, time=2019] 分区策略后子任务名称:Map (1/3) ,子任务编号:0
元素值:Trade [cardNum=138XXX, trade=19, time=2019] 分区策略后子任务名称:Map (1/3) ,子任务编号:0
元素值:Trade [cardNum=185XXX, trade=899, time=2018] 分区策略后子任务名称:Map (1/3) ,子任务编号:0
元素值:Trade [cardNum=185XXX, trade=899, time=2018] 分区策略后子任务名称:Map (1/3) ,子任务编号:0
```

GlobalPartitioner 分区策略源码

在 DataStream 中调用 global()方法的内部逻辑如下，我们可以看到分区策略的逻辑由 GlobalPartitioner 类指定：

```
public DataStream<T> global() {
    return setConnectionType(new GlobalPartitioner<T>());
}
```

下面是 GlobalPartitioner 分区策略的源码，我们可以看到它默认返回一个长度为 1 的数组且数组内的元素为 0，以此来表明将上游操作符的并行实例发送的元素发送到下游操作符的 ID 为 0 的并行实例上。

```
package org.apache.flink.streaming.runtime.partitioner;
public class GlobalPartitioner<T> extends StreamPartitioner<T> {

    private final int[] returnArray = new int[] { 0 };

    @Override
    public int[] selectChannels(SerializationDelegate<StreamRecord<T>> record,
            int numberOfOutputChannels) {
        return returnArray;
    }

    @Override
    public StreamPartitioner<T> copy() {
        return this;
    }

    @Override
    public String toString() {
        return "GLOBAL";
    }
}
```

4.6　流处理的本地测试

在 Flink 集群中运行编写的流处理程序之前，开发者最好确保实现的业务逻辑能够正常工作，良好的开发过程通常是一个进行结果检查、调试和改进的增量过程。Flink 为开发者提供了在 IDE 中进行本地调试、测试数据的注入和结果数据的收集这样一套简化流处理程序开发过程的特性。

4.6.1　本地执行环境

Flink 提供了 LocalStreamEnvironment 类来创建本地执行环境，以便在创建该环境的 JVM 进程中启动一个本地的伪 Flink 集群。如果从 IDE 中启动 LocalStreamEnvironment，则开发者可以在代码中设置断点并轻松调试流处理程序。Flink 的 StreamExecutionEnvironment 类提供了一个静态的 getExecutionEnvironment()方法，这个方法将创建一个执行环境，该环境代表当前在其中执行流处理程序的上下文。如果流处理程序是独立调用的，则此方法将返回本地执行环境，如调用 StreamExecutionEnvironment.createLocalEnvironment()返回 LocalStreamEnvironment 那样。

如果使用 Flink 命令行客户端将该流处理程序提交给 Flink 集群，则此方法将返回该集群的执行环境。

```
//获取执行环境
final StreamExecutionEnvironment env = StreamExecutionEnvironment.getExecutionEnvironment();
...
//触发程序执行
env.execute();
```

需要注意的是，如果在本地运行流处理程序，那么还可以像调试其他 Java 程序一样去调试程序。可以使用 System.out.println()来打印一些内部变量，也可以使用 IDE 的调试器，在 Map、Reduce 和其他操作符中设置断点。

4.6.2 集合支持的数据源和数据接收器

通过创建输入文件和读取输出文件来分析流处理程序的输入及其输出非常麻烦，为此 Flink 提供了由 Java 集合支持的特殊数据源和数据接收器，以简化测试这一环节。一旦流处理程序通过测试，就可以轻松地将数据源和数据接收器替换为可读取/写入外部数据存储（例如 HDFS）的数据源和数据接收器。

Java 集合作为数据源可以按如下方式使用，更多细节见 4.1 节。

```
//获取执行环境
final StreamExecutionEnvironment env = StreamExecutionEnvironment.getExecutionEnvironment();
List<Tuple2<String, Integer>> data = // [...]
//在 Java 集合中创建一个数据流
DataStream<Tuple2<String, Integer>> inputStream = env.fromCollection(list);
```

关于收集流处理程序中处理的结果数据，Flink 提供了 DataStreamUtils 这个工具类，该工具类中封装了一个数据接收器，通过它可以将流处理程序处理的结果收集到普通的 Java 迭代器中以便观察和校验结果。

```
import org.apache.flink.streaming.experimental.DataStreamUtils

DataStream<String> inputStream = // [...]

//将数据流中的元素输出到 Java 的迭代器对象中
Iterator<String> myOutput = DataStreamUtils.collect(inputStream);
//迭代 Java 迭代器，分析流处理程序的计算结果
while (myOutput.hasNext()) {
      System.out.println(myOutput.next());
}
```

4.6.3 单元测试

一个完整的流处理程序往往由许多转换操作组成，为了快速地调试整个流处理程序，一般建议使用单元测试，尽可能多地测试包含主要业务逻辑的操作符所对应的用户自定义函数类。下面是一个简单的验证 Map 操作符的单元测试示例，一旦对该 Map 操作符对应的用户定义 MapFunction 函数类的验证通过，便可以将其直接集成进流处理程序的拓扑结构中。

```
public class MapTemplate implements MapFunction<Long, Long> {

    //对数据流的元素进行简单的“×2”操作
    @Override
    public Long map(Long value1) throws Exception {
        return value1 *2;
    }
}
```

开发者可以通过向用户定义 MapFunction 函数类的 map(...)方法传递合适的参数来验证输出的结果，所以开发者可以方便地使用各种框架对编写的业务逻辑进行单元测试。下面是使用 JUnit 框架进行单元测试的示例：

```
import org.junit.Test;
import static org.junit.Assert.assertEquals;

public class MapTest {

    @Test
    public void testDeal() throws Exception {
        //创建 MapFunction 函数类对象
        MapTemplate mapTemplate = new MapTemplate();
        //调用 MapFunction 函数类对象的 map(…)方法，并向该方法传递一个类型为 Long、值为 40 的参数，
        //使用 JUnit 的 assertEquals 方法验证 map(…)方法返回的值是否和预期的结果一致
        assertEquals(Long.valueOf(80),mapTemplate.map(40L));
    }
}
```

4.6.4 集成测试

为了端到端（从获取数据到输出处理的结果）测试流处理程序的整条管道，Flink 提供了迷你集群以在本地执行集成测试。为了流处理程序能在本地迷你集群中执行，首先需要在流处理程序所在项目的 pom 文件中添加如下测试依赖项：

```
<dependency>
  <groupId>org.apache.flink</groupId>
  <artifactId>flink-test-utils_2.12</artifactId>
```

```
    <version>1.7.2</version>
</dependency>
```

在项目中添加依赖项后，下一步是进行集成测试，为此我们先创建一个 IntegrationTemplate 类进行集成测试，该类继承了 AbstractTestBase 类从而获得了一个迷你集群环境，然后将流处理程序的代码放在该类创建的任意测试方法中运行即可。下面的流处理程序将从给定的对象序列中创建数据流，该数据流中将有三个 Long 类型的元素，依次为 1L、21L、22L。对创建的数据流使用前面定义的 MapTemplate 函数以应用在 Map 操作符中，将转换的数据流输出到自定义的数据接收器函数中，该数据接收器函数将数据流中的元素添加到一个静态的 List 集合中。流处理程序处理结束后，调用 JUnit 提供的 assertTrue(...)方法，将静态的 List 集合中的元素与开发者预计的结果集进行比较，查看数据是否一致。

```
import org.apache.flink.test.util.AbstractTestBase;
import org.junit.Test;
import static org.junit.Assert.assertTrue;

public class IntegrationTemplate extends AbstractTestBase {

    @Test
    public void testMultiply() throws Exception {
        //获取执行环境
        StreamExecutionEnvironment env = StreamExecutionEnvironment.getExecutionEnvironment();
        //设置作业的全局并行度为 1
        env.setParallelism(1);
        //从给定的对象序列中创建数据流
        DataStream<Long> streamSource = env.fromElements(1L, 21L, 22L);
        //对创建的数据流使用 Map 操作符来转换数据流
        DataStream<Long> mapStream = streamSource.map(new MapTemplate());
        //将数据流中的元素输出到自定义的数据接收器函数中
        mapStream.addSink(new CollectSink());
        //触发程序执行
        env.execute("IntegrationTemplate");

        //初始化预期结果的数据集
        List<Long> expect = new ArrayList<>();
        expect.add(2L);
        expect.add(42L);
        expect.add(44L);
        //校验流处理程序输出的结果是否和预期的结果一致
        assertTrue(CollectSink.VALUES.containsAll(expect));
    }

    //自定义数据接收器函数，将数据流中的元素添加到静态的 List 集合中
    private static class CollectSink implements SinkFunction<Long> {

        //创建一个静态的 List 集合
        public static final List<Long> VALUES = new ArrayList<>();
```

```
        @Override
        public synchronized void invoke(Long value) throws Exception {
            //将数据流中的元素添加到静态的 List 集合中
            VALUES.add(value);
        }
    }
}
```

建议始终以大于 1 的并行度在本地测试流处理程序的整条流管道，这样可以提前识别出仅在并行执行的管道中出现的错误。

4.7　分布式缓存

Flink 提供了类似于 Apache Hadoop 的分布式缓存功能，允许文件在本地被用户定义的函数的并行实例（各操作符的子任务）访问。分布式缓存功能一般用于使开发者开发的 Flink 程序可以共享包含静态外部数据的文件，例如数据字典、项目的配置文件或机器学习的回归模型等。需要注意的是，Flink 提供的分布式缓存功能不仅可以在流处理 DataStream API 上运行，也可以在批处理 DataSet API 上运行，这里以流处理 DataStream API 为例进行讲解。

要使用 Flink 的分布式缓存，Flink 程序要在 ExecutionEnvironment 或 StreamExecution-Environment 中以指定的名称将本地（通过任务管理器的 BLOB 服务进行分发）或远程文件系统（例如 HDFS 或 S3）的文件/目录注册为缓存文件。执行 Flink 程序后，作业管理器会自动将注册的文件/目录复制到所有执行该程序的任务管理器所在系统下，默认路径为/tmp。在 Flink 程序运行时，用户定义的函数可以查找指定名称下的文件/目录，并从本地文件系统中访问它。

4.7.1　注册分布式缓存文件

注册分布式缓存文件只需要在 Flink 的执行环境中调用 registerCachedFile(...)方法即可：

```
//获取批处理或流处理执行环境
final StreamExecutionEnvironment env = StreamExecutionEnvironment.getExecutionEnvironment();
//final ExecutionEnvironment env = ExecutionEnvironment.getExecutionEnvironment();

//在执行环境中注册分布式缓存文件，指定 Flink 加载缓存文件的路径
env.registerCachedFile(String filePath, String name)
```

- filePath：指定注册为分布式缓存文件的文件路径，URI 格式（例如 file:///intsmaze/path 或 hdfs://host:port/intsmaze/path），这里要注意指定的路径必须存在，否则程序会报找不到指定路径文件的错误（Java.io.FileNotFoundException）。
- name：注册为分布式缓存文件的名称。

4.7.2 访问分布式缓存文件

在执行环境中将文件注册为分布式缓存文件后，开发者就可以在用户定义的函数中根据注册的文件名称去访问对应分布式缓存中的文件/目录。因为获取分布式缓存文件需要运行环境的上下文对象，所以用户定义的函数需要采用继承富函数的方式来实现。通过继承富函数的getRuntimeContext()方法获得 RuntimeContext 对象，使用该对象提供的 getDistributedCache()方法得到分布式缓存对象用于访问分布式缓存文件。具体细节可以查阅 4.3 节。

```
getRuntimeContext().getDistributedCache().getFile("file-name");
```

这里要注意，如果在分布式缓存对象上访问的缓存名称没有在执行环境中注册，则运行程序会报如下异常：

```
Caused by: java.lang.IllegalArgumentException: File with name 'file-name' is not available. Did you forget to register the file?
```

一般来说分布式缓存文件的内容被用户定义的函数访问一次后就应该保存在该用户定义的函数并行实例的内部缓存中，一个良好的编程方式是用户定义的函数在继承富函数的同时去重写 open(...)方法，在 open(...)方法中实现访问分布式缓存文件内的数据并将数据存储在用户定义的函数并行实例的内部缓存（实例的某个字段）中，如果在用户定义的函数的转换操作方法（例如，map、filter 方法等）中访问分布式缓存文件，那么会导致该用户定义的函数每接收数据流中一个元素就要访问一次分布式缓存文件的内容，对于实时流这种高并发程序是十分耗费性能的。

以下示例将 Flink 客户端程序所在的本地系统中的文件注册为分布式缓存文件，用户定义的 MapFunction 函数继承了 RichMapFunction 富函数抽象类，重写 open(...)方法以实现访问注册的分布式缓存文件，将文件中的内容读取出来并赋值给名为 cacheStr 的字符串对象。在用户定义的 MapFunction 函数的 map(...)方法中，将数据流中的每一个元素与分布式缓存文件的内容拼接后发送给下游的 Print 操作符以打印在标准输出流中。

```
//获取执行环境
StreamExecutionEnvironment env = StreamExecutionEnvironment.getExecutionEnvironment();

//注册一个分布式缓存文件，指定文件位于客户端本地文件系统中，缓存文件名为 localFile
env.registerCachedFile("file:///home/intsmaze/flink/cache/local.txt", "localFile");

//创建一个包含指定数字序列的数据流
DataStream<Long> input = env.generateSequence(1,20);

//对数据流执行 Map 转换操作，该操作会访问注册的分布式缓存文件中的数据
DataStream<String> mapStream=input.map(new MyMapper());
```

```
//将数据流中的元素打印在标准输出流中
mapStream.print();
//触发程序执行
env.execute();

//继承 RichFunction 抽象类，以继承 getRuntimeContext()方法
public static class MyMapper extends RichMapFunction<Long, String> {

    //保存分布式缓存文件的内容
   private String cacheStr;

    @Override
    public void open(Configuration config) {
        //通过继承 RichFunction 抽象类来获得 getRuntimeContext()方法以得到 RuntimeContext 对象
        RuntimeContext runtimeContext = getRuntimeContext();

        //通过 RuntimeContext 对象的 getDistributedCache()方法得到 DistributedCache 对象，
        //该对象维护着注册的分布式缓存文件
        DistributedCache distributedCache = runtimeContext.getDistributedCache();
        //获取注册名为 localFile 的分布式缓存文件
        File myFile = distributedCache.getFile("localFile");

        //读取文件的内容，并将内容赋值到 cacheStr 字符串对象中
        cacheStr = readFile(myFile);
    }

    @Override
    public String map(Long value) throws Exception {
        //延迟 60 秒计算，使得程序在 Flink 集群中可以长时间运行以观察更好的执行情况
        Thread.sleep(60000);
        //将数据流中的元素与缓存文件的内容进行拼接后发送给下游操作符
        return StringUtils.join(value,"---",cacheStr);
    }

    //读取文件的内容，将内容追加在 String 类型的字符串中并返回
    public String readFile(File myFile) {
        BufferedReader reader = null;
        StringBuffer sbf = new StringBuffer();
        try {
            reader = new BufferedReader(new FileReader(myFile));
            String tempStr;
            while ((tempStr = reader.readLine()) != null) {
                sbf.append(tempStr);
            }
            reader.close();
            return sbf.toString();
```

```
        } catch (IOException e) {
            ...
        }
        return sbf.toString();
    }
}
```

完整代码见 com.intsmaze.flink.streaming.cache.DistributedCacheTemplate。

注意：这里是将本地文件系统中的文件注册为分布式缓存文件，所以我们必须保证执行 Flink 客户端程序的系统的指定路径下必须具有静态数据文件，以便 Flink 集群将该文件分发到要执行该程序的任务管理器所在的系统中，否则会报文件找不到的异常。

现在我们已经编写好一个使用分布式缓存功能的流处理程序示例，在将该程序部署到 Flink 集群上作为一个作业运行时，我们先了解一下 BLOB 服务的配置参数。

4.7.3 BLOB 服务的配置参数

作业管理器在启动时会实例化一个 BLOB（二进制大型对象）服务，并将其绑定到可用的网络端口上，BLOB 服务负责监听传入的请求，并生成线程来处理这些请求。此外它还负责创建用于存储 BLOBs 或临时缓存 BLOBs 的目录结构。

Flink 还允许开发者根据业务需求来配置 BLOB 服务和 BLOB 缓存的参数以覆盖默认值，开发者可以在 Flink 集群的<flink_home>/conf/flink-conf.yaml 配置文件中配置如下几种常见的参数。

- blob.fetch.backlog：定义 BLOB fetch 在作业管理器上存储的大小，默认值为 1000。
- blob.fetch.num-concurrent：定义任务管理器服务的最大并发 BLOB fetch 数，默认值为 50。
- blob.fetch.retries：定义 BLOB fetch 失败的重试次数，默认值为 5。
- blob.server.port：定义 BLOB 服务绑定的服务端口，该端口可以是指定值端口，例如 9123，端口范围为 50100～50200，或范围端口和指定值端口组成的列表（50100～50200，50300～50400，51234）。默认值为 0，代表将使用操作系统选择的可用端口。
- blob.service.cleanup.interval：任务管理器中 BLOB 缓存的清理间隔（以秒为单位）。Flink 设置了一个 TTL，当一个缓存不再被作业引用时，并且缓存的时间到达 TTL 之后，周期性清理任务（每 blob.service.cleanup.interval 秒执行一次）会删除其 BLOB 文件。因此运行的作业失败后进行恢复时仍然有机会使用现有文件，而不是再次下载分布式缓存文件。
- blob.service.ssl.enabled：标记是否覆盖对 BLOB 服务传输的 SSL 支持，默认值为 true。

- blob.storage.directory：定义 BLOB 服务和 BOLB 缓存要使用的存储目录，如果没有配置，则默认使用 io.tmp.dirs 参数配置的值。

本次演示的 Flink 集群有两个任务管理器（节点的名称分别为 intsmaze-201 和 intsmaze-202），其中一个任务管理器与作业管理器位于同一个节点，每个任务管理器上部署两个任务槽。为了更好地观察运行效果，我们修改 Flink 集群<flink_home>/conf/flink-conf.yaml 配置文件中的 io.tmp.dirs 和 blob.storage.directory 参数（参数的默认路径为/tmp），然后重启集群。

```
io.tmp.dirs: /home/intsmaze/flink/tmp
blob.storage.directory: /home/intsmaze/flink/blobstorage
```

启动 Flink 集群时作业管理器输出的日志信息如图 4-14 所示。我们可以看到 BLOB 服务绑定到 59032 端口上（该端口为操作系统选择的可用端口），同时 BLOB 服务的存储路径为/home/intsmaze/flink/blobstorage/blobStore-b2069cd4-325d-4656-8e1f-3fcca11f60d，TransientBlobCache 类型的 BOLB 缓存的存储路径为/home/intsmaze/flink/blobstorage/blobStore-0e3d00b8-c1ca-441a-8852-8a3c11b1b0d2。

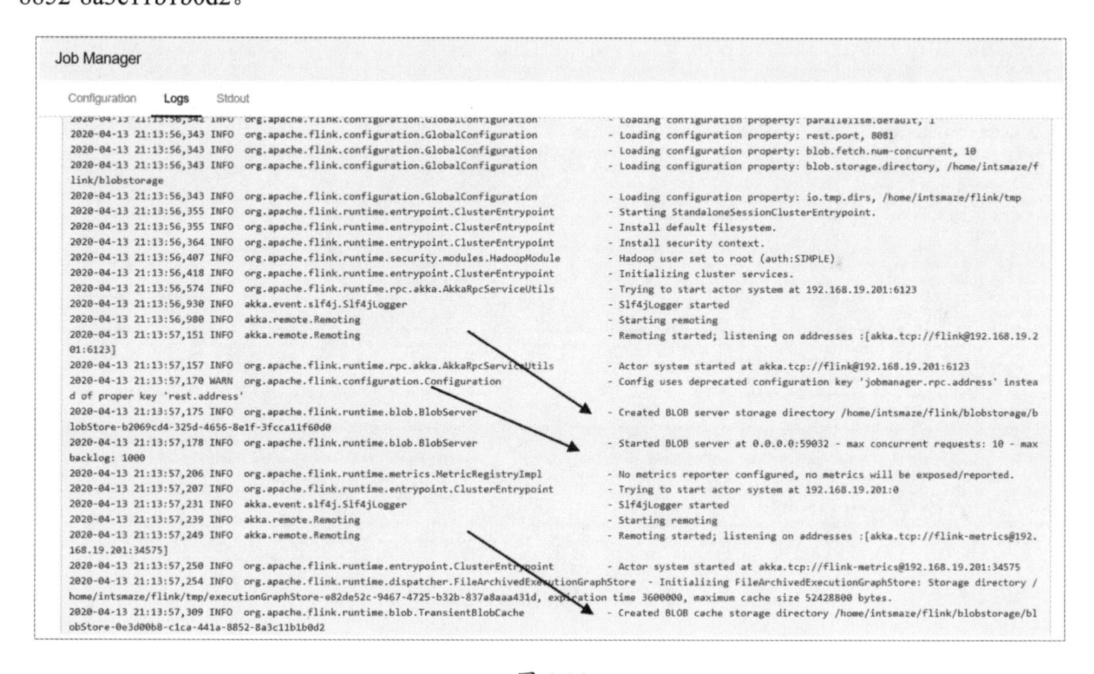

图 4-14

同时我们查看 intsmaze-201 和 intsmaze-202 的任务管理器输出的日志信息，可以看到如图 4-15 和图 4-16 所示的内容。

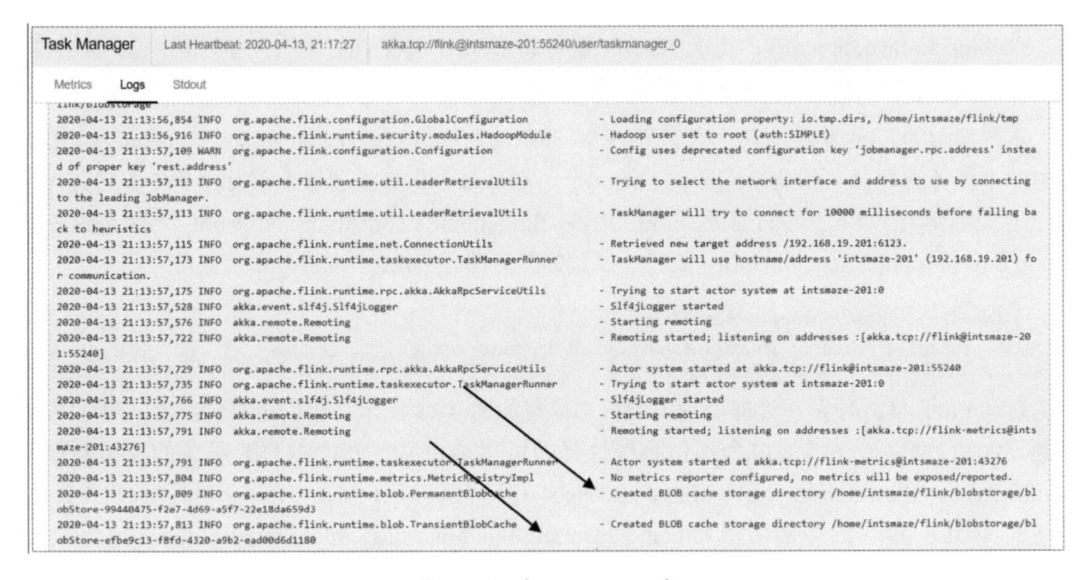

图 4-15 （intsmaze-201）

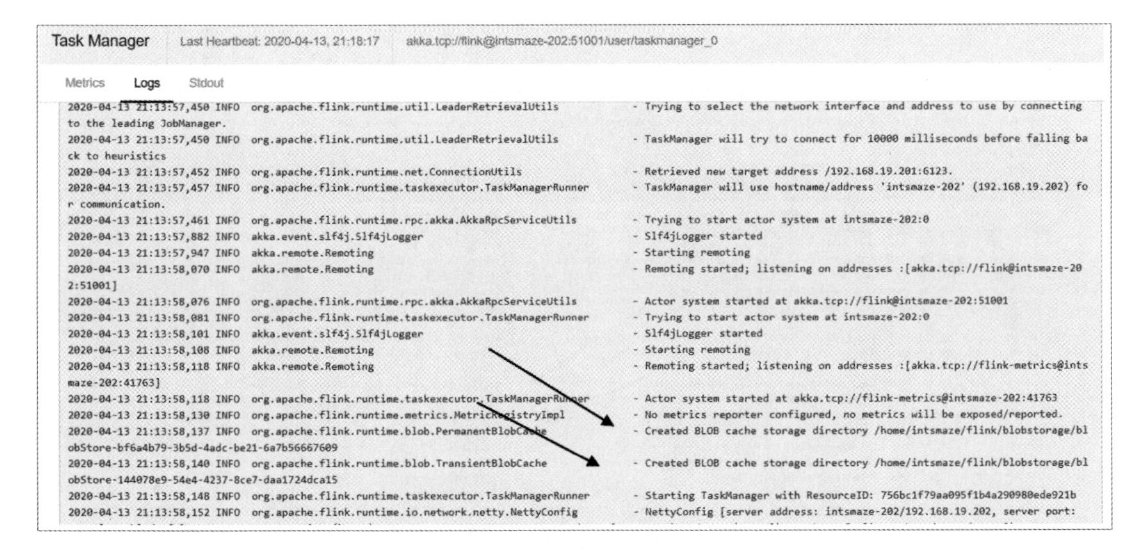

图 4-16 （intsmaze-202）

- PermanentBlobCache 类型的 BLOB 缓存的存储路径为/home/intsmaze/flink/blobstorage/blobStore-99440475-f2e7-4d69-a5f7-22e18da659d3。
- TransientBlobCache 类型的 BLOB 缓存的存储路径为/home/intsmaze/flink/blobstorage/blobStore-efbe9c13-f8fd-4320-a9b2-ead00d6d1180。
- PermanentBlobCache 类型的 BLOB 缓存的存储路径为/home/intsmaze/flink/blobstorage/

blobStore-bf6a4b79-3b5d-4adc-be21-6a7b56667609。

- TransientBlobCache 类型的 BLOB 缓存的存储路径为/home/intsmaze/flink/blobstorage/blobStore-144078e9-54e4-4237-8ce7-daa1724dca15。

这里需要说明 PermanentBlobCache 与 TransientBlobCache 类型的区别：

- TransientBlobCache：提供对存储在 BLOB 服务上的瞬态 BLOB 文件的访问，通过将文件流返回到本地副本，并在检索时删除远程文件，在流的末尾删除本地副本，从而使此过程真正瞬态。
- PermanentBlobCache：提供永久 BLOB 文件的缓存，当通过 getFile(jobId，permanentBlobKey)方法请求 BLOB 服务时，首先尝试从其本地缓存中提供文件，仅当本地缓存中不包含所需的 BLOB 时，它才会尝试从分布式 HA 文件系统（如果有）或 BLOB 服务器中下载它。

4.7.4 部署到集群中运行

因为本示例的 Flink 集群作业管理器的节点是 intsmaze-201，如果采用 Web UI（Web 管控台）方式部署作业，则要在 intsmaze-201 节点的/home/intsmaze/flink/cache 路径下创建一个名为 local.txt 的文件，文件内容如下：

```
This data comes from a local file
```

创建好静态数据文件之后，我们在 Flink 集群的 Web UI 上发布该作业。因为 Flink 集群中的每个任务管理器上有 2 个任务槽，为了确保部署到 Flink 集群中的作业能在两台任务管理器上并行执行，我们在 Web UI 上将该作业的并行度设置为 3，随后我们可以看到该作业有 2 个并行子任务运行在 intsmaze-201 节点上，1 个并行子任务运行在 intsmaze-202 节点上，如图 4-17 所示。

Task Managers

Path, ID	Data Port	Last Heartbeat	All Slots	Free Slots	CPU Cores	Physical Memory	JVM Heap Size	Flink Managed Memory
akka.tcp://flink@intsmaze-201:55240/user/taskmanager_0 305BA0867DA529FD266F7D5C22671BA5	35447	2020-04-13, 21:25:57	2	0	8	7.67 GB	922 MB	640 MB
akka.tcp://flink@intsmaze-202:51001/user/taskmanager_0 756BC1F79AA095F1B4A290980EDE921B	57226	2020-04-13, 21:25:57	2	1	4	3.73 GB	922 MB	640 MB

图 4-17

在任务管理器的 Stdout 上可以看到该作业的每个并行子任务都成功读取了分布式缓存文件中的内容。

intsmaze-201 节点的任务管理器的输出信息如图 4-18 所示。

Task Manager　Last Heartbeat: 2020-04-13, 21:31:17　akka.tcp://flink@intsmaze-201:55240/user/taskmanager_0

Metrics　Logs　Stdout

Task Manager Output

```
3> 3---This data comes from a local file
2> 2---This data comes from a local file
2> 5---This data comes from a local file
3> 6---This data comes from a local file
3> 9---This data comes from a local file
2> 8---This data comes from a local file
2> 11---This data comes from a local file
3> 12---This data comes from a local file
3> 15---This data comes from a local file
2> 14---This data comes from a local file
2> 17---This data comes from a local file
3> 18---This data comes from a local file
2> 20---This data comes from a local file
```

图 4-18

intsmaze-202 节点的任务管理器的输出信息如图 4-19 所示。

Task Manager　Last Heartbeat: 2020-04-13, 21:31:37　akka.tcp://flink@intsmaze-202:51001/user/taskmanager_0

Metrics　Logs　Stdout

Task Manager Output

```
1> 1---This data comes from a local file
1> 4---This data comes from a local file
1> 7---This data comes from a local file
1> 10---This data comes from a local file
1> 13---This data comes from a local file
1> 16---This data comes from a local file
1> 19---This data comes from a local file
```

图 4-19

在任务管理器的 intsmaze-201 节点中，进入 BLOB 服务的存储路径（/home/intsmaze/flink/blobstorage/blobStore-b2069cd4-325d-4656-8e1f-3fcca11f60d），可以看到该路径下会出现一个以 job_开头的文件夹，后缀为该作业的 ID。在 job_1f2666092cae2992c0cfeb9b264229da 路径下，我们可以看到 local.txt 文件的内容会缓存在该路径下，当在 Flink 的客户端中将本地文件注册为分布式缓存文件时，该文件会发送到 BLOB 服务，然后存储在 BLOB 服务的存储的路径下的对应文件夹中，如图 4-20 所示。

```
[root@intsmaze-201 blobstorage]# ll blobStore-b2069cd4-325d-4656-8e1f-3fcca11f60d0/
total 12
drwxr-xr-x 2 root root 4096 Apr 13 21:21 incoming
drwxr-xr-x 2 root root 4096 Apr 13 21:21 job_1f2666092cae2992c0cfeb9b264229da
drwxr-xr-x 2 root root 4096 Apr 13 21:18 no_job
[root@intsmaze-201 blobstorage]# ll blobStore-b2069cd4-325d-4656-8e1f-3fcca11f60d0/job_1f2666092cae2992c0cfeb9b264229da/
total 86084
-rw-r--r-- 1 root root       34 Apr 13 21:21 blob_p-00beedfd2d756d2d0ae8ab84e6ed4af4e7c7c058-f872939fc0169ccba1e61066f0737484
-rw-r--r-- 1 root root 88145745 Apr 13 21:21 blob_p-ffc59727a07aed0bf4d22fc2de2b336e26e4fc24-02f7905874225f89832576bcf5696f5b
[root@intsmaze-201 blobstorage]# cat blobStore-b2069cd4-325d-4656-8e1f-3fcca11f60d0/job_1f2666092cae2992c0cfeb9b264229da/blob_p-00beedfd2d756d2d0ae8ab84e6ed4af4e7c7c058-f872939fc0169ccba
1e61066f0737484
This data comes from a local file
[root@intsmaze-201 blobstorage]#
```

图 4-20

在任务管理器的 intsmaze-202 节点中，进入 BLOB 缓存的存储路径（/home/intsmaze/flink/blobstorage/blobStore-bf6a4b79-3b5d-4adc-be21-6a7b56667609），可以看到该路径下会出现一个以 job_开头的文件夹，后缀为该作业的 ID。在 job_1f2666092cae2992c0cfeb9b264229da 路径下，我们可以看到 local.txt 文件的内容会缓存在该路径下，如图 4-21 所示。

```
[intsmaze@intsmaze-202 blobstorage]$ ll blobStore-bf6a4b79-3b5d-4adc-be21-6a7b56667609/
total 8
drwxr-xr-x 2 root root 4096 Apr 13 21:21 incoming
drwxr-xr-x 2 root root 4096 Apr 13 21:21 job_1f2666092cae2992c0cfeb9b264229da
[intsmaze@intsmaze-202 blobstorage]$ ll blobStore-bf6a4b79-3b5d-4adc-be21-6a7b56667609/job_1f2666092cae2992c0cfeb9b264229da/
total 86084
-rw-r--r-- 1 root root       34 Apr 13 21:21 blob_p-00beedfd2d756d2d0ae8ab84e6ed4af4e7c7c058-f872939fc0169ccba1e61066f0737484
-rw-r--r-- 1 root root 88145745 Apr 13 21:21 blob_p-ffc59727a07aed0bf4d22fc2de2b336e26e4fc24-02f7905874225f89832576bcf5696f5b
[intsmaze@intsmaze-202 blobstorage]$ cat blobStore-bf6a4b79-3b5d-4adc-be21-6a7b56667609/job_1f2666092cae2992c0cfeb9b264229da/blob_p-00beedfd2d756d2d0ae8ab84e6ed4af4e7c7c058-f872939fc0169
ccba1e61066f0737484
This data comes from a local file
[intsmaze@intsmaze-202 blobstorage]$
```

图 4-21

关于注册本地文件为分布式缓存文件的注意事项：如果分布式缓存文件的路径为本地文件系统，那么提交作业的客户端必须和指定的本地文件在同一台服务器中。针对上面的示例，如果我们将 local.txt 文件由 intsmaze-201 节点移到 intsmaze-202 节点，那么通过 Web UI 去发布作业时作业将报找不到文件的错误。对于 Flink 命令行客户端发布同样如此，感兴趣的读者可以自行实验。

4.8 将参数传递给函数

通过注册分布式缓存文件的方式，让用户定义的函数可以访问静态数据文件中的内容。有时我们往往不需要执行这么复杂的操作，只是想把一些参数传递到用户定义的函数中。为此 Flink 提供了三种方式来简化将参数传递给用户定义的函数这一过程：使用构造函数、withParameters(Configuration)方法和 ExecutionConfig 都可以将参数传递给函数，参数将被序列化为函数对象的一部分，并被发送到所有并行任务实例中。其中构造函数、ExecutionConfig 传递参数在 Datastream 和 Dataset API 上均适用，而 withParameters(Configuration)传递参数仅适用于 Dataset API，关于 withParameters(Configuration)的详细内容见 7.3 节。

4.8.1 通过构造函数传递参数

Flink 还允许将自定义配置值通过构造函数传递给对应的用户定义的函数，只要用户在实现转换操作符对应的用户定义的函数时提供相应的有参构造函数方法即可，然后在创建用户定义的函数对象时传入对应的自定义配置值，该自定义配置值就可以在用户定义的函数中全局可用。

```
//获取执行环境
StreamExecutionEnvironment env = StreamExecutionEnvironment.getExecutionEnvironment();
//设置作业的全局并行度为 2
env.setParallelism(2);

//创建一个包含指定数字序列的数据流
DataStream<Long> dataStream = env.generateSequence(1,15);

ParamBean paramBean = new ParamBean("intsmaze", 10);
//将 ParamBean 对象的参数传入 Filter 操作符的并行实例
DataStream<Long> resultStream = dataStream.filter(new FilterConstructed(paramBean));

//将数据流中的元素打印在标准输出流中
resultStream.print("constructed stream is :");
 //触发程序执行
env.execute("ParamTemplate intsmaze");

private static class FilterConstructed implements FilterFunction<Long> {

    private final ParamBean paramBean;
    //函数的构造函数参数为 ParamBean 对象，用于接收传入的参数值
    public FilterConstructed(ParamBean paramBean) {
        this.paramBean = paramBean;
    }

    @Override
    public boolean filter(Long value) {
        //判断数据流的元素的值是否大于传入函数的参数 ParamBean 对象的 flag 值
        return value > paramBean.getFlag();
    }
}
//自定义的 ParamBean 类，该类实现了 Serializable 接口，可以被序列化为函数对象的一部分
public class ParamBean implements Serializable {

    private String name;

    private int flag;

    public ParamBean(String name, int flag) {
        this.name = name;
        this.flag = flag;
    }
    ...//get、set 方法
}
```

完整代码见 com.intsmaze.flink.streaming.param.ConstructorTemplate。

该程序的数据源函数会依次向数据流中发送 15 个元素（1～15），然后在数据流中应用 FlatMap 操作符以使用用户定义的 FlatMapFunction 函数对元素进行处理。用户定义的 FilterFunction 函数会将构造方法中的 ParamBean 的 flag 字段与数据流中的元素进行比较，只打印大于 flag 的元素。在 IDE 中运行上述程序后，在控制台中可以看到如下输出结果：

```
constructed stream is :2> 12
constructed stream is :1> 11
constructed stream is :2> 14
constructed stream is :1> 13
constructed stream is :1> 15
```

注意：如果向用户定义的函数传递的参数不是基本类型，而是自定义的类型，那么需要该类型实现 Serializable 接口，否则运行程序会报以下异常：

```
Exception in thread "main" org.apache.flink.api.common.InvalidProgramException: The implementation of the RichFilterFunction is not serializable. The object probably contains or references non serializable fields.
```

4.8.2　使用 ExecutionConfig 传递参数

Flink 还允许将自定义配置值传递给执行环境的 ExecutionConfig 执行配置对象，由于可以在所有富函数中访问执行配置对象，因此自定义配置值将在继承了富函数的用户定义的函数中全局可用。

1. 设置自定义配置值

```
import org.apache.flink.configuration.Configuration;

//获取执行环境
final StreamExecutionEnvironment env = StreamExecutionEnvironment.getExecutionEnvironment();

//Configuration 是一个轻型配置对象，用于存储键值对
Configuration conf = new Configuration();
conf.setLong("limit", 16);
//将 Configuration 对象设置在 executionConfig 的 globalJobParameters 字段中
ExecutionConfig executionConfig = env.getConfig();
executionConfig.setGlobalJobParameters(conf);
```

除了使用 Flink 内置的 Configuration 对象来配置参数，还允许开发者继承 org.apache.flink.api.common.ExecutionConfig.GlobalJobParameters 类以在执行配置中注册用户自定义配置对象。

2. 从执行配置中获取配置值

开发者可在 Flink 程序的许多位置访问执行配置中的全局作业参数的对象，所有采用继承富

函数方式的用户定义的函数都可以通过运行时上下文来获取执行配置对象。通过继承富函数的 getRuntimeContext()方法获得 RuntimeContext 对象，使用该对象提供的 getExecutionConfig()方法得到执行配置对象。具体细节可以查阅 4.3 节。

```
import org.apache.flink.api.common.ExecutionConfig;
import org.apache.flink.configuration.Configuration;

public class ParamTemplate {
   private static class FilterJobParameters extends RichFilterFunction<Long> {

       protected long limit ;

       @Override
       public void open(Configuration parameters)  {
           //获取执行环境中的执行配置对象
           ExecutionConfig executionConfig = getRuntimeContext().getExecutionConfig();
           //获取全局作业参数对象
           ExecutionConfig.GlobalJobParameters globalParams =executionConfig.getGlobalJobParameters();
           //将全局作业参数对象转换为 Configuration
           Configuration globConf = (Configuration) globalParams;
           //获取全局作业参数中 Key 为 limit 的值，如果不存在，则默认为 0
           limit = globConf.getLong("limit", 0);
       }

       @Override
       public boolean filter(Long value)  {
           //判断数据流中元素的值是否大于全局作业参数中 limit 的值
           return value > limit;
       }
   }
     public static void main(String[] args) throws Exception {
       //获取执行环境
       StreamExecutionEnvironment env = StreamExecutionEnvironment.getExecutionEnvironment();
       //设置作业的全局并行度为 2
       env.setParallelism(2);

       //配置全局作业参数，设置 Key 为 limit，值为 16
       Configuration conf = new Configuration();
       conf.setLong("limit", 16);
       //将全局作业参数设置在执行配置中
       env.getConfig().setGlobalJobParameters(conf);

       //创建一个包含指定数字序列的数据流
       DataStream<Long> dataStream = env.generateSequence(1,20);
       DataStream<Long> resultStream= dataStream.filter(new FilterJobParameters());
       //将数据流中的元素打印在标准输出流中
       resultStream.print("JobParameters stream is ");
```

```
        //触发程序执行
        env.execute("ParamTemplate intsmaze");
    }
}
```

完整代码见 com.intsmaze.flink.streaming.param.ParamTemplate。

该程序的数据源函数会依次向数据流中发送 20 个元素（1～20），然后在数据流中应用 Filter 操作符以使用用户定义的 FilterFunction 函数对元素进行处理。用户定义的 FilterFunction 函数会将从全局作业参数中获取的 limit 值与数据流中的元素进行比较，只保留大于 limit 的元素并通过 Print 操作符打印在标准的输出流中。在 IDE 中运行上述程序后，在控制台中可以看到如下输出结果：

```
JobParameters stream is :1> 17
JobParameters stream is :2> 18
JobParameters stream is :2> 20
JobParameters stream is :1> 19
```

4.8.3 将命令行参数传递给函数

很多时候，从扩展性的角度考虑，开发的 Flink 程序（批处理和流式处理）都依赖于外部配置参数，它们用于指定输入和输出源（如文件路径或服务地址）、系统参数（并行度等配置）和特定于 Flink 程序的参数（通常在用户定义的函数中使用）。

Flink 为解决这些问题提供了一个名为 ParameterTool 的简单实用的参数解析工具类，当然开发者可以不使用 ParameterTool 工具类，其他框架（如 Commons CLI 和 argparse4j）的参数解析工具类也可以用在 Flink 程序中。

ParameterTool 提供了一组用于读取配置的预定义静态方法，用于从不同来源读取和解析程序参数。

1. 读取来自 properties 文件中的数据

以下方法将读取属性文件并提供键值对：

```
import org.apache.flink.api.java.utils.ParameterTool;
import java.io.InputStream;

InputStream propertiesFileInputStream =
ParamTemplate.class.getClassLoader().getResourceAsStream("flink-param.properties");

ParameterTool parameter = ParameterTool.fromPropertiesFile(propertiesFileInputStream);
```

2. 读取命令行参数

当命令行参数符合 ParameterTool 工具类要求的格式后，便可以正确地解析命令行参数。命令行参数的格式如“--input file:///mydata --elements 42”，命令行参数要求 Key 的名称以“-”或“--”开始（示例中的--input 和--elements），后面紧跟着的就是 Key 对应的 Value（示例中的 file:///mydata 和 42），每个值以空号作为间隔符。

```
import org.apache.flink.api.java.utils.ParameterTool;
//输入参数 --input hdfs:///mydata --elements 42
public static void main(String[] args) {
    ParameterTool parameter = ParameterTool.fromArgs(args);
}
```

3. 读取 ParameterTool 中的值

当通过 ParameterTool 工具类从不同来源读取到参数后，接下来就是获取对应参数的值。ParameterTool 本身提供了多种访问值的方法，以下是部分示例，更多方法可以查看 ParameterTool 类源码。

```
ParameterTool parameters = // ...
parameter.getRequired("input");//返回给定 Key 的 String 类型的值，如果 Key 不存在，则该方法将会失败

parameter.get("output", "myDefaultValue");//返回给定 Key 的 String 类型的值，如果 Key 不存在，则它将
                                          //返回给定的默认值“myDefaultValue”

parameter.getLong("expectedCount", -1L);//返回给定 Key 的 Long 类型的值，如果 Key 不存在，则它将返回给
                                        //定的默认值-1L，如果该值不是 Long 类型，则该方法会失败

int number=parameter.getNumberOfParameters();//返回 ParameterTool 中参数的数量
```

自此开发者就可以直接在 Flink 程序的 main 方法中使用这些方法的返回值，例如可以通过获取命令行参数来设置作业的并行度：

```
import org.apache.flink.api.java.utils.ParameterTool;

ParameterTool parameters = ParameterTool.fromArgs(args);
int parallelism = parameters.get("mapParallelism", 2);
//获取执行环境
final StreamExecutionEnvironment env = StreamExecutionEnvironment.getExecutionEnvironment();
//设置作业的全局并行度为 parallelism
env.setParallelism(parallelism);
...
```

4. 将 ParameterTool 通过构造函数传递给函数

由于 ParameterTool 是可序列化的，因此还可以将它通过构造函数的方式直接传递给用户定义的函数本身：

```
import org.apache.flink.api.java.utils.ParameterTool;

ParameterTool parameters = ParameterTool.fromArgs(args);
...
DataStream<Tuple2<String, Integer>> dataStream= // [...]
DataStream<Tuple2<String, Integer>> resultStream = dataStream.map(new UserDefinedMapFunction
(parameters));
```

在用户定义的函数内部使用它便可以获取命令行中输入的值。

5. 将 ParameterTool 通过全局作业参数传递给函数

ParameterTool 类也继承了 ExecutionConfig.GlobalJobParameters 抽象类，因此开发者也可以将 ParameterTool 在 ExecutionConfig 中注册为全局作业参数：

```
import org.apache.flink.api.java.utils.ParameterTool;

ParameterTool parameters = ParameterTool.fromArgs(args);
//获取执行环境
final StreamExecutionEnvironment env = StreamExecutionEnvironment.getExecutionEnvironment();
//注册全局作业参数
env.getConfig().setGlobalJobParameters(parameters);
```

第 5 章 流处理中的状态和容错

5.1 有状态计算

在讲解 Flink 的 DataStream API 对有状态计算的支持之前，我们先了解何为无状态计算，何为有状态计算。

- 无状态计算：如果任务的每次计算只依赖于当前输入的数据，根据当前输入的数据产生独立的计算结果，则该计算是无状态计算。例如程序接收 Kafka 服务传来的消息，将消息以 JSON 格式进行解析后存入外部数据库。
- 有状态计算：如果任务的每次计算不仅依赖于当前输入的数据，还依赖于该次计算之前的计算结果，则该计算是有状态计算。例如用户累计消费金额，每个用户当前消费的金额作为输入，累计消费的金额作为输出，在计算过程中要不断把用户当前消费的金额累加到之前累计的结果上，这个业务场景中每个用户当前累计消费的金额就是一个状态。

无状态计算和有状态计算的模型如图 5-1 所示。

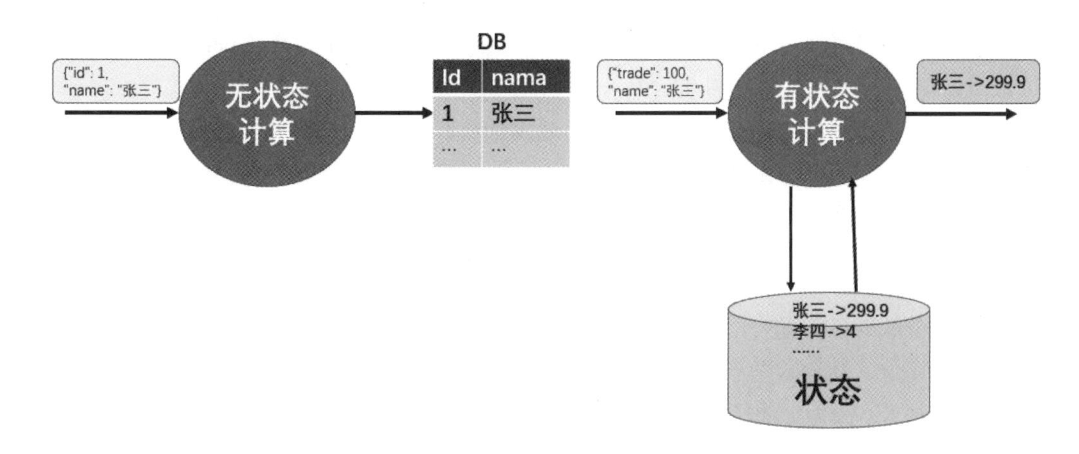

图 5-1

其实大多数程序的计算都是有状态计算，有状态计算并不是流计算领域独有的特性。既然如此，为何 Flink 要突出有状态计算这一特性呢？比如采用传统模式进行有状态计算程序的开发，我们可能会将用户的状态数据存储在高速缓存 Redis 等 Key-Value 存储系统中以实现有状态计算，目前我们只需要编写少量的业务代码就可以确保开发的程序在一切正常的情况下通过有状态计算得到正确的结果。但在实际生产环境中，往往会有各种原因（比如网络通信延迟、部分节点宕机）影响程序的健康运行，这种场景下经常会出现数据丢失或者重复的情况，从而导致有状态计算得到错误的结果。为了解决生产环境中的此类问题，开发者往往需要在业务代码之外编写更多的容错性代码来保证有状态计算的一致性。这部分的开发工作是耗时且繁重的，Flink 为了确保有状态计算对容错性的支持，做了很多额外的设计来帮助开发者屏蔽技术细节，专心进行业务代码的开发。这些额外的设计将在后续章节中讲解，本节将讲解如何在开发的流处理程序中集成 Flink 的状态类 API 以进行有状态计算。

5.1.1　Operator 状态和 Keyed 状态

要想在开发的流处理程序中使用有状态计算特性，必须使用 Flink 提供的状态类数据结构来存储流处理程序计算的中间结果，以此代替将计算的中间结果存储在 Redis 等第三方高速缓存中这一环节。Flink 中的状态大致分两类：Operator 状态和 Keyed 状态，它们分别用在不同类型的操作符上。

1. Operator 状态

Operator 状态可以用在所有的操作符上，每个 Operator 状态都绑定到一个并行操作符实例中。对于在流处理程序中使用 Operator 状态的场景，Kafka 连接器是一个很好的示例，Kafka 消费者的每个并行操作符实例都维护一个主题分区和偏移量的映射作为其 Operator 状态，关于 Kafka 连接器的详细内容可以参阅 6.8 节。

当用户更改了流处理程序中具有 Operator 状态的操作符的并行度时，Operator 状态支持在并行操作符实例之间重新分配状态数据，为此 Flink 提供了两种不同的方案来重新分配状态数据，具体分配效果将在 5.1.3 节讲解。

2. Keyed 状态

Keyed 状态总是与键有关，因此只能用在 KeyedStream 中的操作符上，每个 Key 对应一个状态，一个操作符子任务会处理多个 Key，根据处理的 Key 访问相应的状态。

我们可以把 Keyed 状态想象成已经分区的 Operator 状态，每个 Key 只有一个状态分区。每个 Keyed 状态在逻辑上可以理解为绑定到<并行操作符实例，Key>上的唯一组合，因此我们可以简单地将其视为<Operator，Key>。

3. 托管状态和原始状态

Keyed 状态和 Operator 状态还以两种形式存在：托管状态和原始状态。

- 托管状态：使用 Flink 管理的状态结构，例如 ValueState、ListState 等状态结构。Flink 运行时对状态进行编码，并将它们写入检查点，通过 Flink 框架提供的状态接口，开发者还可以更新和管理状态的值。
- 原始状态：将状态保存在用户自己定义的数据结构中，Flink 在执行检查点操作的时候，使用 byte[]来读/写状态内容，Flink 对其内部数据结构一无所知，只能看到数据的二进制值。

Flink 提供的所有操作符上都可以使用托管状态，原始状态只能在开发者实现自定义操作符时使用，这里推荐开发者使用托管状态而不是原始状态。

5.1.2 托管的 Keyed 状态

托管的 Keyed 状态的接口提供对不同类型状态的访问，这些状态的作用域都是当前输入元素的 Key，这意味着 Keyed 状态只能在 KeyedStream 中的操作符上使用，开发者可以通过在 DataStream 中调用 KeyBy 操作符来得到 KeyedStream。

Flink 在托管的 Keyed 状态上提供以下 5 种类型的状态结构供开发者根据业务需要合理选择。

- ValueState<T>：该状态结构为单个值，可以更新和检索该值。该状态结构提供如下三个方法：
    - update(T)方法使用给定的值覆盖当前的值来更新 value()方法可访问的状态。下次（对于同一分区状态）调用 value()方法时，返回的状态代表更新后的值。当分区状态更新为 null 时，当前 Key 的状态将被删除，并且在下次访问时返回默认值。

- T value()方法将返回状态的当前值。当状态未分区时，给定操作符实例中所有输入的返回值都相同。如果状态分区，则返回值取决于当前操作符的输入，因为操作符为每个分区维护了独立状态。如果状态为空，则返回 null。
- clear()方法用来清除当前 Key 的状态。

- ListState<T>：该状态结构为一个值列表，可以向该列表追加元素并在当前存储的所有元素中检索可迭代的元素。该状态结构提供如下五个方法：
  - Iterable<T> get()方法返回状态的当前值。其他细节同 ValueState 的 T value ()方法。
  - add(T)方法通过将给定的单值添加到现有值列表来更新 get()方法可访问的状态。
  - addAll(List<T>)方法通过将给定值列表添加到现有值列表中来更新 get()方法可访问的状态。
  - update(List<T>)方法通过将现有值列表更新为给定值列表来更新 get()方法可访问的状态。
  - clear()方法用来清除当前 Key 的状态。
- ReducingState<T>：该状态结构也保存单个值，该值表示添加到该状态中的所有值的聚合结果。这个状态结构类似于 ListState，但是使用 add(T)方法添加元素的时候，内部会在用户定义的 ReduceFunction 函数中更新状态（初学者可能无法理解，结合后面的代码示例可能更容易理解），该状态结构提供如下三个方法：
  - T get()方法返回状态的当前值。其他细节同 ValueState 的 T value ()方法。
  - add(T)方法通过将给定的单值添加到值列表来更新 get()方法可访问的状态。下次（对于同一分区状态）调用 get()方法时，返回的状态将代表更新后的列表。如果传入 null，则状态值将保持不变。
  - clear()方法用来清除当前 Key 的状态。
- AggregatingState<IN, OUT>：该状态结构也保存单个值，该值表示添加到该状态的所有值的聚合结果。与 ReducingState 不同的是，聚合的类型可以和添加到该状态中的元素类型不同。使用 add(T)方法添加元素的时候，内部会在用户定义的 AggregateFunction 函数中更新状态，该状态结构提供如下三个方法：
  - T get()方法返回状态的当前值。其他细节同 ValueState 的 T value ()方法。
  - add(T)方法通过将给定的单值添加到值列表来更新 get()方法可访问的状态。其他细节同 ReducingState 的 add(T)方法。
  - clear()方法用来清除当前 Key 的状态。

- MapState<UK, UV>：该状态结构保存了一个映射列表，可以添加、更新和检索键值对。该状态结构提供如下方法：
    - UV get(UK key)方法返回与给定键关联的当前值。
    - put(UK key, UV value)方法将新值与给定的键进行关联。
    - putAll(Map<UK, UV> map)方法将给定的映射添加到现有的映射中。
    - remove(UK key)方法将删除给定键的映射。
    - contains(UK key)方法将返回是否存在给定键的映射。
    - Iterable<Map.Entry<UK, UV>> entries()方法将返回状态中的所有映射。
    - Iterable<UK> keys()方法将返回状态中所有的键。
    - Iterable<UV> values()方法将返回状态中所有的值。
    - Iterator<Map.Entry<UK, UV>> iterator()方法将返回状态中遍历所有元素的迭代器。
    - clear()方法用来清除当前 Key 的状态。

上述状态结构仅用于与状态进行交互（更新、删除、清空等），状态不一定存储在运行的流处理程序的内部，可能驻留在磁盘或其他分布式存储系统中，相当于流处理程序只是持有了这个状态的句柄。同时需要注意的是，从状态获得的值取决于输入元素的 Key，如果涉及的 Key 不同，那么在一次调用用户定义的函数获得的值可能与另一次调用中的值不同。

1. 状态句柄

为了得到一个状态的句柄，必须创建一个 StateDescriptor，它保存了状态的名称（用户可以创建几个状态，只要它们具有唯一的名称，便可以在后面函数中引用它们），状态所保存的值的类型，以及用户指定的函数（例如 ReduceFunction）。根据调用的状态结构，可以创建 ValueStateDescriptor、ListStateDescriptor、ReducingStateDescriptor、getAggregatingState 和 MapStateDescriptor 这 5 种状态描述符。

因为获取各种状态结构需要操作符运行环境的上下文对象，所以用户定义的函数需要采用继承富函数的方式来实现，具体细节可以查阅 4.3 节。通过继承富函数的 getRuntimeContext() 方法获得 RuntimeContext 对象，RuntimeContext 提供如下方法来访问该操作符中的各种状态结构。

- ValueState<T> getState(ValueStateDescriptor<T>)：获取 ValueState 类型状态句柄。
- ReducingState<T> getReducingState(ReducingStateDescriptor<T>)：获取 ReducingState 类型状态句柄。
- ListState<T> getListState(ListStateDescriptor<T>)：获取 ListState 类型状态句柄。
- AggregatingState<IN, OUT> getAggregatingState(AggregatingState<IN, OUT>)：获取

AggregatingState 类型状态句柄。

- MapState<UK, UV> getMapState(MapStateDescriptor<UK, UV>)：获取 MapState 类型状态句柄。

在创建和访问 Keyed 状态下的各种状态结构前，先创建一个持续生成元素的数据源，我们自定义一个数据源函数，该数据源函数每隔 1 秒向数据流中发送一个 Tuple2<Integer, Integer> 类型的元素，f0 字段依次为 0、1、2、3、4，不断循环，f1 字段会在每次发送元素时进行加一操作。

```
public class KeyStateBase {

    //自定义非并行数据源函数，该数据源操作符的并行度为 1
    public static class StateSource implements SourceFunction<Tuple2<Integer, Integer>> {

        public Logger LOG = LoggerFactory.getLogger(StateSource.class);

          private int counter = 0;

        @Override
        public void run(SourceContext<Tuple2<Integer, Integer>> ctx) throws Exception {
            while (true) {
                //向数据流中发送元素，f0 值为 counter 除以 5 的余数，f1 为 count 的值
                ctx.collect(new Tuple2<>(counter % 5, counter));
                LOG.info("send data :{} ,{} " ,counter % 5, counter);
                System.out.println("send data :" + counter % 5 + "," + counter);
                //对 counter 进行加一操作
                counter++;
                Thread.sleep(1000);
            }
        }

    }

    //封装了创建数据源函数和对数据源函数生成的数据流进行分组的 KeyBy 操作，该方法将返回一个 KeyedStream
    public static KeyedStream<Tuple2<Integer, Integer>, Tuple> before(StreamExecutionEnvironment
env)  {
        //设置作业的全局并行度为 2
        env.setParallelism(2);
        //自定义数据源函数，每隔 1 秒向数据流中发送 1 个元素
        DataStream<Tuple2<Integer, Integer>> inputStream = env.addSource(new StateSource());

        //将数据流中元素索引为 0 的字段作为 Key 去分组数据流
        KeyedStream<Tuple2<Integer, Integer>, Tuple> keyedStream = inputStream.keyBy(0);

        return keyedStream;
    }
}
```

完整代码见 com.intsmaze.flink.streaming.state.key.KeyStateBase。

2. ValueState

下面是一个使用 FlatMap 操作符进行有状态计算的例子，该操作符对应的用户定义的函数继承了 RichFlatMapFunction 富函数抽象类。用户定义的函数选择使用 ValueState 类型的状态结构来存储计算的状态数据，通过重写富函数的 open(...)方法来创建 ValueStateDescriptor 状态描述符，定义状态的名称为 ValueStateFlatMap。同时指定 ValueState 类型的状态结构中的元素类型为 Tuple2<Integer, Integer>，通过继承富函数的 getRuntimeContext()方法获得 RuntimeContext 对象，使用该对象提供的 getState()方法初始化 ValueState 类型的状态结构。在 open(...)方法中初始化 ValueState 类型的状态结构后就可以在 flatMap(...)方法中与该状态进行交互。

```
    public class ValueStateFlatMap extends RichFlatMapFunction<Tuple2<Integer, Integer>,
Tuple2<Integer, Integer>> {

        public static Logger LOG = LoggerFactory.getLogger(ValueStateFlatMap.class);

        //ValueState 类型的状态结构
        public transient ValueState<Tuple2<Integer, Integer>> valueState;

        @Override
        public void open(Configuration config) {
            LOG.info("{},{}", Thread.currentThread().getName(), "恢复或初始化状态");
            //创建一个 ValueStateDescriptor 状态描述符，指定状态的名称为 ValueStateFlatMap，状态存储元素的
            //数据类型为 Tuple2<Integer, Integer>
            ValueStateDescriptor<Tuple2<Integer, Integer>> descriptor =new ValueStateDescriptor<>(
                        "ValueStateFlatMap",
                        TypeInformation.of(new TypeHint<Tuple2<Integer, Integer>>() {
                        }));
            //初始化 ValueState 类型的状态结构
            valueState = getRuntimeContext().getState(descriptor);
        }

        @Override
        public void flatMap(Tuple2<Integer, Integer> input, Collector<Tuple2<Integer, Integer>> out)
throws Exception {
            //获取存储在该状态中的数据
            Tuple2<Integer, Integer> currentSum = valueState.value();

            LOG.info("{} currentSum before: {},input :{}" ,Thread.currentThread(). getName(),
currentSum,input);
            System.out.println("currentSum before:"+currentSum+",input :" +input);

            if (currentSum == null) {
```

```
                //如果没有数据存储在状态中，则将当前数据存储在状态中
                currentSum = input;
            } else {
                //将当前数据的 f1 字段值与状态中数据的 f1 字段值相加，将相加的结果存储到状态中数据的 f1 字段中
                currentSum.f1=currentSum.f1+input.f1;
            }

            if(currentSum.f1 % 10>=6){
                //如果状态中数据的 f1 字段值除以 10 的余数大于或等于 6，则将该状态中的数据发送给下游操作符，
                //并清除该状态中的值
                out.collect(currentSum);
                valueState.clear();
            }
            else{
                //将累加后的数据更新回状态中
                valueState.update(currentSum);
            }
        }

        public static void main(String[] args) throws Exception {
            StreamExecutionEnvironment env = StreamExecutionEnvironment.getExecutionEnvironment();
            //封装了创建数据源函数和对数据源函数生成的数据流进行分组的 KeyBy 操作
            KeyedStream<Tuple2<Integer, Integer>, Tuple> keyedStream = KeyStateBase.before(env);
            //在 keyedStream 中使用有状态的 FlatMap 操作符
            DataStream<Tuple2<Integer, Integer>> resultStream = keyedStream.flatMap(new
ValueStateFlatMap());

            resultStream.print("输出结果:");
            env.execute("Intsmaze ValueStateFlatMap");
        }
    }
```

完整代码见 com.intsmaze.flink.streaming.state.key.ValueStateFlatMap。

在 IDE 中运行上述程序后，在控制台的输出信息中可以看到如下的输出情况。这里以 Key 为 1 的元素的状态变化为例，在发送“1,1”元素后，我们可以看到状态中的数据是 null（currentSum before:null,input :(1,1)），发送“1,6”元素后，这个时候状态中的数据是“1,1”（currentSum before:(1,1),input :(1,6)），然后因为将当前输入数据和状态中的数据进行计算后满足余数大于 6 的条件，所以在将计算后的值发送到下游操作符后，在标准输出流中可以看到“输出结果::2> (1,7)”的输出结果，同时清除状态中的数据，当发送“1,11”元素后，我们可以看到状态中的数据又为 null（currentSum before:null,input :(1,11)）了。

```
send data :0,0
currentSum before:null,input :(0,0)
send data :1,1
```

```
currentSum before:null,input :(1,1)
...
send data :1,6
currentSum before:(1,1),input :(1,6)
输出结果::2> (1,7)
...
send data :1,11
currentSum before:null,input :(1,11)
```

3. ListState

下面是一个使用 FlatMap 操作符进行有状态计算的例子，该操作符对应的用户定义的函数继承了 RichFlatMapFunction 富函数抽象类。用户定义的函数选择使用 ListState 类型的状态结构来存储计算的状态数据，通过重写富函数的 open(...)方法来创建 ListState 类型的状态描述符，定义状态的名称为 ListStateFlatMap。同时指定 ListState 类型的状态结构中的元素类型为 Tuple2<Integer, Integer>，通过继承富函数的 getRuntimeContext()方法获得 RuntimeContext 对象，通过该对象提供的 getListState()方法初始化 ListState 类型的状态结构。在 open(...)方法中初始化 ListState 类型的状态结构后就可以在 flatMap(...)方法中与该状态进行交互。

```
public class ListStateFlatMap extends RichFlatMapFunction<Tuple2<Integer, Integer>, String> {

    public static Logger LOG = LoggerFactory.getLogger(ListStateFlatMap.class);

    //ListState 类型的状态结构
    public transient ListState<Tuple2<Integer, Integer>> listState;

    @Override
    public void open(Configuration config) {
        LOG.info("{},{}", Thread.currentThread().getName(), "恢复或初始化状态");
        //创建一个 ListStateDescriptor 状态描述符，指定状态的名称为 ListStateFlatMap，状态存储元素的数
        //据类型为 Tuple2<Integer, Integer>
        ListStateDescriptor<Tuple2<Integer, Integer>> descriptor = new ListStateDescriptor<>(
                    "ListStateFlatMap",
                    TypeInformation.of(new TypeHint<Tuple2<Integer, Integer>>() {
                    }));
        //初始化 ListState 类型的状态结构
        listState = getRuntimeContext().getListState(descriptor);
    }

    @Override
    public void flatMap(Tuple2<Integer, Integer> input, Collector<String> out) throws Exception {
        //将当前元素添加进状态中
        listState.add(input);

        //获取当前状态中的迭代器
        Iterator<Tuple2<Integer, Integer>> iterator = listState.get().iterator();
        int number=0;
```

```
        StringBuffer strBuffer = new StringBuffer();
        while(iterator.hasNext()){
            //遍历状态中的值，将值拼接到变量名为 strBuffer 的字符串对象中
            strBuffer.append(":" + iterator.next());
            number++;
            //当该状态中存储了 3 个元素后便向下游操作符输出该状态下的所有元素，随后将该状态清空
            if(number==3){
                //清空状态中的数据
                listState.clear();
                //将拼接在 strBuffer 字符串对象中的值发送给下游操作符
                out.collect(strBuffer.toString());
            }
        }
    }

    public static void main(String[] args) throws Exception {
        StreamExecutionEnvironment env = StreamExecutionEnvironment.getExecutionEnvironment();
        //封装了创建数据源函数和对数据源函数生成的数据流进行分组的 KeyBy 操作
        KeyedStream<Tuple2<Integer, Integer>, Tuple> keyedStream = KeyStateBase.before(env);
        //在 keyedStream 中使用有状态的 FlatMap 操作符
        DataStream<Tuple2<Integer, Integer>> resultStream = keyedStream.flatMap(new ListStateFlatMap());

        resultStream.print("输出结果:");
        env.execute("Intsmaze ListStateFlatMap");
    }
}
```

完整代码见 com.intsmaze.flink.streaming.state.key.ListStateFlatMap。

在 IDE 中运行上述程序后，在控制台的输出信息中可以看到如下的输出情况。这里我们以 Key 为 0 的元素的状态变化为例，当发送“0,0”“0,5”“0,10”后，对应的状态中存储了这 3 个值，将状态中的值打印在标准输出流中可以看到“输出结果::2> :(0,0):(0,5):(0,10)”的输出结果。随后数据源函数又发送了“0,15”“0,20”“0,25”，我们在标准输出流中可以看到打印的结果为“输出结果::2> :(0,15):(0,20):(0,25)”，可以发现之前存储在状态中的数据已经被清除了。

```
send data :0,0
...
send data :0,5
send data :0,10
输出结果::2> :(0,0):(0,5):(0,10)
send data :0,15
send data :0,20
send data :0,25
输出结果::2> :(0,15):(0,20):(0,25)
```

4. ReducingState

下面是一个使用 FlatMap 操作符进行有状态计算的例子，该操作符对应的用户定义的函数

继承了 RichFlatMapFunction 富函数抽象类。用户定义的函数选择使用 ReducingState 类型的状态结构来存储计算的状态数据，通过重写富函数的 open(...)方法来创建 ReducingStateDescriptor 状态描述符，定义状态的名称为 ReducingStateFlatMap，同时指定 ReducingState 类型的状态结构中的元素类型为 Tuple2<Integer, Integer>，通过继承富函数的 getRuntimeContext()方法获得 RuntimeContext 对象，通过该对象提供的 getReducingState()方法初始化 ReducingState 类型的状态结构。在 open(...)方法中初始化 ReducingState 类型的状态结构后就可以在 flatMap(...)方法中与该状态进行交互。

```
    public class ReducingStateFlatMap extends RichFlatMapFunction<Tuple2<Integer, Integer>,
Tuple2<Integer, Integer>> {

        public static Logger LOG = LoggerFactory.getLogger(ReducingStateFlatMap.class);

         //ReducingState 类型的状态结构
        public transient ReducingState<Tuple2<Integer, Integer>> reducingState;

        @Override
        public void open(Configuration config) {
            LOG.info("{},{}", Thread.currentThread().getName(), "恢复或初始化状态");

           //创建一个 ReducingStateDescriptor 状态描述符，指定状态的名称为 ReducingStateFlatMap
           //状态存储元素的数据类型为 Tuple2<Integer, Integer>，自定义 ReduceFunction 函数实现来对指定
           //ReducingState 的聚合计算的逻辑
            ReducingStateDescriptor<Tuple2<Integer, Integer>> descriptor =
                    new ReducingStateDescriptor<Tuple2<Integer, Integer>>(
                            "ReducingStateFlatMap",
                            new ReduceFunction<Tuple2<Integer, Integer>>() {
                                @Override
                                public Tuple2<Integer, Integer> reduce(Tuple2<Integer, Integer> value1,
Tuple2<Integer, Integer> value2) throws Exception {
                                    LOG.info("ReduceState reduceFunction   " + value1.f1 + ".........."
+ value2.f1);
                                    return new Tuple2<>(value1.f0, value1.f1 + value2.f1);
                                }
                            },
                            TypeInformation.of(new TypeHint<Tuple2<Integer, Integer>>() {
                            }));
            //初始化 ReducingState 类型的状态结构
            reducingState = getRuntimeContext().getReducingState(descriptor);
        }

        @Override
        public void flatMap(Tuple2<Integer, Integer> input, Collector<Tuple2<Integer, Integer>> out)
throws Exception {
            //将当前输入元素添加到状态中，此时会调用 ReducingStateDescriptor 状态描述符中
            //定义的 ReduceFunction 函数进行聚合计算，随后用聚合计算的结果去更新状态结构中现有的值
            reducingState.add(input);
```

```
            //获取状态中聚合的结果
            out.collect(reducingState.get());
        }

        public static void main(String[] args) throws Exception {
            StreamExecutionEnvironment env = StreamExecutionEnvironment.getExecutionEnvironment();
             //封装了创建数据源函数和对数据源函数生成的数据流进行分组的 KeyBy 操作
             KeyedStream<Tuple2<Integer, Integer>, Tuple> keyedStream = KeyStateBase.before(env);
            //在 keyedStream 中使用有状态的 FlatMap 操作符
            DataStream<Tuple2<Integer, Integer>> resultStream =keyedStream.flatMap(new
ReducingStateFlatMap());

            resultStream.print("输出结果:");
            env.execute("Intsmaze ReducingStateFlatMap");
        }
    }
```

完整代码见 com.intsmaze.flink.streaming.state.key.ReducingStateFlatMap。

在 IDE 中运行上述程序后，在控制台的输出信息中可以看到如下的输出情况。这里我们以 Key 为 0 的元素的状态变化为例，当发送“0,0”“0,5”“0,10”“0,15”后，将每个元素当时对应状态中的数据输出到标准输出流中，可以看到如下内容：

```
send data :0,0
输出结果::2> (0,0)
send data :0,5
输出结果::2> (0,5)
send data :0,10
输出结果::2> (0,15)
...
send data :0,15
输出结果::2> (0,30)
```

5. 其他状态结构

通过 ValueState、ListState、ReducingState 状态结构的示例代码，我们已经分析了 Keyed 状态在操作符中分配的情况。AggregatingState 和 MapState 状态结构的使用方式与 ValueState、ListState 和 ReducingState 状态结构基本相同，区别仅在于 MapState 和 AggregatingState 状态结构的创建方式。

- MapState

```
    MapStateDescriptor<Integer, Integer> descriptor = new MapStateDescriptor ("MapStateFlatMap",
Long.class, Long.class);
    MapState<Integer, Integer> mapState = getRuntimeContext().getMapState(descriptor);
```

完整代码见 com.intsmaze.flink.streaming.state.key.MapStateFlatMap。

- AggregatingState

```
AggregatingStateDescriptor descriptor = new AggregatingStateDescriptor ("AggregatingState",
        new AggregateFunction<Tuple2<Integer, Integer> , AverageAccumulator, Double>() {
...
},TypeInformation.of(new TypeHint<Tuple2<Integer, Integer>>() {
        }));

 AggregatingState<Tuple2<Integer, Integer>, String> aggregatingState =
        getRuntimeContext().getAggregatingState(descriptor);

...

public class AverageAccumulator implements Serializable {

    private long count=0;

    private double sum=0.0;
    ...
}
```

完整代码见 com.intsmaze.flink.streaming.state.kcy.AggregatingStateFlatMap。

6. 状态生存时间

Flink 还支持对 Keyed 状态中各种类型的状态结构设置生存时间（TTL），如果配置了生存时间，并且状态的值已过期，那么 Flink 将尽最大努力清理存储的过期状态值。

使用 TTL 功能，首先要在流处理程序中构建一个 StateTtlConfig 的配置对象，然后通过传递配置参数，就可以在任何状态描述符中启用 TTL 特性。这里以对 ValueState 状态配置 TTL 功能为例：

```
    import org.apache.flink.api.common.state.StateTtlConfig;
    import org.apache.flink.api.common.state.ValueStateDescriptor;
    import org.apache.flink.api.common.time.Time;

    StateTtlConfig ttlConfig = StateTtlConfig
        .newBuilder(Time.seconds(1))
        .setUpdateType(StateTtlConfig.UpdateType.OnCreateAndWrite)
        .setStateVisibility(StateTtlConfig.StateVisibility.NeverReturnExpired)
        .build();

    ValueStateDescriptor<String> stateDescriptor = new ValueStateDescriptor<>("ValueStateTTL",
String.class);
    stateDescriptor.enableTimeToLive(ttlConfig);
```

关于配置状态的生存时间，有以下几个选项可供选择：

（1）第一个参数是 newBuilder(...)方法，它负责设置状态值的生存时间。

（2）第二个参数是 UpdateType 选项值，它负责配置何时更新状态 TTL 的最后访问时间戳来延长状态的生成时间（默认情况下为 OnCreateAndWrite），比如状态的生存周期是 10s，那么将判断该状态的时间戳距离当前时间是否大于 10s，大于则删除该状态。UpdateType 有以下三个选项值：

- StateTtlConfig.UpdateType.Disabled：TTL 是被禁用的，状态不会过期。
- StateTtlConfig.UpdateType.OnCreateAndWrite：在每次写操作上创建和更新状态时，将初始化状态的最后访问时间戳。
- StateTtlConfig.UpdateType.OnReadAndWrite：与 OnCreateAndWrite 相同，但在读取时更新状态的最后访问时间戳。

（3）第三个参数是状态的可见性配置 StateVisibility 选项值：在过期值没有被清理的情况下，读取该状态时是否返回过期值（在默认情况下，选项值为 NeverReturnExpired）。StateVisibility 有如下两个选项值：

- StateTtlConfig.StateVisibility.NeverReturnExpired：永远不会返回过期的用户值，过期的状态就像不再存在一样，即使它仍然需要被删除。该选项对于数据的生存时间超过设置 TTL 之后必须有严格的不可访问的用例的场景非常有用，例如处理隐私敏感数据的程序。
- StateTtlConfig.StateVisibility.ReturnExpiredIfNotCleanedUp：如果尚未清除过期的用户值，则返回该值。

下面是一个使用 FlatMap 操作符来演示状态生成周期的例子，该操作符对应的用户定义的函数继承了 RichFlatMapFunction 富函数抽象类。关于有状态操作符初始化 ValueState 类型的状态结构已经在前面的 ValueStateFlatMap 程序中进行了讲解，这里不再赘述。

用户定义的 TTLStateFlatMap 函数提供了一个有两个参数的构造函数，参数 isRead（如果 isRead 的值为 true，则采用 OnReadAndWrite；如果 isRead 的值为 false，则采用 OnCreateAndWrite）和 isReturn（如果 isReturn 的值为 true，则采用 ReturnExpiredIfNotCleanedUp；如果 isReturn 的值为 false，则采用 NeverReturnExpired）用来配置状态生存时间的 UpdateType 选项值和 StateVisibility 选项值，同时在用户定义的 FlatMap 函数中默认配置状态的生成时间为 6 秒。关于用户定义的 TTLStateFlatMap 函数的具体逻辑见 flatMap(...)方法中的注释。

```
    public class TTLStateFlatMap extends RichFlatMapFunction<Tuple2<Integer, Integer>, Tuple2<Integer,
Integer>> {
        //ValueState 类型的状态结构
        public transient ValueState<Tuple2<Integer, Integer>> valueState;

        //标志是采用 OnCreateAndWrite 还是 OnReadAndWrite
        private boolean isRead;
        //标志是采用 ReturnExpiredIfNotCleanedUp 还是 NeverReturnExpired
        private boolean isReturn;
```

```
        /**@isRead true：采用 OnReadAndWrite；false：采用 OnCreateAndWrite
         * @isReturn true：采用 ReturnExpiredIfNotCleanedUp；false：采用 NeverReturnExpired*/
        public TTLStateFlatMap(boolean isRead, boolean isReturn) {
            this.isRead = isRead;
            this.isReturn = isReturn;
        }

        @Override
        public void open(Configuration config) {
            LOG.info("{},{}", Thread.currentThread().getName(), "恢复或初始化状态");
            ValueStateDescriptor<Tuple2<Integer, Integer>> descriptor = new ValueStateDescriptor<>(
                    "ValueStateTTL",
                    TypeInformation.of(new TypeHint<Tuple2<Integer, Integer>>() {
                    }));

            //设置状态值的生存时间为 6 秒
            StateTtlConfig.Builder builder = StateTtlConfig.newBuilder(Time.seconds(6));
            if (isRead) {
                //在读取时更新状态的最后访问时间戳
                builder = builder.setUpdateType(StateTtlConfig.UpdateType.OnReadAndWrite);
            } else {
                //每次写操作上创建和更新状态时，初始化状态的最后访问时间戳
                builder = builder.setUpdateType(StateTtlConfig.UpdateType. OnCreateAndWrite);
            }

            if (isReturn) {
                //如果尚未清除过期的状态值，则返回该值
                builder = builder.setStateVisibility(StateTtlConfig.StateVisibility.
ReturnExpiredIfNotCleanedUp);
            } else {
                //永远不会返回过期的状态值
                builder = builder.setStateVisibility(StateTtlConfig.StateVisibility. NeverReturnExpired);
            }
            StateTtlConfig ttlConfig = builder.build();
            //配置状态生存时间（TTL）
            descriptor.enableTimeToLive(ttlConfig);
            valueState = getRuntimeContext().getState(descriptor);
        }

        @Override
        public void flatMap(Tuple2<Integer, Integer> input, Collector<Tuple2<Integer, Integer>> out)
throws Exception {
            //当输入的元素值大于 10 且小于 20 时，根据 isRead 标识选择是访问状态中存储的值，还是仅向下游操作符
            //输出元素
            if (input.f1 > 10 && input.f1 < 20) {
                if (isRead) {
                    LOG.info("不执行操作:{}", input);
                    out.collect(input);
```

```
                } else {
                    //访问状态中存储的数值
                    Tuple2<Integer, Integer> currentSum = valueState.value();
                    LOG.info("不执行操作 状态值:{} 输入值:{}", currentSum, input);
                }
            } else {
                //获取状态中的值
                Tuple2<Integer, Integer> currentSum = valueState.value();
                LOG.info("currentSum before:" + currentSum);
                System.out.println("currentSum before:" + currentSum);
                if (currentSum == null) {
                    currentSum = input;
                } else {
                    //当前输入元素与状态中的值进行计算
                    currentSum.f1 = currentSum.f1 + input.f1;
                }
                //将当前计算的结果存入状态
                valueState.update(currentSum);
                LOG.info("currentSum after:" + currentSum);
                out.collect(currentSum);
            }
        }

        public static void main(String[] args) throws Exception {
            StreamExecutionEnvironment env = StreamExecutionEnvironment.getExecutionEnvironment();
            //封装了创建数据源函数和对数据源函数生成的数据流进行分组的 KeyBy 操作
            KeyedStream<Tuple2<Integer, Integer>, Tuple> keyedStream = KeyStateBase.before(env);
            //在 keyedStream 中使用有状态的 FlatMap 操作符
            DataStream<Tuple2<Integer, Integer>> resultStream = keyedStream.flatMap(new
TTLStateFlatMap(true, false));

            resultStream.print("输出结果");
            env.execute("Intsmaze TTLStateFlatMap");
        }
    }
```

完整代码见 com.intsmaze.flink.streaming.state.key.TTLStateFlatMap。

上面的程序我们指定状态的生存时间的配置为 OnReadAndWrite 和 NeverReturnExpired，在 IDE 中运行上述程序后，在控制台的输出信息中可以看到如下的输出情况。我们观察 Key 为 0 的元素对应的状态，当发送了“0,10”后此时状态中的值为“(0,15)”，随后又陆续发送了 9 个元素（共耗时 10 秒），这段时间内 Key 为 0 的 Keyed 状态不再被访问。当发送“0,20”时，Key 为 0 的 Keyed 状态在 10 秒后第一次被交互，这时我们可以看到 Key 为 0 的元素对应的状态中的值为“currentSum before:null”，很明显状态值在 6 秒的生成时间过后被清除了。

```
send data :0,0
```

```
currentSum before:null
输出结果:2> (0,0)
...
send data :0,10
currentSum before:(0,5)
输出结果:2> (0,15)
send data :0,15
输出结果:2> (0,15)
send data :0,20
currentSum before:null
输出结果:2> (0,20)
```

过期状态清理

当前 Flink 版本只有在显式读取过期值时，过期值才会被删除，例如调用 valuestate.value()。这意味着在默认情况下，如果未读取过期状态，则不会删除该状态，这可能导致状态的不断增长，这种情况在未来的版本中可能会有所改变。

为了解决本地状态中的过期数据因为没有被手动清理而被持久化到保存点和检查点中的问题，Flink 提供了清除完整快照机制，可以在创建检查点和保存点的完整状态快照时不包含过期状态，这样可以减少检查点或保存点的大小。需要强调的是，这种方式仅仅减少了状态持久化到检查点和保存点数据的大小，本地状态中的过期数据仍然不会被清理，需要手动显式清理。只有从前一个快照或者保存点恢复状态时，才不会包含未被显式清理的状态。

我们可以在 StateTtlConfig 中配置如下代码以启用清除完整快照机制：

```
StateTtlConfig ttlConfig = StateTtlConfig
    .newBuilder(Time.seconds(1))
    .cleanupFullSnapshot()
    .build();
```

过期状态清理特性目前不适用于 RocksDB 状态后端中的增量检查点，在未来 Flink 版本中将添加更多的策略来在后台中自动清理过期状态。

开发者在使用状态的 TTL 功能时需要注意以下几点：

（1）状态后端存储最后一次修改的时间戳和用户值，这意味着启用该 TTL 功能会增加状态存储的消耗。

（2）目前只支持与处理时间相关的 TTL，TTL 只在 Processing Time 的操作符上有效。

（3）当尝试使用 TTL 的描述符来还原以前没有配置 TTL 的状态，或者使用没有 TTL 的描述符来还原以前配置 TTL 的状态时，将导致兼容性失败和 StateMigrationException。

（4）只有当序列化器能够处理空值时，当前带有 TTL 的 MapState 类型的状态结构才支持空值。如果序列化器不支持空值，则可以使用 NullableSerializer 对其进行包装。

5.1.3 托管的 Operator 状态

如果有状态操作符要使用托管的 Operator 状态，那么用户定义的函数可以实现更通用的 CheckpointedFunction 接口或者 ListCheckpointed<T extends Serializable>接口使该函数成为有状态函数。目前托管的 Operator 状态只支持 ListState 类型的状态结构，且 ListState 内的元素要实现序列化接口。

- 对于实现 CheckpointedFunction 接口的用户定义的函数，需要在用户定义的函数中书写 ListStateDescriptor 状态描述符，以及通过调用 FunctionInitializationContext 对象的 getOperatorStateStore().getXxxState(ListStateDescriptor)方法来根据指定的重新分配模式得到托管的 Operator 状态句柄，并且由用户自己执行状态数据恢复的赋值逻辑。
- 对于实现 ListCheckpointed 接口的用户定义的函数，Flink 已经封装好了 ListStateDescriptor 状态描述符的声明逻辑和对托管的 Operator 状态句柄的获取逻辑，且状态重新分配模式为 Even-Split。

1. CheckpointedFunction 接口

CheckpointedFunction 接口提供了使用不同重新分配方案访问 Operator 状态的方法，该接口提供以下两种方法，需要让用户定义的函数实现：

```
void snapshotState(FunctionSnapshotContext context) throws Exception;

void initializeState(FunctionInitializationContext context) throws Exception;
```

- snapshotState(FunctionSnapshotContext context)：每当请求对状态的快照执行检查点操作时，会自动调用 snapshotState(…)方法。该方法的 FunctionSnapshotContext 参数为当前操作符的上下文对象，该上下文对象提供以下两个方法供开发者调用：
    - getCheckpointTimestamp()：该方法返回有状态操作符执行检查点操作时的时间戳。
    - getCheckpointId()：该方法返回为当前对状态的快照执行检查点操作的 ID（检查点 ID 在检查点之间严格单调增加，对于已经完成检查点操作并生成检查点的 A 和 B，ID_B> ID_A 表示检查点 B 包含检查点 A，即检查点 B 的状态比检查点 A 的晚）。
- initializeState(FunctionInitializationContext context)：此方法在作业分布式执行期间创建用户定义的函数实例时调用，也可以在用户定义的函数从早期检查点恢复时调用，通常在这种方法中设置它们的状态存储的数据结构。该方法的 FunctionInitializationContext 参数为当前操作符进行初始化的上下文对象，用于初始化 Operator 状态中 ListState 类型的状态结构，状态初始化时使用一个 ListStateDescriptor 状态描述符来保存状态的名称和状态所保存的值的类型等信息。

```
ListStateDescriptor<Long> descriptor =new ListStateDescriptor<Long>(
                        "CheckpointedFunctionTemplate-ListState",
                        TypeInformation.of(new TypeHint<Long>() {
                        }));
//恢复状态时使用 Even-Split 重新分配模式
checkpointedState = context.getOperatorStateStore().getListState(descriptor);
//恢复状态时使用 Union 重新分配模式
checkpointedState = context.getOperatorStateStore().getUnionListState(descriptor);
```

可以看到，从访问状态方法的命名上就约定了包含其重新分配模式及其状态结构。在初始化“容器”之后，开发者可以使用 FunctionInitializationContext 的 isRestored()方法检查作业是否处于失败后正在恢复的状态，因此 initializeState(...)不仅是初始化状态的地方，也是状态恢复逻辑的地方。

重新分配模式

当更改了具有 Operator 状态的操作符的并行度时，Operator 状态的数据可以在并行操作符实例之间重新分配状态数据，Flink 提供了两种重新分配状态数据的方式。

（1）Even-Split：在实现的 initializeState(...)方法中调用 FunctionInitializationContext 对象的 getOperatorStateStore().getListState()方法去访问检查点中的状态数据，有状态操作符的每个子任务返回一个状态元素列表，整个状态在逻辑上是所有列表的连接。在作业恢复时对状态进行重新分配，整个状态会被平均地划分为尽可能多的并行操作符子列表。有状态操作符的每个子任务获取一个子列表，该子列表可以是空的，也可以包含一个或多个元素。假设作业中具有 Operator 状态的操作符的并行度为 1，该操作符的检查点包含元素 element1 和 element2，当将该 Operator 状态的操作符并行度增加到 2 时，element1 可能最终出现在操作符实例 0 中，而 element2 将进入操作符实例 1。

getListState()方法的内部调用如下：

```
public <S> ListState<S> getListState(ListStateDescriptor<S> stateDescriptor) throws Exception {
    //OperatorStateHandle.Mode.SPLIT_DISTRIBUTE 枚举值表示以 Even-Split 方式实现重新分配
    return getListState(stateDescriptor, OperatorStateHandle.Mode.SPLIT_DISTRIBUTE);
}
```

图 5-2 是具备 Operator 状态的 Map 操作符在作业失败后重新恢复，以 Even-Split 方式进行状态重新分配时状态数据的分配情况。

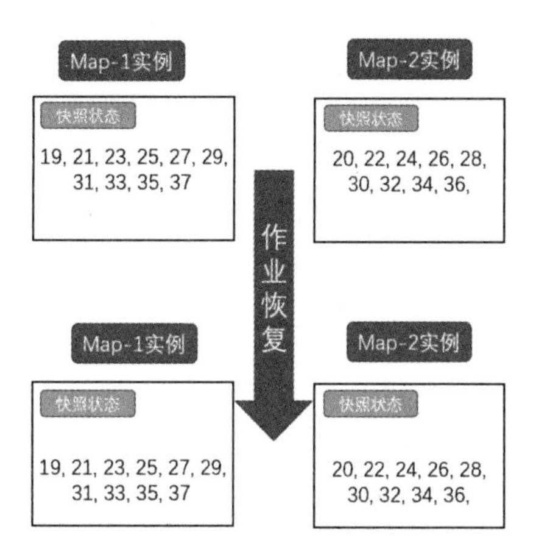

图 5-2

（2）Union：在实现的 initializeState(...)方法中调用 FunctionInitializationContext 对象的 getOperatorStateStore().getUnionListState()方法去访问检查点中的状态数据，有状态操作符的每个子任务返回一个状态元素列表，整个状态在逻辑上是所有列表的连接。在作业恢复时对状态进行重新分配，有状态操作符的每个子任务都获得状态元素的完整列表。

getUnionListState()方法的内部调用如下：

```
public <S> ListState<S> getUnionListState(ListStateDescriptor<S> stateDescriptor) throws Exception {
    //OperatorStateHandle.Mode.UNION 枚举值表示以 Union 方式实现重新分配
    return getListState(stateDescriptor, OperatorStateHandle.Mode.UNION);
}
```

图 5-3 是具备 Operator 状态的 Map 操作符在作业失败后重新恢复，以 Union 方式进行状态重新分配时状态数据的分配情况。

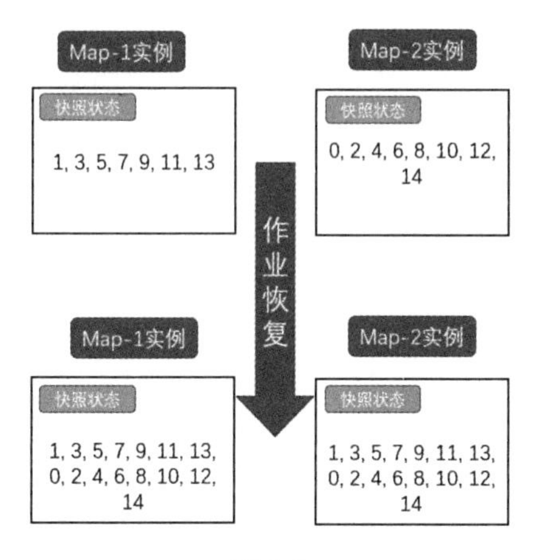

图 5-3

在下面的程序中，我们让Map操作符具备Operator状态，Map操作符实例将接收的元素存入内部的LinkedList集合，每当集合中存储的元素数量大于或等于10时，便删除集合中最早进入的元素，直到集合中的元素只有9个为止。最后会将集合中的第一个元素、最后一个元素和集合中当前元素的数量一起拼接为一个字符串后发送给下游的Print操作符以打印到标准的输出流中。

每当作业执行检查点操作时会调用snapshotState(...)方法，该方法会将Map操作符实例所属的ListState状态内的元素清空后，再将当前LinkedList集合的快照存入ListState状态。当作业初始化或恢复时会调用initializeState(...)方法，将根据开发者指定的重新分配模式获得Map操作符实例的ListState状态。更进一步，如果是作业恢复，则会将ListState状态内的元素填充到Map操作符实例的LinkedList集合中。

```
//实现CheckpointedFunction接口，使得该函数具备Operator状态
public class CheckpointedMapTemplate implements MapFunction<Long, String>,
        CheckpointedFunction {

    //ListState类型的状态结构
    private transient ListState<Long> checkpointedState;

    //集合中存储本该输出到外部系统的数据
    private LinkedList<Long> bufferedElements;

    //布尔值，标志状态的重新分配模式
    private boolean isUnion;

    //布尔值，标志是否让函数产生异常
    private boolean isError;

    /**isUnion true为Union方式，false为Even-Split方式
     * isError true代表函数定期抛出异常，false代表函数不抛出异常*/
    public CheckpointedMapTemplate(boolean isUnion, boolean isError) {
        this.isUnion = isUnion;
        this.isError = isError;
        this.bufferedElements = new LinkedList<>();//初始化LinkedList集合
    }

    @Override
    public String map(Long value) throws Exception {
        int size = bufferedElements.size();
        //每当bufferedElements集合中存储的元素大于或等于10时，便删除集合中最早的元素，直到集合中的元
        //素只有9个为止
        if (size >= 10) {
            for (int i = 0; i < size - 9; i++) {
                Long poll = bufferedElements.poll();
            }
```

```
        }
        bufferedElements.add(value);

        if (isError) {
            //当前系统时间的秒数在 50 和 51 秒之间，该任务将抛出异常来模拟作业失败
            int seconds = Calendar.getInstance().get(Calendar.SECOND);
            if (seconds >= 50 && seconds <= 51) {
                int i = 1 / 0;
            }
        }
        LOG.info("{} map data :{}", Thread.currentThread().getName(), bufferedElements);

        //将集合中的第一个元素、最后一个元素和集合中的元素个数一起拼接起来发给下游的 Print 操作符
        return "集合中第一个元素是:"+bufferedElements.getFirst() +
                "集合中最后一个元素是:" + bufferedElements.getLast()+
                " length is :"+bufferedElements.size();
    }

    @Override
    public void snapshotState(FunctionSnapshotContext context) throws Exception {
        LOG.info(Thread.currentThread().getName() + ":" + context.getCheckpointId() + ":"
                + context.getCheckpointTimestamp() +"...........snapshotState");

        LOG.info("{} 快照编号{} 的元素为:{}", Thread.currentThread().getName()
                , context.getCheckpointId(), bufferedElements);
        //清除状态中的数据
        checkpointedState.clear();
        //将 bufferedElements 集合的快照存入状态并对当前状态的快照执行检查点操作
        checkpointedState.addAll(bufferedElements);
    }

    @Override
    public void initializeState(FunctionInitializationContext context) throws Exception {
        //创建一个 ListStateDescriptor，指定状态的名称为 CheckpointedFunctionTemplate-ListState
        //状态存储元素的数据类型为 Long
        ListStateDescriptor<Long> descriptor =new ListStateDescriptor<Long>(
                        "CheckpointedFunctionTemplate-ListState",
                        TypeInformation.of(new TypeHint<Long>() {
                        }));
        if (isUnion) {
            //以 Union 方式获取状态
            checkpointedState = context.getOperatorStateStore().getUnionListState (descriptor);
        } else {
            //以 Even-Split 方式获取状态
            checkpointedState = context.getOperatorStateStore().getListState (descriptor);
        }
        //判断作业是否是失败后重新恢复
        if (context.isRestored()) {
```

```
                LOG.info("{} operator 状态恢复", Thread.currentThread().getName());
                for (Long element : checkpointedState.get()) {
                    //获取状态中的数据，添加进 bufferedElements 集合中
                    bufferedElements.offer(element);
                }
            }
            LOG.info("{} operator 状态初始化/恢复{}", Thread.currentThread().getName(), bufferedElements);
        }
    }
```

为了模拟作业恢复时状态的重新分配模式，在构造作业拓扑结构的 main 方法中进行如下设置，在执行环境中设置作业开启检查点机制，每隔 10 秒对状态的快照执行一次检查点操作，将检查点存储在指定的路径下，同时为了保证作业运行中出现失败能够自动恢复，还设置了重启策略。

为了有一个按照稳定速度持续输出的数据源，我们自定义了一个数据源函数，该数据源操作符的并行度为 1，并且每隔 1 秒向数据流发送 1 个 Long 类型的元素，元素的初始值为 0，每次发送后元素的值加一（由于篇幅有限，这里不给出该数据源函数的代码，该数据源函数的完整代码见 com.intsmaze.flink.streaming.state.operator.CheckpointedMapTemplate.CustomSource）。

这里可以先忽略检查点机制、作业重启策略和自定义数据源函数的详细使用方式，这三个特性将在后面具体章节讲解。

```
StreamExecutionEnvironment env = StreamExecutionEnvironment.getExecutionEnvironment();
//设置每 10 秒执行一次检查点操作
env.enableCheckpointing(10000);
//设置作业的全局并行度为 2
env.setParallelism(2);

String path = "file:///home/intsmaze/flink/check/CheckpointedFunctionTemplate";
//设置作业采用 FsStateBackend 作为状态后端，检查点文件存储在如下指定的路径下
FsStateBackend stateBackend = new FsStateBackend(path);
env.setStateBackend(stateBackend);

//设置作业失败重启策略
env.setRestartStrategy(RestartStrategies.failureRateRestart(3,
        Time.of(5, TimeUnit.MINUTES),Time.of(10, TimeUnit.SECONDS)
));

//自定义数据源函数，每隔 1 秒向数据流中发送 1 个元素，数据源操作符的并行度为 1
DataStream<Long> streamSource = env.addSource(new CustomSource()).setParallelism(1);

//在 DataStream 中使用有状态的 Map 操作符
DataStream<String> mapResult = streamSource.map(new CheckpointedMapTemplate(false, true));
```

```
    mapResult.print("输出结果");
    env.execute("Intsmaze CheckpointedFunctionTemplate");
```

完整代码见 com.intsmaze.flink.streaming.state.operator.CheckpointedMapTemplate。

Union 方式

我们在构造作业拓扑结构的 main 方法中构造有状态的 Map 操作符时，通过如下构造参数来指定有状态的 Map 操作符在初始化或恢复时采用 Union 方式进行状态的重新分配，同时设置有状态的 Map 操作符在指定的时间抛出异常来模拟作业在发生失败后进行恢复。

```
    new CheckpointedMapTemplate(true, true)
```

将流处理程序打包后发布到 Flink 集群中运行，观察日志信息我们可以看到，在该作业执行第 3 次快照时，在有状态的 Map 操作符的两个子任务实例中，状态内的数据分别为[1, 3, 5, 7, 9, 11, 13]和[0, 2, 4, 6, 8, 10, 12, 14]，然后在数据源函数发送第 23 个元素时，有状态的 Map 操作符发生异常导致作业失败，此时两个 Map 操作符实例的 LinkedList 集合中的数据分别为[3, 5, 7, 9, 11, 13, 15, 17, 19, 21]和[4, 6, 8, 10, 12, 14, 16, 18, 20, 22]。Flink 重新启动作业来恢复状态数据时，我们可以看到有状态的 Map 操作符的每个子任务从状态中获取的数据都为[0, 2, 4, 6, 8, 10, 12, 14, 1, 3, 5, 7, 9, 11, 13]，这是因为采用了 Union 方式，同时因为该作业在失败时 LinkedList 集合没有填充到状态中执行检查点操作，所以可以发现之前第 15 个到第 22 个元素在作业重新恢复时丢失了。

```
...
//将状态的当前快照执行检查点操作
12:26:42 ..... Map -> Sink: Print to Std. Out (1/2) 快照编号 3 的元素为:[1, 3, 5, 7, 9, 11, 13]
12:26:42 ..... Map -> Sink: Print to Std. Out (2/2) 快照编号 3 的元素为:[0, 2, 4, 6, 8, 10, 12, 14]
//数据源产生新的元素，打印 LinkedList 集合中的实时数据
...
12:26:48 ..... Source: Custom Source (1/1):发送数据:21
12:26:48 .....  Map -> Sink: Print to Std. Out (1/2) map data :[3, 5, 7, 9, 11, 13, 15, 17, 19, 21]
12:26:49 ..... Source: Custom Source (1/1):发送数据:22
12:26:49 .....  Map -> Sink: Print to Std. Out (2/2) map data :[4, 6, 8, 10, 12, 14, 16, 18, 20, 22]
12:26:50 ..... - Source: Custom Source (1/1):发送数据:23

    //作业发生异常导致失败，作业将重新启动
    12:26:50,980 INFO  org.apache.flink.runtime.taskmanager.Task
                 - Map -> Sink: Print to Std. Out (1/2) (3d3a9d937e1b70cd5d4d61df4d7fd256) switched
from RUNNING to FAILED.
    java.lang.ArithmeticException: / by zero
        at com.....CheckpointedMapTemplate.map(CheckpointedMapTemplate.java:79)
        ...
        at java.lang.Thread.run(Thread.java:748)
```

```
    ...
//将检查点中的状态数据进行恢复
12:27:01 .....  Map -> Sink: Print to Std. Out (1/2) operator 状态初始化/恢复[0, 2, 4, 6, 8, 10, 12, 14,
1, 3, 5, 7, 9, 11, 13]
12:27:01 .....  Map -> Sink: Print to Std. Out (2/2) operator 状态初始化/恢复[0, 2, 4, 6, 8, 10, 12, 14,
1, 3, 5, 7, 9, 11, 13]
```

Even-Split 方式

我们在构造作业拓扑结构的 main 方法中构造有状态的 Map 操作符时，通过如下构造参数来指定有状态的 Map 操作符在初始化或恢复时采用 Even-Split 方式进行状态的重新分配，同时设置有状态的 Map 操作符在指定的时间抛出异常来模拟作业在发生失败后进行恢复。

```
new CheckpointedMapTemplate(false, true)
```

将流处理程序打包后发布到 Flink 集群中运行，观察日志信息我们可以看到，在执行第 7 次快照时，在有状态的 Map 操作符的两个子任务实例中，状态内的数据分别为[19, 21, 23, 25, 27, 29, 31, 33, 35, 37]和[20, 22, 24, 26, 28, 30, 32, 34, 36, 38]，然后在数据源函数发送第 39 个元素时，有状态的 Map 操作符发生异常导致作业失败，此时两个 Map 操作符实例的 LinkedList 集合中的数据分别为[21, 23, 25, 27, 29, 31, 33, 35, 37, 39]和[20, 22, 24, 26, 28, 30, 32, 34, 36, 38]。重新启动作业来恢复状态数据时，我们可以看到有状态的 Map 操作符的两个子任务从状态中获取的数据分别为[19, 21, 23, 25, 27, 29, 31, 33, 35, 37]和[20, 22, 24, 26, 28, 30, 32, 34, 36, 38]，这是因为采用了 Even-Split 方式，同时在失败时 LinkedList 集合没有填充到状态中执行检查点操作，所以可以发现之前第 39 个元素在作业重新恢复时丢失了。

```
    12:42:48 ..... Source: Custom Source (1/1):发送数据:38
    12:42:48 ..... Map -> Sink: Print to Std. Out (2/2) map data :[20, 22, 24, 26, 28, 30, 32, 34, 36, 38]
    //将状态的当前快照执行检查点操作
    12:42:48 ..... Map -> Sink: Print to Std. Out (1/2) 快照编号 7 的元素为:[19, 21, 23, 25, 27, 29, 31,
33, 35, 37]
    12:42:48 ..... Map -> Sink: Print to Std. Out (2/2) 快照编号 7 的元素为:[20, 22, 24, 26, 28, 30, 32,
34, 36, 38]
    //数据源产生新的元素，打印 LinkedList 集合中的实时数据
    12:42:49 ..... Source: Custom Source (1/1):发送数据:39
    12:42:49 ..... Map -> Sink: Print to Std. Out (1/2) map data :[21, 23, 25, 27, 29, 31, 33, 35, 37, 39]
    12:42:50 ..... Source: Custom Source (1/1):发送数据:40
    //作业发生异常导致失败，作业将重新启动
    12:42:50,428 INFO  org.apache.flink.runtime.taskmanager.Task
                        - Map -> Sink: Print to Std. Out (2/2) (3be1e4c0fb639e9406abf39d2a672fca)
switched from RUNNING to FAILED.
    java.lang.ArithmeticException: / by zero
        at com.....CheckpointedMapTemplate.map(CheckpointedMapTemplate.java:79)
            ...
        at java.lang.Thread.run(Thread.java:748)
```

```
...
//作业恢复，将检查点中的状态数据进行恢复
    12:43:00 ..... Map -> Sink: Print to Std. Out (1/2) operator 状态初始化/恢复[19, 21, 23, 25, 27, 29, 31, 33, 35, 37]
    12:43:00 ..... Map -> Sink: Print to Std. Out (2/2) operator 状态初始化/恢复[20, 22, 24, 26, 28, 30, 32, 34, 36, 38]
```

在这种方式下观察 Even-Split 方式的平均分配可能不是太明显，比较明显的方式是作业在重新启动时，有状态操作符的并行度发生了更改，但是当前 Flink 版本通过 Flink 命令行客户端的方式动态修改操作符的并行度是针对整个作业中所有操作符生效的，这样又会导致数据源操作符的并行度不为 1，从而增加了我们观察日志信息的难度，这种场景将在 5.4 节中演示来获得更好的观察效果。

2. ListCheckpointed

Listcheckpoint 接口是 CheckpointedFunction 的一个变体，它只支持 ListState 类型的状态，在作业恢复时使用 Even-Split 方式获取状态内的数据。同时如果保存的状态的类型是自定义类型，那么普通的 POJO 必须实现 Serializable 接口。该接口提供以下两种方法，需要让用户定义的函数实现：

```
List<T> snapshotState(long checkpointId, long timestamp) throws Exception;

void restoreState(List<T> state) throws Exception;
```

- snapshotState（long checkpointId, long timestamp）：每当执行检查点操作对当前状态执行快照时，会自动调用 snapshotState(...)方法，此方法会返回存入 ListState 状态进行快照的 List 结构的数据集合（换句话说，用户通过此方法将需要存入 ListState 状态的数据返回即可，同时要求返回的类型必须为 java.util.List 接口的子类，在 Flink 内部会自动将 Java 的 List 集合中的数据填充到当前操作符实例的 ListState 状态中）。该方法返回的 List 集合可以为 null 或为空（如果当前操作符实例没有状态数据），也可以包含单个元素（如果当前操作实例的状态不可分割）。该方法的 timestamp 参数为 JobManager 节点触发对状态的快照进行检查点操作时的时间戳，checkpointId 参数为当前对状态的快照执行检查点操作的 ID（检查点 ID 在检查点之间严格单调增加，对于已经完成检查点操作并生成检查点的 A 和 B，ID_B> ID_A 表示检查点 B 包含检查点 A，即检查点 B 的状态比检查点 A 的晚）。
- restoreState（List<T> State）：此方法在作业分布式执行期间创建用户定义的函数实例时调用，也可以在有状态操作符从早期检查点恢复时调用，该操作符实例 ListState 状态内的数据会自动填充到该操作符实例的 List 集合中并作为参数 List<Long> state 传递给该方法。如果该操作符的特定并行实例不恢复任何状态，则 List<Long> state 中的数据可能为空。

仍然以上一个程序为例，对于 Map 操作符实现的接口，我们将 CheckpointedFunction 接口改为 ListCheckpointed<Long>，删除实现的 snapshotState(...)和 initializeState(...)方法，改为实现 snapshotState(...)和 restoreState(...)方法：

```
public class ListCheckpointedMapTemplate implements MapFunction<Long, String>,
        ListCheckpointed<Long> {

    public static Logger LOG = LoggerFactory.getLogger(ListCheckpointedMapTemplate.class);

    private List<Long> bufferedElements;

    public ListCheckpointedMapTemplate() {
        this.bufferedElements = new LinkedList<>();
    }

    //通过此方法将需要存入状态的 List 集合的数据返回即可，在 Flink 内部会自动将 List 集合中的数据填充到当前
    //操作符实例的 ListState 类型的状态结构中
    @Override
    public List<Long> snapshotState(long checkpointId, long timestamp)  {
        LOG.info("{}: 当前快照编号:{} ,数据 :{}", Thread.currentThread().getName(),
checkpointId,bufferedElements);
        return bufferedElements;
    }

    //作业初始化或者恢复时，Flink 会自动将该操作符实例 ListState 类型的状态结构中的数据填充到该操作符实例
    //的 List 集合中作为参数传递进该方法

    @Override
    public void restoreState(List<Long> state) throws Exception {
        bufferedElements = state;
        LOG.info("恢复数据 {} 当前 快照数据 :{}", Thread.currentThread().getName(), state);
    }

    @Override
    public String map(Long value) throws Exception {
        int size = bufferedElements.size();
        //当 bufferedElements 集合中存储的元素大于或等于 10 时，便删除集合中的元素，直到集合中的元素只有 9
        //个为止
        if (size >= 10) {
            for (int i = 0; i < size - 9; i++) {
                Long poll = bufferedElements.remove(0);
                LOG.info("删除过期数据 :{}", poll);
            }
        }
        bufferedElements.add(value);

        //当前系统时间的秒数在 50 和 51 之间，程序抛出异常来模拟作业失败
        int seconds = Calendar.getInstance().get(Calendar.SECOND);
```

```
        if (seconds >= 50 && seconds <= 51) {
            int i = 1 / 0;
        }
        LOG.info("{} map data :{}", Thread.currentThread().getName(),bufferedElements);
        return  "集合中第一个元素是:"+bufferedElements.get(0) +
                "集合中最后一个元素是:" + bufferedElements.get(bufferedElements. size()-1)+
                " length is :"+bufferedElements.size();
    }
}
```

完整代码见 com.intsmaze.flink.streaming.state.operator.CheckpointedMapTemplate。

通过上面的程序我们可以看出 ListCheckpointed 接口的实现类似于对 CheckpointedMapTemplate 接口实现的进一步包装，它为我们屏蔽了书写 ListStateDescriptor 状态描述符、创建 ListState 类型的状态结构、指定状态恢复的重新分配方式（默认为 Even-Split 方式），以及将元素存入状态、将状态中的元素取出等操作。

将流处理程序打包后发布到 Flink 集群中运行，观察下面的日志信息我们可以看到，在执行第 5 次快照时，在有状态的 Map 操作符的两个子任务实例中，状态内的数据分别为[11, 13, 15, 17, 19, 21, 23, 25, 27, 29]和[10, 12, 14, 16, 18, 20, 22, 24, 26, 28]，然后在数据源函数发送第 39 个元素时，有状态的 Map 操作符发生异常导致作业失败，此时两个 Map 操作符实例的 LinkedList 集合中的数据分别[19, 21, 23, 25, 27, 29, 31, 33, 35, 37]和[20, 22, 24, 26, 28, 30, 32, 34, 36, 38]。重新启动作业来恢复状态数据时，我们可以看到有状态的 Map 操作符的两个子任务从状态中获取的数据分别为[10, 12, 14, 16, 18, 20, 22, 24, 26, 28]和[11, 13, 15, 17, 19, 21, 23, 25, 27, 29]，这是因为采用了 Even-Split 方式，同时在作业失败时 LinkedList 集合没有填充到状态中执行检查点操作，所以可以发现之前第 30 个到 39 个元素在作业重新恢复时丢失了。

```
    //将当前状态的快照执行检查点操作
    14:18:40 .....  Map -> Sink: Print to Std. Out (1/2): 当前快照编号:5 ,数据 :[11, 13, 15, 17, 19, 21,
23, 25, 27, 29]
    14:18:40 .....  Map -> Sink: Print to Std. Out (2/2): 当前快照编号:5 ,数据 :[10, 12, 14, 16, 18, 20,
22, 24, 26, 28]
    ...
    //数据源产生新的元素，打印 LinkedList 集合中的实时数据
    14:18:48 .....  Source: Custom Source (1/1):发送数据:37
    14:18:48 .....  Map -> Sink: Print to Std. Out (1/2) map data :[19, 21, 23, 25, 27, 29, 31, 33, 35, 37]
    14:18:49 .....  Source: Custom Source (1/1):发送数据:38
    14:18:49 .....  Map -> Sink: Print to Std. Out (2/2) map data :[20, 22, 24, 26, 28, 30, 32, 34, 36, 38]
    14:18:50 .....  Source: Custom Source (1/1):发送数据:39

    //作业发生异常导致失败，作业将重新启动
    2020-03-29 14:18:50,335 INFO  org.apache.flink.runtime.taskmanager.Task
                    - Map -> Sink: Print to Std. Out (1/2) (da012a355b017fafbd21d20e78fb5037) switched
from RUNNING to FAILED.
```

```
java.lang.ArithmeticException: / by zero
    at com.....ListCheckpointedMapTemplate.map(ListCheckpointedMapTemplate.java:65)
    ...
    at java.lang.Thread.run(Thread.java:748)
...
//将检查点中的状态数据进行恢复
14:19:00 ..... 恢复数据 Map -> Sink: Print to Std. Out (2/2) 当前 快照数据 :[10, 12, 14, 16, 18, 20,
22, 24, 26, 28]
14:19:00 ..... 恢复数据 Map -> Sink: Print to Std. Out (1/2) 当前 快照数据 :[11, 13, 15, 17, 19, 21,
23, 25, 27, 29]
```

5.2 检查点机制

通过 5.1 节我们已经知道，Flink 中的每个操作符都可以是有状态的，有状态操作符在单个元素的处理过程中会存储计算的中间结果数据，但是当具备有状态操作符的作业在失败后重新启动时，该作业的操作符中存储的本地状态就会丢失。为了使操作符中的状态具备容错特性，Flink 需要定期对状态的快照进行检查点操作以将其持久化存储，当作业意外崩溃重新启动时可以有选择地从这些检查点的数据中恢复，让作业具有与无故障执行相同的结果。

请注意 Flink 集群只有在有足够的任务槽可用来重新启动失败的作业时，Flink 才能重新启动作业。如果作业是由于任务管理器的丢失而失败的，那么之后必须仍然有足够的任务槽可用。在 Flink on YARN 模式下的 Flink 集群支持自动重新启动丢失的 YARN 容器来保证有足够的任务槽去重新启动失败的作业。

5.2.1 先决条件

要保证 Flink 的有状态操作符可以和检查点机制的持久存储交互，一般来说，它需要下面两个前提：

（1）有一个可以在一定时间内重发记录的持久数据源。比如持久消息队列（例如，Apache Kafka、RabbitMQ、Amazon Kinesis）或文件系统（例如 HDFS、S3、GFS、NFS、Ceph）。

（2）状态的持久存储系统，通常是分布式文件系统。

5.2.2 启用和配置检查点机制

默认情况下运行在 Flink 集群中的作业的检查点机制是禁用的。要使该作业启用检查点机制，需要在作业的代码中调用 StreamExecutionEnvironment 的 enableCheckpointing(n)方法，其中 n 是以毫秒为单位执行检查点操作的间隔，代表每隔 n 毫秒作业执行一次检查点操作。

作业开启检查点机制后，Flink 还提供以下参数来对该作业的检查点进行更细粒度的控制：

- Exactly Once 和 At Least Once 语义：Exactly Once 语义对于大多数作业来说更合适，At Least Once 语义可能适用于某些超低延迟（持续几毫秒）的作业。默认条件下作业采用 Exactly Once 语义。
- 检查点超时时间：执行检查点操作时所持续时间的最大值，如果超过这个时间还没有完成对状态快照的检查点操作，就会终止本次检查点操作。
- 同时执行检查点操作的数量：默认情况下当一个检查点操作仍在执行时，系统不会触发另一个检查点操作，默认值为 1。这样做是为了确保作业不会在检查点操作上花费太多时间。Flink 可以允许作业的多个检查点操作进行重叠，即同一时间可以执行多个检查点操作。当定义了检查点操作之间的最短时间后，不能再配置此选项。
- 检查点操作之间的最短时间：规定两次检查点操作之间的最短时间是为了在此期间可以明显地提升作业的处理效率。比如将此值设置为 5000，则无论作业执行检查操作的持续时间和检查点操作之间的间隔如何，下一个检查点操作都将在上一个检查点操作完成后 5 秒内启动，这意味着检查点操作的间隔永远不会小于此参数。设置检查点操作之间的最小时间生效的要求是同时执行检查点操作的数量必须是 1。
- 外部检查点：可以将检查点配置为外部持久化。外部持久化检查点将它们的元数据写到持久存储中，并且在作业取消时不会自动清理。
- 检查点操作发生错误时，作业是失败还是继续执行：这将确定如果运行的作业在执行检查点操作中发生错误后，该作业是否会失败。Flink 默认执行检查点操作发生错误时作业处理就会失败，当然 Flink 也支持显式地更改为执行检查点操作发生错误时作业仍旧继续运行，只是会告诉检查点协调器这次的检查点操作发生了失败。

从经验上来说，通过配置检查点操作之间的最短时间通常比配置检查点操作间隔更容易，因为检查点操作之间的最短时间不会受到执行某次检查点操作花费的时间可能超过平均时间这一情况的影响。而配置检查点操作的间隔有时会不可靠，比如当文件系统反应比较慢的时候，检查点操作花费的时间可能就比预期要多，这样就会出现第一个检查点操作在检查间隔时间内没有完成时，第二个检查点操作就会开始执行，导致出现检查点操作重叠的情况。

下面是流处理程序配置检查点细粒度参数的方法：

```
import org.apache.flink.streaming.api.CheckpointingMode;
import org.apache.flink.streaming.api.environment.CheckpointConfig;

StreamExecutionEnvironment env = StreamExecutionEnvironment.getExecutionEnvironment();

//每 1000 ms 执行一次检查点操作
env.enableCheckpointing(1000);
```

```
//设置 Exactly Once 语义级别（这是默认级别）
env.getCheckpointConfig().setCheckpointingMode(CheckpointingMode.EXACTLY_ONCE);
//env.getCheckpointConfig().setCheckpointingMode(CheckpointingMode.AT_LEAST_ONCE);

//确保两次检查点操作间隔 500ms
env.getCheckpointConfig().setMinPauseBetweenCheckpoints(500);

//检查点操作必须在 1 分钟内完成，否则被抛弃
env.getCheckpointConfig().setCheckpointTimeout(60000);

//同一时间只允许执行一个检查点操作
env.getCheckpointConfig().setMaxConcurrentCheckpoints(1);

//当作业被取消时会保留该作业的检查点
env.getCheckpointConfig().enableExternalizedCheckpoints(ExternalizedCheckpointCleanup.RETAIN_ON
_CANCELLATION);
//当作业被取消时会删除该作业的检查点
//env.getCheckpointConfig().enableExternalizedCheckpoints(ExternalizedCheckpointCleanup.DELETE_
ON_CANCELLATION);

//如果将其设置为 true，则检查点操作发生错误时，作业会失败，如果将其设置为 false，则检查点操作发生错误时，
//作业会继续运行
env.getCheckpointConfig().setFailOnCheckpointingErrors(true);
```

5.2.3 目录结构

检查点由元数据文件组成，根据所选的状态后端，还包括一些额外的数据文件。可以在<flink_home>/conf/flink-conf.xml 配置文件中通过 state.checkpoints.dir 参数配置元数据文件和数据文件指定存储的目录，也可以在每个流处理程序的代码中指定特定的目录。

（1）通过 flink-conf.xml 配置文件进行全局配置。

```
state.checkpoints.dir: hdfs:///intsmaze/checkpoints/
```

（2）在流处理程序中构造检查点的状态后端时，可以配置指定的目录。关于状态后端的详细内容见 5.3 节。

```
env.setStateBackend(new RocksDBStateBackend("hdfs:///intsmaze/checkpoints/");
```

5.2.4 其他相关的配置选项

除了在流处理程序的代码中通过 CheckpointConfig 对象配置检查点的细粒度参数，Flink 还提供了更多的检查点参数，这些参数可以在<flink_home>/conf/flink-conf.xml 配置文件中配置。

- state.backend：默认为 none，用来存储检查点的状态后端。
- state.backend.async：默认为 true（异步快照），在支持和可配置的情况下可以选择是否让状态后端使用异步快照方法。因为某些状态后端可能不支持异步快照或者只支持异步快照，如果是这样则可以忽略此选项。
- state.backend.fs.memory-threshold：默认为 1024，状态数据文件的最小值。所有小于此值的状态块都内联存储在检查点元数据文件中，不会单独存储在数据文件中。
- state.backend.incremental：默认为 false（不采用增量检查点），在状态后端支持增量检查点的前提下，可以选择状态后端是否采用创建增量检查点的方式。对于增量检查点，只存储与前一个检查点的差异。一些状态后端可能不支持增量检查点的方式，会忽略此选项，目前只有 RocksDBStateBackend 状态后端支持增量检查点。
- state.backend.local-recovery：默认为 false（本地恢复是禁用的），此选项配置状态后端从本地恢复。本地恢复目前只对 Keyed 状态有效，同时 MemoryStateBackend 状态后端不支持本地恢复，会忽略此选项。
- state.checkpoints.dir：默认为 none，用于在支持 Flink 的文件系统中存储检查点的数据文件和元数据的目录，存储路径必须可以被所有参与的进程或节点访问（比如任务管理器和作业管理器）。
- state.checkpoints.num-retained：默认为 1，保留作业已完成的检查点的最大数量（如果为 1，则每次生成新的检查点后将删除旧的检查点文件）。
- state.savepoints.dir：默认为 none，保存点的默认目录，用于在支持 Flink 的文件系统中存储保存点数据的目录，存储路径必须可以被所有参与的进程或节点访问（比如任务管理器和作业管理器）。

5.3 状态后端

当作业的检查点机制被激活后，每次执行检查点操作就会将状态的快照进行持久化存储来防止因为作业失败导致状态数据丢失后无法从之前的状态恢复。状态在内部如何表示，以及在检查点上如何持久保存，都取决于所选的状态后端。Flink 提供不同的状态后端来指定状态存储的方式和位置，状态可以位于 Java 的堆内，也可以位于 Java 的堆外。根据选择的状态后端，Flink 还可以管理作业的状态，这意味着 Flink 可以进行内存管理，必要的话会将内存中的状态溢出到磁盘中存储，以允许作业保存非常大的状态。

- 检查点结构

  状态后端配置了基本的目录结构，将特定检查点的数据保留在特定子目录中。例如将基本目录设置为 hdfs://namenode:port/flink-checkpoints/，那么状态后端将为每一个激活检查点机制的作业创建一个带有作业 ID 的子目录，该子目录将包含实际的检查点数据（hdfs://namenode:port/flink-checkpoints/1b080b6e710aabbef8993ab18c6de98b），每个检查点单独将其所有文件存储在包含检查点编号的子目录中，例如 hdfs://namenode:port/flink-checkpoints/1b080b6e710aabbef8993ab18c6de98b/chk-17/。

- 保存点结构

  将保存点的基本目录设置为 hdfs://namenode:port/flink-savepoints/后，保存点将在该路径下创建一个名为 savepoint-jobId(0,6)-randomDigits 的子目录，在其中存储所有保存点数据，设置 randomDigits（随机数字）以避免目录冲突。关于保存点的详细内容见 5.4 节。

- 元数据文件

  检查点操作执行完成后会将该检查点的元数据写入名为_metadata 的文件。

Flink 默认提供下面三种可用的状态后端实现：

- MemoryStateBackend；
- FsStateBackend；
- RocksDBStateBackend。

5.3.1 MemoryStateBackend

如果没有为作业配置状态后端，那么将使用 MemoryStateBackend 作为作业的状态后端。MemoryStateBackend 状态后端将作业的状态数据保存在任务管理器的内存（JVM 堆）中。为了防止作业丢失状态，检查点操作会将存储在任务管理器内存中的状态数据作为检查点确认消息的一部分发送给作业管理器，也就是说状态的检查点数据存储在作业管理器的内存（JVM 堆）中。

MemoryStateBackend 状态后端的构造函数主要有如下四种：

- public MemoryStateBackend()
- public MemoryStateBackend(boolean asynchronousSnapshots)
- public MemoryStateBackend(int maxStateSize)
- public MemoryStateBackend(int maxStateSize, boolean asynchronousSnapshots)

其中：

- maxStateSize：设置状态的大小，默认值为 5MB。
- asynchronousSnapshots：布尔值，用于指定状态后端采用异步或同步快照，默认为 true，代表采用异步快照。

MemoryStateBackend 的注意事项

（1）可以将 MemoryStateBackend 状态后端配置为使用异步快照，默认情况下是启用异步快照的。要禁用此功能，开发者可以在构造函数中将 MemoryStateBackend 的对应布尔值设置为 false。强烈建议使用异步快照来避免阻塞管道，不使用异步快照应该仅用于在调试作业的期间。

（2）此状态后端应该用在测试环节或状态非常小（例如 Kafka 的消费者只需要很小的状态）的作业中：因为它的检查点需要使用作业管理器的内存，所以较大的状态将占用作业管理器的大部分主内存，从而降低了作业的稳定性。对于其他需求的开发，都应使用 FsStateBackend 状态后端来代替 MemoryStateBackend 状态后端。FsStateBackend 状态后端以相同的方式在任务管理器中存储状态，但是检查点数据会存储在文件系统中，只在作业管理器内存中存储少量检查点元数据，用来指向存储在文件中的检查点数据，从而支持较大的状态。

（3）默认情况下每个状态的大小限制为 5MB，可以在 MemoryStateBackend 状态后端的构造函数中增加这个值的大小。无论配置的最大状态大小如何，状态都不能大于 akka.framesize。akka.framesize 的默认值（10485760b=10MB）表示作业管理器和任务管理器之间发送消息的最大值。如果作业发生失败是因为消息超过了这个限制，那么应该在<flink_home>/conf/flink-conf.xml 配置文件中增加 akka.framesize 的上限。

（4）作业中所有的状态在某一时间的大小不能超过作业管理器内存（JVM 堆）的大小。

（5）该状态后端也支持保存点机制和外部检查点机制。

5.3.2 FsStateBackend

FsStateBackend 状态后端将作业的状态数据保存在任务管理器的内存中。为了防止作业丢失状态，检查点操作将对存储在任务管理器内存中的状态执行快照，并将该快照持久保存在指定文件系统的路径下，即检查点数据会存储在文件系统中，同时 Flink 会将极少的元数据存储在作业管理器的内存中。

FsStateBackend 状态后端需要配置一个文件系统的 URL（类型、地址、路径）来存储检查点文件。例如，URL 可以是 hdfs://namenode:port/intsmaze/checkpoints 或者 file:///home/intsmaze/checkpoints。在 HDFS 或 S3 中，存储检查点的状态后端必须在 URI 中指定文件系统的主机和端口，或者从 Flink 配置中引用描述文件系统的 Hadoop 配置。

FsStateBackend 状态后端的构造函数主要有如下四种：

- public FsStateBackend(String checkpointDataUri)
- public FsStateBackend(String checkpointDataUri, boolean asynchronousSnapshots)
- public FsStateBackend(URI checkpointDataUri, int fileStateSizeThreshold)

- public FsStateBackend(URI checkpointDataUri,int fileStateSizeThreshold,boolean asynchronousSnapshots)

其中：

- checkpointDataUri：指定检查点持久化存储的路径。
- asynchronousSnapshots：布尔值，用于指定状态后端采用异步或同步快照，默认为 true，表示启用异步快照。
- fileStateSizeThreshold：存储元数据文件的最大值。

FsStateBackend 的注意事项

（1）作业的状态保存在任务管理器的堆上。如果任务管理器中同时执行多个任务（任务管理器具有多个任务槽或者使用了任务槽共享），则所有任务的状态都需要使用该任务管理器的内存，这时就需要确保单任务管理器中状态的总量不会超过它的内存的大小。

（2）此状态后端会将小状态块与元数据存储在一个文件中，以避免创建许多小文件。这个阈值是可配置的，默认值是 1MB，小于此默认值的状态将作为元数据文件的一部分而不是单独一个文件，开发者可以通过在实例化 FsStateBackend 状态后端时传入指定的值来修改默认值。

（3）此状态后端的检查点与写入的文件系统一样具有持久性和可用性。如果文件系统是持久性分布式文件系统，则此状态后端支持高可用，同时该状态后端还支持保存点机制和外部检查点机制。

5.3.3 RocksDBStateBackend

RocksDBStateBackend 状态后端将作业的状态数据保存在 RocksDB 数据库中（RocksDB 是一种嵌入式的本地数据库），默认情况下该数据库中的数据存储在任务管理器数据目录中，实际上是采用内存+磁盘的方法进行存储的，因此该状态后端可以存储非常大的状态，并溢出到磁盘中。

为了防止作业丢失状态，检查点操作将对 RocksDB 数据库中的状态执行快照，并将该快照持久保存在指定文件系统的路径下。

和 FsStateBackend 状态后端一样，RocksDBStateBackend 状态后端也需要配置一个文件系统的 URL（类型、地址、路径）来存储检查点文件。

默认情况下，Flink 状态后端提供 MemoryStateBackend 状态后端和 FsStateBackend 状态后端的 API 实现。如果想在作业中使用 RocksDBStateBackend 状态后端的 API，则需要在流处理程序的 pom 文件中添加 RocksDBStateBackend 依赖项：

```
<dependency>
```

```
    <groupId>org.apache.flink</groupId>
    <artifactId>flink-statebackend-rocksdb_2.12</artifactId>
    <version>1.7.2</version>
</dependency>
```

RocksDBStateBackend 状态后端的构造函数主要有如下两种：

- public RocksDBStateBackend(String checkpointDataUri)
- public RocksDBStateBackend(String checkpointDataUri, boolean enableIncrementalCheckpointing)

其中：

- checkpointDataUri：指定检查点持久化存储的路径。
- enableIncrementalCheckpointing：布尔值，用于指定状态后端采用异步或同步快照，默认为 true，表示启用异步快照。

RocksDBStateBackend 的注意事项

（1）RocksDBStateBackend 状态后端目前只能执行异步快照，不支持同步快照。

（2）由于 RocksDB 的 JNI 桥接 API 基于字节数组，所以 RocksDB 支持的单 Key 和单 Value 的最大值为 2^{31} 字节。需要强调的是，对于使用具有合并状态类型的作业，例如 ListState 随着时间的增加可能会累积到超过 2^{31} 字节大小，将导致作业在接下来的查询中失败。

（3）可以保留的状态大小仅受可用磁盘空间的数量限制，所以该状态后端可以支持具有大状态、长窗口、大键值状态的作业。与将状态保存在内存中的 FsStateBackend 状态后端相比，这个状态后端允许保存非常大的状态，但也意味着使用这个状态后端，作业的最大吞吐量会更低，因为这个状态后端所有的读/写都必须经过序列化和反序列化才能检索/存储状态对象，这也比基于堆的状态后端在处理上要付出更大的时间成本。

（4）RocksDBStateBackend 状态后端是目前唯一提供增量检查点的后端。

5.3.4　配置状态后端

作业的默认状态后端是 MemoryStateBack。Flink 支持两种方式配置作业的状态后端，既可在流处理程序中构造对应状态后端实例时进行设置（针对单个作业进行设置），也可以在 Flink 集群的<flink_home>/conf/ flink-conf.xml 配置文件中通过 state.backend 参数来设置状态后端（针对所有作业进行设置）。

1. 设置每个作业的状态后端

在 StreamExecutionEnvironment 中设置每个作业的状态后端，如下所示。

```
StreamExecutionEnvironment env = StreamExecutionEnvironment.getExecutionEnvironment();
env.setStateBackend(new FsStateBackend("hdfs://namenode:40010/intsmaze/checkpoints"));
```

2. 设置所有作业默认的状态后端

可以在<flink_home>/conf/flink-conf.xml 配置文件中使用 state.backend 配置默认的状态后端，该配置对运行在 Flink 集群中的所有作业生效。

- state.backend：配置项的值有 jobmanager (MemoryStateBackend)、filesystem (FsStateBackend)、rocksdb (RocksDBStateBackend)。
- state.checkpoints.dir：配置项定义用于在支持 Flink 的文件系统中存储检查点的数据文件和元数据的目录，存储路径必须可以被所有参与的进程或节点访问（比如任务管理器和作业管理器）。

配置文件中的示例部分如下所示。

```
# 状态后端为 FsStateBackend
state.backend: filesystem
# 存储检查点的目录
state.checkpoints.dir: hdfs://namenode:40010/intsmaze/checkpoints
```

如果在流处理程序中指定了状态后端，则流处理程序中设置的状态后端会覆盖 flink-conf.xml 配置文件中配置的状态后端，否则流处理程序会使用 flink-conf.xml 配置文件中配置的状态后端。

5.4 保存点机制

保存点是作业执行时状态的一致性映像，它是通过 Flink 的检查点机制创建的，与检查点不同的是，开发者可以使用保存点来停止、恢复和更新作业。

保存点由两部分组成：稳定存储（如 HDFS、S3）中的文件夹，该文件夹下具有（通常是大型）二进制文件和一个（相对较小的）元数据文件。保存点的元数据文件以绝对路径的形式包含指向稳定存储中属于保存点的所有文件的指针。

从概念上讲，Flink 的保存点与检查点的区别就像传统数据库系统中的数据备份和恢复日志，检查点和保存点的使用场景主要有如下不同。

（1）检查点的主要作用是在作业意外失败后重新启动时提供快速的状态恢复机制，例如数据库宕机导致作业中的访问异常。检查点的生命周期由 Flink 管理，也就是说检查点是由 Flink 自动创建、拥有和发布的，不需要与开发者进行交互，当作业终止后（不在 Flink 集群上运行），该作业的检查点就无法再提供状态恢复机制。

（2）保存点用于手动备份和恢复作业。例如作业的版本更新、更改作业的 DAG 图、更改代码的业务逻辑等。保存点由开发者手动创建、拥有和删除，因此保存点必须在作业终止后仍然存在。

抛开检查点和保存点使用场景的不同，当前 Flink 版本中检查点和保存点的实现基本上都使用相同的代码，并产生相同的格式。目前唯一的例外就是带有 RocksDB 状态后端的增量检查点使用一些 RocksDB 内部格式，而不是 Flink 内部的保存点格式。

5.4.1　分配操作符 id

开发者所需的主要更改是在每个有状态操作符上调用 uid(String)方法来手动指定该操作符的 id，这些 id 用于限定每个操作符的状态。需要注意的是，开发者在作业中为每个操作符设置的 id 必须唯一，否则作业的发布将失败。

```
DataStream<String> stream = env.
  //带有分配操作符 id 的有状态的数据源操作符，id 为 source-id
  .addSource(new StateSource())
  .uid("source-id")
  //带有分配操作符 id 有状态的 Map 操作符，id 为 mapper-id
  .map(new StateMapper())
  .uid("mapper-id")
  //无状态的 Print 操作符
  .print(); //内部随机生成一个 id
```

如果不手动指定每个操作符的 id，则它们将随机生成，只要这些 id 不变，作业就可以从保存点自动恢复。

5.4.2　保存点映射

开发者可以将保存点想象为为每个有状态操作符保存一个 Operator ID→State 的映射：

```
Operator ID | State
------------+------------------------
source-id   | StateSource 操作的状态
mapper-id   | StateMapper 操作的状态
```

在上面的示例中，因为 Print 操作符是无状态的，所以它不是保存点状态的一部分。

5.4.3　保存点操作

当为作业分配操作符 id 后，就可以使用 Flink 命令行客户端进行触发保存点、取消带有保存点的作业、作业从保存点恢复并处理保存点的操作。

下面先准备一个有状态操作符的流处理程序以供演示保存点操作所用。有状态操作符沿用 5.1 节中的 CheckpointedMapTemplate 类，在 main 方法中构造 Map 操作符时，通过如下构造参数来指定有状态的 Map 操作符在初始化或恢复时状态的重新分配采用 Even-Split 方式，同时设置 Map 操作符中进行逻辑处理时不抛出异常。

```
new CheckpointedMapTemplate(false, false)
```

设置该作业的全局并行度为 2，每隔 20 秒执行一次检查点操作，相关代码如下：

```
StreamExecutionEnvironment env = StreamExecutionEnvironment.getExecutionEnvironment();
//设置作业的全局并行度为 2
env.setParallelism(2);
//开启检查点机制，执行检查点操作的间隔为 20 秒
env.enableCheckpointing(20000);

//设置状态存储后端的路径
String path="file:///home/intsmaze/flink/checkpoint";
StateBackend stateBackend = new RocksDBStateBackend(path);
//采用 RocksDB 作为状态后端
env.setStateBackend(stateBackend);

//自定义数据源函数，每隔 1 秒发送 1 个类型为 Long 的元素，且元素不断进行加一操作
DataStream<Long> sourceStream = env.addSource(new CheckpointedMapTemplate.CustomSource());

//为有状态的 Map 操作符显式分配一个操作符 id
DataStream mapStream=sourceStream.map(new CheckpointedMapTemplate(false, false)).uid("map-id");

mapStream.print();
env.execute("Intsmaze SavePointedTemplate");
```

完整代码见 com.intsmaze.flink.streaming.state.savepoint.SavePointedTemplate。

可以看到，具备保存点机制的作业除为有状态操作符显式分配了 id 外和普通的开启检查点机制的作业没有任何区别。

1. 触发作业的保存点操作

当开发者触发作业的保存点操作时，Flink 将创建一个新的保存点目录，其中存储数据和元数据，开发者可以通过配置默认目标目录或在使用触发保存点操作命令时指定目标目录来控制该保存点存储的目录位置。

通过 Flink 命令行客户端触发保存点操作时不会取消正在运行的作业，但会调用一次有状态函数的 snapshotState(...)方法将当前状态的快照存储到检查点和保存点文件中。

```
.<flink_home>/bin/flink savepoint <jobId> [savepointDirectory]
```

- jobId：必选，为要触发保存点的那个作业的 Id 。
- savepointDirectory：可选，指定存储保存点数据的目标目录，如果没有指定则使用 <flink_home>/conf/flink-conf.xml 配置文件中配置的路径。

将该流处理程序打包提交到集群后，我们获取该作业的 Id 为 ca0c2722327c28cddce1b931258483e6，如图 5-4 所示。

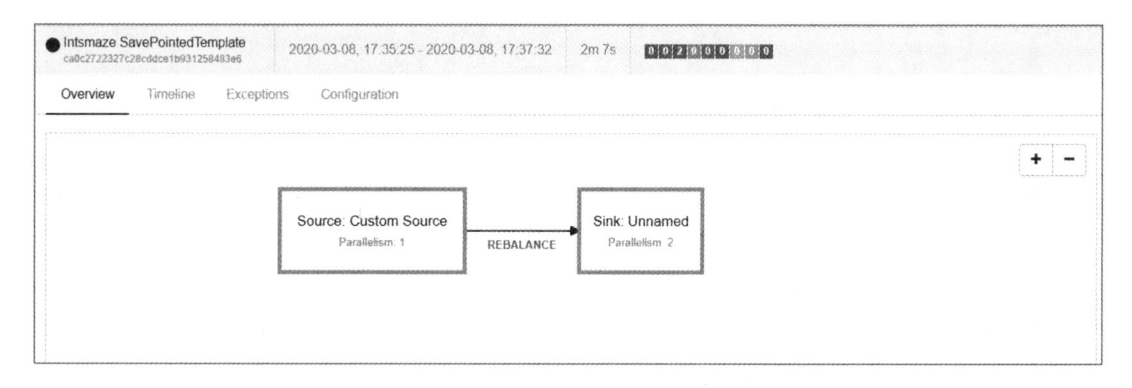

图 5-4

在 17:36:58 时我们触发该作业执行一次保存点操作，Flink 命令行客户端会在指定的路径下创建一个名为 savepoint-ca0c27-4aa31127205c 的文件夹，在后面手动将作业从该保存点恢复时需要用到该路径。

```
[root@intsmaze-201 bin]# ./flink savepoint ca0c2722327c28cddce1b931258483e6 /home/intsmaze/flink/save/
Triggering savepoint for job ca0c2722327c28cddce1b931258483e6.
Waiting for response...
Savepoint completed. Path: file:/home/intsmaze/flink/save/savepoint-ca0c27-4aa31127205c
You can resume your program from this savepoint with the run command.
```

因为作业每隔 20 秒执行一次检查点操作，所以当触发作业的保存点操作时，会自动触发有状态函数的 snapshotState(...)方法的调用。观察两个任务管理器中的日志我们可以看到如下信息，在 17:36:49 时执行第 5 次快照后，按照检查点操作间隔的设定，下一次快照的时间为 17:37:09，但是我们在 17:36:58 触发了作业的保存点操作，会将作业中当前状态的快照数据进行持久化存储，所以在 17:36:58 时也会调用一次有状态函数的 snapshotState(...)方法。

```
intsmaze-201 节点日志信息
17:36:49 ......(2/2) 快照编号 5 的元素为:[64, 66, 68, 70, 72, 74, 76, 78, 80, 82]
17:36:58 ......(2/2) 快照编号 6 的元素为:[74, 76, 78, 80, 82, 84, 86, 88, 90, 92]
```

```
17:37:09 ......(2/2) 快照编号 7 的元素为:[84, 86, 88, 90, 92, 94, 96, 98, 100, 102]

 intsmaze-202 节点日志信息
17:36:49 ......(1/2) 快照编号 5 的元素为:[65, 67, 69, 71, 73, 75, 77, 79, 81, 83]
17:36:58 ......(1/2) 快照编号 6 的元素为:[73, 75, 77, 79, 81, 83, 85, 87, 89, 91]
17:37:09 ......(1/2) 快照编号 7 的元素为:[85, 87, 89, 91, 93, 95, 97, 99, 101, 103]
```

这时保存点内的数据为第 6 次快照时的数据，内容如下：

```
[73, 75, 77, 79, 81, 83, 85, 87, 89, 91]
[74, 76, 78, 80, 82, 84, 86, 88, 90, 92]
```

2. 从保存点恢复作业

为了显著地观察 Operator 状态在进行状态恢复时的均匀分配模式，我们将该作业的并行度修改为 3 后打包发布到 Flink 集群。将作业从保存点恢复有 Flink 命令行客户端和 Web UI 两种方式。

（1）Web UI（Web 管控台）方式。

对于 Flink≥1.2.0 版本的集群，可以使用 Web UI 的方式来让作业从保存点恢复，在提交作业表单的 Savepoint Path 的输入框中填入保存点文件的路径即可，如图 5-5 所示。

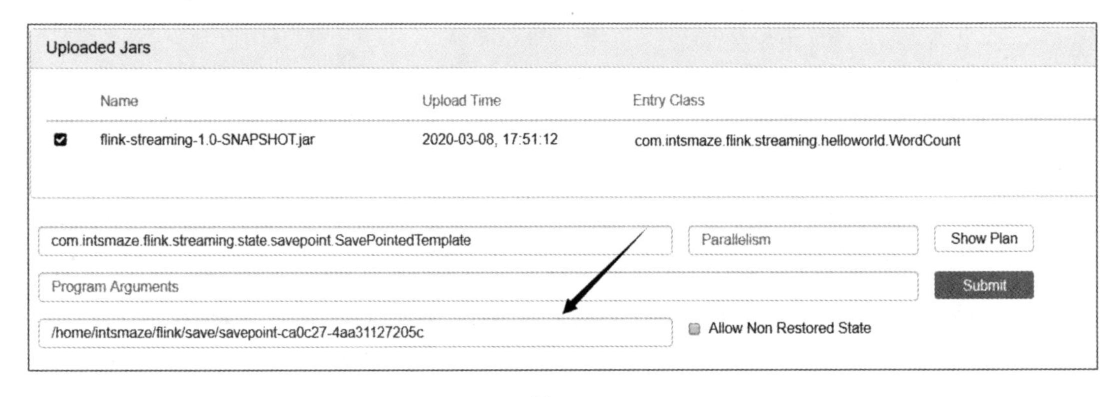

图 5-5

（2）Flink 命令行客户端方式。

<flink_home>/bin/flink run -s SavepointPath [runArgs]

- -s：表示该作业从保存点恢复。
- SavepointPath：表示该作业恢复时依赖的保存点路径。

```
[root@intsmaze-201 bin]# ./flink run -s /home/intsmaze/flink/save/savepoint- ca0c27-4aa31127205c \
-c com.intsmaze.flink.streaming.state.savepoint.SavePointedTemplate \
```

```
/home/intsmaze/flink-streaming-1.0-SNAPSHOT.jar
Starting execution of program
```

通过以上任意一种方式将作业从保存点恢复后，观察日志信息可以看到有状态操作符的三个子任务会平分之前该操作符两个子任务的状态数据，也可以看到作业恢复运行后第一次进行检查点操作的编号是 7，因为该保存点是作业取消前第 6 次的检查点，所以当作业从保存点恢复后，会从之前的检查点继续执行而不是从 0 开始。

```
18:18:24 ........ (3/3) Operator 状态初始化/恢复[82, 84, 86, 88, 90, 92]
18:18:24 ........ (2/3) Operator 状态初始化/恢复[74, 76, 78, 80, 87, 89, 91]
18:18:24 ........ (1/3) Operator 状态初始化/恢复[73, 75, 77, 79, 81, 83, 85]
18:18:36 ........ (3/3) 快照编号 7 的元素为:[82, 84, 86, 88, 90, 92, 1, 4, 7, 10]
18:18:36 ........ (2/3) 快照编号 7 的元素为:[78, 80, 87, 89, 91, 0, 3, 6, 9, 12]
18:18:36 ........ (1/3) 快照编号 7 的元素为:[75, 77, 79, 81, 83, 85, 2, 5, 8, 11]
```

3. 允许存在 Non-Restored 的状态

默认情况下，Flink 尝试将保存点中的所有状态与提交的作业中有状态操作符匹配，如果作业从保存点还原，该保存点包含已删除操作符的状态，则作业将无法恢复并执行。如果希望允许跳过无法通过新作业恢复的保存点状态，那么可以在作业从保存点恢复时设置 allowNonRestoredState（简称：-n）标志来允许存在非还原的状态。

这里我们将上面流处理程序中的有状态操作符的操作符 id 修改为 modify-id 后从前面的保存点路径进行恢复：

```
sourceStream.map(new CheckpointedMapTemplate(false, false)).uid("modify-id")
```

通过 Web UI 方式恢复作业的时候，只需要勾选“Allow Non Restored State”即可，如图 5-6 所示。

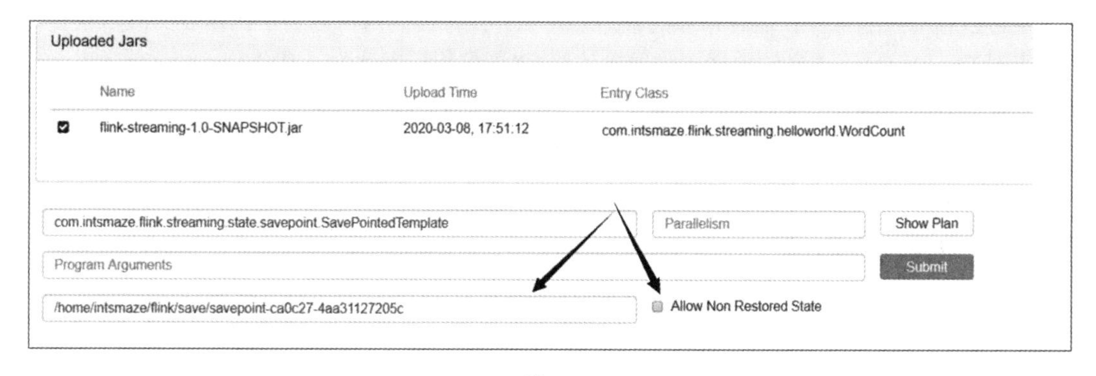

图 5-6

对于 Flink 命令行客户端，在从保存点恢复作业时只需要添加-n 标识即可：

```
.<flink_home>/bin/flink run -s SavepointPath -n [runArgs]
[root@intsmaze-201 bin]# ./flink run -s /home/intsmaze/flink/save/savepoint- ca0c27-4aa31127205c
-n  \
-c com.intsmaze.flink.streaming.state.savepoint.SavePointedTemplate \
/home/intsmaze/flink-streaming-1.0-SNAPSHOT.jar

Starting execution of program
```

4. 触发保存点操作并取消作业

正常来说，我们在触发保存点操作后的下一步操作应该是停止作业的运行，以便发布新的作业，而不是触发保存点操作后，作业仍然在提供服务。在这种情况下，执行保存点作业恢复操作会出现消息重复处理的情况。Flink 为此提供了一整套命令用于触发保存点操作，并在保存点持久化后取消作业的运行。

Flink 命令行客户端如下：

```
.<flink_home>/bin/flink cancel -s [savepointDirectory] <jobId>
```

- jobId：必选，为要触发保存点并取消作业的 Id。
- savepointDirectory：可选，指定保存保存点数据的目标目录，如果没有指定则使用 <flink_home>/conf/flink-conf.xml 配置文件中配置的路径。

触发保存点并取消 b3e6d0dcdc0af8b2859d9a2aba856bba 作业的示例如下：

```
[root@intsmaze-201 bin]# ./flink cancel -s /home/intsmaze/flink/save/ b3e6d0dcdc0af8b2859d9a2aba856bba
Cancelling job b3e6d0dcdc0af8b2859d9a2aba856bba with savepoint to /home/intsmaze/flink/save/.
Cancelled job b3e6d0dcdc0af8b2859d9a2aba856bba. Savepoint stored in
file:/home/intsmaze/flink/save/savepoint-b3e6d0-65e7166e4d74.
```

不建议移动或删除正在运行作业的最后一个保存点，因为这可能会干扰作业的故障恢复。保存点对 Exactly Once 语义的数据接收器操作符有“副作用”，因此为了具备 Exactly Once 语义，如果在最后一个保存点之后没有检查点，那么保存点将用于作业恢复。

以上是触发保存点常用的命令，关于保存点更多的命令请查阅 10.5 节。

5.4.4 保存点配置

Flink 提供了在<flink_home>/conf/flink-conf.xml 配置文件中通过 state.savepoints.dir 参数配置保存点的默认目录。当对某个有状态操作符的作业触发保存点操作时，此目录将用于存储保存点数据，同时 Flink 也提供了触发保存点操作的命令来指定目标目录以覆盖默认的目标目录。

```
.<flink_home>/bin/flink savepoint <jobId> [savepointDirectory]
```

修改<flink_home>/conf/flink-conf.xml 配置文件：

```
# 默认保存点的目录
state.savepoints.dir: hdfs:///flink/savepoints
```

如果开发者既没有在<flink_home>/conf/flink-conf.xml 配置文件中配置保存点目标目录的默认值，也没有在使用触发保存点操作命令时指定目标目录，则触发作业的保存点操作将失败。

同时需要注意：保存点的目标目录必须是作业管理器和任务管理器都可以访问的位置，例如分布式文件系统中的位置。

5.5 广播状态

通过前面的章节我们已经知道 Flink 对操作符提供有状态的计算，该状态会在作业恢复时分布于操作符的并行子任务之间，使作业的数据一致性没有受到丝毫影响，就像没有发生过宕机和停机一样。

除了有状态的计算，Flink 对操作符还提供了另一种状态即广播状态，引入广播状态的目的是为了支持来自一个数据流的数据有时需要广播到下游操作符的所有并行子任务的业务场景。例如广播状态可以作为一种模式匹配（复杂事件处理）出现，假设有一个低吞吐量的数据流（这里称为广播流），其中包含一组规则（元素对应规则），希望使用该数据流中的元素对来自另一个数据流（这里称为主数据流）中的所有元素进行规则校验。

广播状态与将参数传递给函数的区别在于，将参数传递给函数仅在作业初始化运行时传递一次，且在作业运行中无法更改参数值从而达到更新规则的目的，而对于广播状态，当后续要更改作用于主数据流中元素的规则时，只需要向广播流发送新的规则数据即可。

5.5.1 前置条件

了解了广播状态的业务意义后，下面介绍在流处理程序中引入广播状态特性的前置条件和固定语法。

1. 状态结构类型

与有状态计算可以应用在所有操作符上且可以使用多种类型的状态结构所不同的是，广播状态仅提供 MapState 类型的状态结构，同时仅能用于特定的操作符上。

下面的代码片段创建了一个 MapStateDescriptor 状态描述符来声明广播状态的名称及状态保存的值类型，随后根据 MapStateDescriptor 将一个常规的数据流转换为广播状态的数据流。

```
import org.apache.flink.streaming.api.datastream.BroadcastStream;
import org.apache.flink.api.common.state.MapStateDescriptor;
//创建一个状态描述符，声明状态的Key类型为Long，代表规则的id；Value类型为String，代表规则的描述信息
MapStateDescriptor<Long, String> ruleStateDes = new MapStateDescriptor<>(
            "broadcast-state", Long.class, String.class);

//Rule为自定义POJO类型，ruleStream中的元素代表广播状态中的数据
DataStream<Rule> ruleStream= // [...]

//获取一个具有广播状态的数据流
BroadcastStream<Rule> ruleBroadcastStream = ruleStream.broadcast(ruleStateDes);
```

2. 应用广播状态的操作符

在获得一个BroadcastStream类型的广播流后，下一步就是在主数据流（非广播流）中调用Connect操作符（connect(BroadcastStream)方法）来连接广播流，得到一个BroadcastConnectedStream类型的数据流。这个时候就可以在BroadcastConnectedStream类型的数据流中调用Process操作符来使用广播状态的数据去处理主数据流中的元素。

Process操作符提供两种类型的函数作为参数，该函数包含具体的匹配逻辑。开发者应该选择哪种类型的函数取决于非广播流的数据流类型：

- 如果非广播流是键控的KeyedStream，那么这个函数就是一个KeyedBroadcastProcess-Function。
- 如果非广播流是非键控的DataStream，那么这个函数就是一个BroadcastProcessFunction。

下面的代码片段以非键控的DataStream作为非广播流（主数据流），以上面代码片段的ruleBroadcastStream作为广播流，在非广播流中调用Connect操作符连接广播流，并在连接后的BroadcastConnectedStream数据流中调用Process操作符以应用BroadcastProcessFunction函数。

```
import org.apache.flink.streaming.api.functions.co.BroadcastProcessFunction;
//主数据流（非广播流）
DataStream<String> mainDataStream=// [...]

DataStream<String> output = mainDataStream
                .connect(ruleBroadcastStream)
                .process(
                    //第一个泛型类型为非广播流中元素的类型
                    //第二个泛型类型为广播流中元素的类型
                    //第三个泛型类型为函数返回的结果类型
                    new BroadcastProcessFunction<String, Rule, String>() {
                        //用户定义的匹配逻辑
                    }
                );
```

5.5.2　广播函数

开发者处理广播状态的逻辑是通过继承 BroadcastProcessFunction 或 KeyedBroadcast ProcessFunction 的函数类来实现的，为此开发者需要实现 BroadcastProcessFunction 或 KeyedBroadcast-ProcessFunction 抽象类定义的方法来处理广播状态，并将广播状态应用于主数据流的元素中。

下面是 BroadcastProcessFunction 和 KeyedBroadcastProcessFunction 两个抽象类定义的主要代码片段。

```
package org.apache.flink.streaming.api.functions.co;
public abstract class BroadcastProcessFunction<IN1, IN2, OUT> extends BaseBroadcastProcessFunction {
    public abstract void processElement(IN1 value, ReadOnlyContext ctx, Collector<OUT> out) throws Exception;
    public abstract void processBroadcastElement(IN2 value, Context ctx, Collector<OUT> out) throws Exception;

    ...
}

package org.apache.flink.streaming.api.functions.co;
public abstract class KeyedBroadcastProcessFunction<KS, IN1, IN2, OUT> {
    public abstract void processElement(IN1 value, ReadOnlyContext ctx, Collector<OUT> out) throws Exception;
    public abstract void processBroadcastElement(IN2 value, Context ctx, Collector<OUT> out) throws Exception;
    public void onTimer(long timestamp, OnTimerContext ctx, Collector<OUT> out) throws Exception;

    ...
}
```

由 BroadcastProcessFunction 和 KeyedBroadcastProcessFunction 抽象类的定义我们可以知道，用户定义的函数在继承这两个抽象类中的任意一个时，都需要实现 processBroadcastElement(...)方法来处理广播流中的元素，以及实现 processElement(...)方法来处理非广播流中的元素。同时这两种方法在它们所提供的上下文中是不同的，processElement(...)方法提供的 ReadOnlyContext 上下文对象具有对获取的广播状态的只读访问权限，而 processBroadcastElement(...)方法提供的 Context 上下文对象具有对获取的广播状态的读/写访问权限。

1. BroadcastProcessFunction 抽象类

通过 BroadcastProcessFunction 的源码可以看到 BroadcastProcessFunction 抽象类定义了如下两个方法供开发者实现：

- public abstract void processElement(IN1 value, ReadOnlyContext ctx, Collector<OUT> out)：主数据流（非广播流）中的每个元素都会调用此方法。该方法的 Collector 类型的 out 参数是一个返回结果值的收集器，用于输出零个或多个元素；ReadOnlyContext 类型的 ctx 参数用于查询当前处理时间或事件时间，以及查询和更新本地 Keyed 状态，它具有对广播状态的只读访问权限；参数 value 代表非广播流中的元素。

  ReadOnlyContext 提供如下方法供开发者调用：

  - ReadOnlyBroadcastState<K,V> getBroadcastState(final MapStateDescriptor<K,V> stateDescriptor)：根据指定名称获取广播状态的只读视图；
  - Long timestamp()：获取当前正在处理的元素的时间戳或触发计时器的时间戳；
  - output(final OutputTag<X> outputTag, final X value)：向 OutputTag 标识的侧端输出发送记录；
  - long currentProcessingTime()：返回当前处理时间；
  - long currentWatermark()：返回当前事件时间水印。

- public abstract void processBroadcastElement(IN2 value, Context ctx, Collector<OUT> out)：广播流中的每个元素都会调用此方法。该方法的 Collector 类型的 out 参数是一个返回结果值的收集器，用于输出零个或多个元素；Context 类型的 ctx 参数用于查询当前处理时间或事件时间，以及查询和更新内部广播状态，它具有对广播状态的读/写访问权限；参数 value 代表广播流中的元素。

  Context 提供如下方法供开发者调用：

  - BroadcastState<K,V> getBroadcastState(final MapStateDescriptor<K,V> stateDescriptor)：根据指定名称的获取广播状态；
  - Long timestamp()：获取当前正在处理的元素的时间戳或触发计时器的时间戳；
  - output(final OutputTag<X> outputTag, final X value)：向 OutputTag 标识的侧端输出发送记录；
  - long currentProcessingTime()：返回当前处理时间；
  - long currentWatermark()：返回当前事件时间水印。

2. KeyedBroadcastProcessFunction 抽象类

通过 KeyedBroadcastProcessFunction 的源码可以看到 KeyedBroadcastProcessFunction 抽象类定义了如下三个方法供开发者实现：

- public abstract void processElement(IN1 value, ReadOnlyContext ctx, Collector<OUT> out)：

针对主数据流（非广播流）中的每个元素调用此方法。该方法的 Collector 类型的 out 参数是一个返回结果值的收集器，用于输出零个或多个元素；ReadOnlyContext 类型的 ctx 参数用于查询当前处理时间或事件时间，以及查询和更新本地 Keyed 状态，它具有对广播状态的只读访问权限，此外 ctx 还可以使用 TimerService 来注册计时器和查询时间；参数 value 代表主数据流（非广播流）中的元素。

ReadOnlyContext 提供如下方法供开发者调用：

- TimerService timerService()：获取一个用于查询时间和注册计时器的 TimerService；
- KS getCurrentKey()：获取正在处理的元素的 Key；
- ReadOnlyBroadcastState<K,V> getBroadcastState(final MapStateDescriptor<K,V> stateDescriptor)：根据指定名称获取广播状态的只读视图；
- Long timestamp()：获取当前正在处理的元素的时间戳或触发计时器的时间戳；
- output(final OutputTag<X> outputTag, final X value)：向 OutputTag 标识的侧端输出发送记录；
- long currentProcessingTime()：返回当前处理时间；
- long currentWatermark()：返回当前事件时间水印。

- public abstract void processBroadcastElement(IN2 value, Context ctx, Collector<OUT> out)：广播流中的每个元素都会调用此方法。该方法的 Collector 类型的 out 参数是一个返回结果值的收集器，用于输出零个或多个元素；Context 类型的 ctx 参数用于查询当前处理时间或事件时间，以及查询和更新内部广播状态，它具有对广播状态的读写访问权限；参数 value 代表广播流中的元素。

Context 提供如下方法供开发者调用：

- applyToKeyedState(final StateDescriptor <S, VS> stateDescriptor, final KeyedStateFunction <KS, S> function)：该方法允许注册一个 KeyedStateFunction 函数以应用于状态描述符关联的所有 Key 的状态；
- BroadcastState<K, V> getBroadcastState(final MapStateDescriptor<K, V>stateDescriptor)：根据指定名称获取广播状态；
- Long timestamp()：获取当前正在处理的元素的时间戳或触发计时器的时间戳；
- output(final OutputTag<X> outputTag, final X value)：向 OutputTag 标识的侧端输出发送记录；
- long currentProcessingTime()：返回当前处理时间；
- long currentWatermark()：返回当前事件时间水印。

- public void onTimer(long timestamp, OnTimerContext ctx, Collector<OUT> out)：在使用 TimerService 设置的计时器触发时将调用该方法。该方法的参数 timestamp 是触发计时器的时间戳；OnTimerContext 类型的 ctx 参数允许查询触发计时器的时间戳及查询当前的处理时间或事件时间等；Collector 类型的 out 参数是一个返回结果值的收集器，用于输出零个或多个元素。

  OnTimerContext 类提供的方法如下：

  - TimeDomain timeDomain()：触发计时器的 TimeDomain，即它是事件时间计时器还是处理时间计时器；
  - KS getCurrentKey()：获取触发计时器的 Key；
  - TimerService timerService()：获取一个用于查询时间和注册计时器的 TimerService；
  - KS getCurrentKey()：获取正在处理的元素的键；
  - ReadOnlyBroadcastState<K, V> getBroadcastState(final MapStateDescriptor<K, V> stateDescriptor)：根据指定名称获取广播状态的只读视图；
  - Long timestamp()：获取当前正在处理的元素的时间戳或触发计时器的时间戳；
  - output(final OutputTag<X> outputTag, final X value)：向 OutputTag 标识的侧端输出发送记录；
  - long currentProcessingTime()：返回当前处理时间；
  - long currentWatermark()：返回当前事件时间水印。

因为 KeyedBroadcastProcessFunction 是在 KeyedStream 类型的数据流中运行的，所以它具有 BroadcastProcessFunction 一些不可用的功能。

（1）processElement(...)方法中的 ReadOnlyContext 允许获取一个用于查询时间和注册计时器的 TimerService，该服务允许注册事件时间和/或处理时间计时器。当计时器触发时，将调用函数的 onTimer(...)方法，该方法提供了 OnTimerContext 参数，OnTimerContext 除了具有与 ReadOnlyContext 的相同功能，还可以查询触发的计时器是事件时间还是处理时间，以及获取触发计时器的 Key。

（2）processBroadcastElement(...)方法中的 Context 还提供了一个 applyToKeyedState (StateDescriptor<S, VS> stateDescriptor, KeyedStateFunction<KS, S> function)方法，该方法允许注册一个 KeyedStateFunction 函数应用于所提供的状态描述符关联的所有 Key 的状态。

开发者在实现 KeyedBroadcastProcessFunction 时主要需要实现 processElement(...)和 processBroadcastElement(...)方法对元素进行处理，同时根据业务情况选择是否实现 onTimer(...)方法。关于计时器的详细使用方式见 6.5 节。

5.5.3 代码实现

下面的流处理程序定义了两个数据源函数，CustomSource 数据源函数每隔 1 秒向数据流发送一个类型为 java.util.Date 类型的元素，值为当前发送时间。RuleSource 数据源函数每隔 5 秒向数据流中发送一条日期格式化的规则。

```
//自定义数据源函数，向非广播流输出 java.util.Date 类型的元素
public static class CustomSource implements SourceFunction<Date> {

    @Override
    public void run(SourceContext<Date> ctx) throws InterruptedException {
        while (true) {
            ctx.collect(new Date());
            Thread.sleep(sleep);
        }
    }
}

//自定义数据源函数，向广播流中输出日期格式化规则的元素
public static class RuleSource implements SourceFunction<Tuple2<Integer, String>> {
    //一组日期格式化规则
    private String[] format = new String[]{"yyyy-MM-dd HH:mm", "yyyy-MM-dd HH",
            "yyyy-MM-dd", "yyyy-MM", "yyyy"};

    @Override
    public void run(SourceContext<Tuple2<Integer, String>> ctx) throws Exception {
        while (true) {
            //遍历日期格式化规则数组，每隔 5 秒输出一条日期格式化规则
            for (int i = 0; i < format.length; i++) {
                ctx.collect(new Tuple2<>(1, format[i]));
                Thread.sleep(5000);
            }
        }
    }
}
```

定义好数据源函数后，接着就是将 RuleSource 数据源函数生成的数据流转换为广播流，然后在 CustomSource 数据源函数生成的主数据流（mainStream）中使用 Connect 操作符连接广播流（broadcastStream），在生成的 BroadcastConnectedStream 流中调用 Process 操作符来应用用户定义的 BroadcastProcessFunction 函数对主数据流中的元素进行规则校验。

```
final StreamExecutionEnvironment env = StreamExecutionEnvironment.getExecutionEnvironment();
//设置作业的全局并行度为 2
```

```
env.setParallelism(2);
//自定义数据源函数，每隔 5 秒向发送 1 条规则（元素）到新数据流
DataStream<Tuple2<Integer, String>> ruleStream = env.addSource(new RuleSource());

//自定义数据源函数，每隔 1 秒发送 1 个元素到主数据流
DataStream<Date> mainStream = env.addSource(new CustomSource(1000L));

//声明广播状态的名称及状态保存的值类型，状态的 Key 存储规则的 id，Value 存储规则的描述信息
final MapStateDescriptor<Integer, String> stateDesc = new MapStateDescriptor<>(
        "broadcast-state", Integer.class, String.class
);

//将 ruleStream 数据流转换为一个具有广播状态的数据流
BroadcastStream<Tuple2<Integer, String>> broadcastStream = ruleStream.broadcast(stateDesc);

//在主数据流中调用 Connect 操作符连接广播流，在生成的 BroadcastConnectedStream 数据流中调用 Process
//操作符来应用用户定义的 BroadcastProcessFunction 函数对主数据流中的元素进行规则校验
DataStream<Tuple2<String, String>> result = mainStream.connect(broadcastStream)
        .process(new CustomBroadcastProcessFunction());

result.print("输出结果");
env.execute("BroadcastState Template");
```

用户定义的 BroadcastProcessFunction 函数中的具体逻辑为将主数据（非广播）流中 java.util.Date 类型的元素根据获取广播状态中的规则进行日期格式化，并将格式化后的日期输出到下游的 Print 操作符以打印在标准的输出流中。关于 KeyedBroadcastProcessFunction 函数的使用示例不做过多演示，相关用法可以参考本示例。

```
//用户定义的 BroadcastProcessFunction 函数实现，获取广播状态中的数据以对非广播流中的元素进行规则校验
private static class CustomBroadcastProcessFunction extends
        BroadcastProcessFunction<Date, Tuple2<Integer, String>, Tuple2<String, String>> {

    private transient MapStateDescriptor<Integer, String> descriptor;
    @Override
    public void open(Configuration parameters) throws Exception {
        //声明广播状态的名称及状态保存的值类型
        //要注意必须和 ruleStream.broadcast(stateDesc)中的状态描述符的声明保持一致
        descriptor = new MapStateDescriptor<>(
                "broadcast-state", Integer.class, String.class
        );
    }

    //每个非广播流中的元素都会调用该方法
    @Override
    public void processElement(Date value, ReadOnlyContext ctx,
                Collector<Tuple2<String, String>> out) throws Exception {
```

```
            //获取广播状态中的数据
            String formatRule = "";
            for (Map.Entry<Integer, String> entry :
                    ctx.getBroadcastState(descriptor).immutableEntries()) {
                //判断广播状态中的 Key 是否为 1，为 1 代表是格式化日期的规则
                if (entry.getKey() == 1) {
                    formatRule = entry.getValue();
                }
            }
            //是否获取到格式化日期规则
            if (StringUtils.isNotBlank(formatRule)) {
                String originalDate = new SimpleDateFormat("yyyy-MM-dd HH:mm:ss").format(value);
                //根据广播状态中的格式化日期规则对非广播流中的元素进行日期格式化
                String formatDate = new SimpleDateFormat(formatRule).format(value);
                //向下游操作符输出非广播流中元素应用格式化日期规则后的结果
                out.collect(new Tuple2<>("主数据流元素:" + originalDate, "应用规则后的格式：" +
formatDate));
            }
        }

        //每个广播流中的元素都会调用该方法
        @Override
        public void processBroadcastElement(Tuple2<Integer, String> value, Context ctx,
                        Collector<Tuple2<String, String>> out) throws Exception {
            //根据指定的状态描述符获取广播状态
            BroadcastState<Integer, String> broadcastState = ctx.getBroadcastState (descriptor);
            //将新的规则存入广播状态中以达到更新规则的目的
            broadcastState.put(value.f0, value.f1);
            //可选的，向下游操作符输出广播流中新进的元素
            out.collect(new Tuple2<>("广播状态中新增元素", value.toString()));
        }
    }
```

完整代码见 com.intsmaze.flink.streaming.state.broadcast.BroadcastStateTemplate。

注意：getBroadcastState()中的状态描述符应该与上面 ruleStream.broadcast()中的状态描述符相同，在 processBroadcast()中实现的逻辑必须在所有并行实例中具有相同的确定性行为。

在 IDE 中运行上述程序后，在控制台中可以看如下输出结果：

```
输出结果:1> (广播状态中新增元素,(1,yyyy-MM-dd HH:mm))
输出结果:2> (广播状态中新增元素,(1,yyyy-MM-dd HH:mm))
输出结果:1> (主数据流元素:2020-05-16 18:17:37,应用规则后的格式：2020-05-16 18:17)
输出结果:2> (主数据流元素:2020-05-16 18:17:38,应用规则后的格式：2020-05-16 18:17)
输出结果:1> (主数据流元素:2020-05-16 18:17:39,应用规则后的格式：2020-05-16 18:17)
输出结果:2> (主数据流元素:2020-05-16 18:17:41,应用规则后的格式：2020-05-16 18:17)
输出结果:2> (广播状态中新增元素,(1,yyyy-MM-dd HH))
输出结果:1> (主数据流元素:2020-05-16 18:17:42,应用规则后的格式：2020-05-16 18:17)
```

```
输出结果:1> (广播状态中新增元素,(1,yyyy-MM-dd HH))
输出结果:2> (主数据流元素:2020-05-16 18:17:43,应用规则后的格式: 2020-05-16 18)
输出结果:1> (主数据流元素:2020-05-16 18:17:44,应用规则后的格式: 2020-05-16 18)
```

5.6 调优检查点和大状态

到目前为止，开发者已经可以编写有状态操作符进行流处理程序的开发，本节将讨论针对大状态的需求时如何配置和调优流处理程序（因为流处理程序最终部署在 Flink 集群中运行，所以将在 Flink 集群中运行的流处理程序称为作业）。

5.6.1 监视状态和检查点

在监控作业的检查点时，有两个数字特别值得注意：

- 有状态操作符执行检查点操作的时间：此时间目前未直接公开给开发者，但相当于如下计算逻辑。

```
checkpoint_start_delay = end_to_end_duration - synchronous_duration - asynchronous_duration
```

当触发检查点操作的时间总是很长时，意味着检查点屏障需要很长时间才能从数据源函数传输到操作符，这通常表明作业在持续的背压下运行。

- 对齐期间缓冲的数据量：对于开启了 Exactly Once 语义的检查点，Flink 会在接收多个输入数据流的操作符处对齐数据流，并缓冲一些数据以实现对齐。当存在瞬时的背压，比如数据偏斜或网络问题时，此处指示的数值有时可能会很高。如果数字一直很高，则意味着 Flink 将大量服务器硬件资源用于检查点操作。

5.6.2 调优检查点

检查点操作按作业中配置的间隔定期触发。当一个检查点操作的完成时间比检查点操作间隔的时间长时，要保证正在执行的检查点操作完成之前不会触发下一个检查点操作。默认情况下，当对该作业执行的一个检查点操作仍在运行时，系统不会触发对该作业的另一个检查点操作。

当检查点操作经常花费比间隔更长的时间时（例如状态增长超过了预期计划），这时新的检查点操作会在上一个检查点操作完成时立即启动。这可能意味着太多的系统资源被检查点操作不断地占用，操作符上的处理效率会有所下降。当然这种行为对使用异步检查点操作的作业影响较小，但仍然可能对作业的整体性能产生影响。

为了防止出现这种情况，开发者可以在作业中定义检查点操作之间的最小持续时间：

```
StreamExecutionEnvironment env = StreamExecutionEnvironment.getExecutionEnvironment();
env.getCheckpointConfig().setMinPauseBetweenCheckpoints(milliseconds)
```

此持续时间是从最近的检查点操作结束到下一个检查点操作开始之间必须经过的最小时间间隔。图 5-7～图 5-9 说明了设置了检查点操作之间的最小持续时间后对作业产生的影响。

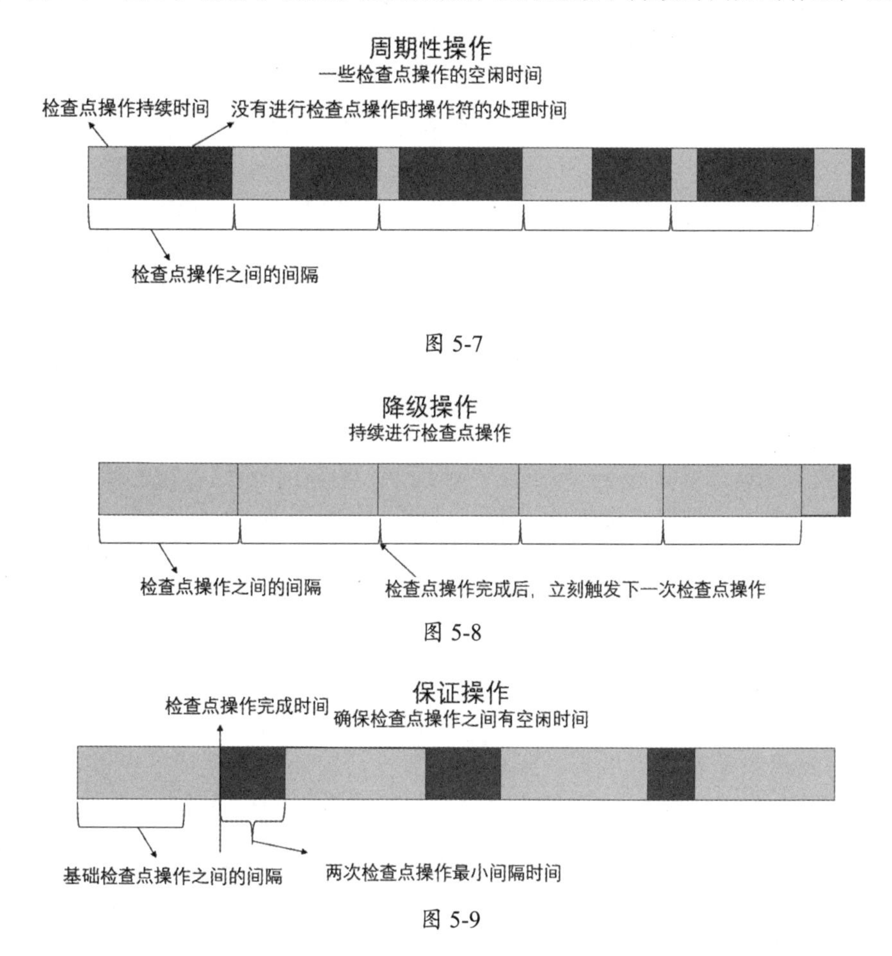

图 5-7

图 5-8

图 5-9

注意：作业中可以配置参数（通过 CheckpointConfig）来允许多个检查点操作同时执行。对于含有较大状态的作业，通常会在检查点操作中占用太多资源。当开发者手动触发保存点操作时，它可能与正在执行的检查点操作同时执行。

5.6.3 使用异步检查点操作

当状态后端使用异步快照时，检查点操作的伸缩性比使用同步快照的状态要好。特别是在具有多个 JOIN、WINDOW 操作的复杂作业中。要使状态能进行异步快照，作业必须做如下两件事：

- 使用由 Flink 管理的状态：托管状态意味着使用 Flink 提供的状态结构。目前只有 Keyed 状态可以进行异步检查点操作。
- 使用支持异步快照的状态后端：在 Flink 1.2 中，只有 RocksDB 状态后端使用完全异步快照。从 Flink 1.3 开始，基于堆的状态后端也支持异步快照。

以上两点表明，大状态通常应该为 Keyed 状态，而不是 Operator 状态。

5.6.4 调优 RocksDB

RocksDB 状态后端的可扩展性可以使其超过主内存的大小，并可靠地存储大型 Keyed 状态。但有一点需要开发者注意，RocksDB 的性能可能会随着配置的不同而变化，而且市面上没有关于如何正确调优 RocksDB 的文档。Flink 当前提供对 RocksDB 的默认配置是针对 SSD 定制的。

1. 增量检查点

与全量检查点相比，增量检查点可以显著减少检查点操作的时间，随之而来的代价是更长的恢复时间。增量检查点的核心思想是，增量检查点只记录对前一个已完成的检查点操作的所有更改记录，而不是在状态后端生成完整的当前快照。也就是说，增量检查点建立在以前检查点的基础上。幸运的是，Flink 利用了 RocksDB 的内部备份机制，这种机制可以随着时间的推移进行自我整合，因此 Flink 中的增量检查点的历史数据不会无限期地增长，旧检查点最终会自动被整合。

强烈建议开发者对采用大型状态的作业使用增量检查点机制，但这是一个新特性，目前默认情况下没有启用增量检查点机制。要使状态后端启用此功能，开发者可以实例化一个 RocksDBStateBackend 并在构造函数中将相应的布尔值设置为 true，例如：

```
import org.apache.flink.contrib.streaming.state.RocksDBStateBackend;
RocksDBStateBackend statebackend = new RocksDBStateBackend(checkpointDataUri, true);
```

2. 将选项传递给 RocksDB

Flink 提供了一个 org.apache.flink.contrib.streaming.state.OptionsFactory 接口，开发者可以通过实现该接口的 createDBOptions(...)和 createColumnOptions(...)方法来定制化配置作业所使用的 RocksDB 参数，然后通过 RocksDBStateBackend 的 setOptions(...)方法将其传入即可。

```
import org.apache.flink.contrib.streaming.state.RocksDBStateBackend;
RocksDBStateBackend rocksDBStateBackend = new RocksDBStateBackend ("hdfs:///home/intsmaze", true);
rocksDBStateBackend.setOptions(new RocksDBOptions());

import org.apache.flink.contrib.streaming.state.OptionsFactory;
```

```
public class RocksDBOptions implements OptionsFactory {

    @Override
    public DBOptions createDBOptions(DBOptions currentOptions) {
        return currentOptions.setIncreaseParallelism(5)
                .setUseFsync(false);
    }

    @Override
    public ColumnFamilyOptions createColumnOptions(ColumnFamilyOptions currentOptions) {
        return currentOptions.setTableFormatConfig(
                new BlockBasedTableConfig()
                        .setBlockCacheSize(256 * 1024 * 1024) // 256 MB
                        .setBlockSize(128 * 1024)); // 128 KB
    }
}
```

3. 预定义的选项

Flink 为采用 RocksDB 作为状态后端的作业提供了 4 种预定义的选项集合来配置 RocksDB：

- PredefinedOptions.SPINNING_DISK_OPTIMIZED_HIGH_MEM；
- PredefinedOptions.SPINNING_DISK_OPTIMIZED；
- PredefinedOptions.DEFAULT；
- PredefinedOptions.FLASH_SSD_OPTIMIZED。

例如下面的代码使用预定义的 PredefinedOptions.SPINNING_DISK_OPTIMIZED_HIGH_MEM 选项集合来配置 RocksDB：

```
import org.apache.flink.contrib.streaming.state.RocksDBStateBackend;
import org.apache.flink.contrib.streaming.state.PredefinedOptions;

RocksDBStateBackend stateBackend = new RocksDBStateBackend("file:///home/intsmaze/", false);
stateBackend.setPredefinedOptions(PredefinedOptions.SPINNING_DISK_OPTIMIZED_HIGH_MEM);
```

观察 org.apache.flink.contrib.streaming.state.PredefinedOptions 类，我们可以看到其中一种选项集合：

```
public enum PredefinedOptions {
    //这些设置将导致 RocksDB 占用大量内存来进行块缓存和压缩。如果遇到与 RocksDB 相关的
    //内存不足问题，则应考虑切换回 SPINNING_DISK_OPTIMIZED 配置选项
    SPINNING_DISK_OPTIMIZED_HIGH_MEM {
        @Override
        public DBOptions createDBOptions() {
            return new DBOptions()
                    .setIncreaseParallelism(4)
                    .setUseFsync(false)
                    .setMaxOpenFiles(-1);
```

```
        }
        @Override
        public ColumnFamilyOptions createColumnOptions() {

            final long blockCacheSize = 256 * 1024 * 1024;
            final long blockSize = 128 * 1024;
            final long targetFileSize = 256 * 1024 * 1024;
            final long writeBufferSize = 64 * 1024 * 1024;

            return new ColumnFamilyOptions()
                    .setCompactionStyle(CompactionStyle.LEVEL)
                    .setLevelCompactionDynamicLevelBytes(true)
                    .setTargetFileSizeBase(targetFileSize)
                    .setMaxBytesForLevelBase(4 * targetFileSize)
                    .setWriteBufferSize(writeBufferSize)
                    .setMinWriteBufferNumberToMerge(3)
                    .setMaxWriteBufferNumber(4)
                    .setTableFormatConfig(
                            new BlockBasedTableConfig()
                                    .setBlockCacheSize(blockCacheSize)
                                    .setBlockSize(blockSize)
                                    .setFilter(new BloomFilter())
                    );
        }
    }
}
```

5.6.5 容量规划

配置开发的流处理程序应该使用多少资源才能可靠地运行是将流处理程序发布到生产环境中必不可少的环节，一般来说容量规划的基本经验和规则如下：

（1）正常作业应具有足够的容量，使其不会在持续的背压下运行。

（2）在作业不会出现运行故障的情况下所需要的资源之外提供多余的资源。这些多余的资源是为了使作业快速处理恢复期间所积累的输入数据。需要多少额外资源取决于作业恢复操作通常需要多长时间（故障转移时需要加载到新任务管理器中的状态大小），以及业务场景要求故障恢复的速度。

（3）临时的背压通常是可以接受的，在负载峰值期间，在追赶累计数据阶段或在与外部系统交互（写入数据接收器）时表现出暂时的减速情况是作业中经常遇到的。

（4）某些操作（比如大型窗口）会给它们的下游操作符带来一个负载峰值：以大型窗口为例，在构建窗口时，下游操作符可能无事可做，而在触发窗口操作后，下游操作符会在一瞬间接收大量数据。规划下游操作符的并行度时需要考虑上游的窗口一次发送多少数据，以及这种负载峰值需要处理多快。

5.6.6　压缩

Flink 为所有检查点和保存点提供了可选的压缩机制（默认是关闭的）。目前压缩机制使用 snappy 压缩算法（1.1.4 版本），在未来 Flink 版本中计划支持自定义压缩算法。检查点和保存点的压缩机制可以通过执行环境的 ExecutionConfig 对象进行激活：

```
import org.apache.flink.streaming.api.environment.StreamExecutionEnvironment

StreamExecutionEnvironment env = StreamExecutionEnvironment.getExecutionEnvironment();
//激活检查点和保存点的压缩机制
env.getConfig().setUseSnapshotCompression(true);
```

压缩选项对增量快照的检查点和保存点没有影响，因为只有 RocksDB 状态后端支持增量快照，因此保存点和检查点的存储格式使用的是 RocksDB 的内部格式，该格式总是使用开箱即用的快速压缩。

第 6 章 流处理高级操作

6.1 窗口

本书统一称 Window 为窗口，本节主要基于处理时间来讲解窗口的各种特性，关于基于事件时间的窗口将在 6.2 节详细讲解。

在 Flink 中，流是一个无界数据集，当开发者需要在流中进行一些聚合运算时，比如每隔一段时间（10 秒）统计最近 30 秒的请求量或者异常次数，然后根据请求或者异常次数采取相应措施。无论从时间还是空间上，在流中做聚合计算都不现实。为了能在流中进行聚合计算，必须将聚合计算回归到有界数据集上，为此 Flink 引入了窗口来作为框定一个有限数据集的界限。窗口是 Flink 为在无限数据集中进行聚合计算而提供的一大核心特性，窗口将一个无限的流拆分成有限大小的“桶”，允许开发者在这些“桶”中做聚合计算。Flink 中的窗口可以是时间驱动的（Time Window），也可以是数据驱动的（Count Window）。

6.1.1 窗口的基本概念

窗口化的流处理程序一般有两种结构，第一种结构基于分组的窗口化数据流，第二种结构基于非分组的窗口化数据流。这两种结构的唯一区别是分组的窗口化数据流调用 KeyBy 操作符和 Window 操作符，而非分组的窗口化数据流仅调用 WindowAll 操作符。

1. 分组的窗口

- Window 操作符：数据流转换为 KeyedStream → WindowedStream

Window 操作符将在已经分区的 KeyedStream 中定义一个窗口，窗口根据某些特征将具有相同 Key 的数据分为一组（例如，最近 5 秒内到达的数据）。

```
stream
      .keyBy(...)               <-  根据指定的 Key 将数据流中的数据进行分区
      .window(...)              <-  必选: "窗口分配器"
     [.trigger(...)]            <-  可选: "窗口触发器"（默认使用各窗口分配器内置的触发器实现）
     [.evictor(...)]            <-  可选: "窗口剔除器"（默认窗口没有剔除器实现）
     [.allowedLateness(...)]    <-  可选: "窗口接收迟到元素的最大时间"（默认为 0）
     [.sideOutputLateData(...)] <-  可选: "侧端输出标签"
     （将窗口中迟到的数据发送到给定 OutputTag 标识的侧端输出，默认窗口中迟到元素没有侧端输出）
      .reduce/aggregate/fold/apply()     <-  必选: "窗口函数"
     [.getSideOutput(...)]      <-  可选: "侧端输出"
     （使用给定的 OutputTag 获取一个 DataStream，其中包含操作符发送到侧端输出的元素）
```

在上面的代码示例中，方括号（[...]）中的参数是可选的，Flink 允许开发者以许多不同的方式定制窗口逻辑，从而使其更适合各种业务需求。

2. 非分组的窗口

- WindowAll 操作符：数据流转换为 DataStream → AllWindowedStream

开发者可以在常规 DataStream 中调用 WindowAll 操作符来定义一个窗口，窗口会根据某些特征对所有流数据进行分组。需要注意的是，在大部分的情况下使用 WindowAll 操作符不是并行转换，所有上游操作符发送的元素都将被收集在 WindowAll 操作符的一个任务中。

```
stream
      .windowAll(...)           <-  必选: "窗口分配器"
     [.trigger(...)]            <-  可选: "窗口触发器"（默认使用各窗口分配器内置的触发器实现）
     [.evictor(...)]            <-  可选: "窗口剔除器"（默认窗口没有剔除器实现）
     [.allowedLateness(...)]    <-  可选: "窗口接收迟到元素的最大时间"（默认为 0）
     [.sideOutputLateData(...)] <-  可选: "侧端输出标签"
     (将窗口中迟到的数据发送到给定 OutputTag 标识的侧端输出，默认窗口中迟到元素没有侧端输出)
      .reduce/aggregate/fold/apply()     <-  必选: "窗口函数"
     [.getSideOutput(...)]      <-  可选: "侧端输出"
     （使用给定的 OutputTag 获取一个 DataStream，其中包含操作符发送到侧端输出的元素）
```

3. 分组窗口与非分组窗口

开发者在数据流中定义一个窗口之前要做的第一件事是指定数据流是否需要被键控，KeyBy 操作符将指定的字段作为 Key 去分组无限数据流得到一个 KeyedStream 类型的数据流，如果不调用 KeyBy 操作符，则表示该数据流不是 KeyedStream。

对于 KeyedStream，原始数据流中元素的任何属性都可以作为 Key 以指定分组方式，使用 KeyedStream 可以允许窗口计算的任务有多个子任务实例并行执行，引用相同 Key 的元素将被发送到相同的并行子任务实例中。

对于非 KeyedStream，原始数据流不会被分割成多个逻辑流，所有的窗口计算将由任务的一个子任务实例执行，即窗口操作符的并行度为 1。

4. 窗口的生命周期

在数据流中定义好一个窗口后，当属于某个窗口的第一个元素到达时，该窗口就会创建，当时间（事件时间或处理时间）超过该窗口的结束时间戳加用户指定的允许延迟时间的总和后，该窗口将被完全删除。

例如使用基于事件时间策略的窗口，假设每隔 5 分钟创建一个不重叠的窗口，并允许归属于某个窗口的元素延迟 1 分钟到达，Flink 将在 12:00 到 12:05 这段时间内第一个元素到达时创建窗口，当时间到达 12:06 后就会移除这个窗口。

此外每个窗口都带有一个 trigger（参见 6.1.4 节）和一个窗口函数 ProcessWindowFunction、ReduceFunction、AggregateFunction 等（参见 6.1.3 节）。窗口函数包含要应用于窗口中元素的计算逻辑，而触发器则是确定窗口何时该被窗口函数处理，触发的策略可能类似于“当窗口中的元素数量超过 4 个”或者“当水印经过窗口末端”等。

除此之外，Flink 还允许开发者指定一个 evictor（参见 6.1.5 节），它能够在触发器触发之后、窗口函数应用于窗口之前和/或之后从窗口中删除某些元素。

5. 准备阶段

为了方便在流处理程序中演示窗口的每个组件，先准备一个自定义的数据源函数，该数据源函数将生成应用于窗口的元素。这里我们定义一个名为 SourceForWindow 的数据源函数类，该类实现了 SourceFunction 接口，这里我们只需要知道该数据源函数将向数据流中发送 Tuple3<String, Integer, String>类型的元素即可。构造 SourceForWindow 对象时，SourceForWindow 类提供了一个构造函数，该构造函数接收 sleepTime 和 stopSession 两个参数，sleepTime 代表数据源函数向数据流发送元素的间隔时间，stopSession 代表数据源函数每发送完一轮字符串数组中的元素后，是否睡眠 10 秒后再重新遍历字符串数组中的元素来向数据流中发送元素。

```
public class SourceForWindow implements SourceFunction<Tuple3<String, Integer, String>> {
    private volatile boolean isRunning = true;

    //发送元素的间隔时间
    private long sleepTime;

    //标识是否所有元素都按 sleepTime 为间隔发送
    private Boolean stopSession=false;
```

```
    public SourceForWindow(long sleepTime,Boolean stopSession) {
        this.sleepTime = sleepTime;
        this.stopSession=stopSession;
    }

    @Override
    public void run(SourceContext<Tuple3<String, Integer, String>> ctx) throws Exception {
        int count=0;
        while (isRunning) {
            //依次遍历数组中的元素
            String word = WORDS[count%WORDS.length];
            String time= TimeUtils.getHHmmss (System.currentTimeMillis());
            //构造向数据流发送的元素，f0 为遍历的数组中的元素，f1 为当前数据源函数发送的元素的数量，f2 为
            //该元素生成的时间，时间格式为 HH:mm:ss
            Tuple3<String, Integer, String> tuple2 = Tuple3.of(word, count, time);
            //向数据流中发送元素
            ctx.collect(tuple2);
            System.out.println("send data :" + tuple2);

            //当 stopSession 为 true 且遍历完一次 WORDS 数组后，睡眠 10 秒后再发送下一个元素，否则睡眠
            //sleepTime 毫秒
            if(stopSession&&count==WORDS.length){
                Thread.sleep(10000);
            }else{
                Thread.sleep(sleepTime);
            }
            count++;
        }
    }

    public static final String[] WORDS = new String[]{
            "intsmaze","intsmaze","intsmaze",
            "intsmaze","intsmaze","java",
            "flink","flink","flink",
            "intsmaze","intsmaze","hadoop",
            ...
    };
}
```

完整代码见 com.intsmaze.flink.streaming.window.source.SourceForWindow。

6.1.2 窗口分配器

在指定数据流是否为键控后（数据流是分组流还是非分组流后），下一步就是定义一个窗口

分配器。通过在 KeyedStream（分组流）中调用 window(...)方法或者在 DataStream（非分组流）中调用 windowAll(...)方法来选择窗口分配器。

窗口分配器负责将每个传入的元素按照某种方式分配给一个或多个窗口。Flink 为最常见的几种应用场景（滚动窗口、滑动窗口、会话窗口和全局窗口）提供了预定义的窗口分配器以简化流处理程序的开发。除了预定义的窗口分配器，还可以通过扩展 org.apache.flink.streaming.api.windowing.assigners.WindowAssigner 抽象类来实现自定义窗口分配器。

所有预定义的窗口分配器中除了全局窗口是基于数据驱动的（根据元素数量来划分窗口），其他类型的窗口都是基于时间驱动的（窗口有一个开始时间戳（包括）和一个结束时间戳（不包括），它们共同描述窗口的大小），这个时间可以是处理时间，也可以是事件时间。关于时间类型的差异，将在 6.2 节讲解，为了方便读者理解窗口，这里以处理时间为例进行演示。

接下来将展示 Flink 的预定义窗口分配器是如何工作的，以及它们在流处理程序中是如何对数据流划分窗口的。图 6-1 中每个圆圈代表数据流中的一个元素，这些元素通过一些 Key 进行分区（在本例中，Key 的值为 user1、user2、user3），横轴显示的是时间进度。

1. Tumbling Window（滚动窗口）

滚动窗口分配器将数据流中的每个元素分配到指定大小的窗口中。滚动窗口有固定的大小，并且各窗口不会出现重叠的情况。例如指定了一个大小为 30 秒的滚动窗口，如图 6-1 所示。

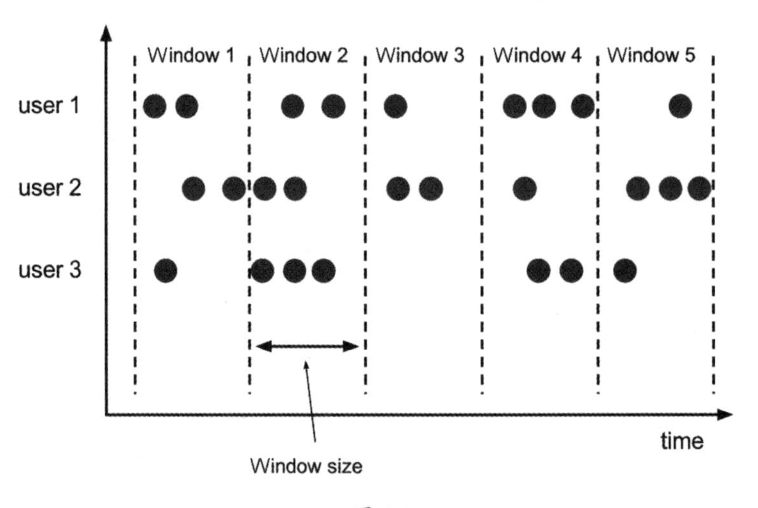

图 6-1

下面的代码片段展示了如何在 KeyedStream 中使用滚动窗口：

```
import org.apache.flink.streaming.api.windowing.time.Time;

DataStream<T> input = // [...];
```

```
input
    .keyBy(...)//根据指定的 Key 对数据流进行分组
    .window(TumblingEventTimeWindows.of(Time.seconds(30)))
    //基于事件时间的滚动窗口，窗口大小为 30 秒
    .<windowed transformation>(<window function>);//窗口函数

input
    .keyBy(...)//根据指定的 Key 对数据流进行分组
    .window(TumblingProcessingTimeWindows.of(Time.seconds(30)))
    //基于处理时间的滚动窗口，窗口大小为 30 秒
    .<windowed transformation>(<window function>);//窗口函数

Input
    .keyBy(...)//根据指定的 Key 对数据流进行分组
    .window(TumblingEventTimeWindows.of(Time.days(1), Time.hours(-8)))
    //基于事件时间的滚动窗口，窗口大小为一天，偏移为-8 小时
    .<windowed transformation>(<window function>);//窗口函数
```

Flink 的 Time 类提供了多种方式来指定窗口的时间间隔，例如以毫秒为单位间隔（Time.milliseconds(x)），以秒为单位间隔（Time.seconds(x)），以分钟为单位间隔（Time.minutes(x)），等等。

同时滚动窗口分配器还接收一个可选的偏移参数用于更改窗口的对齐方式。以窗口大小为 1 小时的窗口为例，如果没有指定偏移参数，则滚动窗口将与时间纪元对齐，也就是说，将得到如下时间间隔的窗口：1:00:00.000～1:59:59.999，2:00:00.000～2:59:59.999……如果想改变窗口的对齐方式，则可以给定一个偏移量，比如指定了一个 15 分钟的偏移量，将得到如下时间间隔的窗口：1:15:00.000～2:14:59.999，2:15:00.000～3:14:59.999……偏移量的一个重要作用是将窗口调整到 UTC 以外的时区，在中国则必须指定 Time.hours(-8)的偏移量。

代码演示

下面的代码将使用“准备阶段”中 SourceForWindow 数据源函数类作为流处理程序的数据源，设置该数据源函数发送元素的频率为每隔 1 秒发送一个类型为 Tuple3<String, Integer, String> 的元素，随后将元素的 f0 字段对数据流中的元素进行分组，在分组的流中使用基于处理时间的滚动窗口，设置窗口的大小为 3 秒，随后在窗口中简单应用 sum 窗口函数，对窗口内所有元素的 f1 字段进行求和计算并将求和结果输出到下游的 Print 操作符以打印到标准的输出流中。

```
...
//自定义数据源函数，并指定向数据流中发送元素的间隔为 1000 毫秒
DataStream<Tuple3<String, Integer, String>> streamSource =
    env.addSource(new SourceForWindow(1000,false));

//将数据流中元素的 f0 字段作为 Key 对数据流进行分组
```

```
KeyedStream<Tuple3<String, Integer, String>, Tuple> keyedStream = streamSource.keyBy("f0");

WindowedStream<Tuple3<String, Integer, String>, Tuple, TimeWindow> windowedStream =keyedStream
    //基于处理时间的滚动窗口，窗口大小为 3 秒
    .window(TumblingProcessingTimeWindows.of(Time.seconds(3)));

//对窗口中元素的 f1 字段进行求和
DataStream<Tuple3<String, Integer, String>> sum = windowedStream.sum("f1");

sum.print("窗口中元素求和结果");
...
```

完整代码见 com.intsmaze.flink.streaming.window.process.windows.WindowsTemplate。

在 IDE 中运行上述程序，不同时间运行程序输出的结果是不同的，在控制台中可以看到如下一种可能的输出信息：

```
send data :(intsmaze,0,时间:19:59:57)
send data :(intsmaze,1,时间:19:59:58)
send data :(intsmaze,2,时间:19:59:59)
窗口中元素求和结果:3> (intsmaze,3,时间:19:59:57)
send data :(intsmaze,3,时间:20:00:00)
send data :(intsmaze,4,时间:20:00:01)
send data :(java,5,时间:20:00:02)
窗口中元素求和结果:3> (intsmaze,7,时间:20:00:00)
窗口中元素求和结果:2> (java,5,时间:20:00:02)
...
```

2. Sliding Window（滑动窗口）

滑动窗口分配器将每个元素分配到指定大小的窗口中。与滚动窗口分配器类似，窗口的大小由 Time 参数配置。除此之外，滑动窗口分配器还提供一个参数用于控制滑动窗口的滑动间隙。

例如指定一个大小为 10 秒的窗口，它每 5 秒滑动一次，这样每 5 秒就会得到一个包含过去 10 秒内到达元素的窗口，如图 6-2 所示。

如果滑动窗口的滑动间隙小于滑动窗口的大小，那么滑动窗口就会重叠，在这种情况下，一个元素可能会被分配给多个窗口。

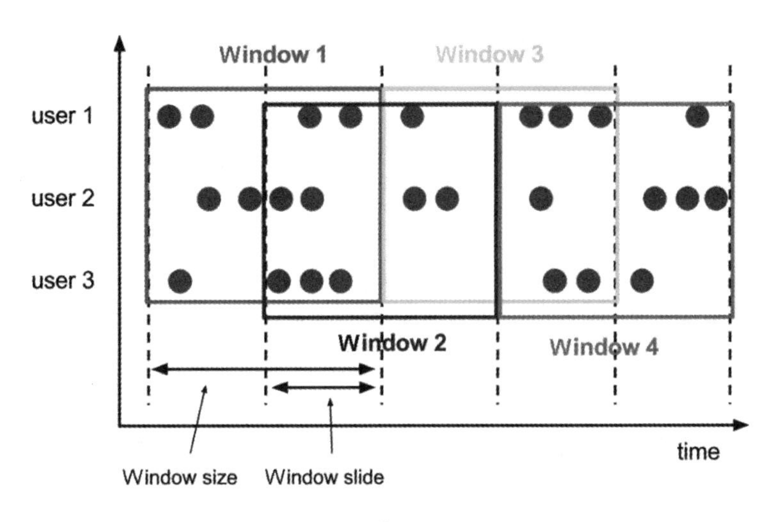

图 6-2

下面的代码片段展示了如何在 KeyedStream 中使用滑动窗口：

```
import org.apache.flink.streaming.api.windowing.time.Time;

DataStream<T> input = // [...];

input
    .keyBy(...)//根据指定的 Key 对数据流进行分组
    .window(SlidingEventTimeWindows.of(Time.seconds(10), Time.seconds(5)))
    //基于事件时间的滑动窗口，窗口大小为 10 秒，滑动间隙为 5 秒
    .<windowed transformation>(<window function>);//窗口函数

input
    .keyBy(...)//根据指定的 Key 对数据流进行分组
    .window(SlidingProcessingTimeWindows.of(Time.seconds(10), Time.seconds(5)))
    //基于处理时间的滑动窗口，窗口大小为 10 秒，滑动间隙为 5 秒
    .<windowed transformation>(<window function>);//窗口函数

input
    .keyBy(<Key selector>)//根据指定的 Key 对数据流进行分组
    .window(SlidingProcessingTimeWindows.of(Time.hours(12), Time.hours(1), Time.hours(-8)))
    //基于处理时间的滑动窗口，窗口大小为 1 天，滑动间隙为 1 小时，偏移为-8 小时
    .<windowed transformation>(<window function>);//窗口函数
```

滑动窗窗口分配器还接收一个可选的偏移参数用于更改窗口的对齐方式。以窗口大小为 1 小时、滑动间隙为 30 分区的窗口为例，如果没有指定偏移参数，则滚动窗口将与时间纪元对齐，也就是说，将得到划分如下时间间隔的窗口：1:00:00.000～1:59:59.999，1:30:00.000～2:29:59.999……等等。如果想改变窗口的对齐方式，则可以指定一个偏移量，比如指定了一个 15 分钟的偏移量，

将得到如下时间间隔的窗口：1:15:00.000～2:14:59.999，1:45:00.000～2:44:59.999……

代码演示

这里仍沿用“滚动窗口分配器”中的计算逻辑，不同的是在分组的流中使用基于处理时间的滑动窗口，设置窗口的大小为 5 秒，滑动的间隙为 3 秒。

```
...
//自定义数据源函数，并指定向数据流中发送元素的间隔为 1000 毫秒
DataStream<Tuple3<String, Integer, String>> streamSource =
     env.addSource (new SourceForWindow(1000,false));

//将数据流中元素的 f0 字段作为 Key 对数据流进行分组
KeyedStream<Tuple3<String, Integer, String>, Tuple> keyedStream = streamSource.keyBy("f0");

WindowedStream<Tuple3<String, Integer, String>, Tuple, TimeWindow> windowedStream =keyedStream
    //基于处理时间的滑动窗口，窗口大小为 5 秒，滑动间隙为 3 秒
    .window(SlidingProcessingTimeWindows.of(Time.seconds(5),Time.seconds(3)));

//对窗口中元素的 f1 字段进行求和
DataStream<Tuple3<String, Integer, String>> sum = windowedStream.sum("f1");

sum.print("窗口中元素求和结果");
...
```

完整代码见 com.intsmaze.flink.streaming.window.process.windows.WindowsTemplate。

在 IDE 中运行上述程序，不同时间运行程序输出的结果是不同的，在控制台中可以看到如下一种可能的输出信息。读者可能注意到元素“(intsmaze,1,时间:20:12:25)”的 f1 字段同时作用在两个窗口的求和结果中，窗口计算的结果分别为“窗口中元素求和结果:3> (intsmaze,1,时间:20:12:24)”和“窗口中元素求和结果:3> (intsmaze,10,时间:20:12:24)”，这也就说明了滑动窗口存在重叠的情况且同一个元素也可能位于多个窗口中。

```
send data :(intsmaze,0,时间:20:12:24)
send data :(intsmaze,1,时间:20:12:25)
窗口中元素求和结果:3> (intsmaze,1,时间:20:12:24)
send data :(intsmaze,2,时间:20:12:26)
send data :(intsmaze,3,时间:20:12:27)
send data :(intsmaze,4,时间:20:12:28)
窗口中元素求和结果:3> (intsmaze,10,时间:20:12:24)
send data :(java,5,时间:20:12:29)
send data :(flink,6,时间:20:12:30)
send data :(flink,7,时间:20:12:31)
窗口中元素求和结果:3> (intsmaze,7,时间:20:12:27)
窗口中元素求和结果:2> (java,5,时间:20:12:29)
```

```
窗口中元素求和结果:10> (flink,13,时间:20:12:30)
...
```

3. Session Window（会话窗口）

会话窗口分配器根据活动的会话对元素进行分组，与滚动窗口和滑动窗口相反，会话窗口既不会重叠，也没有固定的开始时间和结束时间。

当会话窗口在一段时间内没有收到元素时，它就会关闭。会话窗口分配器既可以配置静态会话间隙，也可以通过会话间隙提取器函数来配置动态会话间隙，该函数定义不活动间隙的长度。

例如指定一个会话间隔（不活动间隙）为 30 秒的窗口，当窗口连续 30 秒没有收到一个元素时，当前窗口将关闭，并将数据流中的后续元素分配给新的会话窗口，如图 6-3 所示。

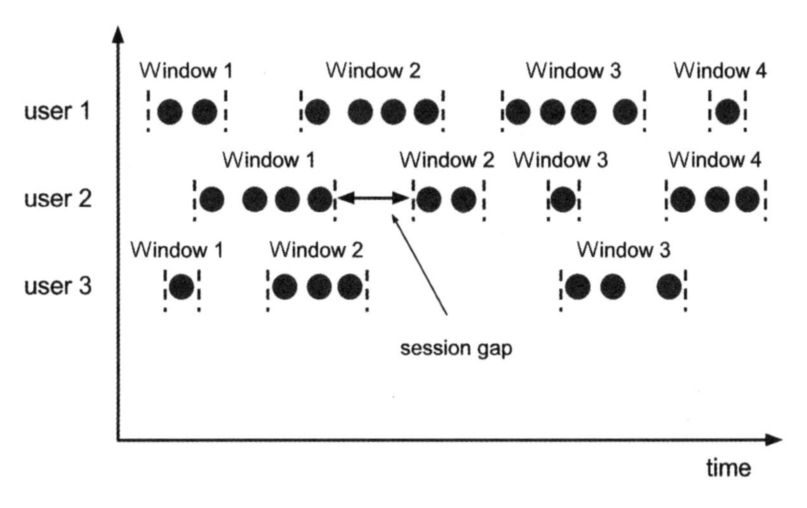

图 6-3

下面的代码片段展示了如何在 KeyedStream 中使用会话窗口：

```
import org.apache.flink.streaming.api.windowing.time.Time;

DataStream<T> input = // [...];

input
    .keyBy(...)//根据指定的 Key 对数据流进行分组
    //使用静态间隙的基于事件时间的会话窗口，间隔时间为 10 分钟
    .window(EventTimeSessionWindows.withGap(Time.minutes(10)))
    .<windowed transformation>(<window function>);//窗口函数

input
    .keyBy(...)//根据指定的 Key 对数据流进行分组
```

```
    //使用动态间隙的基于事件时间的会话窗口
    .window(EventTimeSessionWindows.withDynamicGap(new SessionWindowTimeGapExtractor() {
            @Override
            public long extract(Object element) {
                return //确定并返回会话间隔
            }
        }))
    .<windowed transformation>(<window function>);//窗口函数


input
    .keyBy(...)//根据指定的 Key 对数据流进行分组
    //使用静态间隙的基于处理时间的会话窗口，间隔时间为 10 分钟
    .window(ProcessingTimeSessionWindows.withGap(Time.minutes(10)))
    .<windowed transformation>(<window function>);//窗口函数

input
    .keyBy(...)//根据指定的 Key 对数据流进行分组
    //使用动态间隙的基于处理时间的会话窗口
    .window(ProcessingTimeSessionWindows.withDynamicGap(new SessionWindowTimeGapExtractor() {
            @Override
            public long extract(Object element) {
                return //确定并返回会话间隔
            }
        }))
    .<windowed transformation>(<window function>);//窗口函数
```

动态间隙是通过实现 SessionWindowTimeGapExtractor 接口来指定的。

由于会话窗口没有固定的开始时间和结束时间，因此对它们的评估不同于滚动和滑动窗口。在 Flink 的内部实现中，会话窗口操作符为每个到达的记录创建一个新窗口，如果它们彼此之间的距离比定义的间隔更近，则将它们合并在一起。为了能够合并，会话窗口操作符还需要合并触发器和窗口函数，例如 ReduceFunction、AggregateFunction 或 ProcessWindowFunction。

代码演示

这里仍沿用“滚动窗口分配器”中的计算逻辑，不同的是每当数据源函数遍历完一次数组后，休眠 10 秒再进行下一轮遍历数组中的元素的操作，同时在分组的流中使用基于处理时间的会话窗口，设置窗口的不活跃间隙为 8 秒。

```
...
 //自定义数据源函数，并指定向数据流中发送元素的间隔为 1000 毫秒，同时指定每遍历完一次字符数组后休眠 10 秒，
 //再进行下一轮遍历字符数组中的元素的操作
DataStream<Tuple3<String, Integer, String>> streamSource =
      env.addSource(new SourceForWindow(1000,true));
```

```
//将数据流中元素的 f0 字段作为 Key 对数据流进行分组
KeyedStream<Tuple3<String, Integer, String>, Tuple> keyedStream = streamSource.keyBy("f0");

WindowedStream<Tuple3<String, Integer, String>, Tuple, TimeWindow> windowedStream = keyedStream
        //使用静态间隙的基于处理时间的会话窗口，间隔时间为 8 秒
        .window(ProcessingTimeSessionWindows.withGap(Time.seconds(8)));

//对窗口中元素的 f1 字段进行求和
DataStream<Tuple3<String, Integer, String>> sum = windowedStream.sum("f1");

sum.print("窗口中元素求和结果");
...
```

完整代码见 com.intsmaze.flink.streaming.window.process.windows.WindowsTemplate。

在 IDE 中运行上述程序，不同时间运行程序输出的结果是不同的，在控制台中可以看到如下一种可能的输出信息。这里我们以 Key 为“java”的元素为例，当该元素进入窗口后，超过 8 秒以上没有相同分组的元素进入同一窗口后才触发该元素所在窗口中的窗口函数的计算，我们可以看到输出结果“窗口中元素求和结果:2> (java,5,时间:20:26:35)”。

```
...
send data :(java,5,时间:20:26:35)
send data :(flink,6,时间:20:26:36)
send data :(flink,7,时间:20:26:37)
send data :(flink,8,时间:20:26:38)
send data :(intsmaze,9,时间:20:26:39)
send data :(intsmaze,10,时间:20:26:40)
send data :(hadoop,11,时间:20:26:41)
send data :(hadoop,12,时间:20:26:42)
send data :(spark,13,时间:20:26:43)
窗口中元素求和结果:2> (java,5,时间:20:26:35)
send data :(intsmaze,14,时间:20:26:44)
窗口中元素求和结果:10> (flink,21,时间:20:26:36)
...
```

4. Global Window（全局窗口）

Flink 中的窗口既可以是时间驱动的（Time Window），比如上面介绍的三种窗口分配器生成的窗口，也可以是数据驱动的（Count Window），比如此处要介绍的全局窗口。全局窗口分配器将具有相同 Key 的所有元素分配给同一个全局窗口。要使全局窗口模式可用，还必须为该窗口指定触发器，否则全局窗口将不执行任何计算，这是因为全局窗口没有可以处理聚合元素的自然终点。关于触发器的详细内容将在后面讲解，这里主要演示如何使用全局窗口分配器来生成窗口。例如指定一个大小为 3 个元素的窗口，每当窗口中的元素数量达到 3 个就会开启一个新的窗口，如图 6-4 所示。

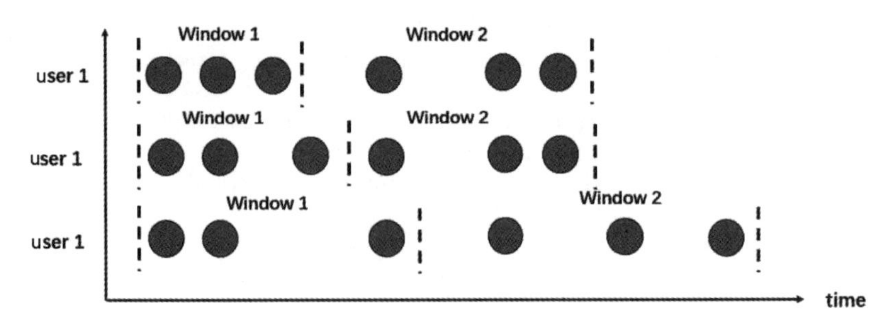

图 6-4

下面的代码片段展示了如何在 KeyedStream 中使用全局窗口：

```
DataStream<T> input = // [...];
input
    .keyBy(...)//根据指定的 Key 对数据流进行分组
    .window(GlobalWindows.create())//为窗口分配全局窗口分配器
    .<windowed transformation>(<window function>);//窗口函数
```

代码演示

这里仍沿用"滚动窗口分配器"中的计算逻辑，不同的是在分组的流中使用全局窗口，为了使全局窗口能够被触发计算，这里使用 Flink 提供的预定义的基于数量的触发器，窗口中的元素每达到 3 个就触发窗口函数对窗口内元素的计算。

```
...
//自定义数据源函数，并指定向数据流中发送元素的间隔为 1000 毫秒
DataStream<Tuple3<String, Integer, String>> streamSource =
    env.addSource(new SourceForWindow(1000,false));

//将数据流中元素的 f0 字段作为 Key 对数据流进行分组
KeyedStream<Tuple3<String, Integer, String>, Tuple> keyedStream = streamSource.keyBy("f0");

WindowedStream<Tuple3<String, Integer, String>, Tuple, GlobalWindow> windowedStream = keyedStream
    .window(GlobalWindows.create())//为窗口分配全局窗口分配器
    .trigger(CountTrigger.of(3));//一旦窗口中的元素数量为 3 就会触发窗口函数对窗口进行计算

//对窗口中元素的 f1 字段进行求和
DataStream<Tuple3<String, Integer, String>> sum = windowedStream.sum("f1");

sum.print("窗口中元素求和结果");
...
```

在 IDE 中运行上述程序，不同时间运行程序输出的结果是不同的，在控制台中可以看到如下一种可能的输出信息。

```
send data :(intsmaze,0,时间:20:36:53)
send data :(intsmaze,1,时间:20:36:54)
send data :(intsmaze,2,时间:20:36:55)
窗口中元素求和结果:3> (intsmaze,3,时间:20:36:53)
send data :(intsmaze,3,时间:20:36:56)
send data :(intsmaze,4,时间:20:36:57)
send data :(java,5,时间:20:36:58)
send data :(flink,6,时间:20:36:59)
send data :(flink,7,时间:20:37:00)
send data :(flink,8,时间:20:37:01)
窗口中元素求和结果:10> (flink,21,时间:20:36:59)
send data :(intsmaze,9,时间:20:37:02)
窗口中元素求和结果:3> (intsmaze,19,时间:20:36:53)
```

6.1.3 窗口函数

在定义好窗口分配器生成窗口后，接下来就需要为每个窗口指定要在该窗口中执行的计算策略。这就是窗口函数的职责，一旦系统确定一个窗口已准备好进行处理，窗口函数将用于处理每个（可能是键控的）窗口中的元素。

Flink 中可用的窗口函数有 ReduceFunction、AggregateFunction、FoldFunction 或 ProcessWindowFunction/ProcessAllWindowFunction。其中 ReduceFunction 和 AggregateFunction 这两个窗口函数可以以更高效的方式执行，因为 Flink 在每个窗口中增量地对到达的元素执行聚合操作，而 ProcessWindowFunction/ProcessAllWindowFunction 窗口函数无法像其他窗口函数那样高效地执行，因为 Flink 在调用该窗口函数之前必须在内部缓冲该窗口中的所有元素。针对 ProcessWindowFunction/ProcessAllWindowFunction 窗口函数这种情况，Flink 提供了将 ProcessWindowFunction/ProcessAllWindowFunction 与 ReduceFunction、AggregateFunction 或 FoldFunction 进行组合的方式以实现窗口元素的增量聚合的解决方案。

1. ReduceFunction

Reduce 操作符应用用户定义的 ReduceFunction 窗口函数将一个窗口内的元素组合为单个值，而且总是将两个元素合并为一个元素，具体细节为将上一个合并过的值和当前输入的元素结合，产生新的值并发出。ReduceFunction 窗口函数会连续应用于同一个窗口内的所有值，直到仅剩一个值为止。

```
windowedStream.reduce(ReduceFunction<T> function)
```

- 数据流转换：WindowedStream → DataStream 或 AllWindowedStream → DataStream

下面是一个应用 ReduceFunction 窗口函数的简单实现，该窗口函数将计算每一个窗口中的元素并返回每一个窗口中 f1 字段值最小的那一个元素（元素类型为 Tuple3<String, Integer,

String>)。这里使用“准备阶段”中的 SourceForWindow 数据源函数类作为流处理程序的数据源，设置该数据源函数发送元素的频率为每隔 1 秒发送 1 个类型为 Tuple3<String, Integer, String>的元素，随后根据元素的 f0 字段对数据流中的元素进行分组，在分组的数据流中使用基于处理时间的滚动窗口，设置窗口的大小为 5 秒。

```
final StreamExecutionEnvironment env = StreamExecutionEnvironment.getExecutionEnvironment();

//自定义数据源函数，并指定向数据流中发送元素的间隔为 1000 毫秒
DataStream<Tuple3<String, Integer, String>> streamSource =
    env.addSource(new SourceForWindow(1000,false));

//将数据流中元素的 f0 字段作为 Key 对数据流进行分组
 DataStream<Tuple3<String, Integer, String>> reduce = streamSource.keyBy("f0")
        //基于处理时间的滚动窗口，窗口大小为 5 秒
        .window(TumblingProcessingTimeWindows.of(Time.seconds(5)))
        //对该窗口应用 ReduceFunction 窗口函数，输出每个窗口中 f1 字段值最小的元素
        .reduce((new ReduceFunction<Tuple3<String, Integer, String>>() {
            @Override
            public Tuple3<String, Integer, String> reduce(Tuple3<String, Integer, String> value1,
                                                    Tuple3<String, Integer, String> value2) {
                return value1.f1 > value2.f1 ? value2 : value1;
            }
        }));

 reduce.print("输出结果");
 env.execute("WindowReduceTemplate");
```

完整代码见 com.intsmaze.flink.streaming.window.process.WindowReduceTemplate。

在 IDE 中运行上述程序，不同时间运行程序输出的结果是不同的，在控制台中可以看到如下一种可能的输出信息：

```
send data :(intsmaze,0,时间:19:33:43)
send data :(intsmaze,1,时间:19:33:44)
输出结果:3> (intsmaze,0,时间:19:33:43)
send data :(intsmaze,2,时间:19:33:45)
send data :(intsmaze,3,时间:19:33:46)
send data :(intsmaze,4,时间:19:33:47)
send data :(java,5,时间:19:33:48)
send data :(flink,6,时间:19:33:49)
输出结果:2> (java,5,时间:19:33:48)
输出结果:10> (flink,6,时间:19:33:49)
输出结果:3> (intsmaze,2,时间:19:33:45)
```

2. FoldFunction

Fold 操作符应用用户定义的 FoldFunction 窗口函数指定如何将窗口的输入元素与输出类型的元素进行组合，添加到窗口中的第一个元素将与输出类型的预定义的初始值进行组合。用户

定义 FoldFunction 窗口函数的核心逻辑是将输入值和当前输出类型的值组合为一个指定输出类型的值，FoldFunction 窗口函数会连续应用于同一个窗口内的所有值，直到仅剩一个值为止。

```
windowedStream.fold(R initialValue,FoldFunction<T> function)
```

- 数据流转换：WindowedStream → DataStream 或 AllWindowedStream → DataStream

下面是一个应用 FoldFunction 窗口函数的简单实现，该窗口函数将每一个窗口中所有元素的 f1 字段拼接为一个字符串作为计算结果输出，并指定输出结果的字符串前缀为“start”。这里仍沿用“ReduceFunction 窗口函数”中的窗口分配器逻辑，不同的是在窗口上应用 FoldFunction 窗口函数进行窗口逻辑计算。

```
final StreamExecutionEnvironment env = StreamExecutionEnvironment.getExecutionEnvironment();

//自定义数据源函数，并指定向数据流中发送元素的间隔为 1000 毫秒
DataStream<Tuple3<String, Integer, String>> streamSource =
      env.addSource(new SourceForWindow(1000));

//将数据流中元素的 f0 字段作为 Key 对数据流进行分组
 DataStream<Tuple3<String, Integer, String>> fold = streamSource.keyBy("f0")
         //基于处理时间的滚动窗口，窗口大小为 5 秒
         .window(TumblingProcessingTimeWindows.of(Time.seconds(5)))
         //对该窗口应用 FoldFunction 窗口函数，将窗口内所有元素的 f1 字段拼接为一个字符串作为计算结果输出，
         //同时指定 FoldFunction 函数输出类型的预定义初始值为 start
        .fold("start", new FoldFunction<Tuple3<String, Integer, String>, String>() {
            @Override
            public String fold(String accumulator, Tuple3<String, Integer, String> value) {
                accumulator = accumulator + "--" + value.f1;
                return accumulator;
            }
        });

fold.print("输出结果");
env.execute("WindowFoldTemplate");
```

完整代码见 com.intsmaze.flink.streaming.window.process.WindowFoldTemplate。

在 IDE 中运行上述程序，不同时间运行程序输出的结果是不同的，在控制台中可以看到如下一种可能的输出信息：

```
send data :(intsmaze,0,时间:23:03:03)
send data :(intsmaze,1,时间:23:03:04)
输出结果:3> start--0
send data :(intsmaze,2,时间:23:03:06)
send data :(intsmaze,3,时间:23:03:07)
send data :(intsmaze,4,时间:23:03:08)
```

```
send data :(java,5,时间:23:03:09)
输出结果:2> start--5
输出结果:3> start--1--2--3--4
...
```

3. AggregateFunction

Aggregate 操作符应用用户定义的 AggregateFunction 窗口函数对窗口内的元素进行聚合计算。AggregateFunction 是 ReduceFunction 的广义版本，它有三种类型：输入类型（汇总值的类型，IN）、累加器类型（中间聚合状态，ACC）和输出类型（汇总结果的类型，OUT）。相比 ReduceFunction 窗口函数，AggregateFunction 窗口函数可以为聚合计算的输入值、中间聚合值和结果值使用不同的类型，以支持更广泛的聚合类型。

```
windowedStream.aggregate(AggregateFunction<T, ACC, R> function)
```

- 数据流转换：WindowedStream → DataStream 或 AllWindowedStream → DataStream

Flink 允许开发者通过实现 org.apache.flink.api.common.functions.AggregateFunction 接口来定义自己的聚合窗口函数的实现，以丰富开发者窗口的逻辑。

AggregateFunction 接口通过以下四个方法来定义聚合窗口函数：

- ACC createAccumulator()：该方法将创建一个新的累加器以执行一个新的聚合操作。除非通过 add(...)方法添加值，否则创建新的累加器通常是没有意义的，累加器是正在执行聚合操作中的状态。
- ACC add(IN value, ACC accumulator)：该方法将给定的输入值添加到给定的累加器中，并返回新的累加器值。
- OUT getResult(ACC accumulator)：该方法将从累加器中获取聚合的结果。
- ACC merge(ACC a, ACC b)：该方法将合并两个累加器，返回一个具有合并状态的累加器。该方法可以重用任何给定的累加器作为合并的目标并返回。

AggregateFunction 窗口函数的中间聚合状态称为累加器，将要存入的值通过 add(...)方法添加到累加器中，并通过 getResult(...)方法获得最终确定的累加器以获得最终的结果。AggregationFunction 窗口函数本身是无状态的，为了允许单个 AggregationFunction 实例维护多个聚合状态（例如每个 Key 对应一个聚合操作），无论何时启动新的聚合操作，AggregationFunction 窗口函数都会创建一个新的累加器。与 ReduceFunction 窗口函数相同，Flink 将在输入元素到达窗口时递增地聚合它们。

下面是一个简单的 AggregateFunction 的实现，它使用 AverageAccumulator 类作为累加器，统计一个窗口内元素的个数，以及对元素的某个字段进行累计求和。这里仍沿用“ReduceFunction 窗口函数”中的窗口分配器逻辑，不同的是在窗口上应用 AggregateFunction 窗口函数进行窗口逻辑计算。

```
final StreamExecutionEnvironment env = StreamExecutionEnvironment.getExecutionEnvironment();

//自定义数据源函数，并指定向数据流中发送元素的间隔为 1000 毫秒
DataStream<Tuple3<String, Integer, String>> streamSource =
        env.addSource(new SourceForWindow(1000,false));

//将数据流中元素的 f0 字段作为 Key 对数据流进行分组
 DataStream<Tuple3<String, Integer, String>> aggregate = streamSource.keyBy("f0")
         //基于处理时间的滚动窗口，窗口大小为 5 秒
         .window(TumblingProcessingTimeWindows.of(Time.seconds(5)))
         //对该窗口应用 AggregateFunction 窗口函数
         .aggregate(new Average());

aggregate.print("输出结果");
env.execute("CustomWindowAggregateTemplate");

//累加器对象
public class AverageAccumulator {

    private String word;

    private long count;

    private long sum;

    ...//get、set 方法
}

public class Average implements AggregateFunction<Tuple3<String, Integer, String>, AverageAccumulator, AverageAccumulator> {

    //创建一个初始状态的累加器对象
    @Override
    public AverageAccumulator createAccumulator() {
        return new AverageAccumulator();
    }

    //将进入窗口的元素添加进该窗口的累加器对象中
    @Override
    public AverageAccumulator add(Tuple3<String, Integer, String> value, AverageAccumulator acc) {
        acc.setWord(value.f0);
        acc.setSum(acc.getSum() + value.f1); //对进入窗口的元素的 f1 字段进行求和
        acc.setCount(acc.getCount() + 1); //统计进入窗口的元素的个数
        return acc;
    }
```

```
        //返回窗口函数计算的结果
        @Override
        public AverageAccumulator getResult(AverageAccumulator acc) {
            return acc;
        }

        @Override
        public AverageAccumulator merge(AverageAccumulator a, AverageAccumulator b) {
            //将两个窗口中累加器对象的 count 字段进行相加
            a.setCount(a.getCount() + b.getCount());
            //将两个窗口中累加器对象的 sum 字段进行相加
            a.setSum(a.getSum() + b.getSum());
            return a;
        }
    }
```

完整代码见 com.intsmaze.flink.streaming.window.process.CustomWindowAggregateTemplate。

在 IDE 中运行上述程序，不同时间运行程序输出的结果是不同的，在控制台中可以看到如下一种可能的输出信息：

```
send data :(intsmaze,0,时间:19:37:14)
输出结果:3> AverageAccumulator{word='intsmaze', count=1, sum=0}
send data :(intsmaze,1,时间:19:37:15)
send data :(intsmaze,2,时间:19:37:16)
send data :(intsmaze,3,时间:19:37:17)
send data :(intsmaze,4,时间:19:37:18)
send data :(java,5,时间:19:37:19)
输出结果:3> AverageAccumulator{word='intsmaze', count=4, sum=10}
输出结果:2> AverageAccumulator{word='java', count=1, sum=5}
```

为了简化开发者对 AggregateFunction 窗口函数的使用，Flink 提供了一系列预定义实现的逻辑，可以对一个窗口内的元素进行求和、求最大值或最小值等：

```
windowedStream.sum(0)
windowedStream.sum("key")
windowedStream.min(0)
windowedStream.min("key")
windowedStream.max(0)
windowedStream.max("key")
windowedStream.minBy(0)
windowedStream.minBy("key")
windowedStream.maxBy(0)
windowedStream.maxBy("key")
```

Sum 操作符对窗口中元素指定的字段进行求和，Min 操作符返回同一个窗口中指定字段的最小值，而 MinBy 操作符返回同一个窗口中指定字段中具有最小值的元素，关于 Min 和 MinBy、Max 和 MaxBy 的区别可见 4.2.6 节中的示例。关于 AggregateFunction 内置逻辑的实现在前面的“窗口分配器”中已经进行了演示，这里不再演示。

4. ProcessWindowFunction 和 ProcessAllWindowFunction

Process 操作符应用用户定义的 ProcessWindowFunction 和 ProcessAllWindowFunction 窗口函数对窗口内的元素进行计算，这两个窗口函数会获取一个包含窗口所有元素的迭代器，以及一个可以访问窗口和状态信息的上下文对象，因此这两个窗口函数具有比其他窗口函数更大的灵活性。但它们的灵活性是以性能和资源消耗为代价的，因为窗口内的元素不能增量地聚合，需要在内部进行缓冲，直到认为窗口已经准备好进行处理，所以当开发者使用这两个函数时需要充分考虑内存的占用情况。ProcessWindowFunction 和 ProcessAllWindowFunction 这两个窗口函数分别应用在分组窗口和非分组窗口中。

- 数据流转换：WindowedStream → DataStream

```
windowedStream.process(ProcessWindowFunction<T, R, K, W> function)
```

- 数据流转换：AllWindowedStream → DataStream

```
AllWindowedStream.process(ProcessAllWindowFunction<T, R, W> function)
```

ProcessWindowFunction

ProcessWindowFunction 窗口函数运用在分组的窗口中，ProcessWindowFunction 的抽象类定义如下：

```
org.apache.flink.streaming.api.functions.windowing.ProcessWindowFunction.Context

    public abstract class ProcessWindowFunction<IN, OUT, KEY, W extends Window> extends
AbstractRichFunction {

        public abstract void process(KEY key, Context context, Iterable<IN> elements, Collector<OUT>
out) throws Exception;

        public void clear(Context context) throws Exception {}

        public abstract class Context implements java.io.Serializable {

            public abstract W window();

            public abstract long currentProcessingTime();

            public abstract long currentWatermark();
```

```
        public abstract KeyedStateStore windowState();

        public abstract KeyedStateStore globalState();

        public abstract <X> void output(OutputTag<X> outputTag, X value);
    }
}
```

可以看到 ProcessWindowFunction 抽象类定义了如下两个方法：

- public abstract void process(KEY key, Context context, Iterable<IN> elements, Collector<OUT> out)：该方法负责处理窗口内的数据，并输出 0 个或多个元素。该方法中的参数 key 为当前处理窗口的键，参数 context 为当前处理窗口的上下文对象，存储了当前窗口的元数据信息，参数 elements 为当前窗口中的元素的迭代器对象，参数 out 为发送窗口函数计算结果的收集器。
- public void clear(Context context)：在窗口函数中使用状态来进行聚合计算时，在窗口结束被清除时也要清除该窗口内维护的状态，开发者需要在 clear(...)方法中清除对应的状态。

process(...)和 clear(...)方法都提供了 Context 对象作为参数，以实现对窗口信息和状态的访问操作，Context 接口定义了如下 6 个方法供开发者使用：

- W window()：获取正在处理的窗口对象；
- long currentProcessingTime()：获取当前的处理时间；
- long currentWatermark()：获取当前的事件时间水印；
- KeyedStateStore windowState()：获取每个键和每个窗口状态的状态访问器；
- KeyedStateStore globalState()：获取每个键全局状态的状态访问器；
- void output(OutputTag<X> outputTag, X value)：向 OutputTag 标识的侧端输出发送元素。

ProcessAllWindowFunction 窗口函数的相关方法和 ProcessWindowFunction 窗口函数类似，这里不再讲解，有兴趣的读者可以查看相关源码，源码地址为 org.apache.flink.streaming.api.functions.windowing.ProcessAllWindowFunction。

下面是一个简单的 ProcessWindowFunction 的代码演示，它对一个窗口内的元素进行遍历以计算窗口中元素的个数，同时将窗口的信息和该窗口的 Key 一并拼接为一个字符串作为窗口计算的结果输出。这里仍沿用“ReduceFunction 窗口函数”中的窗口分配器逻辑，不同的是在窗口上应用 ProcessWindowFunction 窗口函数进行窗口逻辑计算。

```
final StreamExecutionEnvironment env = StreamExecutionEnvironment.getExecutionEnvironment();
//设置作业的全局并行度为1
env.setParallelism(1);
```

```
    //自定义数据源函数，并指定向数据流中发送元素的间隔为 1000 毫秒
    DataStream<Tuple3<String, Integer, String>> streamSource =
          env.addSource(new SourceForWindow(1000));

    //将数据流中元素的 f0 字段作为 Key 对数据流进行分组
    DataStream<String> process = streamSource.keyBy(t -> t.f0)
            //基于处理时间的滚动窗口，窗口大小为 5 秒
            .window(TumblingProcessingTimeWindows.of(Time.seconds(5)))
            //对该窗口应用 ProcessWindowFunction 窗口函数
            .process(new UserDefinedProcessWindowFunction());

    process.print("输出结果");
    env.execute("ProcessWindowTemplate");

    public static class UserDefinedProcessWindowFunction extends ProcessWindowFunction<Tuple3<String,
Integer, String>, String, String, TimeWindow> {

        @Override
        public void process(String key, Context context, Iterable<Tuple3<String, Integer, String>> input,
Collector<String> out) {
            String str = "";
            long count = 0;
            //计算迭代器中元素的个数
            for (Tuple3<String, Integer, String> in : input) {
                str = StringUtils.join(str, in.toString());
                count++;
            }
             System.out.println("窗口内元素为:" + str);
            //将计算的元素个数和窗口信息及窗口的 Key 拼接为一个字符串作为窗口计算的结果输出
            out.collect("Window: " + context.window() + " key:" + key + " count: " + count);
        }
    }
```

完整代码见 com.intsmaze.flink.streaming.window.process.ProcessWindowTemplate。

在 IDE 中运行上述程序，不同时间运行程序输出的结果是不同的，在控制台中可以看到如下一种可能的输出信息。我们可以看到窗口信息会显示该计算窗口的开始时间戳和结束时间戳，以及该计算窗口的分组 Key 值。

```
send data :(intsmaze,0,时间:19:11:27)
send data :(intsmaze,1,时间:19:11:28)
send data :(intsmaze,2,时间:19:11:29)
窗口内元素为:(intsmaze,0,时间:19:11:27)(intsmaze,1,时间:19:11:28)(intsmaze,2,时间:19:11:29)
输出结果> Window: TimeWindow{start=1585221085000, end=1585221090000} key:intsmaze  count: 3
```

注意，将 ProcessWindowFunction 窗口函数应用于简单的聚合计算（比如 count）是非常低

效的，因为它要先缓冲一个窗口中的所有元素后再进行聚合计算。

5. 增量聚合的 ProcessWindowFunction 和 ProcessAllWindowFunction

ProcessWindowFunction 或 ProcessAllWindowFunction 可以与 ReduceFunction、AggregateFunction、FoldFunction 组合使用，以便在元素到达窗口时增量地聚合它们。当窗口关闭时，ProcessWindowFunction 或 ProcessAllWindowFunction 将提供聚合的结果。这允许开发者在访问 ProcessWindowFunction 或 ProcessAllWindowFunction 提供的窗口元数据的同时可以对窗口内的元素进行增量的聚合计算。

（1）结合 ReduceFunction 进行窗口的增量聚合计算。

ReduceFunction 与 ProcessWindowFunction 组合

- 数据流转换：WindowedStream → DataStream

```
windowedStream.reduce(
          ReduceFunction<T> reduceFunction,
          ProcessWindowFunction<T, R, K, W> function)
```

ReduceFunction 与 ProcessAllWindowFunction 组合

- 数据流转换：AllWindowedStream → DataStream

```
windowedStream.reduce(
          ReduceFunction<T> reduceFunction,
          ProcessAllWindowFunction<T, R, W> function)
```

下面的代码示例展示了如何将递增的 ReduceFunction 与 ProcessWindowFunction 结合使用以对一个窗口内的元素进行遍历来计算窗口中元素的个数，并将窗口元素的个数、该窗口的 Key 和窗口的开始时间一并拼接为一个字符串作为窗口计算的结果输出。定义的 ProcessWindowFunction 窗口函数的输出被解释为常规的非窗口流，使用给定的 ReduceFunction 窗口函数增量汇总到达窗口的数据，这意味着窗口函数通常在被调用时只有一个值要处理。这里仍沿用“ReduceFunction 窗口函数”中的窗口分配器逻辑，不同的是在窗口上将 ReduceFunction 与 ProcessWindowFunction 窗口函数进行组合以进行窗口逻辑计算。

```
final StreamExecutionEnvironment env = StreamExecutionEnvironment.getExecutionEnvironment();
//设置作业的全局并行度为 1
env.setParallelism(1);

//自定义数据源函数，并指定向数据流中发送元素的间隔为 1000 毫秒
DataStream<Tuple3<String, Integer, String>> streamSource =
       env.addSource(new SourceForWindow(1000,false));
```

```
    DataStream<Tuple2<Long, Tuple3<String, Integer, String>>> reduceStream =streamSource
            //将数据流中元素的 f0 字段作为 Key 对数据流进行分组
            .keyBy(t -> t.f0)
            //基于处理时间的滚动窗口，窗口大小为 5 秒
            .window(TumblingProcessingTimeWindows.of(Time.seconds(5)))
            //ReduceFunction 用于增量汇总到达数据，UserDefindProcessWindow 用于提供聚合结果
            .reduce(new ReduceFunction<Tuple3<String, Integer, String>>() {
                public Tuple3<String, Integer, String>reduce(Tuple3<String, Integer, String> r1,
                                                  Tuple3<String, Integer, String> r2) {
                    return r1.f1 > r2.f1 ? r1 : r2;
                }
            }, new UserDefindProcessWindow());

    reduceStream.print("输出结果");
    env.execute("ProcessWindowReduceTemplate");

    public static class UserDefindProcessWindow
            extends ProcessWindowFunction<Tuple3<String, Integer, String>, Tuple2<Long, Tuple3<String,
Integer, String>>, String, TimeWindow> {

        public void process(String key,
                            Context context,
                            Iterable<Tuple3<String, Integer, String>> minReadings,
                            Collector<Tuple2<Long, Tuple3<String, Integer, String>>> out) {
         //窗口函数的迭代器中只有一个值要处理
         Iterator<Tuple3<String, Integer, String>> iterator = minReadings.iterator();
            if(iterator.hasNext()){
                //获取 ReduceFunction 窗口函数输出的最终结果
                Tuple3<String, Integer, String> min = iterator.next();
                Long start = context.window().getStart();
              //将 ReduceFunction 窗口函数计算的结果和该窗口的开始时间元数据一并作为处理结果输出给下游操作符
                out.collect(new Tuple2<Long, Tuple3<String, Integer, String>>(start, min));
            }
        }
    }
```

完整代码见 com.intsmaze.flink.streaming.window.process.ProcessWindowReduceTemplate。

在 IDE 中运行上述程序，不同时间运行程序输出的结果是不同的，在控制台中可以看到如下一种可能的输出信息：

```
send data :(intsmaze,0,时间:11:05:22)
send data :(intsmaze,1,时间:11:05:23)
send data :(intsmaze,2,时间:11:05:24)
输出结果> (1585278320000,(intsmaze,0,时间:11:05:22))
send data :(intsmaze,3,时间:11:05:25)
send data :(intsmaze,4,时间:11:05:26)
```

```
send data :(java,5,时间:11:05:27)
send data :(flink,6,时间:11:05:28)
send data :(flink,7,时间:11:05:29)
输出结果> (1585278325000,(intsmaze,3,时间:11:05:25))
输出结果> (1585278325000,(flink,6,时间:11:05:28))
输出结果> (1585278325000,(java,5,时间:11:05:27))
```

（2）结合 FoldFunction 进行窗口的增量聚合计算。

下面仅给出 FoldFunction 与 ProcessWindowFunction/ProcessAllWindowFunction 组合的方式，具体可以参考上面的 ReduceFunction 与 ProcessWindowFunction 组合的方式以实现窗口元素的增量聚合。

FoldFunction 与 ProcessWindowFunction 组合

- 数据流转换：WindowedStream → DataStream

```
windowedStream.fold(
          ACC initialValue, FoldFunction<T, ACC> foldFunction,
          ProcessWindowFunction<ACC, R, K, W> function)
```

FoldFunction 与 ProcessAllWindowFunction 组合

- 数据流转换：AllWindowedStream → DataStream

```
windowedStream.fold(
          ACC initialValue, FoldFunction<T, ACC> foldFunction,
          ProcessAllWindowFunction<ACC, R, W> function)
```

（3）使用 AggregateFunction 进行增量窗口聚合。

下面仅给出 AggregateFunction 与 ProcessWindowFunction/ProcessAllWindowFunction 组合的方式，具体可以参考上面的 ReduceFunction 与 ProcessWindowFunction 组合的方式以实现窗口元素的增量聚合。

AggregateFunction 与 ProcessWindowFunction 组合

- 数据流转换：WindowedStream → DataStream

```
windowedStream.aggregate(
          AggregateFunction<T, ACC, V> aggFunction,
          ProcessWindowFunction<V, R, K, W> windowFunction)
```

AggregateFunction 与 ProcessAllWindowFunction 组合

- 数据流转换：AllWindowedStream → DataStream

```
windowedStream.reduce(
          AggregateFunction<T, ACC, V> aggFunction,
          ProcessAllWindowFunction<V, R, W> windowFunction)
```

6. WindowFunction 和 AllWindowFunction

窗口操作中某些可以使用 ProcessWindowFunction 或 ProcessAllWindowFunction 窗口函数的地方，也可以使用 WindowFunction 或 AllWindowFunction 窗口函数，这是 ProcessWindowFunction 或 ProcessAllWindowFunction 窗口函数的较旧版本，它提供的上下文信息较少，并且没有某些高级功能，该窗口函数在未来将被弃用。

- 数据流转换：WindowedStream → DataStream

```
windowedStream.apply(WindowFunction<T, R, K, W> function)
```

- 数据流转换：AllWindowedStream → DataStream

```
AllWindowedStream.apply(AllWindowFunction<T, R, W> function)
```

WindowFunction 窗口函数运用在分组的窗口中，WindowFunction 接口定义了如下方法供开发者使用：

- void apply(KEY key, W window, Iterable<IN> input, Collector<OUT> out)：该方法将处理窗口内的数据，并输出 0 个或多个元素。该方法中的参数 key 为当前处理窗口的键，参数 window 为当前处理的窗口，参数 input 为当前处理窗口中的元素，参数 out 为发送窗口函数计算结果的收集器。

AllWindowFunction 窗口函数运用在非分组的窗口中，AllWindowFunction 接口定义了如下方法供开发者使用：

- void apply(W window, Iterable<IN> values, Collector<OUT> out)：该方法将处理窗口内的数据，并输出 0 个或多个元素。该方法中的参数 window 为当前处理窗口，参数 values 为当前处理窗口中的元素，参数 out 为发送窗口函数计算结果的收集器。

下面是一个简单的 WindowFunction 的实现，它对一个窗口内的元素进行遍历以计算窗口中元素的个数，同时将窗口的信息和该窗口的 Key 一并拼接为一个字符串输出。这里仍沿用“ReduceFunction 窗口函数”中的窗口分配器逻辑，不同的是在窗口上应用 WindowFunction 窗口函数进行窗口逻辑计算。

```
final StreamExecutionEnvironment env = StreamExecutionEnvironment.getExecutionEnvironment();
//设置作业的全局并行度为1
env.setParallelism(1);
//自定义数据源函数，并指定向数据流中发送元素的间隔为1000毫秒
DataStream<Tuple3<String, Integer, String>> streamSource =
```

```
            env.addSource(new SourceForWindow(1000,false));

    DataStream<String> applyStream = streamSource
            //将数据流中元素的 f0 字段作为 Key 对数据流进行分组
            .keyBy(t -> t.f0)
            //基于处理时间的滚动窗口，窗口大小为 5 秒
            .window(TumblingProcessingTimeWindows.of(Time.seconds(5)))
            //对该窗口应用 WindowFunction 窗口函数
            .apply(new UserDefinedWindowFunction());

    applyStream.print("输出结果");
    env.execute("ApplyWindowTemplate");

    public static class UserDefinedWindowFunction implements WindowFunction<Tuple3<String, Integer,
String>, String, String, TimeWindow> {

        @Override
        public void apply(String key, TimeWindow window, Iterable<Tuple3<String, Integer, String>> input,
Collector<String> out) {
            String str = "";
            long count = 0;
            //遍历迭代器，计算迭代器中元素的个数
            for (Tuple3<String, Integer, String> in : input) {
                str = StringUtils.join(str, in.toString());
                count++;
            }
            //将计算的元素个数和窗口信息及窗口的 Key 拼接为一个字符串输出
            out.collect("Window: " + window.toString() + " key:" + key + "  count: " + count);
        }
    }
```

完整代码见 com.intsmaze.flink.streaming.window.process.ApplyWindowTemplate。

在 IDE 中运行上述程序，不同时间运行程序输出的结果是不同的，在控制台中可以看到如下一种可能的输出信息。我们可以看到窗口信息会显示该计算窗口的开始时间戳和结束时间戳，以及该计算窗口的分组 Key 值。

```
send data :(intsmaze,0,时间:20:40:17)
send data :(intsmaze,1,时间:20:40:18)
send data :(intsmaze,2,时间:20:40:19)
输出结果 > Window: TimeWindow{start=1585226415000, end=1585226420000} key:intsmaze  count: 3
...
```

6.1.4 窗口触发器

触发器用来确定一个窗口（由窗口分配器生成）何时被窗口函数处理，每一个窗口分配器

都带有一个默认触发器实现。

```
DataStream<T> input = // [...];

input
    .keyBy(...)//根据指定的 Key 对数据流进行分组
    .window(<window assigner>)//设置窗口分配器
    .trigger(<Trigger trigger>)//显式地为窗口指定一个触发器
    .<windowed transformation>(<window function>);//窗口函数
```

Flink 允许开发者通过继承 org.apache.flink.streaming.api.windowing.triggers.Trigger 抽象类来定义自己的触发器实现，以丰富窗口逻辑。触发器接口定义了五种方法来针对不同的事件做出反应：

- TriggerResult onElement(T element, long timestamp, W window, TriggerContext ctx)：数据流中的每个元素被添加到窗口中时都会调用该方法，返回的结果将对窗口进行评估以确定是否触发窗口函数对该窗口的计算。该方法中的 element 为进入该窗口的元素，timestamp 为元素进入该窗口的时间戳，window 为元素要添加进的窗口，ctx 为触发器的上下文对象。可以使用该方法注册一个计时器，计时器会在指定的时间回调 onProcessingTime(…)或 onEventTime(…)方法。
- TriggerResult onProcessingTime(long time, W window, TriggerContext ctx)：当注册的计时器为处理时间计时器时，在处理时间计时器触发时调用该方法。该方法中的 time 为计时器触发的时间戳，window 为计时器触发的窗口，ctx 参数为触发器的上下文对象。
- TriggerResult onEventTime(long time, W window, TriggerContext ctx)：当注册的计时器为事件时间计时器时，在事件时间计时器触发时调用该方法。该方法中的 time 为计时器触发的时间戳，window 为计时器触发的窗口，ctx 为触发器的上下文对象。
- void onMerge(W window, OnMergeContext ctx) throws Exception：当窗口分配器将多个窗口合并到一个窗口中时会调用该方法。该方法中的 window 为多个窗口合并时产生的新窗口，ctx 为触发器的上下文对象。注意该方法仅与有状态触发器相关，并在对应的窗口合并时合并两个触发器的状态，例如在使用会话窗口时会调用该方法。
- void clear(W window, TriggerContext ctx)：清除窗口时会调用此方法，该方法会清除对应窗口中仍保留的所有状态。使用 TriggerContext.registerEventTimeTimer(long)和 TriggerContext.registerProcessingTimeTimer(long)设置的计时器，以及使用 TriggerContext.getPartitionedState (StateDescriptor)获取的状态都应在此方法中删除。

onElement(…)、onProcessingTime(…)、onEventTime(…)这三个方法决定如何通过返回的 TriggerResult 对象来确定一个窗口是触发该窗口中的窗口函数计算还是清除窗口，Flink 提供以下四种方式来指定触发行为：

- TriggerResult.CONTINUE：在窗口中不执行任何操作。
- TriggerResult.FIRE：触发窗口函数在该窗口中的计算并返回计算结果，不清除该窗口内保留的元素。
- TriggerResult.PURGE：清除窗口中的所有元素，并丢弃该窗口，无须触发窗口函数在该窗口中的计算。
- TriggerResult.FIRE_AND_PURGE：触发窗口函数在该窗口中的计算并返回计算结果，然后清除窗口中的元素。

当触发器触发窗口函数对窗口进行计算时，它可以返回 FIRE 或 FIRE_AND_PURGE，如果返回的是 FIRE，则保留窗口的内容；如果返回的是 FIRE_AND_PURGE，则清除窗口的内容。默认情况下，预定义的触发器只触发窗口函数对窗口进行计算而不清除窗口状态。如果触发器返回 FIRE 或 FIRE_AND_PURGE，但是该窗口不包含任何数据，则不会调用窗口函数对该窗口进行计算，即不会为该窗口生成任何数据。

各窗口分配器的内置触发器

Flink 提供了如下几个触发器的默认实现以简化开发者在流处理程序上的开发工作：

- EventTimeTrigger：根据水印测量的事件时间进度触发窗口函数对窗口进行计算。
- ProcessingTimeTrigger：根据处理时间触发窗口函数对窗口进行计算。
- CountTrigger：一旦窗口中的元素个数超出了给定的限制就会触发窗口函数对窗口进行计算。
- NeverTrigger：永不触发窗口函数对窗口进行计算，它是全局窗口的默认触发器。
- DeltaTrigger：计算最后触发的数据点与当前到达的数据点之间的增量，如果增量高于指定阈值，则触发窗口函数对窗口进行计算。
- ContinuousEventTimeTrigger：根据给定的时间间隔连续触发窗口函数对窗口进行计算，这是根据水印触发的。
- ContinuousProcessingTimeTrigger：根据给定的时间间隔连续触发窗口函数对窗口进行计算，该时间间隔由运行流处理程序机器的时钟进行测量。

每个窗口分配器自带的默认触发器足以应付大部分应用场景。比如事件时间窗口分配器都有一个 EventTimeTrigger 作为默认触发器，一旦水印经过窗口的末端，这个触发器就会触发窗口函数对窗口进行计算。全局窗口分配器的默认触发器是 NeverTrigger，因此在使用全局窗口分配器时，开发者必须为全局窗口分配器重新指定一个触发器。

通过在 Window 操作符（window(<window assigner>)方法）中调用 trigger(...)方法来指定一

个触发器就重写了对应窗口分配器的默认触发器，比如为基于事件时间的滚动窗口指定了CountTrigger，那么该窗口的分配器将不再根据时间进度触发窗口函数对窗口进行计算，而是根据窗口中的元素数量触发窗口函数对窗口进行计算。如果开发者想根据时间和计数触发窗口函数对窗口进行计算，就必须编写自定义触发器。

代码演示

为了在日志中打印某个预定义触发器内部方法调用时的相关信息，直接复制CountTrigger触发器的逻辑实现。为了能够直观地看到日志信息，使用System.out的方式代替logger.debug，将System.out的代码添加到触发器的各个方法中，同时CountTrigger触发器的代码也可作为自定义触发器的一个参考模板。下面仅列出对CountTrigger类添加System.out的部分代码，关于该类的详细信息可以参考org.apache.flink.streaming.api.windowing.triggers.CountTrigger。

```
public class CountTriggerDebug<W extends Window> extends Trigger<Object, W> {

    //触发窗口计算的元素数量
    private final long maxCount;

    //ReducingState 类型的状态的描述信息
    private final ReducingStateDescriptor<Long> stateDesc =
            new ReducingStateDescriptor<>("count", new CountTriggerDebug.Sum(),
LongSerializer.INSTANCE);

    @Override
    public TriggerResult onElement(Object element, long timestamp, W window, Trigger.TriggerContext
ctx) throws Exception {
        //绑定在对应窗口中的 ReducingState 状态
        ReducingState<Long> count = ctx.getPartitionedState(stateDesc);
        count.add(1L);
        if (count.get() >= maxCount) {
            System.out.println("触发器触发窗口函数对该窗口计算,同时清除该窗口的计数状态,--"+count.get());
            count.clear();
            return TriggerResult.FIRE;
        }
        System.out.println("触发器仅对该窗口的计数状态进行加一操作--"+count.get());
        return TriggerResult.CONTINUE;
    }

    @Override
    public TriggerResult onProcessingTime(long time, W window, Trigger.TriggerContext ctx) throws
Exception {
        System.out.println("触发器调用 onProcessingTime 方法");
        return TriggerResult.CONTINUE;
    }

    //删除窗口时才会调用
```

```
    @Override
    public void clear(W window, Trigger.TriggerContext ctx) throws Exception {
        System.out.println("触发器调用 clear 方法 ");
        ctx.getPartitionedState(stateDesc).clear();
    }

    //创建一个触发器，一旦窗口中的元素数量达到给定计数，该触发器就会触发窗口函数计算
    public static <W extends Window> CountTriggerDebug<W> of(long maxCount) {
        return new CountTriggerDebug<>(maxCount);
    }

    private static class Sum implements ReduceFunction<Long> {
        @Override
        public Long reduce(Long value1, Long value2) throws Exception {
            System.out.println("触发器调用 reduce 方法 "+value1+":"+value2);
            return value1 + value2;
        }
    }
}
```

这里仍使用“准备阶段”中 SourceForWindow 数据源函数类作为流处理程序的数据源，设置该数据源函数每隔 1 秒发送 1 个类型为 Tuple3<String, Integer, String>的元素。为了能够直观地观察触发器触发窗口函数对该窗口计算时窗口内部数据的快照，我们在数据源操作符生成的 streamSource 流中使用 Map 操作符将数据流中的元素由 Tuple3<String, Integer, String>类型转换为 Tuple2<String, List<Integer>>，具体逻辑可见 MapFunction 函数。随后根据元素的 f0 字段对数据流中的元素进行分组，在分组的数据流中使用基于处理时间的滚动窗口，设置窗口的大小为 5 秒，触发器指定一旦窗口中出现两个元素就触发窗口函数计算。

```
StreamExecutionEnvironment env = StreamExecutionEnvironment.getExecutionEnvironment();
//自定义数据源函数，并指定向数据流中发送元素的间隔为 1000 毫秒
DataStream<Tuple3<String, Integer, String>> streamSource =
    env.addSource(new SourceForWindow(1000));

DataStream<Tuple2<String, List<Integer>>> map = streamSource.map(new MapFunction<Tuple3<String,
Integer, String>, Tuple2<String, List<Integer>>>() {
    //将数据流中的元素由 Tuple3<String, Integer, String>类型转换为 Tuple2<String, List<Integer>>
    @Override
    public Tuple2<String, List<Integer>> map(Tuple3<String, Integer, String> value) {
        List list = new ArrayList();
        list.add(value.f1);
        return Tuple2.of(value.f0, list);
    }
});

//将数据流中元素的 f0 字段作为 Key 对数据流进行分组
DataStream<Tuple2<String, List<Integer>>> reduce = map.keyBy("f0")
```

```
        //基于处理时间的滚动窗口，窗口大小为 5 秒
        .window(TumblingProcessingTimeWindows.of(Time.seconds(5)))
        //每当窗口元素的数量达到 2 个就触发一次窗口函数计算
        .trigger(CountTriggerDebug.of(2))
        //应用 ReduceFunction 窗口函数
        .reduce((new ReduceFunction<Tuple2<String, List<Integer>>>() {
            @Override
            public Tuple2<String, List<Integer>> reduce(Tuple2<String, List<Integer>> value1,
                                                    Tuple2<String, List<Integer>> value2) {
                //将窗口中的元素都添加进集合中
                value1.f1.add(value2.f1.get(0));
                //将集合发送给下游操作符
                return value1;
            }
        }));

reduce.print("输出结果");
env.execute("TumblingWindowTriggerTemplate");
```

完整代码见 com.intsmaze.flink.streaming.window.process.trigger.TumblingWindowTriggerTemplate。

在 IDE 中运行上述程序，不同时间运行程序输出的结果是不同的，在控制台中可以看到如下一种可能的输出信息。通过观察控制台输出信息可以梳理出数据流中的每个元素进入窗口时触发器内各方法的具体调用流程：当窗口的元素数量达到 2 的时候，onElement(...)方法会返回 TriggerResult.FIRE（不会清除窗口中的元素，仅清除计数状态）来触发一次窗口计算，窗口计算生成的结果在标准输出流中的打印结果为"输出结果:3> (intsmaze,[0, 1])"，然后 5 秒内同一个窗口中又来了两个元素，onElement(...)方法再一次返回 TriggerResult.FIRE 来触发一次窗口计算，窗口计算生成的结果在标准输出流中的打印结果为"输出结果:3> (intsmaze,[0, 1, 2, 3])"，可以看到该窗口前一次计算的窗口元素和本次触发窗口计算的元素一并输出。当时间（事件时间或处理时间）超过该窗口的结束时间戳加上用户指定的允许延迟时间的总和后，才会调用触发器的 clear(...)方法清除该窗口中的内容。

```
send data :(intsmaze,0,时间:22:43:55)
触发器仅对该窗口的计数状态进行加一操作--1
send data :(intsmaze,1,时间:22:43:56)
触发器调用 reduce 方法 1:1
触发器触发窗口函数对该窗口计算,同时清除该窗口的计数状态,--2
输出结果:3> (intsmaze,[0, 1])
send data :(intsmaze,2,时间:22:43:57)
触发器仅对该窗口的计数状态进行加一操作--1
send data :(intsmaze,3,时间:22:43:58)
触发器调用 reduce 方法 1:1
触发器触发窗口函数对该窗口计算,同时清除该窗口的计数状态,--2
输出结果:3> (intsmaze,[0, 1, 2, 3])
```

我们将上面 CountTriggerDebug 类的 onElement(...)方法中的 TriggerResult.FIRE 修改为 TriggerResult.FIRE_AND_PURGE 以允许触发窗口计算后清除窗口中的元素。在 IDE 中运行上述程序，不同时间运行程序输出的结果是不同的，在控制台中可以看到如下一种可能的输出信息。通过观察控制台输出信息可以梳理出数据流中的每个元素进入窗口时触发器内各方法的具体调用流程：当窗口的元素数量达到 2 的时候，onElement(...)方法会返回 TriggerResult.FIRE_AND_PURGE（清除窗口中的元素，也清除计数状态）来触发一次窗口计算，窗口计算生成结果在标准输出流中的打印结果为“输出结果:3> (intsmaze,[0, 1])”，然后 5 秒内同一个窗口中又来了两个元素，onElement(...)方法再一次返回 TriggerResult.FIRE_AND_PURGE 来触发一次窗口计算，窗口计算生成的结果在标准输出流中的打印结果为“输出结果:3> (intsmaze,[2, 3])”，可以看到该窗口前一次计算的窗口元素没有和本次触发窗口计算的元素一并输出。

```
send data :(intsmaze,0,时间:22:47:31)
触发器仅对该窗口的计数状态进行加一操作--1
send data :(intsmaze,1,时间:22:47:32)
触发器调用 reduce 方法 1:1
触发器触发窗口函数对该窗口计算,同时清除该窗口的计数状态,--2
输出结果:3> (intsmaze,[0, 1])
send data :(intsmaze,2,时间:22:47:33)
触发器仅对该窗口的计数状态进行加一操作--1
send data :(intsmaze,3,时间:22:47:34)
触发器调用 reduce 方法 1:1
触发器触发窗口函数对该窗口计算,同时清除该窗口的计数状态,--2
输出结果:3> (intsmaze,[2, 3])
触发器调用 onProcessingTime 方法
触发器调用 clear 方法
```

6.1.5 窗口剔除器

Flink 的窗口模型除了指定窗口分配器和触发器，还提供了一个可选的剔除器，剔除器可以在触发器触发之后，以及在窗口上应用窗口函数之前和/或之后从窗口中删除元素。

```
DataStream<T> input = // [...];

input
    .keyBy(...)//根据指定的 Key 对数据流进行分组
    .window(<window assigner>)//设置窗口分配器
    .evictor(<Evictor evictor>)//为窗口指定一个剔除器
    .<windowed transformation>(<window function>);//窗口函数
```

Flink 允许开发者通过实现 org.apache.flink.streaming.api.windowing.evictors.Evictor 接口来定义自己的剔除器实现，以丰富窗口逻辑。剔除器接口定义了两个方法来针对不同的事件做出反应：

- void evictBefore(Iterable<TimestampedValue<T>> elements, int size, W window, EvictorContext evictorContext)：在窗口上应用窗口函数之前调用该方法，在该方法中删除的窗口元素不会再进入窗口函数中被处理。该方法的 elements 表示当前窗口中的所有元素，size 表示当前在窗口中元素的数量，window 表示本次应用的窗口对象，evictorContext 表示剔除器的上下文信息，通过上下文获取当前的处理时间、当前的水印时间等信息。
- void evictAfter(Iterable<TimestampedValue<T>> elements, int size, W window, EvictorContext evictorContext)：在窗口中应用窗口函数之后调用该方法，各个参数的含义同 void evictBefore(Iterable<TimestampedValue<T>> elements, int size, W window, EvictorContext evictorContext)的一样。

Flink 提供了如下几个剔除器的默认实现以简化开发者在流处理程序上的开发工作：

- CountEvitor：仅在窗口中保留用户指定数量的元素，从窗口缓冲区的开头丢弃其余的元素。例如窗口缓冲区的元素从头到尾依次为[1,2,3,4,5,6,7,8]，指定保留 4 个元素，则保留后窗口缓冲区的元素为[5,6,7,8]。

  Flink 提供了如下两种方式供开发者在窗口上指定 CountEvitor 剔除器。

```
//创建一个 CountEvictor 剔除器，在窗口中保留给定数量的元素
//在窗口函数应用之前调用该剔除器的 evictBefore 方法
public static <W extends Window> CountEvictor<W> of(long maxCount) {
    return new CountEvictor<>(maxCount);
}

//创建一个 CountEvictor 剔除器，在窗口中保留给定数量的元素
//根据 doEvictAfter 的布尔值来决定是在窗口函数应用之前还是之后调用该剔除器的 evictBefore/evictAfter
//方法
//如果 doEvictAfter 的布尔值为 true，则在窗口函数应用之前调用该剔除器的 evictAfter 方法
//否则调用该剔除器的 evictBefore 方法
public static <W extends Window> CountEvictor<W> of(long maxCount, boolean doEvictAfter) {
    return new CountEvictor<>(maxCount, doEvictAfter);
}
```

- DeltaEvitor：根据 DeltaFunction 和 threshold 两个指标来保留窗口缓冲区中的元素。DeltaFunction 负责计算窗口缓冲区中最后一个元素与其余每个元素之间的增量，并删除增量大于或等于 threshold 的那些元素。

  Flink 提供了如下两种方式供开发者在窗口上指定 DeltaEvitor 剔除器。

```
//根据给定的 threshold 和 deltaFunction 值创建一个 DeltaEvictor 剔除器
//在窗口函数应用之前调用该剔除器的 evictBefore 方法
public static <T, W extends Window> DeltaEvictor<T, W> of(double threshold, DeltaFunction<T>
deltaFunction) {
```

```
    return new DeltaEvictor<>(threshold, deltaFunction);
}

//根据给定的 threshold 和 deltaFunction 值创建一个 DeltaEvictor 剔除器
//根据 doEvictAfter 的布尔值来决定是在窗口函数应用之前还是之后调用该剔除器的 evictBefore/evictAfter
方法
//如果 doEvictAfter 的布尔值为 true，则在窗口函数应用之前调用该剔除器的 evictAfter 方法
//否则调用该剔除器的 evictBefore 方法
public static <T, W extends Window> DeltaEvictor<T, W> of(double threshold, DeltaFunction<T>
deltaFunction, boolean doEvictAfter) {
    return new DeltaEvictor<>(threshold, deltaFunction, doEvictAfter);
}
```

- TimeEvitor：可以将窗口中的元素保留一定的时间，指定一个以毫秒为单位的间隔作为参数，参数名为 windowSize。对于一个给定的窗口，它会找出窗口中元素的最大时间戳 max_ts，并删除时间戳小于 max_tx-windowSize 的元素。

  Flink 提供了如下两种方式供开发者在窗口上指定 TimeEvitor 剔除器。

```
//创建一个 TimeEvictor 剔除器，在窗口中将元素保留一定的时间
//在窗口函数应用之前调用该剔除器的 evictBefore 方法
public static <W extends Window> TimeEvictor<W> of(Time windowSize) {
    return new TimeEvictor<>(windowSize.toMilliseconds());
}

//创建一个 TimeEvictor 剔除器，在窗口中将元素保留一定的时间
//根据 doEvictAfter 的布尔值来决定是在窗口函数应用之前还是之后调用该剔除器的 evictBefore/evictAfter
//方法
//如果 doEvictAfter 的布尔值为 true，则在窗口函数应用之前调用该剔除器的 evictAfter 方法，否则调用
//该剔除器的 evictBefore 方法
public static <W extends Window> TimeEvictor<W> of(Time windowSize, boolean doEvictAfter) {
    return new TimeEvictor<>(windowSize.toMilliseconds(), doEvictAfter);
}
```

默认情况下，所有预先定义好的剔除器实现均在调用窗口函数之前应用其逻辑。需要注意的是，Flink 并不保证窗口中的元素是有序的，这意味着尽管剔除器可以从窗口的开头删除元素，但窗口开头的元素不一定是最先到达或最后到达的。

代码演示

这里沿用 6.1.4 节将数据流划分为 KeyedStream 的处理逻辑，唯一不同的是在分组后的 KeyedStream 数据流中指定两个基于处理时间的滚动窗口，并且窗口的大小都为 5 秒，其中一个窗口指定使用 CountEvitor 剔除器，使得窗口内最多保留 3 个元素用于窗口函数计算，另一个窗口不指定使用 CountEvitor 剔除器。

```
StreamExecutionEnvironment env = StreamExecutionEnvironment.getExecutionEnvironment();
//自定义数据源函数，并指定向数据流中发送元素的间隔为1000毫秒
DataStream<Tuple3<String, Integer, String>> streamSource =
     env.addSource(new SourceForWindow(1000));

DataStream<Tuple2<String, List<Integer>>> map = streamSource.map(new MapFunction<Tuple3<String,
Integer, String>, Tuple2<String, List<Integer>>>() {
    //将数据流中的元素由<Tuple3<String, Integer, String>类型转换为Tuple2<String, List<Integer>>
    @Override
    public Tuple2<String, List<Integer>> map(Tuple3<String, Integer, String> value) throws Exception {
        List list = new ArrayList();
        list.add(value.f1);
        return Tuple2.of(value.f0, list);
    }
});

//将数据流中元素的f0字段作为Key对数据流进行分组
KeyedStream<Tuple2<String, List<Integer>>, Tuple> keyedStream = map.keyBy("f0");

DataStream<Tuple2<String, List<Integer>>> reduce = keyedStream
        //基于处理时间的滚动窗口，窗口大小为5秒
        .window(TumblingProcessingTimeWindows.of(Time.seconds(5)))
        //指定内置的CountEvictor剔除器，使得窗口内最多保留3个元素用于窗口函数计算
        .evictor(CountEvictor.of(3))
        //对该窗口应用ReduceFunction窗口函数
        .reduce((new ReduceFunction<Tuple2<String, List<Integer>>>() {
            @Override
            public Tuple2<String, List<Integer>> reduce(Tuple2<String, List<Integer>> value1,
                                                        Tuple2<String, List<Integer>> value2) {
                //将窗口中的元素都添加进集合中以便输出
                value1.f1.add(value2.f1.get(0));
                //将集合发送给下游操作符
                return value1;
            }
        }));

DataStream<Tuple2<String, List<Integer>>> reduceCopy = keyedStream
        //基于处理时间的滚动窗口，窗口大小为5秒
        .window(TumblingProcessingTimeWindows.of(Time.seconds(5)))
        //对该窗口应用ReduceFunction窗口函数
        .reduce((new ReduceFunction<Tuple2<String, List<Integer>>>() {
            @Override
            public Tuple2<String, List<Integer>> reduce(Tuple2<String, List<Integer>> value1,
                                                        Tuple2<String, List<Integer>> value2) {
                //将窗口中的元素都添加进集合中以便输出
                value1.f1.add(value2.f1.get(0));
```

```
                return value1;
            }
        }));

    //将数据流中的元素打印在标准输出流中
    reduce.print("使用剔除器的窗口计算结果");

    //将数据流中的元素打印在标准输出流中
    reduceCopy.print("未使用剔除器的窗口计算结果");
    env.execute("TumblingWindowTriggerTemplate");
```

完整代码见 com.intsmaze.flink.streaming.window.process.evitor.TumblingWindowEvitorTemplate。

在 IDE 中运行上述程序，不同时间运行程序输出的结果是不同的，在控制台中可以看到如下一种可能的输出信息。将窗口函数应用在没有指定剔除器的窗口中后输出的结果为“未使用剔除器的窗口计算结果:3>(intsmaze,[0, 1, 2, 3, 4])”，将窗口函数应用在指定剔除器的窗口中后输出的结果为“使用剔除器的窗口计算结果:3> (intsmaze,[2, 3, 4])”，可以发现剔除器在应用窗口函数前已经将窗口中的元素“0”和“1”剔除了。

```
send data :(intsmaze,0,时间:17:26:55)
send data :(intsmaze,1,时间:17:26:56)
send data :(intsmaze,2,时间:17:26:57)
send data :(intsmaze,3,时间:17:26:58)
send data :(intsmaze,4,时间:17:26:59)
未使用剔除器的窗口计算结果:3> (intsmaze,[0, 1, 2, 3, 4])
使用剔除器的窗口计算结果:3> (intsmaze,[2, 3, 4])
```

6.1.6 允许数据延迟

当使用事件时间窗口时，可能会发生元素到达较晚的情况，即 Flink 用于跟踪事件时间进度的水印已经超过了元素所属窗口的结束时间戳。有关 Flink 如何处理事件时间的详细讨论请参阅 6.2 节。

默认情况下，当水印通过窗口末尾之后再进来的数据，就被认为是迟到或者晚到的数据，这些数据会被窗口丢弃。有时出于业务需要，开发者可能希望对迟到的数据设置一个可以接受的范围，使得这些数据也可以被窗口函数处理，为此 Flink 提供了 allowedLateness 特性来实现这一目的。

Flink 为窗口指定允许的最大延迟时间，通过 allowedLateness 来指定元素在被删除之前可以延迟多长时间到达。在水印经过窗口末尾之后到达的元素，如果元素到达的时间还未达到窗口最后时间加上延时时间的总和，那么元素仍然能被添加到窗口中。根据窗口使用的不同的触发器，延迟但未删除的元素可能会导致窗口再次触发窗口函数计算，比如使用 EventTimeTrigger

触发器就会导致事件时间窗口被延迟未删除的元素再次触发窗口函数对该窗口的计算。如果不指定窗口的 allowedLateness，其默认值是 0，则表示当水印超过窗口末尾之后，还有此窗口的数据到达，这些迟到的数据就会被删除。

```
DataStream<T> input = // [...];

input
    .keyBy(...)//根据指定的 Key 对数据流进行分组
    .window(<window assigner>)//设置窗口分配器
    .allowedLateness(<time>)//设置该窗口允许元素延迟的时间
    .<windowed transformation>(<window function>);//窗口函数
```

简而言之，allowedLateness 表示当水印超过窗口末尾之后，还允许有一段时间来等待之前的数据到达，以便再次处理这些迟到的数据。为了保证延迟但未删除的元素再次触发窗口计算，Flink 会一直保存窗口内的状态，直到到达窗口允许的延迟过期时间为止，Flink 才会删除窗口和窗口内的状态。

需要注意的是，窗口的“允许延迟”仅在基于事件时间的窗口中才有效。

1. 延迟元素的注意事项

当指定允许的延迟大于 0 时，在水印经过窗口的末尾后，窗口及其内容将被保留。在这种情况下，当一个延迟但未删除的元素到达时，可能会触发该窗口中窗口函数的另一次计算。这种触发被称为延迟触发，因为它们是由延迟事件触发的，与主触发不同，主触发是窗口的第一次触发。

延迟触发计算所发出的元素应该被视为先前计算的更新结果，即数据流将包含相同计算的多个结果。根据流处理程序中窗口函数处理逻辑的不同，开发者需要考虑如何处理这些重复的结果，或者删除重复数据。对于基于事件时间的会话窗口，延迟触发会进一步导致窗口的合并，因为它们可能要合并两个已存在但未合并的窗口并消除两个窗口之间的差异。

2. 将延迟元素侧端输出

在窗口操作中使用 Flink 的侧端输出特性，开发者可以得到一个数据流，该数据流负责输出被窗口丢弃的元素。为此要先在窗口化的数据流中使用 sideOutputLateData(OutputTag)方法指定需要获取的延迟数据，然后在窗口操作的结果流中得到侧端输出：

```
//使用给定的 ID 创建一个 OutputTag，用于标记操作符的侧端输出
final OutputTag<T> lateOutputTag = new OutputTag<T>("late-data"){};

DataStream<T> input = // [...];

SingleOutputStreamOperator<T> result = input
    .keyBy(...)//根据指定的 Key 对数据流进行分组
```

```
    .window(<window assigner>)//设置窗口分配器
    .allowedLateness(<time>)//设置该窗口允许元素延迟的时间
    .sideOutputLateData(lateOutputTag)//将迟到的数据发送到 OutputTag 标识的侧端输出
    .<windowed transformation>(<window function>);//窗口函数

//使用给定的 OutputTag 获取一个 DataStream，其中包含操作符发送到侧端输出的元素
DataStream<T> lateStream = result.getSideOutput(lateOutputTag);
```

关于延迟元素的侧端输出的演示代码将在 6.2 节中结合事件时间进行讲解。

6.1.7 窗口的快速实现方法

Flink 对基于时间驱动（Time Window）和数据驱动（Count Window）的窗口提供了进一步的封装，使得开发者可以快速定义窗口。

KeyedStream 中提供了两种窗口的快速实现方法：

- public WindowedStream<T, KEY, TimeWindow> timeWindow(Time size)：在已经分区的 KeyedStream 中定义一个滚动时间窗口，该方法中的 size 为窗口的大小（以时间为单位），会根据执行环境中设置的时间特征选择创建滚动的处理时间窗口还是滚动的事件时间窗口。

```
public WindowedStream<T, KEY, TimeWindow> timeWindow(Time size) {
    if (environment.getStreamTimeCharacteristic() == TimeCharacteristic.ProcessingTime) {
        return window(TumblingProcessingTimeWindows.of(size));
    } else {
        return window(TumblingEventTimeWindows.of(size));
    }
}
```

- public WindowedStream<T, KEY, TimeWindow> timeWindow(Time size, Time slide)：在已经分区的 KeyedStream 中定义一个滑动时间窗口，该方法中的 size 为窗口的大小（以时间为单位），slide 是窗口滑动间隙的大小（以时间为单位），会根据执行环境中设置的时间特征选择创建滑动的处理时间窗口还是滑动的事件时间窗口。

```
public WindowedStream<T, KEY, TimeWindow> timeWindow(Time size, Time slide) {
    if (environment.getStreamTimeCharacteristic() == TimeCharacteristic.ProcessingTime) {
        return window(SlidingProcessingTimeWindows.of(size, slide));
    } else {
        return window(SlidingEventTimeWindows.of(size, slide));
    }
}
```

- public WindowedStream<T, KEY, GlobalWindow> countWindow(long size)：在已经分区的

KeyedStream 中定义一个滚动的计数窗口，该方法中的 size 为窗口的大小（以元素数量为单位）。观察该方法的源码可以看到，其内部使用的就是全局窗口分配器，并指定触发器为 CountTrigger。

```
public WindowedStream<T, KEY, GlobalWindow> countWindow(long size) {
    return
window(GlobalWindows.create()).trigger(PurgingTrigger.of(CountTrigger.of(size)));
}
```

- public WindowedStream<T, KEY, GlobalWindow> countWindow(long size, long slide)：在已经分区的 KeyedStream 中定义一个滑动的计数窗口，该方法中的 size 为窗口的大小（以元素数量为单位），slide 是窗口滑动间隙的大小（以元素数量为单位）。观察该方法的源码可以看到，其内部使用的就是全局窗口分配器，并指定触发器为 CountTrigger，size 设置触发器的触发条件，剔除器为 CountTrigger，slide 用于设置剔除器保留的窗口元素数量。

```
public WindowedStream<T, KEY, GlobalWindow> countWindow(long size, long slide) {
    return window(GlobalWindows.create())
            .evictor(CountEvictor.of(size))
            .trigger(CountTrigger.of(slide));
}
```

下面仅列出 DataStream 对两种窗口提供的快速实现方法，详细解释可见上面的 KeyedStream，感兴趣的读者可以查看相关方法的源码。

- public AllWindowedStream<T, TimeWindow> timeWindowAll(Time size)：
- public AllWindowedStream<T, TimeWindow> timeWindowAll(Time size, Time slide)：
- public AllWindowedStream<T, GlobalWindow> countWindowAll(long size)：
- public AllWindowedStream<T, GlobalWindow> countWindowAll(long size, long slide)：

6.1.8　查看窗口使用组件

当开发者无法确定当前窗口默认采用的分配器、触发器和剔除器时，可以通过如下方法来查看当前窗口正在使用的各种组件。

```
...
DataStream<Tuple2<String, Integer>> window = source
        .keyBy(0)
        .window(TumblingEventTimeWindows.of(Time.of(1, TimeUnit.SECONDS)))
        .reduce(new ReduceFunction<Tuple2<String, Integer>>() {
            @Override
            public Tuple2<String, Integer> reduce(Tuple2<String, Integer> value1,
                        Tuple2<String, Integer> value2) {
```

```
                return null;
            }
        });

    OneInputTransformation<Tuple2<String, Integer>, Tuple2<String, Integer>> transform =
            (OneInputTransformation<Tuple2<String, Integer>, Tuple2<String, Integer>>)
window.getTransformation();
    OneInputStreamOperator<Tuple2<String, Integer>, Tuple2<String, Integer>> operator =
transform.getOperator();

    if(operator instanceof EvictingWindowOperator) {
        //如果为窗口添加了剔除器组件，则转换为 EvictingWindowOperator 类型
        EvictingWindowOperator<String, Tuple2<String, Integer>, ?, ?> winOperator =
                (EvictingWindowOperator<String, Tuple2<String, Integer>, ?, ?>) operator;
        //获取窗口的剔除器
        System.out.println(winOperator.getEvictor());
        //获取窗口的触发器
        System.out.println(winOperator.getTrigger());
        //获取窗口的分配器
        System.out.println(winOperator.getWindowAssigner());
        //获取该窗口内使用的状态描述符
        System.out.println(winOperator.getStateDescriptor());
    }
    else{
        //如果没有为窗口添加了剔除器组件，则转换为 WindowOperator 类型
        WindowOperator<String, Tuple2<String, Integer>, ?, ?,?> winOperator =
                (WindowOperator<String, Tuple2<String, Integer>, ?, ?,?>) operator;
         //获取窗口的触发器
        System.out.println(winOperator.getTrigger());
         //获取窗口的分配器
        System.out.println(winOperator.getWindowAssigner());
        //获取该窗口内使用的状态描述符
        System.out.println(winOperator.getStateDescriptor());
    }
```

完整代码见 com.intsmaze.flink.streaming.window.process.WindowsDesc。

在 IDE 中运行上述程序后，在控制台中可以看到如下的输出信息，该窗口的默认触发器为 EventTimeTrigger 事件时间触发器，窗口分配器为基于事件时间的滚动窗口，该窗口内的状态描述符为 ReducingStateDescriptor。

```
    EventTimeTrigger()
    TumblingEventTimeWindows(1000)
    ReducingStateDescriptor{name=window-contents, defaultValue=null,
serializer=org.apache.flink.api.java.typeutils.runtime.TupleSerializer@8160ccc5}
```

6.2 时间

在 6.1 节中，我们知道在时间窗口中可以指定两种时间语义：处理时间和事件时间，同时演示了基于处理时间的窗口开发过程。如果读者不了解事件时间，则说明读者目前的业务场景是基于处理时间语义的（处理时间语义是大部分程序的默认状态），基于处理时间语义的程序开发足以应对大部分业务场景，但是对于一些对计算结果的准确性要求很高的业务场景来说，则需要读者理解并应用事件时间语义开发程序。

以股票交易为例来说明在什么业务场景下需要将基于处理时间语义的程序改为基于事件时间语义：假设用户通过手机客户端发送购买股票代码 A 的请求后，请求在通过 Nginx 负载均衡后到达对应的服务器_1（或者服务器_2），服务器会对用户的身份进行核实。核实用户身份后再将请求转发到交易服务器以便进行股票购买操作，该操作将在数据库中修改对应股票代码 A 的可卖股票数量，当可卖股票数量为 0 后，后续的请求购买操作都将失败。具体流程如图 6-5 所示。注意这里仅仅是虚构一个场景来说明事件时间和处理时间的区别，真实股票交易系统不会是这样的。

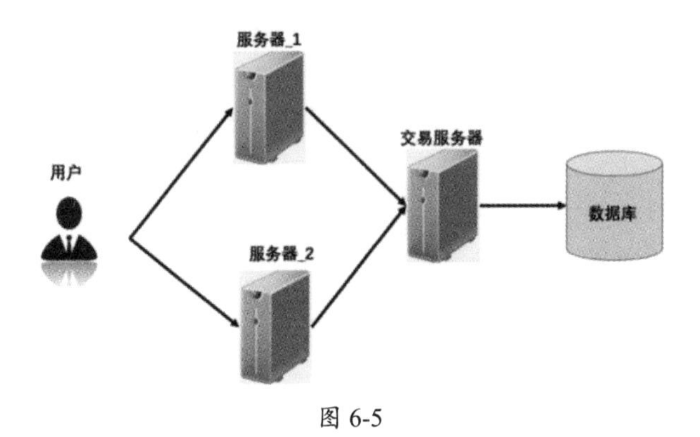

图 6-5

上述的场景可以看作一个抢购问题，大量的客户在手机客户端发送购买股票代码 A 的请求后，先进入服务器被处理的请求将优先买到股票。当前这种抢购的方式是由处理时间决定的，存在一定的非公平性。比如张三和李四两个用户发送购买请求，张三的请求在 10:10:10 进入服务器_2 进行处理，李四的请求在 10:10:11 进入服务器_1 进行处理，理论上张三应该优先于李四购买到股票。当服务器_2 将张三的请求发送到交易服务器时，由于网络的问题导致交易服务器接收请求延迟了 3 秒，这时服务器_1 已经将李四的请求成功发送到交易服务器，因此交易服务器将优先为李四购买股票，这种情况就会导致最先发送购买股票请求的张三并没有买到股票，反而是后面发送请求的李四买到了股票。

一般来说，流处理场景中事件时间和处理时间处理的结果应该是一致的，事件产生的时间就是事件本身的处理时间，但是实际场景中会有很多原因导致事件产生的时间和事件被处理的时间不一致：比如网络延迟导致数据产生后没有立刻传输到处理系统中被处理，分布式系统中时钟不同步等。这种出现数据乱序的现象被称为时钟歪斜，而要解决时钟歪斜问题就需要程序以事件时间语义的方式进行处理。

6.2.1 时间语义

在分布式环境中，时间是一个很重要的概念，Flink 支持使用三种时间特性进行流处理程序的开发。

- **Processing Time**：处理时间是执行基于时间操作的每个操作符的本地时间，也就是处理该事件（记录）的流处理程序所在操作系统的时间，它与事件本身的时间戳无关。

  当一个流处理程序基于处理时间来运行时，所有基于时间的操作（例如时间窗口）将使用运行各自操作的物理机上的系统时钟。例如：一个按照小时级处理的时间窗口包括所有在系统时钟指定的一个小时内到达特定操作的记录。当流处理程序在晚上 9:15 开始运行时，第一个小时的处理时间窗口将包含从晚上 9:15 到 10:00 之间的事件，下一个窗口将包含从晚上 10:00 到 11:00 之间处理的事件，依此类推。

  处理时间是时间中最简单的概念，不需要在数据流和机器之间进行协调，它提供了最好的性能和最低的延迟。但是在分布式环境中，处理时间具有不确定性，它容易受到记录到达系统的速度或记录在系统内的各个操作符之间流动速度的影响。

- **Event Time**：事件时间是每个事件在其生产设备上产生的时间，这个时间通常在事件进入流处理程序之前就已经嵌入事件中了，并且可以从每个事件中提取事件时间戳。

  在事件时间中，时间的进度取决于事件，而不是其他形式的时钟。基于事件时间的流处理程序还必须指定如何生成事件时间水印，事件时间水印是事件时间处理进度的信号机制，这个机制将在后面详细描述。

  无论事件何时到达流处理程序，或者它们到达的顺序如何，基于事件时间的处理将产生完全一致和准确的结果。如果事件不是按顺序到达流处理程序的，那么流处理程序对于迟到的事件只能等待有限的一段时间，因此流处理程序对事件时间的处理具有一定的延迟，这就限制了基于事件时间的流处理程序处理的准确性。

- **Ingestion Time**：摄入时间是数据进入流处理程序的时间，即数据进入流处理程序的数据源函数时的时间戳。在数据源函数中，每个事件都会以进入数据源函数时的当前时间作为时间戳，后续基于时间的操作（如时间窗口）会引用这个时间戳。

  摄入时间从概念上来讲介于事件时间和处理时间之间。与处理时间相比，计算的成本可能会高一点，但是会提供更加可预测的结果。由于摄取时间使用稳定的时间戳（在流处理程序的数据源函数处指定），因此对记录的不同窗口操作将引用相同的时间戳。而在处理时间中，每个窗口操作都可以将记录分配给不同的窗口；与事件时间相比，摄入时间的流处理程序无法处理任何乱序事件或延迟数据，但是该流处理程序无须指定如何产生水印。在内部摄入时间的处理方式与事件时间非常相似，但是它具有自动提取时间戳和自动生成水印的功能。图 6-6 以 POS 机刷卡来说明事件的每种时间发生的位置。

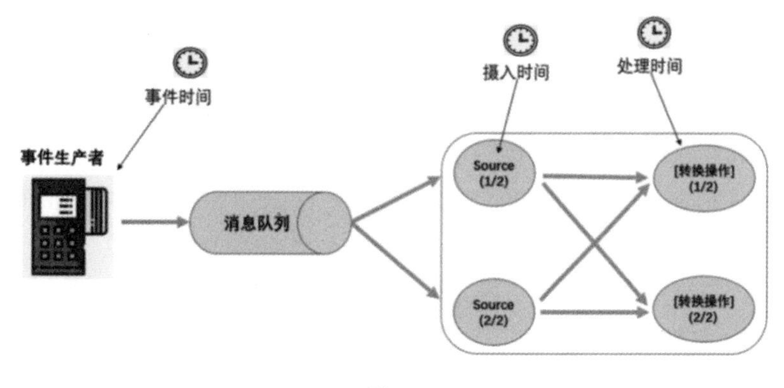

图 6-6

比如用户在 POS 机刷卡时点击确认按钮，点击该按钮的时间就是事件时间，数据通过网络传输进入流处理程序的数据源函数的时间为该事件的摄入时间，随后数据进入流处理程序的各个操作符被处理的时间就是处理时间。

根据业务场景的不同，处理时间语义和事件时间语义的适用性也不同。有些业务场景（如监控预警）需要流处理程序尽可能快地得到结果，即使计算的结果有轻微误差也无妨，在意的是数据的及时性，这时适合采用处理时间语义。另一些业务场景（如欺诈检测、反洗钱）对计算的结果有准确的要求，只有在对应时间窗口内发生的事件才能被计算，这时适合采用事件时间语义。

请注意，大部分流处理程序基于处理时间语义进行业务处理足以保证流处理程序稳健地运行，请确保自己的业务场景是否需要引入事件时间语义进行处理，否则将增加代码的复杂程度。

6.2.2　事件时间与水印

通过前面的内容我们知道事件产生后，由于分布式环境的每台机器的性能差异，以及传输的网络性能等问题，会导致事件的处理顺序与事件产生的顺序不一致，这就意味着事件在流处理程序中是以乱序进行处理的。为了解决事件乱序问题，可以将流处理程序的时间语义由处理时间改为事件时间，但仅仅改为事件时间语义还不够，必须有一种方式来衡量事件时间的进度以触发流处理程序的处理。例如：一个按照小时级构建窗口的窗口操作，当事件时间到达窗口的末尾之后窗口需要被通知，以便窗口操作能够关闭正在运行的窗口。

为此就需要在事件时间的流处理程序中设定一个基准：从当前时间点开始，后来的事件的时间戳不会比当前事件的时间戳更小，这个时间点就称为水印。水印在 Flink 中被定义为一种特殊的“事件”，它携带了一个时间戳 t，用来声明数据流中的事件时间已经到 t 了，混杂在数据流中流向下游，窗口就以此作为触发的依据，意味着数据流中不应该再有时间戳小于 t 的元素了，即时间戳早于或等于水印的事件。

水印作为事件时间进度的一种基准，它描述的是“当前最小”的问题，它并不规定水印本身对应的这个事件之前的那些事件的顺序，它们可以是有序的，也可以是无序的，因此水印对于有序流和无序流都能起到界定作用。

图 6-7 显示了带有时间戳和水印的事件流，在这个例子中事件是按时间戳顺序排列的，这意味着水印只是数据流中的周期性标记。

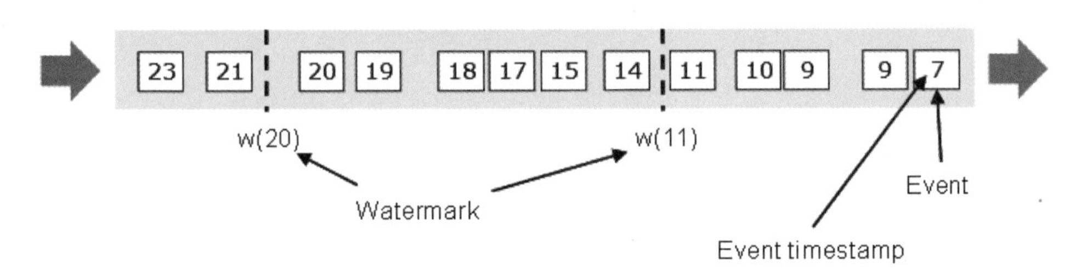

图 6-7

水印对于乱序的数据流是非常重要的，图 6-8 是乱序数据流的一个示例，可以看到事件没有按其时间戳排序。通常一个水印是对数据流中一个点的声明，在该特定时间戳之前的所有事件都应该到达。

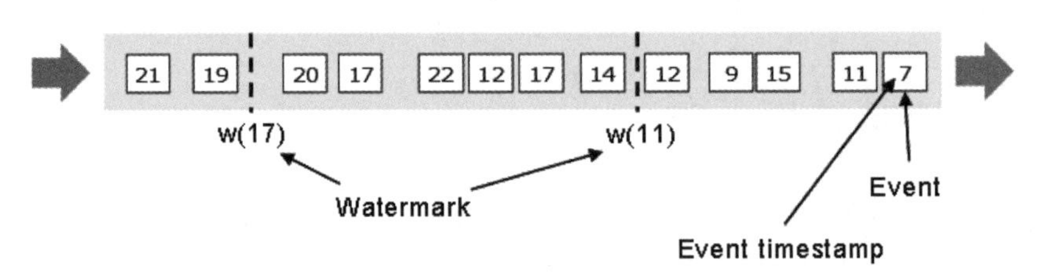

图 6-8

有了水印，基于事件时间的窗口就能够很好地应付乱序数据，但是为水印设置一个完美的值是很难办到的，因为我们无法知道一个乱序数据流的乱序程度。实际场景中我们会使用一个近似的水印值，同时在窗口中设置一个允许数据延迟的最大时间范围。

6.2.3　设置时间特性

流处理程序的执行环境默认使用的时间特性是处理时间，开发者可以根据自身流处理程序的业务需求在 StreamExecutionEnvironment 中调用 setStreamTimeCharacteristic(...)方法设置该流处理程序对应的时间特性。

```
//获取执行环境
final StreamExecutionEnvironment env = StreamExecutionEnvironment.getExecutionEnvironment();

//设置流处理程序基于处理时间语义进行处理
env.setStreamTimeCharacteristic(TimeCharacteristic.ProcessingTime);

//或者设置流处理程序基于摄入时间语义进行处理
//env.setStreamTimeCharacteristic(TimeCharacteristic.IngestionTime);
//或者设置流处理程序基于事件时间语义进行处理
//env.setStreamTimeCharacteristic(TimeCharacteristic.EventTime);
```

在处理事件时间场景下的乱序问题时，Flink 需要知道事件的时间戳，这意味着数据流中的每个元素都应该具有事件时间戳。通常提取元素中的某个时间戳字段来作为事件时间戳，同时时间戳的提取与水印的生成是密切相关的，水印负责告诉系统当前事件时间的进度。为此 Flink 为开发者提供了两种方式来提取时间戳和生成水印：

- 直接在流处理程序的数据源函数中提取时间戳和生成水印。
- 通过在数据流中指定时间戳提取器与水印生成器来提取时间戳和生成水印。

注意：时间戳和水印定义为 Long 类型，代表自新纪元 1970-01-01 00:00:00 以来的毫秒数。

1. 带有时间戳和水印的数据源函数

在数据源函数中可以直接为它们生成的元素分配时间戳和发出水印，完成此操作后，不需要在数据流中指定时间戳提取器与水印生成器。如果在数据流中指定时间戳提取器与水印生成器，则数据源函数提供的任何时间戳和水印都将被覆盖。

要将时间戳直接分配给数据源函数中的元素，开发者只需要在数据源函数的 run(...)方法中使用参数 SourceContext 的 collectWithTimestamp(...)方法向数据流中发送元素的时候指定该元素的时间戳，使用 SourceContext 的 emitWatermark(...)方法向数据流中生成水印即可，其他操作和普通的自定义数据源函数没有任何区别。

代码演示

下面是一个不使用检查点机制的数据源函数分配时间戳和生成水印的例子，该数据源函数实现非并行的 SourceFunction 接口，在 run(...)方法中将依次遍历一个元素类型为 EventBean（自定义的 POJO 类）的数组，使用 SourceContext.collectWithTimestamp(...)方法代替之前的 SourceContext.collect(...)方法向数据流中发送元素以指定该元素的时间戳。同时为了模拟迟到元素被窗口删除的过程，遍历数组中的元素时，如果元素不包含“late”字符串，则调用 SourceContext.emitWatermark(...)方法发出一个当前时间戳值的水印；如果元素还不包含“nosleep”字符串，则需等待 sleepTime 毫秒后再发送下一个元素。这里将 sleepTime 设置为 10000 即 10 秒，如果设置为其他值，那么可能观察到的结果和本次演示的结果不同。

```
public class SourceWithTimestampsWatermarks implements SourceFunction<EventBean> {

    @Override
    public void run(SourceContext<EventBean> ctx) throws Exception {
        while (isRunning) {
            if (counter >= 16) {
                //当数组内的元素发送完后，结束 while 循环
                isRunning = false;
            } else {
                //维护一组带有时间属性的数据
                EventBean bean = Data.BEANS[counter];
                //向数据流中发送元素，并指定该元素的时间戳
                ctx.collectWithTimestamp(bean, bean.getTime());
                //打印发送元素的内容，并以 HH:mm:ss 格式打印当前时间
                Long time = TimeUtils.getHHmmss (System.currentTimeMillis());
                System.out.println("send 元素内容 : [" + bean + " ] now time:" +time);
                //如果发送元素不包含“late”字符串则发出一个当前时间戳值的水印
                if (bean.getList().get(0).indexOf("late") < 0) {
                    ctx.emitWatermark(new Watermark(System.currentTimeMillis()));
                }
                //如果发送的元素中不包含“nosleep”字符串，则需等待 sleepTime 毫秒后再发送下一个元素
                if (bean.getList().get(0).indexOf("nosleep") < 0) {
                    Thread.sleep(sleepTime);
                }
            }
            counter++;
        }
    }
}
```

完整代码见 com.intsmaze.flink.streaming.window.source.SourceWithTimestampsWatermarks。

为了每次运行基于事件时间的流处理程序都能模拟出一样的结果，这里使用一个元素类型为 EventBean（自定义的 POJO 类）的数组作为流处理程序数据源的有限数据集合。EventBean 有两个字段，time 字段存储设置好的事件时间戳，list 集合只存储一个元素。初始化数据见下面 Data 类中的 BEANS 数组，在初始化 BEANS 数组中的数据时，标记含有“late”字符串的元素

是延迟到达的元素。在创建 EventBean 对象时，将 EventBean 对象的时间属性设置为流处理程序启动后数据源函数第一次向数据流发送元素之后的时间以便能模拟出元素迟到的场景。

```
public class EventBean {
    private List<String> list;
    private long time;
    public EventBean(String text, long time) {
        list=new ArrayList<String>();
        list.add(text);
        this.time = time;
    }
}

public class Data {
    public static Date date = new Date();
    public static final EventBean[] BEANS = new EventBean[]{
            new EventBean("0.money", date.getTime()),
            new EventBean("1.money", date.getTime() + 10000),
            new EventBean("2.money", date.getTime() + 20000),
            new EventBean("3-nosleep", date.getTime() + 30000),
            new EventBean("4.late", date.getTime() + 20000),//延迟元素
            new EventBean("5.money", date.getTime() + 40000),
            new EventBean("6.money", date.getTime() + 50000),
            new EventBean("7-nosleep", date.getTime() + 60000),
            new EventBean("8-nosleep-late", date.getTime() + 50000),//延迟元素
            new EventBean("9.late", date.getTime() + 50000),//延迟元素
            new EventBean("10.money", date.getTime() + 70000),
            new EventBean("11.money", date.getTime() + 80000),
            new EventBean("12-nosleep", date.getTime() + 90000),
            new EventBean("13-late-abandon", date.getTime() + 50000),//延迟元素
            new EventBean("14.money", date.getTime() + 100000),
            new EventBean("15.money", date.getTime() + 110000),
    };
}
```

准备好带有时间戳和水印的数据源函数及初始化有限数据集之后，下面就是准备流处理程序的前置环境。在 6.1 节我们已经知道窗口的对齐机制，为了每次运行流处理程序都能模拟出我们期望的结果，在启动流处理程序前，通过一个 while 循环不断判断当前时间的秒数是否在 30 秒到 35 秒之间，以及是否是 0 秒，如果符合条件则结束循环，立刻构造流处理程序的拓扑结构并触发该流处理程序执行。

这里为了快速且清晰地观察程序演示的效果，在常规 DataStream 中使用窗口操作符，窗口分配器为基于事件时间的滚动窗口，窗口大小设置为 30 秒，同时使用 ReduceFunction 窗口函数将该窗口内当前输入元素 list 集合中的第一个元素添加到上一个合并过元素的 list 集合中，窗户函数最终计算的结果元素会发送到下游 Print 操作符以打印在标准的输出流中。这里的窗口函数发送元素的 list 字段包含该窗口接收的所有元素的内容，通过这种方式我们就能观察出每个窗

口接收了和删除了哪些元素。

```
//当前时间在 30~35 秒之间，以及为 0 时启动流处理程序，以保证生成的结果不受窗口对齐机制的影响
while (true) {
    Calendar calendar = Calendar.getInstance();
    calendar.setTime(new Date());
    long offset = calendar.get(Calendar.SECOND);
    if (offset <= 0) {
        break;
    } else if (offset >= 30 && offset <= 35) {
        break;
    }
}
System.out.println("start time" + TimeUtils.getHHmmss(new Date()));

StreamExecutionEnvironment env = StreamExecutionEnvironment.getExecutionEnvironment();

//设置流处理程序基于事件时间语义进行处理
env.setStreamTimeCharacteristic(TimeCharacteristic.EventTime);
//设置作业的全局并行度为 1
env.setParallelism(1);

//自定义数据源函数，每 10 秒向数据流中发送 1 个元素
DataStream<EventBean> stream = env.addSource(new SourceWithTimestampsWatermarks(10000));

DataStream<EventBean> result = stream
        //定义一个基于事件时间的滚动窗口，窗口大小为 30 秒
        .windowAll(TumblingEventTimeWindows.of(Time.seconds(30)))
        //在窗口中应用 ReduceFunction 窗口函数
        .reduce(new ReduceFunction<EventBean>() {
                    @Override
                    public EventBean reduce(EventBean value1, EventBean value2) {
                        value1.getList().add(value2.getList().get(0));
                        return value1;
                    }
                }
        );

result.print("输出结果");
env.execute("EventTimeTemplate");
```

完整代码见 com.intsmaze.flink.streaming.window.time.EventTimeTemplate。

在 IDE 中运行上述程序后，在控制台中我们可以观察到包含“late”的元素都被窗口视为迟到元素删除了，这些迟到的元素都没有应用到窗口函数的计算中。

```
start time:19:14:30 000
send time:19:14:30 177
...
send 元素内容 : [{text='[4.late]', time=19:14:50} ] now time:19:15:06
```

```
输出结果> {text='[0.money, 1.money, 2.money]', time=19:14:30}
send 元素内容 : [{text='[8-nosleep-late]', time=19:15:20} ] now time:19:15:36
send 元素内容 : [{text='[9.late]', time=19:15:20} ] now time:19:15:36
输出结果> {text='[3-nosleep, 5.money, 6.money]', time=19:15:00}
send 元素内容 : [{text='[13-late-abandon]', time=19:15:20} ] now time:19:16:06
输出结果> {text='[7-nosleep, 10.money, 11.money]', time=19:15:30}
输出结果> {text='[12-nosleep, 14.money, 15.money]', time=19:16:00}
```

2. 时间戳提取器和水印生成器

时间戳提取器和水印生成器根据获取的数据流来生成一个带有时间戳元素和水印的新数据流。如果原始数据流已经具有时间戳和水印，则时间戳提取器和水印生成器将重写该数据流中的时间戳和水印。

TimestampAssigner 接口是时间戳提取器和水印生成器的基类，它负责将事件时间的时间戳分配给元素，所有在事件时间上起作用的函数（例如事件时间窗口）都使用这些时间戳：

```
org.apache.flink.streaming.api.functions.TimestampAssigner

public interface TimestampAssigner<T> extends Function {

      long extractTimestamp(T element, long previousElementTimestamp);

}
```

- extractTimestamp(T element, long previousElementTimestamp)：该方法在元素进入新的数据流之前被调用，负责将事件时间的时间戳分配给元素，该方法的参数 element 为进入新的数据流中的元素，参数 previousElementTimestamp 为元素在先前数据流中分配的时间戳，如果在先前数据流中没有分配时间戳，则该值为负值。

时间戳提取器和水印生成器通常应在数据源操作符之后立即指定，但 Flink 并不严格要求开发者这样做。开发一个流处理程序的常见模式是在指定时间戳提取器和水印生成器之前先使用 Map 操作符解析数据流中的数据，使用 Filter 操作符过滤数据流中指定的数据。但是不管在任何情况下，都必须在基于事件时间的第一个操作符之前指定时间戳提取器和水印生成器。

TimestampAssigner 接口定义了如何为新数据流中的元素分配事件时间戳，但没有定义如何为基于事件时间的操作符发出水印。TimestampAssigner 接口包含 AssignerWithPeriodicWatermarks 和 AssignerWithPunctuatedWatermarks 两个子接口，这两个子接口则定义了如何在新的数据流中为基于事件时间的操作符发出水印，开发者在实现自定义时间戳提取器和水印生成器时，需要实现 AssignerWithPeriodicWatermarks 或 AssignerWithPunctuatedWatermarks 中的任意一个接口。

（1）周期性水印。

AssignerWithPeriodicWatermarks 接口将事件时间的时间戳分配给元素，并根据指定的间隔周期性地生成水印，指示数据流以事件时间的语义进行处理。

AssignerWithPeriodicWatermarks 接口继承 TimestampAssigner 接口，它额外定义了一个getCurrentWatermark()方法供开发者去实现。

```
org.apache.flink.streaming.api.functions.AssignerWithPeriodicWatermarks

public interface AssignerWithPeriodicWatermarks<T> extends TimestampAssigner<T> {

    Watermark getCurrentWatermark();
}
```

- getCurrentWatermark()：系统周期性地调用该方法来检索当前水印并返回。当返回 null 时，表示当前没有可用的新水印。只有当返回的水印不为 null 且其时间戳大于先前发出水印的时间戳时，该水印才会被发出，这样做是为了保持水印的升序性。如果当前水印仍与前一个水印的时间戳相同，则表示自从上次调用此方法以来，事件时间没有发生任何进展。如果自上次调用该方法以来没有新元素到达，则系统调用该方法的频率将小于指定的周期性间隔。

通过 StreamExecutionEnvironment.setStreamTimeCharacteristic(...)方法的内部实现可以看到，如果设置的时间特性为事件时间或摄入时间，则默认的周期性水印的间隔为 200 毫秒，当设置时间特性为处理时间时，默认的周期性水印的间隔为 0 毫秒。

```
org.apache.flink.streaming.api.environment.StreamExecutionEnvironment#setStreamTimeCharacteristic

public void setStreamTimeCharacteristic(TimeCharacteristic characteristic) {
  this.timeCharacteristic = Preconditions.checkNotNull(characteristic);
  if (characteristic == TimeCharacteristic.ProcessingTime) {
      getConfig().setAutoWatermarkInterval(0);
  } else {
      getConfig().setAutoWatermarkInterval(200);
  }
 }
```

如果默认的周期性水印的间隔时间不适用当前的流处理程序，则开发者可以通过调用执行环境中的 ExecutionConfig.setAutoWatermarkInterval(long)方法来修改该流处理程序默认的周期性水印的间隔时间。

```
//获取执行环境
StreamExecutionEnvironment env = StreamExecutionEnvironment.getExecutionEnvironment();
//获取流处理执行环境的执行配置对象
ExecutionConfig config = env.getConfig();
//在执行配置对象中设置周期性水印的间隔时间
config.setAutoWatermarkInterval(n);
```

代码演示

下面实现一个自定义的周期性时间戳提取器和水印生成器，extractTimestamp(...)方法提取数据流元素的 time 字段作为时间戳，getCurrentWatermark(...)方法以系统当前时间戳作为水印发出来标识晚于该时间戳后的元素为迟到元素：

```
public class EventTimeWaterMarks implements AssignerWithPeriodicWatermarks<EventBean> {
    @Override
    public long extractTimestamp(EventBean element, long previousElementTimestamp) {
        //提取元素的 time 字段作为时间戳
        return element.getTime();
    }

    @Override
    public Watermark getCurrentWatermark() {
        //将水印设置为系统当前的时间戳
        return new Watermark(System.currentTimeMillis());
    }
}
```

完整代码见 com.intsmaze.flink.streaming.window.time.watermark.EventTimeWaterMarks。

定义好周期性时间戳提取器和水印生成器的实现后，我们仍然采用前面定义的 SourceWithTimestampsWatermarks 类作为数据源函数类的核心实现，仅做以下调整：删除第 18～第 21 行发出水印的代码片段，将第 14 行的 ctx.collectWithTimestamp(...)改为 ctx.collect(bean)，不让数据源函数发送带有时间戳的元素。修改后的核心逻辑如下：

```
public void run(SourceContext<EventBean> ctx) throws Exception {
    while (isRunning) {
        if (counter >= 16) {
            isRunning=false;
        } else {
            EventBean bean = Data.BEANS[counter];
            ctx.collect(bean);
            long time = TimeUtils.getHHmmss (System.currentTimeMillis());
            System.out.println("send 元素内容 : [" + bean+" ] now time:"+time);
            if (bean.getList().get(0).indexOf("nosleep") <= 0) {
                Thread.sleep(sleepTime);
            }
        }
        counter++;
    }
}
```

完整代码见 com.intsmaze.flink.streaming.window.source.SourceWithTimestamps。

对前面 EventTimeTemplate 类的 main 方法进行如下调整，首先设置流处理程序周期性水印的间隔时间为 5 秒，然后在数据源操作符生成的数据流中立刻调用 assignTimestampsAndWatermarks(...)方法指定使用周期性时间戳提取器和水印生成器生成一个带有时间戳元素和水印的新数据流，事件时间的窗口操作逻辑不做任何改变：

```
StreamExecutionEnvironment env = StreamExecutionEnvironment.getExecutionEnvironment();
env.setStreamTimeCharacteristic(TimeCharacteristic.EventTime);
env.setParallelism(1);

//执行配置对象中设置周期性水印的间隔时间为 5 秒
env.getConfig().setAutoWatermarkInterval(5000);

//自定义数据源函数，每 10 秒向数据流中发送 1 个元素
DataStream<EventBean> stream = env.addSource(new SourceWithTimestamps(10000));
//在数据源操作符生成的数据流中指定周期性时间戳提取器和水印生成器
stream=stream.assignTimestampsAndWatermarks(new EventTimeWaterMarks());
...//事件时间的窗口操作
```

完整代码见 com.intsmaze.flink.streaming.window.time.EventTimeTemplate。

在 IDE 中运行上述程序后，在控制台中我们可以观察到包含“late”的元素都被窗口视为迟到元素并删除了，这些迟到的元素都没有应用到窗口函数的计算中。

```
start time:19:26:00 000
send time:19:26:00 196
...
输出结果> {text='[0.money, 1.money, 2.money]', time=19:26:00}
send 元素内容 : [{text='[4.late]', time=19:26:20} ] now time:19:26:36
输出结果> {text='[3-nosleep, 5.money, 6.money]', time=19:26:30}
send 元素内容 : [{text='[8-nosleep-late]', time=19:26:50} ] now time: 19:27:06
send 元素内容 : [{text='[9.late]', time=19:26:50} ] now time:19:27:06
输出结果> {text='[7-nosleep, 10.money, 11.money]', time=19:27:00}
send 元素内容 : [{text='[13-late-abandon]', time=19:26:50} ] now time:19:27:36
输出结果> {text='[12-nosleep, 14.money, 15.money]', time=19:27:30}
```

（2）标记水印。

AssignerWithPunctuatedWatermarks 接口将事件时间的时间戳分配给元素，根据数据流中某些带有特殊值的元素（作为标记）来发出水印，指示数据流以事件时间的语义进行处理。

如果将数据流中某些特殊元素用作表示事件时间进度的标记，并且希望在特定事件中发出水印，则使用 AssignerWithPunctuatedWatermarks 是一个很好的选择。

AssignerWithPunctuatedWatermarks 接口继承 TimestampAssigner 接口，它额外定义了一个 checkAndGetNextWatermark(...)方法供开发者去实现。

```
org.apache.flink.streaming.api.functions.AssignerWithPunctuatedWatermarks
```

```
public interface AssignerWithPunctuatedWatermarks<T> extends TimestampAssigner<T> {

    Watermark checkAndGetNextWatermark(T lastElement, long extractedTimestamp);
}
```

- checkAndGetNextWatermark(T lastElement, long extractedTimestamp)：该方法在 Timestamp-Assigner 的 extractTimestamp(T element, long previousElementTimestamp)方法之后被调用，用来决定是否在当前元素中发出水印。只有当返回的水印不为 null 且其时间戳大于先前发出的水印时，才会发出返回的水印。如果返回一个 null 或者返回的水印的时间戳小于最后发出的水印的时间戳，则不会生成新水印。

理论上可以在每个事件中生成一个水印，因为每个水印都会引起下游的一些计算，所以过多的水印会降低流处理程序的处理性能。

代码演示

下面实现一个自定义的标记性时间戳提取器和水印生成器，extractTimestamp(...)方法提取元素的 time 字段作为时间戳，checkAndGetNextWatermark(...)方法根据当前元素是否包含"late"字符串来决定是否以系统当前时间戳作为水印发出，该水印用来标识晚于该时间戳后的元素为迟到元素：

```
public class EventTimePunctuatedWaterMarks implements AssignerWithPunctuatedWatermarks<EventBean> {

    @Override
    public long extractTimestamp(EventBean element, long previousElementTimestamp) {
        //提取元素的 time 字段作为时间戳
        return element.getTime();
    }

    @Override
    public Watermark checkAndGetNextWatermark(EventBean lastElement,long stamp) {
        //获取系统当前时间
        long watermark = System.currentTimeMillis();
        //判断元素的是否包含“late”字符串
        if(lastElement.getList().get(0).indexOf("late")< 0 ){
            //将水印设置为系统当前的时间戳
            return new Watermark(watermark);
        }
        //返回一个 null 值，表示不会生成新水印
        return null;
    }
}
```

完整代码见 com.intsmaze.flink.streaming.window.time.watermark.EventTimePunctuatedWaterMarks。

定义好标记性时间戳提取器和水印生成器的实现后，这里采用前面的 SourceWithTimestamps 类作为流处理程序的数据源函数，然后对 EventTimeTemplate 类的 main 方法进行如下调整，在数据源操作符生成的数据流中立刻调用 assignTimestampsAndWatermarks()方法指定使用标记性时间戳提取器和水印生成器生成一个带有时间戳元素和水印的新数据流，事件时间的窗口操作逻辑不做任何改变：

```
StreamExecutionEnvironment env = StreamExecutionEnvironment.getExecutionEnvironment();
env.setStreamTimeCharacteristic(TimeCharacteristic.EventTime);
env.setParallelism(1);

//自定义数据源函数，每 10 秒向数据流中发送 1 个元素
DataStream<EventBean> stream = env.addSource(new SourceWithTimestamps(10000));
//在数据源操作符生成的数据流中指定标记性时间戳提取器和水印生成器
stream=stream.assignTimestampsAndWatermarks(new EventTimePunctuatedWaterMarks ());
... //事件时间的窗口操作
```

完整代码见 com.intsmaze.flink.streaming.window.time.EventTimeTemplate。

在 IDE 中运行上述程序后，在控制台中我们可以观察到包含“late”的元素都被窗口视为迟到元素并删除了，这些迟到的元素都没有应用到窗口函数的计算中。

```
start time:18:34:35 625
send time:18:34:35 821
...
输出结果> {text='[0.money, 1.money, 2.money]', time=18:34:35}
send 元素内容 : [{text='[4.late]', time=18:34:55} ] now time:18:35:12
输出结果> {text='[3-nosleep, 5.money, 6.money]', time=18:35:05}
send 元素内容 : [{text='[8-nosleep-late]', time=18:35:25} ] now time:18:35:42
send 元素内容 : [{text='[9.late]', time=18:35:25} ] now time:18:35:42
输出结果> {text='[7-nosleep, 10.money, 11.money]', time=18:35:35}
send 元素内容 : [{text='[13-late-abandon]', time=18:35:25} ] now time:18:36:12
输出结果> {text='[12-nosleep, 14.money, 15.money]', time=18:36:05}
```

（3）预先定义的时间戳提取器和水印生成器。

Flink 提供了 AssignerWithPeriodicWatermarks 和 AssignerWithPunctuatedWatermarks 接口的抽象，允许开发者定义自己的时间戳提取器和水印生成器。同时 Flink 提供了如下几个时间戳提取器和水印生成器的默认实现类，以简化开发者在基于事件时间的流处理程序中的开发工作。除了开箱即用功能，这些默认实现类还可以作为开发者在自定义时间戳提取器和水印生成器的一个参考例子。

- AscendingTimestampExtractor：用于时间戳单调递增的数据流。在这种情况下，数据流的本地水印很容易生成，当前时间戳始终可以充当水印，因为不会出现更早的时间戳。
- BoundedOutOfOrdernessTimestampExtractor：发出的水印滞后于具有当前最大时间戳（事件时间）的元素，该时间戳到目前为止是固定时间 t_late。在知道元素到达水印后不迟

于 t_late 的情况下，这可以减少在计算给定窗口的最终结果时由于延迟而忽略的元素数量，表示系统事件时间已超过其（事件时间）时间戳。

- IngestionTimeExtractor：根据机器的系统时间分配时间戳，如果在数据流源函数之后使用此分配器，则它将实现 Ingestion Time 语义。

3. 允许一定时间延迟

在前面的示例中我们可以发现某些特定的元素会违背水印的条件，也就是说即使时间戳为 t 的水印已经发生了，但还是会有许多时间戳小于 t 的事件发生。在实际的场景中，某些元素可以任意延迟，指定一个水印时间戳，在这个水印要求的范围内的事件都按时到达显然是不可能的。基于这个原因，流处理程序可以明确地指定对迟到的元素设置一个可以接受的范围，使得这些数据也可以被窗口函数处理，为此 Flink 提供了 allowedLateness 特性来实现这一场景。

这里采用前面带有时间戳和水印的 SourceWithTimestampsWatermarks 数据源函数作为流处理程序的数据源，然后对前面 EventTimeTemplate 类的 main 方法进行如下调整，在数据流执行 WindowAll 操作符后立刻调用 allowedLateness(...)方法来设置窗口允许的最大延迟时间为 15 秒，事件时间的窗口操作逻辑不做任何改变：

```
StreamExecutionEnvironment env = StreamExecutionEnvironment.getExecutionEnvironment();
env.setStreamTimeCharacteristic(TimeCharacteristic.EventTime);
env.setParallelism(1);

//自定义数据源函数，每 10 秒向数据流中发送 1 个元素
DataStream<EventBean> stream = env.addSource(new SourceWithTimestampsWatermarks(10000));

DataStream<EventBean> result = stream
         //定义一个基于事件时间的滚动窗口，窗口大小为 30 秒
        .windowAll(TumblingEventTimeWindows.of(Time.seconds(30)))
        //指定该窗口允许元素延迟的最大时间为 15 秒
        .allowedLateness(Time.seconds(15))
        //在窗口中应用 ReduceFunction 窗口函数
        .reduce(new ReduceFunction<EventBean>() {
                    @Override
                    public EventBean reduce(EventBean value1, EventBean value2) {
                        value1.getList().add(value2.getList().get(0));
                        return value1;
                    }
                }
        );
...
```

完整代码见 com.intsmaze.flink.streaming.window.time.EventTimeTemplate。

在 IDE 中运行上述程序后，在控制台中我们可以观察到包含“abandon”的元素因为延迟时

间大于窗口允许的延迟过期时间而被删除了，没有运用在窗口函数的计算中；包含“late”的元素因为延迟时间在窗口允许的延迟过期时间范围内，触发了窗口的再次计算。

```
start time22:05:30 000
send time:22:05:30 418
...
send 元素内容 : [{text='[4.late]', time=22:05:50} ] now time:22:06:07
输出结果> {text='[0.money, 1.money, 2.money]', time=22:05:30}
输出结果> {text='[0.money, 1.money, 2.money, 4.late]', time=22:05:30}
send 元素内容 : [{text='[8-nosleep-late]', time=22:06:20} ] now time:22:06:37
send 元素内容 : [{text='[9.late]', time=22:06:20} ] now time:22:06:37
输出结果> {text='[3-nosleep, 5.money, 6.money]', time=22:06:00}
输出结果> {text='[3-nosleep, 5.money, 6.money, 8-nosleep-late]', time=22:06:00}
输出结果> {text='[3-nosleep, 5.money, 6.money, 8-nosleep-late, 9.late]', time=22:06:00}
send 元素内容 : [{text='[13-late-abandon]', time=22:06:20} ] now time:22:07:07
输出结果> {text='[7-nosleep, 10.money, 11.money]', time=22:06:30}
输出结果> {text='[12-nosleep, 14.money, 15.money]', time=22:07:00}
```

输出延迟元素

在窗口中结合 Flink 的侧端输出特性，开发者可以得到一个数据流，该数据流负责输出被窗口丢弃的元素。为此在窗口化的数据流中使用 sideOutputLateData(OutputTag)方法将窗口中延迟丢弃的元素都输出到 OutputTag 标记的侧端输出中。关于侧端输出的更多内容见 6.4 节。

这里仍以前面“允许一定时间延迟”中的程序为例，对 EventTimeTemplate 类的 main 方法进行如下调整，在 allowedLateness(...)方法上级联调用 sideOutputLateData（OutputTag）方法将迟到的数据发送到给定 OutputTag 标识的侧端输出，随后在 Reduce 窗口操作符返回的主数据流中调用 getSideOutput（OutputTag）方法获取对应 OutputTag 标记的侧端输出流，其中包含窗口中延迟丢弃的元素。

```
StreamExecutionEnvironment env = StreamExecutionEnvironment.getExecutionEnvironment();
env.setStreamTimeCharacteristic(TimeCharacteristic.EventTime);
env.setParallelism(1);

//自定义数据源函数，每 10 秒向数据流中发送 1 个元素
DataStream<EventBean> stream = env.addSource(new SourceWithTimestampsWatermarks(10000));

//定义一个名为 late-data 的输出标识
final OutputTag<EventBean> lateOutputTag = new OutputTag<EventBean>("late-data") {
};

SingleOutputStreamOperator<EventBean> result = stream
        //定义一个基于事件时间的滚动窗口，窗口大小为 30 秒
        .windowAll(TumblingEventTimeWindows.of(Time.seconds(30)))
        //将窗口中延迟丢弃的元素都输出到名为 late-data 的侧端输出中
        .sideOutputLateData(lateOutputTag)
```

```
        //在窗口中应用 ReduceFunction 窗口函数
        .reduce(new ReduceFunction<EventBean>() {
                @Override
                public EventBean reduce(EventBean value1, EventBean value2) {
                    value1.getList().add(value2.getList().get(0));
                    return value1;
                }
            }
        );

//使用给定的 OutputTag 获取一个 DataStream，其中包含从操作符发送到侧端输出的元素
DataStream<EventBean> lateStream = result.getSideOutput(lateOutputTag);

//将侧端输出流中的元素打印在标准输出流中
lateStream.print("late elements is  --->>>");

//将主数据流中的元素打印在标准输出流中
result.print("输出结果");
...
```

完整代码见 com.intsmaze.flink.streaming.window.time.EventTimeTemplate。

在 IDE 中运行上述程序后，在控制台中我们可以观察到延迟的数据都进入了侧端输出流，这些元素以固定的“late elements is --->>>”为前缀打印在标准输出流中。

```
start time 时间:21:34:30 128
send time:时间:21:34:30 295
...
输出结果> {text='[7-nosleep, 10.money, 11.money]', time=时间:21:35:30}
late elements is  --->>> {text='[13-late-abandon]', time=时间:21:35:20}
输出结果> {text='[12-nosleep, 14.money, 15.money]', time=时间:21:36:00}
...
```

6.3　数据流的连接操作

6.3.1　窗口 Join

窗口 Join 将连接两个 DataStream 类型的数据流，将两个数据流中具有相同 Key 的元素分配到同一个窗口中，开发者可以使用窗口分配器在这两个数据流中定义窗口（目前仅支持时间驱动的窗口，基于元素数量驱动的窗口暂不支持，如全局窗口）。当窗口关闭后，窗口 Join 会对窗口中来自两个数据流的元素进行笛卡儿积计算从而得到元素的每一对组合，然后将这些组合依次传递给用户定义的 JoinFunction 或 FlatJoinFunction 窗口函数以对这些组合元素进行逻辑计算并发出处理后的连接结果。

需要注意的是，窗口 Join 的行为类似于 SQL 中“内部连接”的语义，当公共窗口中只有一

个数据流的元素而没有另一个数据流的元素时，那么这个窗口不会将元素发送给窗口函数进行计算以发出处理后的连接结果。

- 窗口 Join 的数据流转换：DataStream+DataStream → JoinedStreams

窗口 Join 的固定语法可以概括如下：

```
DataStream<Integer> stream = // [...]
DataStream<Integer> otherStream = // [...]

stream.join(otherStream)//对两个 DataStream 类型的数据流执行 Join 操作
    .where(<KeySelector>)//对第一个数据流 stream 指定一个键选择器，用于分组数据流
    .equalTo(<KeySelector>)//对第二个数据流 otherStream 指定一个键选择器，用于分组数据流
    .window(<WindowAssigner>)//对两个数据流指定窗口分配器
    .apply(<JoinFunction>/<FlatJoinFunction>)//应用窗口函数对完成两个数据流连接操作的笛卡儿积进行逻
                                              //辑计算
```

- DataStream.join(otherStream)：该方法会返回一个 JoinedStreams 类型的数据流，JoinedStreams 代表已连接的两个 DataStream 类型的数据流，数据流连接操作要对窗口中的元素进行处理。在当前 Flink 版本中，数据流连接是在内存中进行的，所以在使用数据流连接操作时需要确保元素的数量及每个 Key 下的元素不会太多，否则会导致流处理程序的 JVM 进程崩溃。
- JoinedStreams.where(<KeySelector>)：为来自第一个数据流中输入的元素指定一个键选择器。
- JoinedStreams.equalTo(<KeySelector>)：为来自第二个数据流中输入的元素指定一个键选择器。需要注意的是，这里要和第一个数据流中输入流元素的键选择器的 Key 类型保持相同。
- JoinedStreams.window(<WindowAssigner>)：指定进行连接操作的窗口分配器，两个输入数据流会使用同一个窗口分配器来将两个数据流的元素分配到同一个窗口中。
- JoinedStreams.apply(<JoinFunction>/<FlatJoinFunction>)：该方法会在连接后的窗口中使用用户定义的 JoinFunction 或 FlatJoinFunction 窗口函数对窗口中具有相同 Key 的每个元素的两两组合执行计算，窗口中每对满足连接条件的元素都会调用此窗口函数。

apply 方法提供 FlatJoinFunction 和 JoinFunction 两种窗口函数供开发者定义，这两种窗口函数有不同的连接方式。

- FlatJoinFunction：每对满足连接的元素都会调用一次该函数的 join()方法，该方法对符合连接的两侧元素进行处理，可以返回 0 个、1 个或多个结果值。

```
package org.apache.flink.api.common.functions;
public interface FlatJoinFunction<IN1, IN2, OUT> extends Function, Serializable {
```

```
    /**
     * 参数 first 为第一个数据流中符合连接条件的元素，参数 second 为第二个数据流中符合连接条件的元素，
     * 参数 Collector 用于返回 0 个、1 个或多个处理后的结果值
     */
    void join (IN1 first, IN2 second, Collector<OUT> out) throws Exception;
}
```

- JoinFunction：每对满足连接的元素都会调用一次该函数的 join()方法，该方法对符合连接的两侧元素进行处理且只会返回 1 个结果值。

```
package org.apache.flink.api.common.functions;
public interface JoinFunction<IN1, IN2, OUT> extends Function, Serializable {

    /**
     * 参数 first 为第一个数据流中符合连接条件的元素，参数 second 为第二个数据流中符合连接条件的元素，
最后返回一个结果数据
     */
    OUT join(IN1 first, IN2 second) throws Exception;
}
```

1. 滚动窗口连接

在执行滚动窗口连接时，具有公共 Key 和公共滚动窗口的所有元素都两两组合进行连接，并传递给 JoinFunction 或 FlatJoinFunction 窗口函数进行逻辑计算。

如图 6-9 所示，定义了一个大小为 2 秒的滚动窗口，将产生[0,1]、[2,3]…的窗口，图 6-9 显示了每个窗口中所有元素的两两组合，这些元素将传递给 JoinFunction 窗口函数，time 轴以下是每个窗口传入的连接组合。注意在滚动窗口[6、7]中没有发出连接后的数据，因为黑色流中没有元素存在，无法与白色流中的元素 6 和元素 7 进行连接。

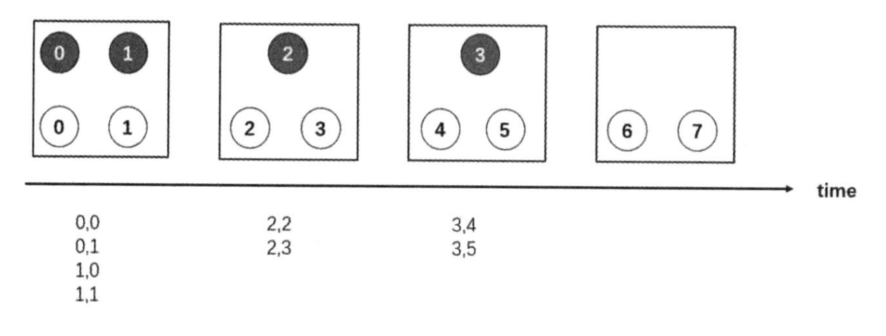

图 6-9

下面是滚动窗口连接的一种代码示例：

```
DataStream<Integer> blackStream = // [...]
DataStream<Integer> whiteStream = // [...]
blackStream.join(whiteStream)
    .where(<KeySelector>)
    .equalTo(<KeySelector>)
    //定义一个基于事件时间的滚动窗口，窗口大小为 2 秒
    .window(TumblingEventTimeWindows.of(Time.milliseconds(2)))
    .apply (new JoinFunction<Integer, Integer, String> (){
        @Override
        public String join(Integer first, Integer second) {
            return first + "," + second;
        }
    });
```

2. 滑动窗口连接

在执行滑动窗口连接时，具有公共 Key 和公共滑动窗口的所有元素都两两组合进行连接，并传递给 JoinFunction 或 FlatJoinFunction 窗口函数进行逻辑计算。需要注意：在滑动窗口的连接中有些元素可能会在一个滑动窗口中进行连接，但在另一个窗口中不会进行连接。

如图 6-10 所示，定义了一个大小为 2 秒的滑动窗口，并设置该窗口的滑动间隙为 1 秒，从而得到[-1,0]、[0,1]、[1,2]、[2,3]…的窗口，图 6-10 显示了每个窗口中所有元素的两两组合，这些元素将传递给 JoinFunction 窗口函数，time 轴以下是每个窗口传入的连接组合。在图 6-10 中还可以看到在窗口[2、3]中黑色的 1 与白色的 2 和 3 分别连接，而在窗口[1,2]中没有任何元素的连接。

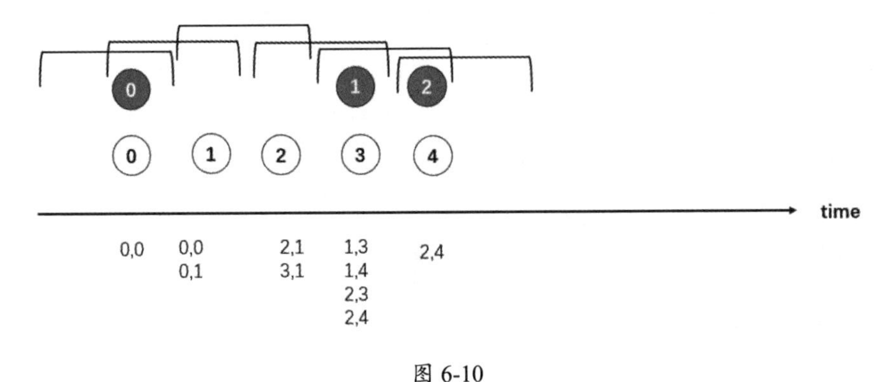

图 6-10

下面是滑动窗口连接的一种代码示例：

```
DataStream<Integer> blackStream = // [...]
DataStream<Integer> whiteStream = // [...]
blackStream.join(whiteStream)
    .where(<KeySelector>)
    .equalTo(<KeySelector>)
    //定义一个基于事件时间的滑动窗口，窗口大小为 1 秒，滑动间隙为 1 秒
```

```
        .window(SlidingEventTimeWindows.of(Time.milliseconds(2), Time.milliseconds(1)))
        .apply (new JoinFunction<Integer, Integer, String> (){
            @Override
            public String join(Integer first, Integer second) {
                return first + "," + second;
            }
        });
```

3. 会话窗口连接

在执行会话窗口连接时，具有公共 Key 和公共滑动窗口的所有元素都两两组合进行连接，并传递给 JoinFunction 或 FlatJoinFunction 窗口函数进行逻辑计算。

如图 6-11 所示，定义了一个会话窗口，其中每个会话之间的间隔至少为 1 秒。图 6-11 中一共产生三个会话窗口，图 6-11 显示了每个窗口中所有元素的两两组合，这些元素将传递给 JoinFunction 窗口函数，time 轴以下是每个窗口传入的连接组合。在前两个会话窗口中可以看到数据流输出了连接的结果，但是在第三个会话窗口中，因为黑色数据流中没有元素，因此白色数据流中的 3 和 4 不会发生连接与输出。

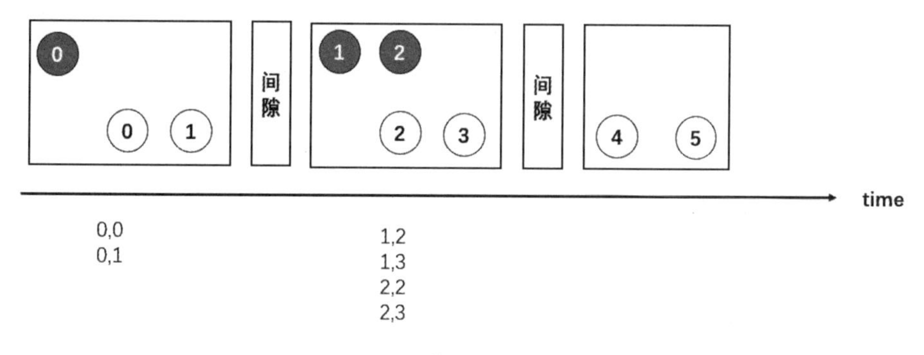

图 6-11

下面是会话窗口连接的一种代码示例。

```
DataStream<Integer> blackStream = // [...]
DataStream<Integer> whiteStream = // [...]

blackStream.join(whiteStream)
    .where(<KeySelector>)
    .equalTo(<KeySelector>)
    //定义一个基于事件时间的会话窗口，间隔时间为 1 秒
    .window(EventTimeSessionWindows.withGap(Time.milliseconds(1)))
    .apply (new JoinFunction<Integer, Integer, String> (){
        @Override
        public String join(Integer first, Integer second) {
```

```
            return first + "," + second;
        }
    });
```

4. 代码演示

下面将给出窗口 Join 操作的完整代码，同时为了保证每次运行窗口 Join 操作的流处理程序都能产生同样的结果，选择事件时间的滚动窗口分配器来为连接的数据流分配窗口以进行窗口 Join 操作，其他类型窗口的连接可以参照上面各类型窗口的固定语法对下面的代码进行简单修改即可。

为了清晰地看到窗口 Join 操作的流处理程序的运行结果，先创建两个具有初始化数据的数据集合，一个数据集合存储用户在网站的点击信息，比如用户名称、点击的 URL、点击时间；另一个数据集合存储用户的订单信息，比如用户名称、订单金额、下订单的终端类型、下订单的时间。

```
public class PrepareData {
    //具有初始化网站点击信息的数据集合
    public static List<ClickBean> getClicksData() throws ParseException {
        List<ClickBean> clickList = new ArrayList();
        //记录（id）、用户名称（user）、点击 URL（url）、点击时间（visitTime）
        clickList.add(new ClickBean(1, "张三", "./intsmaze", "2019-07-28 12:00:00"));
        clickList.add(new ClickBean(2, "李四", "./flink", "2019-07-28 12:05:05"));
        clickList.add(new ClickBean(3, "张三", "./stream", "2019-07-28 12:45:08"));
        clickList.add(new ClickBean(4, "李四", "./intsmaze", "2019-07-28 13:01:00"));
        clickList.add(new ClickBean(5, "王五", "./flink", "2019-07-28 13:04:00"));
        return clickList;
    }
    //具有初始化用户订单信息的数据集合
    public static List<Trade> getTradeData() throws ParseException {
        List<Trade> tradeList = new ArrayList();
         //用户名称（name）、订单金额（amount）、终端类型（client）、下单时间（tradeTime）
        tradeList.add(new Trade("张三", 38, "安卓手机","2019-07-28 12:20:00"));
        tradeList.add(new Trade("王五", 45, "苹果手机","2019-07-28 12:30:00"));
        tradeList.add(new Trade("张三", 18, "台式机","2019-07-28 13:20:00"));
        tradeList.add(new Trade("王五", 23, "笔记本","2019-07-28 13:58:00"));
        return tradeList;
    }
}
```

在定义好具有初始化数据的数据集合后，基于这两个数据集合创建数据源，因为该流处理程序基于事件时间语句进行处理，所以在数据源函数生成的数据流中立刻调用 assignTimestampsAndWatermarks()方法进行时间戳的提取和水印的生成，然后在生成的新数据流中进行 Join 操作。两个进行 Join 操作的数据流均指定使用元素中的用户名称字段作为分组数据流的 Key，然后定义一个基于事件时间的滚动窗口分配器，并指定窗口大小为 1 小时来生成窗口，最后使用用户自定义的 JoinFunction 和 FlatJoinFunction 窗口函数统计在同一个窗口内用户下订单的同时该用户在网站中的用户行为信息。

```
StreamExecutionEnvironment env = StreamExecutionEnvironment.getExecutionEnvironment();
//设置流处理程序基于事件时间语义进行处理
env.setStreamTimeCharacteristic(TimeCharacteristic.EventTime);

List<ClickBean> clicksData = PrepareData.getClicksData();
//基于网站点击信息的数据集合创建数据流，并提取数据流的时间戳和分配水印
DataStream<ClickBean> clickStream = env.fromCollection(clicksData)
        .assignTimestampsAndWatermarks(new AssignerWithPunctuatedWatermarks <ClickBean>() {
            ...
             //提取数据流元素的访问时间作为事件时间戳
             //提取数据流元素的访问时间的时间戳-1 作为水印
        });

List<Trade> tradeData = PrepareData.getTradeData();
//基于用户订单的数据集合创建数据流，并提取数据流的时间戳和分配水印
DataStream<Trade> tradeStream = env.fromCollection(tradeData)
        .assignTimestampsAndWatermarks(new AssignerWithPunctuatedWatermarks <Trade>() {
            ...
             //提取数据流元素的交易时间作为事件时间戳
             //提取数据流元素的交易时间的时间戳-1 作为水印
        });

JoinedStreams.WithWindow<ClickBean, Trade, String, TimeWindow> window =
        clickStream.join(tradeStream) //连接两个数据流
                //根据 ClickBean 元素的用户名对 clickStream 数据流的元素进行分组
                .where((KeySelector<ClickBean, String>) value -> value.getUser())
                  //根据 Trade 元素的用户名对 tradeStream 数据流的元素进行分组
                .equalTo((KeySelector<Trade, String>) value -> value.getName())
                //基于事件时间的滚动窗口，窗口大小为 1 小时
                .window(TumblingEventTimeWindows.of(Time.hours(1)));

//应用 JoinFunction 窗口函数，将满足连接的两侧元素合并输出
DataStream<String> applyJoinStream = window.apply(new JoinFunction<ClickBean, Trade, String>() {
    @Override
    public String join(ClickBean first, Trade second) {
        return first.toString() +" : "+ second.toString();
    }
});
applyJoinStream.print("JoinFunction 输出结果:");

//应用 FlatJoinFunction 窗口函数，将满足连接的两侧元素提取对应的字段合并输出
DataStream<String> applyFlatJoinStream = window.apply(new FlatJoinFunction <ClickBean, Trade,
String>() {
    @Override
```

```
        public void join(ClickBean first, Trade second, Collector<String> out) {
            //将用户的访问时间和订单时间合并输出
            out.collect(first.getUser() +" : "+ first.getVisitTime() +" : "+ second.getTradeTime());
            //将用户访问的 URL 和终端类型合并输出
            out.collect(first.getUser() +" : "+ first.getUrl() +" : "+ second.getClient());
        }
    });
    applyFlatJoinStream.print("FlatJoinFunction 输出结果:");

    env.execute("WindowJoinTumblingTemplate");
```

完整代码见 com.intsmaze.flink.streaming.window.join. TumblingWindowJoinTemplate。

通过具有初始化数据的数据集我们可以知道，在 12:00:00～12:59:59 的时间窗口中，clickStream 数据流中有张三和李四两个用户记录，tradeStream 数据流中有张三和王五两个用户的记录。在用户名为 Key 的公共窗口中，两侧的数据流都具有用户名为张三的元素，所有具有用户名为张三的元素可以两两组合传给窗口函数进行计算。在 13:00:00～13:59:59 的时间窗口中也是同样的道理。在 IDE 中运行上述程序后，在控制台可以看到如下的输出信息。

```
    JoinFunction 输出结果:> ClickBean{user='张三', visitTime=2019-07-28 12:00:00.0, url='./intsmaze'} :
Trade{name='张三', amount=38, client='安卓手机', tradeTime= 2019-07-28 12:20:00.0}
    JoinFunction 输出结果:> ClickBean{user='张三', visitTime=2019-07-28 12:45:08.0, url='./stream'} :
Trade{name='张三', amount=38, client='安卓手机', tradeTime= 2019-07-28 12:20:00.0}
    JoinFunction 输出结果:> ClickBean{user='王五', visitTime=2019-07-28 13:04:00.0, url='./flink'} :
Trade{name='王五', amount=23, client='笔记本', tradeTime=2019-07-28 13:58:00.0}

    FlatJoinFunction 输出结果:> 张三 : 2019-07-28 12:00:00.0 : 2019-07-28 12:20:00.0
    FlatJoinFunction 输出结果:> 张三 : ./intsmaze : 安卓手机
    FlatJoinFunction 输出结果:> 张三 : 2019-07-28 12:45:08.0 : 2019-07-28 12:20:00.0
    FlatJoinFunction 输出结果:> 张三 : ./stream : 安卓手机
    FlatJoinFunction 输出结果:> 王五 : 2019-07-28 13:04:00.0 : 2019-07-28 13:58:00.0
    FlatJoinFunction 输出结果:> 王五 : ./flink : 笔记本
```

6.3.2 窗口 CoGroup

在某些可以使用窗口 Join 的地方也可以使用窗口 CoGroup，该操作与窗口 Join 的区别在于应用在 apply 方法中的 CoGroupFunction 窗口函数的参数是一个迭代器（包含一个数据流中在一个窗口的同一个 Key 下的数据集合），使得窗口函数可以对具有公共 Key 和公共窗口的两个数据流中的元素集合进行操作，而不像窗口 Join 操作将满足连接条件的两个数据流中的元素两两组合好后作为参数发送到 apply 方法的窗口函数中。因此当公共窗口中只有一个数据流的元素而没有另一个数据流的元素时，这个窗口仍会将元素发送给窗口函数进行计算以发出处理后的连接结果。

- 窗口 CoGroup 的数据流转换：DataStream+DataStream → CoGroupedStreams

窗口 CoGroup 的固定语法可以概括如下：

```
DataStream<Integer> blackStream = // [...]
DataStream<Integer> whiteStream = // [...]

blackStream.coGroup(whiteStream)//对两个 DataStream 类型的数据流执行 CoGroup 操作
    .where(<KeySelector>)//为第一个数据流 blackStream 指定一个键选择器，用于分组数据流
    .equalTo(<KeySelector>)//为第二个数据流 whiteStream 指定一个键选择器，用于分组数据流
    .window(<WindowAssigner>)//为两个数据流指定窗口分配器
    .apply(CoGroupFunction<T1, T2, T> function)//应用窗口组函数对具有公共 Key 和公共窗口的两个数据流
                                               //中的元素集合进行计算
```

窗口 CoGroup 也支持滚动窗口、滑动窗口和会话窗口，这里以滚动窗口为例进行说明，其他类型的窗口可参考 6.3.1 节，这里不再过多演示。

如图 6-12 所示，定义了一个大小为 2 秒的滚动窗口，将产生[0,1]、[2,3]…的窗口，该图 6-12 显示了每个窗口中将传给用户定义的 CoGroupFunction 函数的两个数据流的数据集，time 轴以下是每个窗口传入的数据集。注意在滚动窗口[6、7]中，因为黑色数据流中没有元素，所以黑色数据流会给窗口函数传递一个空的迭代器，而白色数据流会给窗口函数传递一个包含 6 和 7 两个元素的迭代器。

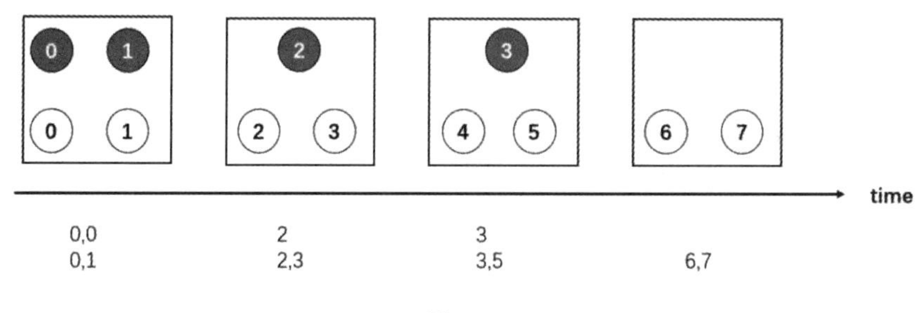

图 6-12

下面省略创建数据源和对数据流指定时间戳提取器和水印生成器的具体代码，相关代码可以参考前面窗口 Join 的示例代码。两个进行 CoGroup 操作的数据流均指定使用元素中的用户名称字段作为分组数据流的 Key，然后定义一个基于事件时间的滚动窗口分配器，并指定窗口大小为 2 小时来生成窗口，以便演示一个数据流中某个 Key 分组下一个窗口中包含超过 1 个元素组成的数据集，方便在用户定义的 CoGroupFunction 窗口函数中观察 CoGroup 操作的效果。

```
...
DataStream<ClickBean> clickStream=// [...]
DataStream<Trade> tradeStream = // [...]
```

```
    CoGroupedStreams.WithWindow<ClickBean, Trade, String, TimeWindow> window =
            clickStream.coGroup(tradeStream) //对两个数据流执行 CoGroup 操作
                    //根据 ClickBean 元素的用户名对 clickStream 数据流的元素进行分组
                .where((KeySelector<ClickBean, String>) value -> value.getUser())
                    //根据 Trade 元素的用户名对 tradeStream 数据流的元素进行分组
                .equalTo((KeySelector<Trade, String>) value -> value.getName())
                    //基于事件时间的滚动窗口，窗口大小为 2 小时
                .window(TumblingEventTimeWindows.of(Time.hours(2)));

    //在窗口中应用用户定义的 CoGroupFunction 函数
    DataStream<String> resultStream= window.apply(new CoGroupFunction<ClickBean, Trade, String>() {
        @Override
        public void coGroup(Iterable<ClickBean> clickStream, Iterable<Trade> tradeStream,
  Collector<String> out) {
            //获取 clickStream 数据流在该窗口中的迭代器
            Iterator<ClickBean> iterator1 = clickStream.iterator();
            while (iterator1.hasNext()) {
                ClickBean next1 = iterator1.next();
                //获取 tradeStream 数据流在该窗口中的迭代器
                Iterator<Trade> iterator = tradeStream.iterator();
                String mess="";
                //将 tradeStream 数据流在该窗口中所有元素的名称和终端拼接在 mess 字符串中
                while (iterator.hasNext()) {
                    Trade next = iterator.next();
                    mess=mess+"--"+next.getName()+"--"+next.getClient();
                }
                //将 clickStream 数据流在该窗口中的每个元素的名称与名为 mess 的字符串进行拼接后输出
                out.collect(next1.getUser() + ":" + next1.getUrl() + ":" + mess);
            }
        }
    });

    resultStream.print("CoGroup 输出结果");
    ...
```

完整代码见 com.intsmaze.flink.streaming.window.join. TumblingWindowCoGroupTemplate。

通过具有初始化数据的数据集我们可以知道，在 12:00:00～13:59:59 的时间窗口中，clickStream 数据流中有张三、李四、王五三个用户的记录，tradeStream 数据流中有张三和王五两个用户的记录。在用户名为 Key 的公共窗口中，可以发现 tradeStream 数据流中有用户名为李四的元素，clickStream 数据流中没有用户名为李四的元素，但是窗口函数仍然会将用户名为李四的元素进行计算后输出。在 IDE 中运行上述程序后，在控制台中可以看到如下的输出信息：

```
CoGroup 输出结果:7> 张三:./intsmaze:--张三--安卓手机--张三--台式机
CoGroup 输出结果:6> 王五:./flink:--王五--苹果手机--王五--笔记本
CoGroup 输出结果:9> 李四:./flink:
```

```
CoGroup 输出结果:7> 张三:./stream:--张三--安卓手机--张三--台式机
CoGroup 输出结果:9> 李四:./intsmaze:
```

6.3.3　间隔 Join

间隔 Join（Interval Join）将连接两个 KeyedStream 类型的数据流（现在将它们分别称为 A 和 B），将两个数据流中具有相同 Key 的元素进行连接。与窗口 Join 不同的是，间隔 Join 没有使用窗口的概念，而是直接用时间戳来设置连接的时间范围，只有当数据流 B 中的元素的时间戳相对于数据流 A 中的元素的时间戳位于相对的时间间隔中便可以进行连接。同样需要注意的是，目前数据流的间隔 Join 仅支持事件时间。

两个数据流中元素符合连接的范围描述如下：b.timestamp ∈ [a.timestamp + lowerBound; a.timestamp + upperBound] 或 a.timestamp + lowerBound <= b.timestamp <= a.timestamp + upperBound，在这种情况下，b 元素便可以与 a 元素进行连接。

图 6-13 所示的示例中使用间隔 Join 连接了两个数据流 A 和 B，其下限为-2 毫秒，上限为+1 毫秒。这里以 B 数据流来作为参考系，B 数据流中的 0 元素可以与 A 数据流中的 0 和 1 元素进行连接，B 数据流中的 2 元素可以与 A 数据流中的 0、1、2 三个元素进行连接。

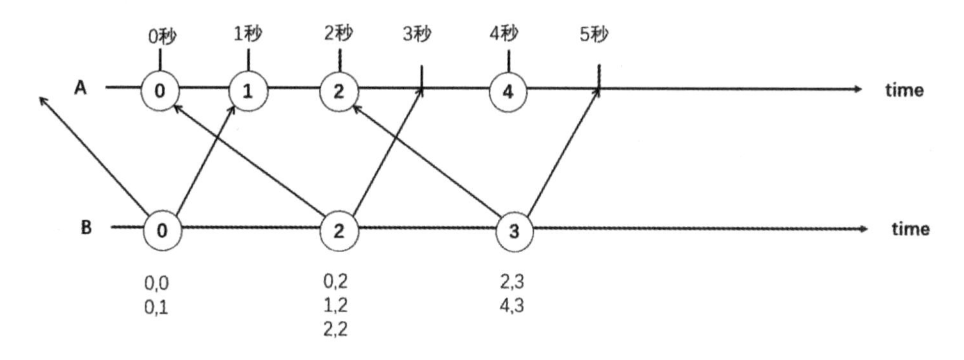

图 6-13

- 间隔 Join 的数据流转换：KeyedStream+KeyedStream → IntervalJoin

间隔 Join 的固定语法可以概括如下：

```
DataStream<Integer> blackStream = // [...]
DataStream<Integer> whiteStream = // [...]

//为数据流 blackStream 指定一个键选择器，用于分组数据流
KeyedStream KeyedBlackStream=blackStream.keyBy(<KeySelector>)
//为数据流 whiteStream 指定一个键选择器，用于分组数据流
KeyedStream KeyedWhiteStream=whiteStream.keyBy(<KeySelector>);
```

```
KeyedBlackStream.intervalJoin(KeyedWhiteStream)//将两个 KeyedStream 类型的数据流进行间隔连接
    //指定两个数据流连接的下限为-2 毫秒，上限为+1 毫秒
    .between(Time.milliseconds(-2), Time.milliseconds(1))
    [.lowerBoundExclusive()/.upperBoundExclusive()] //可选：是否不包含下边界或上边界
    .process(ProcessJoinFunction<IN1, IN2, OUT> function); //使用给定的用户定义的函数完成间隔连接计
//算逻辑，每个被连接的元素对都会调用一次该函数
```

下面省略创建数据源和对数据流指定时间戳提取器和水印生成器的具体代码，相关代码可以参考窗口 Join 的示例代码。不同的是在分配时间戳水印后立刻使用键选择器根据指定的 Key 对数据流进行分组。对于分组后的数据流使用 intervalJoin 方法进行连接，设置两个分组数据流连接的下限时间戳为 30 分钟，上限时间戳为 20 分钟，随后应用用户定义的 ProcessJoinFunction 窗口函数将符合连接的两侧元素拼接为一个字符串输出到下游的 Print 操作符以打印在标准的输出流中。

```
...
DataStream<ClickBean> clickStream= // [...]
DataStream<Trade> tradeStream = // [...]

KeyedStream<ClickBean, String> clickKeyedStream = clickstream
         //根据 ClickBean 元素的用户名对 clickStream 数据流的元素进行分组
        .keyBy((KeySelector<ClickBean, String>) value -> value.getUser());

KeyedStream<Trade, String> tradeKeyedStream = tradeStream
         //根据 Trade 元素的用户名对 tradeStream 数据流的元素进行分组
        .keyBy((KeySelector<Trade, String>) value -> value.getName());

//将两个 KeyedStream 类型的数据流进行连接
DataStream<String> resultStream = clickKeyedStream.intervalJoin(tradeKeyedStream)
        //设置下限时间戳为 30 分钟，上限时间戳为 20 分钟
        .between(Time.minutes(-30), Time.minutes(20))
        //使用给定的用户定义的函数完成连接操作，每个被连接的元素对都会调用一次该函数
        .process(new ProcessJoinFunction<ClickBean, Trade, String>() {
            @Override
            public void processElement(ClickBean left, Trade right,
                                       Context ctx, Collector<String> out) {
                out.collect(left.toString() + " : " + right.toString());
            }
        });

resultStream .print("输出结果");
...
```

完整代码见 com.intsmaze.flink.streaming.window.join.IntervalJoinTemplate。

在 IDE 中运行上述程序后，在控制台中可以看到如下的输出信息。可以发现只输出了两条符合

连接条件的记录，观察输出结果中两个元素的时间戳，可以发现它们之间的间隔小于 30 分钟，而对于其他具有相同用户名的两侧数据流的元素，它们的间隔时间大于 30 分钟，不符合连接条件。

```
输出结果:7> ClickBean{user='张三', visitTime=2019-07-28 12:00:00.0, url='./intsmaze'} : Trade{name='张三', amount=38, client='安卓手机', tradeTime=2019-07-28 12:20:00.0}
输出结果:7> ClickBean{user='张三', visitTime=2019-07-28 12:45:08.0, url='./stream'} :  Trade{name='张三', amount=38, client='安卓手机', tradeTime=2019-07-28 12:20:00.0}
```

6.4　侧端输出

除了在数据流中应用操作符产生主数据流，Flink 还支持生成任意数量的侧端输出流。侧端输出流中的数据类型不必与主数据流中的数据类型保持一致，同时不同的侧端输出流的数据类型也可以不同。当开发者有分隔数据流的需求时，侧端输出特性往往非常有用，如果没有侧端输出流，则通常情况下开发者必须复制该数据流，然后从每个数据流中过滤不想要的数据。

比如现在有一个字符串数组，数组内每个元素（语句）的字符串的长度不一，对于基于该数组生成的数据流，我们需要计算字符串长度大于 20 的元素的单词数量，同时记录哪些元素的字符串长度小于 20：

```
public static final String[] DATA = new String[]{
        "In addition to the main stream that results from DataStream operations",
        "When using side outputs",
        "We recommend you",
        "you first need to define an OutputTag that will be used to identify a side output stream"
    };
```

6.4.1　基于复制数据流的方案

在开发者不知道 Flink 的侧端输出特性时，可能首先想到的是采用复制数据流这一简单但效率不高的方案。

下面的代码演示了在基于字符串数组创建的数据流中分别执行两次 Filter 操作，一次 Filter 操作识别数据流中字符串长度小于 20 的元素并将该元素发送给下游的 Print 操作符以打印在标准输出流中，另一次 Filter 操作识别数据流中字符串长度大于 20 的元素后将该元素发送给下游的 Map 操作符来计算该元素中包含的单词数量，最后将最终计算的结果发送给下游的 Print 操作符以打印在标准输出流中。

```
final StreamExecutionEnvironment env = StreamExecutionEnvironment.getExecutionEnvironment();
//基于字符串数组创建一个数据流
DataStream<String> inputStream = env.fromElements(DATA);
```

```
//将 inputStream 数据流中字符串长度小于 20 的元素输出到下游 Print 操作符
DataStream<String> rejectedStream = inputStream.filter((FilterFunction <String>) value -> {
    if (value.length() <20) {
        return true;
    }
    return false;
});
//将数据流中字符串长度小于 20 的元素打印在标准输出流中
rejectedStream.print("rejected");

//将 inputStream 数据流中字符串长度大于或等于 20 的元素输出到下游 Map 操作符
DataStream<String> acceptStream = inputStream.filter((FilterFunction<String>) value -> {
    if (value.length() >= 20) {
        return true;
    }
    return false;
});
//应用 Map 操作符计算数据流中每个元素包含的单词数量
DataStream<Tuple2<String, Integer>> resultStream = acceptStream.map(new MapFunction<String, 
Tuple2<String, Integer>>() {
    @Override
    public Tuple2<String, Integer> map(String value) {
        return new Tuple2<>(value,value.split(" ").length);
    }
});
//将数据流中字符串长度大于 20 的元素和该元素包含的单词数量打印在标准输出流中
resultStream.print("count");
//触发程序执行
env.execute("Copy Stream");
```

完整代码见 com.intsmaze.flink.streaming.sideoutput.SideOutputTemplate#testCopyStream。

在 IDE 中运行上述程序后，在控制台中可以看到如下的输出信息。

```
count:8> (In addition to the main stream that results from DataStream operations,11)
rejected:8> We recommend you
count:9> (When using side outputs,4)
count:11> (you first need to define an OutputTag that will be used to identify a side output stream,17)
```

通过完整的代码我们可以发现，采用复制数据流的方式，每次筛选都需要保留整个数据流，然后遍历整个数据流，这样做显然很浪费资源。

6.4.2 基于 Split 和 Select 的方案

在 4.2 节中我们知道 Flink 提供了 Split 和 Select 操作符，开发者也可以使用基于 Split 和 Select

的方案替换基于复制数据流的方案。

下面的代码演示了如何在基于字符串数组创建的数据流中使用 Split 操作符，Split 操作符根据用户定义的 OutputSelector 函数对数据流中的元素进行判断，如果元素的字符串长度小于 20，则发送到名为 reject 的输出中，如果元素的字符串长度大于或等于 20，则发送到名为 count 的输出中。然后使用 Select 操作符从 Split 操作符切分的数据流中获取指定的数据流，Select 操作符的参数就是用户定义的 OutputSelector 函数中的输出名称。这里 Select 操作符先从切分的数据流中选择一个名为 reject 的流，将该数据流中的元素发送给下游的 Print 操作符以打印在标准输出流中。接着 Select 操作符再从切分的数据流中选择一个名为 count 的流，在该数据流中使用 Map 操作符计算数据流中每个元素包含的单词数量，最后将最终计算的结果发送给下游的 Print 操作符以打印在标准输出流中。

```
//获取执行环境
final StreamExecutionEnvironment env = StreamExecutionEnvironment.getExecutionEnvironment();
 //基于字符串数组创建一个数据流
DataStream<String> inputStream = env.fromElements(DATA);
//根据用户定义的标准将数据流分成两个数据流
SplitStream<String> splitStream = inputStream.split(new OutputSelector<String>() {
    @Override
    public Iterable<String> select(String value) {
        List<String> output = new ArrayList<String>();
        if (value.length() >= 20) {
            //将字符串长度大于等于 20 的元素追加到名为 count 输出中
            output.add("count");
        } else if (value.length() < 20) {
            //将字符串长度小于 20 的元素追加到名为 reject 的输出中
            output.add("reject");
        }
        return output;
    }
});

//从切分的数据流中选择名为 reject 的数据流
DataStream<String> rejectStream = splitStream.select("reject");
//将数据流中的元素打印在标准输出流中
rejectStream.print("reject");

//从切分的数据流中选择名为 count 的数据流
DataStream<String> acceptStream = splitStream.select("count");

//使用 Map 操作符计算数据流中每个元素包含的单词数量
DataStream<Tuple2<String, Integer>> resultStream = acceptStream.map(new MapFunction<String,
Tuple2<String, Integer>>() {
        @Override
        public Tuple2<String, Integer> map(String value) {
            return new Tuple2<>(value,value.split(" ").length);
```

```
        }
    });
    //将数据流中字符串长度大于 20 的元素和该元素包含的单词数量打印在标准输出流中
    resultStream.print("count");
    env.execute("test Split Stream");
```

完整代码见 com.intsmaze.flink.streaming.sideoutput.SideOutputTemplate#testSplitStream。

在 IDE 中运行上述程序后，在控制台中可以看到如下的输出信息。

```
rejected :3> We recommend you
count :2> (When using side outputs,4)
count :4> (you first need to define an OutputTag that will be used to identify a side output stream,17)
count :1> (In addition to the main stream that results from DataStream operations,11)
```

6.4.3 基于侧端输出的方案

当前 Flink 版本中提供了侧端输出的特性来代替 Split 和 Select 操作符的组合方式，因为 Split 和 Select 操作符的组合方式目前已经被标记为过时方法，在未来的 Flink 版本中会被删除，建议开发者在开发中都尽量使用侧端输出特性。

在流处理程序中使用侧端输出特性时，首先需要定义一个 OutputTag 对象，OutputTag 是一个有类型和命名的标签，用于标记操作符的侧端输出。代码如下：

```
import org.apache.flink.util.OutputTag;

OutputTag<String> outputTag = new OutputTag<String>("side-output") {};//匿名内部类实现
```

需要注意的是，虽然在程序中采用“OutputTag<String> outputTag = new OutputTag<String>("side-output");”定义 OutputTag 对象，IDE 没有报语法错误，但是运行该程序时 Flink 将会抛出如下异常。

```
    Caused by: org.apache.flink.api.common.functions.InvalidTypesException: Could not determine TypeInformation for the OutputTag type. The most common reason is forgetting to make the OutputTag an anonymous inner class. It is also not possible to use generic type variables with OutputTags, such as 'Tuple2<A, B>'.
     at org.apache.flink.util.OutputTag.<init>(OutputTag.java:65)
```

这是因为 Flink 无法确定 OutputTag 类型的 TypeInformation 对象信息，OutputTag 必须始终是匿名内部类，以便 Flink 可以为泛型类型参数派生一个 TypeInformation 对象。

在流处理程序中除了定义相应类型的 OutputTag，开发者还要使用特定的函数以将数据流中的数据发送到侧端输出流中，为此 Flink 为开发者提供了以下四种 Process 函数来应用在不同类型数据流的 Process 操作符上：

- ProcessFunction：DataStream.process(ProcessFunction<T, R> processFunction)
- CoProcessFunction：ConnectedStreams.process(CoProcessFunction<IN1, IN2, R> coProcessFunction)
- ProcessWindowFunction：WindowedStream.process(ProcessWindowFunction<T, R, K, W> function)
- ProcessAllWindowFunction：AllWindowedStream.process(ProcessAllWindowFunction<T, R, W> function)

上述四个 Process 函数中均暴露了 Context 参数给开发者访问，使得开发者可以将数据流中的数据通过 Context.output (OutputTag outputTag, X value)方法发给侧端输出流。应用 Process 操作符将数据流中指定的元素发送到侧端输出流后，就可以在 Process 操作符转换后的主数据流中使用 getSideOutput(OutputTag)方法获取侧端输出流。下面以在 DataStream 类型的数据流中使用 Process 操作符以应用用户定义的 ProcessFunction 函数来说明如何使用侧端输出，关于 ProcessFunction 函数的更多使用细节见 6.5 节。

一个侧端输出流的模型大致如下：

```
//定义侧端输出标识
final OutputTag<String> outputTag = new OutputTag<String>("side-output"){};

DataStream<String> dataStream = // [...]

SingleOutputStreamOperator<String> mainDataStream = dataStream
    //在数据流中应用 ProcessFunction 函数进行侧端输出
  .process(new ProcessFunction<String, String>() {
      @Override
      public void processElement(Integer value,Context ctx, Collector<String> out) {
        //发送数据到主数据流
        out.collect(value);
        //发送数据到指定的侧端输出
        ctx.output(outputTag, "side output-" + value);
      }
    });

//使用给定的 OutputTag 获取一个 DataStream，其中包含从操作符发送到侧端输出的元素
DataStream<String> sideOutputStream = mainDataStream.getSideOutput(outputTag);
```

下面的代码演示了如何在基于字符串数组创建的数据流中使用 Process 操作符来应用侧端输出特性，Process 操作符应用用户定义的 ProcessFunction 函数对数据流中的元素进行判断，如果元素的字符串长度大于或等于 20，则调用 Context 对象的 collect(...)方法将元素输出到主数据流中；如果元素的字符串长度小于 20，则调用 Context 对象的 output(...)方法将元素输出到侧端输出中，output(...)方法有两个参数，一个参数是定义的 OutputTag 对象，另一个参数是希望输出

到侧端输出中的元素。随后在 Process 操作符转换后的主数据流中调用 getSideOutput(OutputTag) 方法获取侧端输出流，在该侧端数据流中调用 Print 操作符以将数据流中的元素打印在标准输出流中。紧接着在主数据流中使用 Map 操作符计算主数据流中每个元素包含的单词数量，最后将最终计算的结果发送给下游的 Print 操作符以打印在标准输出流中。

```
//定义侧端输出标识
final static OutputTag<String> REJECTED_WORDS_TAG = new OutputTag<String> ("rejected") {};

@Test
public void testSideOutput() throws Exception {
    final StreamExecutionEnvironment env = StreamExecutionEnvironment.getExecutionEnvironment();

    //基于字符串数组创建一个数据流
    DataStream<String> inputStream = env.fromElements(DATA);

    SingleOutputStreamOperator<String> processStream = inputStream
            .process(new ProcessFunction<String, String>() {
                @Override
                public void processElement(String value, Context ctx, Collector<String> out) {
                    if (value.length() < 20) {
                        //将字符串长度小于 20 的元素发送到侧端输出
                        ctx.output(REJECTED_WORDS_TAG, value);
                    } else if (value.length() >= 20) {
                        //将字符串长度大于或等于 20 的元素发送到下游操作符
                        out.collect(value);
                    }
                }
            }
    );

    //使用给定的 OutputTag 获取一个 DataStream，其中包含从操作符发送到侧端输出的元素
    DataStream<String> rejectedStream = processStream.getSideOutput(REJECTED_WORDS_TAG);
    //将数据流中的元素打印在标准输出流中
    rejectedStream.print("rejected ");

    //使用 Map 操作符计算数据流中每个元素包含的单词数量
    DataStream<Tuple2<String, Integer>> resultStream = processStream.map(new MapFunction<String,
Tuple2<String, Integer>>() {
        @Override
        public Tuple2<String, Integer> map(String value) {
            return new Tuple2<>(value,value.split(" ").length);
        }
    });
    //将数据流中字符串长度大于 20 的元素和该元素包含的单词数量打印在标准输出流中
    resultStream.print("count ");
    env.execute("test Side Output");
}
```

完整代码见 com.intsmaze.flink.streaming.sideoutput.SideOutputTemplate#testSideOutput。

在 IDE 中运行上述程序后，在控制台中可以看到如下的输出信息：

```
rejected :3> We recommend you
count :2> (When using side outputs,4)
count :4> (you first need to define an OutputTag that will be used to identify a side output stream,17)
count :1> (In addition to the main stream that results from DataStream operations,11)
```

6.5 ProcessFunction

6.5.1 基本概念

ProcessFunction 函数是一个低级的流处理函数，可以将其看作一个具有 Keyed 状态和定时器访问权限的 FlatMapFunction，它通过调用输入数据流中收到的每个事件（元素）来处理事件（元素）。

下面是 ProcessFunction 函数的抽象类定义，开发者在流处理程序中使用 ProcessFunction 函数时主要实现 processElement(...)方法对元素进行处理，同时根据业务情况选择是否实现 onTimer(...)方法。

```
public abstract class ProcessFunction<I, O> extends AbstractRichFunction {

    public abstract void processElement(I value, Context ctx, Collector<O> out) throws Exception;

    public void onTimer(long timestamp, OnTimerContext ctx, Collector<O> out) throws Exception {}

    public abstract class Context {

        public abstract Long timestamp();

        public abstract TimerService timerService();

        public abstract <X> void output(OutputTag<X> outputTag, X value);
    }

    public abstract class OnTimerContext extends Context {

        public abstract TimeDomain timeDomain();
    }
}
```

可以看到 ProcessFunction 抽象类定义了如下两个方法供开发者实现：

- public abstract void processElement(I value, Context ctx, Collector<O> out)：该方法用于处理输入数据流中的每一个元素，可以使用参数 out 输出零个或多个元素，还可以使用参数 ctx 更新内部状态或设置计时器。该方法的参数 ctx 是一个 Context，它允许查询元素的时间戳并获得一个 TimerService 以注册计时器，参数 out 是一个返回结果值的收集器，参数 value 是输入值。
- public void onTimer(long timestamp, OnTimerContext ctx, Collector<O> out)：在使用 TimerService 设置的计时器触发时将调用该方法。该方法的参数 timestamp 是触发计时器的时间戳。参数 ctx 是一个 OnTimerContext，可以用来查询触发计时器的时间戳和 TimeDomain，还能获取一个 TimerService 以注册计时器。参数 out 是一个返回结果值的收集器。

processElement(...)方法提供了 Context 作为参数，以实现对计时器和状态的访问操作。Context 抽象类定义了如下 3 个方法供开发者访问：

- public abstract Long timestamp()：当前正在处理的元素的时间戳或触发计时器的时间戳。如果流处理程序的时间特征设置为处理时间，则可能为 null。
- public abstract TimerService timerService()：TimerService 根据给定的时间为将来的事件时间/处理时间注册回调，当达到计时器的给定时间后，将调用 onTimer(...)方法。
- public abstract <X> void output(OutputTag<X> outputTag, X value)：向 OutputTag 标识的侧端输出发送记录。该方法的参数 OutputTag 标识要发送到的侧端输出，参数 value 为要发送的记录。

onTimer(...)方法提供了 OnTimerContext 作为参数，OnTimerContext 抽象类继承 Context 抽象类，除了具有 Context 定义的方法，还额外提供了触发计时器的方法。

- public abstract TimeDomain timeDomain()：触发计时器的 TimeDomain，指定触发计时器是基于事件时间还是基于处理时间。

如果开发者要在 ProcessFunction 函数中访问状态和计时器，则必须在键控流中调用 Process 操作符以应用用户定义的 ProcessFunction 函数：

```
dataStream.keyBy(...).process(new MyProcessFunction())
```

如果开发者不需要在 ProcessFunction 函数中访问状态和计时器，仅处理数据流中的元素，则可以在常规的数据流中调用 Process 操作符以应用用户定义的 ProcessFunction 函数：

```
dataStream.process(new MyProcessFunction())
```

下面演示一个基于事件时间应用 ProcessFunction 函数的流处理程序，该程序将维护每个 Key 的计数，每经过 10 秒没有更新该 Key，就发送一个键值/计数对到 Print 操作符中以打印在标准的输出流中。

先创建一个自定义数据源函数来模拟这种数据发送模式，这里定义一个名为 ProcessSource 的类作为数据源函数，该数据源函数每次随机从名为 strings 的数组中选择一个元素发送到数据流中，数据流中元素的类型为 Tuple2<String,Long>，其中 f0 字段为从数组中选择的元素，f1 字段为该元素发送时的时间戳。同时使用一个 number 变量记录数据源函数发送元素的次数，当数据源函数发送元素的次数除以 10 的余数大于 3 且小于 6 时，则数据源函数多休眠 12 秒后再发送下一个元素，否则休眠 1 秒后发送下一个元素。

```
public static class ProcessSource implements SourceFunction<Tuple2<String, Long>> {

    final String[] strings = new String[]{"flink", "streaming", "java"};

    public void run(SourceContext<Tuple2<String, Long>> ctx) throws Exception {
        int number=0;
        while (true) {
            Thread.sleep(1000);
            //从 strings 数组中随机选择一个元素发送到数据流中，并为该元素附带一个发送时的时间戳属性
            int index = new Random().nextInt(3);
            long timestamp=System.currentTimeMillis();
            ctx.collect(new Tuple2<String,Long>(strings[index], timestamp));
            System.out.println("发送元素:"+new Tuple2<String, Long>(strings[index], timestamp));
            //发送次数进行加一操作
            number++;
            //发送元素的次数除以 10 的余数大于 3 且小于 6 时，休眠 12 秒
            if(number%10>3 && number%10<6){
                Thread.sleep(12000);
            }
        }
    }
}
```

自定义数据源函数准备好之后，接下来就是构建流处理程序的拓扑结构，首先设置流处理程序基于事件时间语义进行处理，并在数据源操作符生成的数据流中指定时间戳提取器和水印生成器来识别事件时间。随后对数据流中的元素以 f0 字段为 Key 进行分组，在分组的数据流中调用 Process 操作符来应用用户定义的 ProcessFunction 函数。

```
final StreamExecutionEnvironment env = StreamExecutionEnvironment.getExecutionEnvironment();
//设置流处理程序基于事件时间语义进行处理
env.setStreamTimeCharacteristic(TimeCharacteristic.EventTime);

//自定义数据源函数，每隔 1 秒向数据流中发送一个元素
DataStream<Tuple2<String, Long>> source = env.addSource(new ProcessSource())
        //在该数据源操作符生成的数据流中指定时间戳提取器和水印生成器
        .assignTimestampsAndWatermarks(new EventTimeWaterMarks());
```

```
    DataStream<Tuple2<String, Integer>> result = source
            .keyBy( “f0” )//以元素的 f0 字段为 Key 对数据流进行分组
            .process(new SessionProcess());//在分组的数据流中调用 Process 操作符

    result.print("输出结果");
    env.execute("Process Template");

    public static class EventTimeWaterMarks implements AssignerWithPeriodicWatermarks<Tuple2<String,
Long>> {

        @Override
        public long extractTimestamp(Tuple2<String, Long> element, long timestamp) {
            //提取元素的 f1 字段作为时间戳
            return element.f1;
        }

        @Override
        public Watermark getCurrentWatermark() {
             //系统当前时间戳-5000 作为水印发出
            return new Watermark(System.currentTimeMillis() - 5000);
        }
    }
```

完整代码见 com.intsmaze.flink.streaming.process.ProcessTemplate。

因为要记录每一个 Key 出现的次数，所以 Process 操作符是一个有状态操作符，在用户定义的 ProcessFunction 函数内部维护一个 ValueState 类型的状态结构，负责存储键值、计数和最后修改的时间戳这三个字段，为此定义一个 CountWithTimestamp 类型的 POJO 类来存储这三个值。对于进入 Process 操作符的每一个元素，processElemen(...)方法会递增计数器并设置最后修改的时间戳，该操作符还会在将来 10 秒内（发生时间）回调 onTimer(...)方法。在每次回调 onTimer(...)方法时，将触发计时器的时间戳与状态中数据的最后修改时间戳进行比较（是否大于 10 秒，也就是在 10 秒内该数据的计数有没有发生更新），符合条件则发送对应的键值/计数对到下游的 Print 操作符中。

```
    public static class SessionProcess extends ProcessFunction<Tuple2<String, Long>, Tuple2<String,
Integer>> {
        //ValueState 类型的状态结构
        private ValueState<CountWithTimestamp> state;

        //初始化 valueState 类型的状态
        @Override
        public void open(Configuration parameters) throws Exception {
            state = getRuntimeContext().getState(new ValueStateDescriptor<>("custom process State",
CountWithTimestamp.class));
        }
```

```
        @Override
        public void processElement(Tuple2<String, Long> value, Context ctx,
                        Collector<Tuple2<String, Integer>> out) throws Exception {
            CountWithTimestamp current = state.value();//获取存储在状态中的数据
            if (current == null) {
                current = new CountWithTimestamp();//初始化状态中的数据
                current.key = value.f0; //将元素的 f0 字段赋值给 current 对象的 Key 字段
            }
            current.count++; //对状态中 current 对象的 count 字段进行加一操作

            //ctx.timestamp()方法用于获取当前正在处理元素的时间戳或触发计时器的时间戳
            //将获取的时间戳赋值给 current 对象的 lastModified 字段
            current.lastModified = ctx.timestamp();

            state.update(current); //将赋值后的 current 对象更新回状态中

            TimerService timerService = ctx.timerService();
            //注册一个在事件时间水印超过给定时间时将要触发的计时器，这里的给定时间为 10 秒
            timerService.registerEventTimeTimer(current.lastModified + 10000);
        }

        @Override
        public void onTimer(long timestamp, OnTimerContext ctx, Collector<Tuple2<String, Integer>> out)
throws Exception {
            CountWithTimestamp result = state.value();//获取存储在状态中的数据

            //检查这是一个过时的计时器还是最新的计时器
            if (timestamp == result.lastModified + 10000) {
                //发送该 Key 分组下数据流中元素的数量
                out.collect(new Tuple2<String, Integer>(result.key, result.count));
            }
        }
    }

    public class CountWithTimestamp {
        //分组数据流中元素的 Key
        public String key;
        //分组数据流中元素的数量
        public int count;
        //分组数据流中最新元素的时间戳
        public long lastModified;

        …//get、set 方法
    }
```

完整代码见 com.intsmaze.flink.streaming.process.ProcessTemplate。

这里需要注意，ctx.timestamp()方法会得到当前正在处理元素的时间戳或触发计时器的时间

戳。但是当流处理程序的时间特征设置为处理时间时，可能会得到 null。如果想在处理时间特性下调用 ctx.timestamp()方法而不得到 null，则要将 ctx.timerService().registerEventTimeTimer 改为 ctx.timerService().registerProcessingTimeTimer。

在 IDE 中运行上述程序后，在控制台中可以看到如下输出信息：

```
发送元素:(java,1588440220883)
发送元素:(streaming,1588440221883)
发送元素:(streaming,1588440222883)
发送元素:(streaming,1588440223884)
输出结果:2> (java,1)
发送元素:(streaming,1588440236886)
发送元素:(flink,1588440249886)
发送元素:(flink,1588440250888)
发送元素:(flink,1588440251888)
输出结果:2> (streaming,4)
```

6.5.2 计时器

计时器有处理时间和事件时间两种类型，它们均维护在 TimerService 内部，按照排队顺序依次执行。TimerService 对每个键和时间戳的计时器进行重复数据删除的操作，即每个键和时间戳最多只有一个计时器。如果对一个时间戳注册了多个计时器，则 onTimer(...)方法仅被调用一次。Flink 是同步调用 onTimer(...)和 processElement(...)方法的，所以开发者不必担心状态在多线程下同时修改的问题。

1. 容错能力

计时器具有容错能力，并与流处理程序的状态一起被检查。如果发生故障恢复或从保存点启动流处理程序，则计时器将被还原。大量的计时器会增加执行检查点操作的时间，因为计时器是检查点状态的一部分。

2. 计时器合并

由于每个键和时间戳仅维护一个计时器，因此可以通过降低计时器频率以合并它们来减少计时器的数量。对于 1 秒（事件时间或处理时间）的计时器频率，可以将注册计时器的时间参数设置为整秒。计时器最多可提前 1 秒触发，这样的结果就是每个键每秒最多有一个计时器。

```
long time = ((ctx.timestamp() + timeout) / 1000) * 1000;
ctx.timerService().registerProcessingTimeTimer(time);
ctx.timerService().registerEventTimeTimer(time);
```

也可以按以下方式删除计时器，需要注意的是，删除计时器只有在此类计时器之前已注册且尚未过期的情况下才有效。

- 删除具有给定触发时间的处理时间计时器

```
long timestampOfTimerToDelete = // [...]
ctx.timerService().deleteProcessingTimeTimer(timestampOfTimerToDelete);
```

- 删除具有给定触发时间的事件时间计时器

```
long timestampOfTimerToDelete = // [...]
ctx.timerService().deleteEventTimeTimer(timestampOfTimerToDelete);
```

6.6　自定义数据源函数

Flink 附带大量预先实现好的各种读取数据源的函数，同时允许开发者通过为非并行数据源实现 SourceFunction 接口、为并行数据源实现 ParallelSourceFunction 接口或扩展 RichParallelSource-Function 抽象类来编写自定义数据源函数。

6.6.1　SourceFunction 接口

SourceFunction 是 Flink 中所有数据源函数实现的基本接口。当数据源函数开始生成元素时，run(...)方法将被调用，该方法使用参数 SourceContext 发送元素。开发者在实现 SourceFunction 接口编写自定义数据源函数时，要注意数据源操作符的并行度只能设置为 1，如果设置的并行度大于 1，则运行程序会抛出如下错误：java.lang.IllegalArgumentException: Source: 1 is not a parallel source。

SourceFunction 接口的定义如下：

```
public interface SourceFunction<T> extends Function, Serializable {

    void run(SourceContext<T> ctx) throws Exception;

    void cancel();

    interface SourceContext<T> {

        void collect(T element);

        void collectWithTimestamp(T element, long timestamp);

        void emitWatermark(Watermark mark);

        void markAsTemporarilyIdle();

        Object getCheckpointLock();
```

```
        void close();
    }
}
```

通过 SourceFunction 接口的定义我们知道，编写该接口的非并行数据源函数需要实现如下两个方法：

- run(SourceContext<T> ctx)：该方法负责启动数据源，通过调用参数 SourceContext 的 collect(...)方法将元素发送到数据流中。注意该方法只会在流处理程序启动或恢复时被调用一次，所以要想实现数据的持续发送，那么正确的方式是在该方法内构建一个 while 循环，不断地在每一次循环中生成数据并将数据发送出去。
- void cancel()：该方法在取消数据源时调用，大多数数据源函数在 run(SourceContext)方法中都有一个 while 循环，以保证不断地从外部系统获取数据并将数据发送到数据流中。所以需要在 cancel()方法中编写相关逻辑代码来中断 run(...)方法内的循环，常见的一种方案就是在 cancel()方法中将一个 volatile boolean isRunning 标志设置为 false，该标志会在 run(...)方法的循环条件下进行判断。

```
public class SourceFunctionTemplate implements SourceFunction<String> {

        private volatile boolean isRunning = true;

        @Override
        public void run(SourceContext<String> ctx) throws Exception {
                while (isRunning) {
                    ...
                    //向下游操作符发送元素
                    ctx.collect("send data");
                }
        }

        @Override
        public void cancel() {
            isRunning = false;
        }
}
```

SourceContext 接口

SourceContext 接口是数据源函数用来发送元素的接口，开发者还可以根据业务需要选择是否还会发出水印或者时间戳。流处理程序只有在基于事件时间特性运行时，数据源函数发出的这些水印才有效。对于其他时间特性如摄入时间和处理时间，数据源函数发出的水印将被忽略。该接口提供如下方法供开发者使用：

- void collect(T element)：从数据源函数中发送一个元素，而不附加时间戳属性。在大多数情况下，这是默认的发送元素的方式。

  元素被分配的时间戳取决于流处理程序的时间特性：

  - 在基于处理时间特性的流处理程序中，元素没有时间戳。
  - 在基于摄入时间特性的流处理程序中，元素会获取系统的当前时间作为时间戳。
  - 在基于事件时间特性的流处理程序中，元素最初没有时间戳，它需要在任何依赖时间的操作符（比如时间窗口操作符）之前通过时间戳提取器来获得一个时间戳。

- void collectWithTimestamp(T element, long timestamp)：从数据源函数发送一个元素，并附加给定的时间戳属性。此方法一般用在基于事件时间的流处理程序中，同时在数据源函数中分配时间戳属性，而不是依赖于数据流中的时间戳提取器。在某些时间特性中，此时间戳可能被忽略或覆盖，这样做是为了允许流处理程序在不同的时间特征和行为之间灵活切换而不更改数据源函数的代码逻辑。

  - 在基于处理时间特性的流处理程序中，时间戳将被忽略，因为处理时间从来不与元素时间戳一起工作。
  - 在基于摄入时间特性的流处理程序中，使用系统的当前时间覆盖时间戳，以实现正确的摄入时间语义。
  - 在基于事件时间特性的流处理程序中，将使用该方法分配的时间戳。

- void emitWatermark(Watermark mark)：从数据源函数中发出给定的水印，值为 t 的水印声明不会再出现具有时间戳 t' ≤ t 的元素，如果晚于时间戳 t 的这些元素被发送，那么这些元素会被认为是延迟的数据。

  - 在基于事件时间特征的流处理程序中，此方法发出的水印是有效的。
  - 在基于处理时间特征的流处理程序中，此方法发出的水印将被忽略。
  - 在基于摄入时间特征的流处理程序中，此方法发出的水印将被替换为自动摄取时间水印。

- void markAsTemporarilyIdle()：将数据源标记为暂时空闲，这会告诉系统，此数据源函数将在不确定的时间内暂时停止发送元素和水印。只有在基于事件时间或摄入时间的流处理程序中，调用此方法才有意义，使下游任务自行推进其水印，无须等待空闲时来自此数据源函数的水印。一旦调用 SourceContext.collect(T)、SourceContext.collectWithTimestamp(T，long)或 SourceContext.emitWatermark(Watermark)发送元素或水印，系统就认为该数据源再次变得活跃而不再是空闲的。

- Object getCheckpointLock()：返回检查点的锁，只有当数据源函数实现了 CheckpointedFunctio

或 ListCheckpointed 检查点接口时，调用该方法才有意义。

- void close()：系统调用此方法以关闭上下文。

下面是一个实现 SourceFunction 接口的数据源函数，该数据源函数以用户指定的 sleepTime 为间隔，每隔 sleepTime 毫秒向数据流中发送一个元素：

```
public class CustomSourceTemplate implements SourceFunction<Tuple2<Integer, ByteBuffer>> {
    public static Logger LOG = LoggerFactory.getLogger(CustomSourceTemplate.class);

    //标志数据源函数下一次是否向数据流中发送元素
    private volatile boolean isRunning = true;
    //记录数据源函数向数据流发送元素的数量
    private int counter = 0;
    //向数据流发送元素的间隔时间
    private long sleepTime;

    public CustomSourceTemplate(long sleepTime){
        this.sleepTime=sleepTime;
    }

    @Override
    public void run(SourceContext<Tuple2<Integer, ByteBuffer>> ctx) throws Exception {
            while (isRunning) {
                //向数据流发送元素
                ctx.collect(new Tuple2<>(counter, ByteBuffer.wrap(new byte[10])));
                System.out.println("send data :" + counter);
                counter++;
                Thread.sleep(sleepTime);
            }
    }

    @Override
    public void cancel() {
        LOG.warn("收到取消任务的命令......................");
        isRunning = false;
    }

    public static void main(String[] args) throws Exception {
        StreamExecutionEnvironment env = StreamExecutionEnvironment.getExecutionEnvironment();
        //设置作业的全局并行度为 2，但是对实现 SourceFunction 接口的数据源函数仍然无效，使用
        //SourceFunction 接口的数据源函数的数据源操作符的默认并行度仍是 1
        env.setParallelism(2);
        //自定义数据源函数，每隔 100 毫秒向数据流中发送一个元素
        DataStream<Tuple2<Integer, ByteBuffer>> inputStream=
                env.addSource(new CustomSourceTemplate(100));
        //对数据流的元素执行 Map 操作，获取元素的 f0 字段并发送给下游的 Print 操作符
        DataStream<Integer> inputStream1=inputStream
```

```
            .map((Tuple2<Integer, ByteBuffer> values)->{return values.f0;});

        inputStream1.print("输出结果");
        env.execute("Intsmaze Custom Source");
    }
}
```

这里需要注意应用 SourceFunction 数据源函数的数据源操作符的并行度只能设置为 1，默认情况下 Flink 会自动在该数据源操作级别上将该操作符的并行度设置为 1，如果手动设置数据源操作符的并行度大于 1，比如 addSource(new CustomSourceTemplate(100)).setParallelism(2)，那么运行该流处理程序将会报错。

完整代码见 com.intsmaze.flink.streaming.connector.source.CustomSourceTemplate。

在 IDE 中运行上述程序后，在控制台中可以看到如下输出信息：

```
send data :0
输出结果:1> 0
send data :1
输出结果:2> 1
...
```

6.6.2　ParallelSourceFunction 接口

与实现 SourceFunction 接口不同的是，实现 ParallelSourceFunction 接口的数据源函数具有并行执行特性，运行时将执行与已配置并行度一样多的并行实例。ParallelSourceFunction 接口定义如下：

```
public interface ParallelSourceFunction<OUT> extends SourceFunction<OUT> {
}
```

观察 ParallelSourceFunction 接口的定义我们知道，该接口仅仅继承了 SourceFunction 接口，没有添加任何需要额外实现的方法，该接口仅利用多态特性作为标记，以告知系统该数据源函数可以并行执行。如果开发者仅仅是将自定义数据源函数的实现接口由 SourceFunction 改为 ParallelSourceFunction，则运行具有自定义数据源函数的流处理程序后，根据指定数据源操作符的并行度，数据源发送的元素会重复对应的次数，这种情况往往对流处理程序的正常执行是不利的，也不是我们想要的效果。使数据源函数具有并行性是为了可以在不同的并行实例中执行不同的任务，为此一般建议开发者采用继承 RichParallelSourceFunction 抽象类来得到有保障的并行数据源函数的实现，RichParallelSourceFunction 抽象类继承了 AbstractRichFunction 富函数，因此可以访问运行时上下文信息，该上下文会显示诸如并行任务数及当前实例是哪个并行任务之类的信息。RichParallelSourceFunction 抽象类的定义如下：

```
public abstract class RichParallelSourceFunction<OUT> extends AbstractRichFunction
        implements ParallelSourceFunction<OUT> {
}
```

RichParallelSourceFunction 抽象类实现了 ParallelSourceFunction 接口，所以实际生产中往往继承 RichParallelSourceFunction 抽象类来编写并行数据源函数。

Flink 之所以提供两种数据源函数接口是为了限制实现 SourceFunction 接口的数据源操作符的并行度为 1，这是为了防止开发者在不清楚细节的情况下，出现重复发送数据的情况。感兴趣的读者可以将 SourceFunction 的例子改为实现 ParallelSourceFunction 接口，指定作业的全局并行度大于 1 后观察该程序的运行结果。接下来重点介绍 RichParallelSourceFunction 抽象类。

6.6.3 RichParallelSourceFunction 抽象类

RichParallelSourceFunction 抽象类是用于实现并行数据源函数的基类，运行时将执行与已配置并行度一样多的并行实例。RichParallelSourceFunction 继承了 AbstractRichFunction 富函数，所以会额外提供 open(...)和 close()方法。在数据源函数中，如果需要获取其他链接资源，那么可以在 open(...)方法中获取资源链接，在 close()方法中关闭资源链接。数据源函数可以通过继承的 getRuntimeContext()方法访问运行时的上下文信息（例如数据源操作符的并行实例数，以及当前实例是哪个并行实例）。

```
public class RichParalleSourceTemplate extends RichParallelSourceFunction<Tuple2 <String,Long>> {
    //记录数据源函数向数据流发送元素的数量
    private long count = 1L;
    //标志数据源函数下一次是否向数据流中发送元素
    private boolean isRunning = true;
    //模拟数据源函数读取数据的系统类型
    private String sourceFlag;

    @Override
    public void run(SourceContext<Tuple2<String,Long>> ctx) throws Exception {
        while (isRunning) {
          count++;
           if("DB".equals(sourceFlag)){
               //模拟从数据库中查询数据
               ctx.collect(new Tuple2<>("DB",count));
           } else if("MQ".equals(sourceFlag)){
               //模拟从消息队列中查询数据
               ctx.collect(new Tuple2<>("MQ",count));
           }
            Thread.sleep(1000); //每秒产生一条数据
        }
    }
```

```
    @Override
    public void cancel() {
        isRunning = false;
    }

     //这个方法只会在最开始的时候被调用一次，建立与外部系统的连接
    @Override
    public void open(Configuration parameters) throws Exception {
        //从运行环境上下文中获取当前数据源操作符的并行度
        int parallelSubtasks = getRuntimeContext().getNumberOfParallelSubtasks();
        System.out.println("当前任务的并行度为:"+ parallelSubtasks);

       //从运行环境上下文中获得子任务实例的编号
        int indexOfThisSubtask = getRuntimeContext().getIndexOfThisSubtask();
        if(indexOfThisSubtask==0){
            sourceFlag="DB";//模拟建立与 MySQL 数据库的连接
        }else if(indexOfThisSubtask==1){
            sourceFlag="MQ"; //模拟创建 Kafka 消费者客户端，建立与 Kafka 服务的连接
        }
        super.open(parameters);
    }

     //关闭与外部系统的连接
    @Override
    public void close() throws Exception {
        super.close();
    }
    public static void main(String[] args) throws Exception {
        StreamExecutionEnvironment env = StreamExecutionEnvironment.getExecutionEnvironment();
        //自定义并行数据源函数，每个 1 秒向数据流中发送一个元素
        DataStream<Tuple2<String, Long>> streamSource = env
                .addSource(new ParallelSourceTemplate())
                .setParallelism(2); //设置数据源操作符的并行度为 2

        streamSource.print("输出结果");
        env.execute("RichParalleSourceTemplate");
    }
}
```

完整代码见 com.intsmaze.flink.streaming.connector.source.ParallelSourceTemplate。

在 IDE 中运行上述程序后，在控制台中可以看到如下输出信息：

```
当前任务的并行度为:2
当前任务的并行度为:2
输出结果:2> (DB,2)
输出结果:9> (MQ,2)
输出结果:3> (DB,3)
```

```
输出结果:10> (MQ,3)
```

6.6.4 具备检查点特性的数据源函数

至此读者已经可以编写自定义数据源函数将元素发送到数据流中，但是现在有一个潜在的问题——当使用自定义数据源函数的作业发生异常后，作业进行恢复时，数据源操作符无法从异常前的位置接着发送元素，而是从最开始的位置重新发送元素，这就会导致数据重复处理的情况。通过前面介绍的有状态计算中的检查点机制，开发者可以在自定义数据源函数时实现 CheckpointedFunction 或 ListCheckpointed 接口以启动检查点机制，将发送元素的 offset 保存在数据源操作符的内部状态中，通过定期检查点操作进行持久化存储以保证数据源操作在失败恢复后仍具有一致性。

需要注意的是，实现 CheckpointedFunction 或 ListCheckpointed 接口的数据源函数必须确保不会同时执行状态的检查点操作、更新内部状态和发送元素。为了解决该问题，Flink 提供了检查点锁对象来保证更新内部状态和发送元素之前锁定检查点锁（需要将更新内部状态和发送元素的操作置于同一个同步代码块中）。下面是一个有状态数据源操作符的基本实现方式：

```
public class StateSourceTemplate extends RichParallelSourceFunction<Long>
        implements CheckpointedFunction {

     //当前发送元素的偏移量
    private Long offset = 0L;
    //ListState 类型的状态结构，负责存储发送元素的偏移量
    private transient ListState<Long> checkpointedCount;

    @Override
    public void run(SourceContext<Long> ctx) throws InterruptedException {
        //获取检查点锁对象
        final Object lock = ctx.getCheckpointLock();
        while (true) {
            //该同步块确保内部状态更新和元素发送是原子操作
            synchronized (lock){
                //向数据流发送元素
                ctx.collect(offset);
                offset += 1;
                ...
            }
        }
    }

    //对状态执行检查点操作
    @Override
    public void snapshotState(FunctionSnapshotContext context) throws Exception {
        this.checkpointedCount.clear();
        this.checkpointedCount.add(offset);
    }
```

```
    //初始化或恢复检查点中的状态
    @Override
    public void initializeState(FunctionInitializationContext context) throws Exception {
    //获取状态
        this.checkpointedCount = context
                .getOperatorStateStore()
                .getListState(new ListStateDescriptor<>("offset", Long.class));
        //判断作业是否失败重试
        if (context.isRestored()) {
            for (Long count : this.checkpointedCount.get()) {
                this.offset = count;
            }
        }
    }

    ...
}
```

完整代码见 com.intsmaze.flink.streaming.connector.source.StateSourceTemplate。

6.7 自定义数据接收器函数

Flink 附带大量预先实现好的各种输出数据的数据接收器函数，同时允许开发者通过实现 SinkFunction 接口或扩展 RichSinkFunction 抽象类来编写自定义数据接收器函数。

6.7.1 SinkFunction 接口

SinkFunction 是 Flink 中所有数据接收器函数实现的基本接口。每当上游的操作符向下游的数据接收器操作符发送一个元素，数据接收器函数的 invoke(...)方法就会被调用一次，开发者需要在该方法内部编写将数据流中的数据输出到外部存储系统的逻辑。

SinkFunction 接口的定义如下：

```
public interface SinkFunction<IN> extends Function, Serializable {

    default void invoke(IN value) throws Exception {}

    default void invoke(IN value, Context context) throws Exception {
        invoke(value);
    }

    interface Context<T> {

        long currentProcessingTime();
```

```
        long currentWatermark();

        Long timestamp();
    }
}
```

通过 SinkFunction 接口的定义我们知道，编写该接口的数据接收器函数仅需要实现如下一个方法：

- void invoke(IN value, Context context)：从上游操作符发送到数据接收器操作符的每个记录都会调用一次此方法，参数 value 为上游操作符发送给该数据接收器操作符的元素，参数 context 为输入元素的上下文信息。

Context 接口

Context 接口是数据接收器函数获取输入元素的上下文信息的接口，该接口提供如下 3 个方法供开发者使用。

- long currentProcessingTime()：返回当前处理时间。
- long currentWatermark()：返回当前事件时间水印。
- Long timestamp()：返回当前输入记录的时间戳，如果元素没有分配时间戳，则返回 null。

下面是一个实现 SinkFunction 接口的数据接收器函数，该数据接收器函数会将上游操作符发送到数据接收器操作符的每个记录都发送到 MySQL 中进行存储。

```
private static class CustomSink implements SinkFunction<Tuple2<Long,String>> {

    @Override
    public void invoke(Tuple2<Long,String> value, Context context) throws Exception {
        Properties druid = new Properties();
        druid.put("driverClassName", "com.mysql.jdbc.Driver");
        druid.put("url", "jdbc:mysql://localhost:3306/test");
        druid.put("username", "root");
        druid.put("password", "intsmaze");
        //创建数据库连接池
        DruidDataSource dataSource=(DruidDataSource)DruidDataSourceFactory.createDataSource(druid);
        //获取一个数据连接
        Connection connection = dataSource.getConnection();
        String sql = "INSERT INTO flink_table(id,name) values(?,?)";
        PreparedStatement statement = connection.prepareStatement(sql);
        statement.setLong(1, value.f0);
        statement.setString(2, value.f1);
        //将传入数据接收器操作符的元素输出到 MySQL 的表中
        int rows = statement.executeUpdate();
        statement.close();
```

```
            dataSource.close();
        }
    }

    public static void main(String[] args) throws Exception {
        StreamExecutionEnvironment env = StreamExecutionEnvironment.getExecutionEnvironment();
        //设置作业的全局并行度为1
        env.setParallelism(1);
        //根据给定的对象序列创建数据流
        DataStream<Tuple2<Long,String>> streamSource = env.fromElements(
                new Tuple2<Long,String>(1L,"intsmaze"),
                new Tuple2<Long,String>(2L,"Flink"));

        //将数据流中的元素传入用户定义的数据接收器函数
        streamSource.addSink(new CustomSink());
        env.execute();
    }
```

完整代码见 com.intsmaze.flink.streaming.connector.sink.CustomSinkTemplate。

在 IDE 中运行上述程序后，在对应的数据库的表中可以看到数据已经插入。观察上面的自定义数据接收器函数可以发现，数据接收器函数每接收一条数据，就要创建一次数据库连接，然后销毁并关闭，这种写法在高并发场景下是很浪费资源的。正确的方式应该是该数据接收器操作符的实例进行初始化的时候就创建好数据库连接池，在每次调用 invoke(...)方法时只需要从数据库连接池获取一个空闲连接，使用完归还该连接即可。为此 Flink 提供了 RichSinkFunction 接口，具体见下面的内容。

6.7.2　RichSinkFunction 抽象类

RichSinkFunction 抽象类继承了 AbstractRichFunction 富函数，同时实现 SinkFunction 接口：

```
public abstract class RichSinkFunction<IN> extends AbstractRichFunction implements SinkFunction<IN> {

}
```

因为 RichSinkFunction 抽象类继承了 AbstractRichFunction 富函数，所以会额外提供 open(...)和 close()方法。开发者定义的数据接收器函数如果需要获取其他链接资源，那么可以在 open(...)方法中获取资源链接，在 close()方法中关闭资源链接。

对上面定义的 CustomSink 数据接收器函数类的代码进行简单修改，将数据库连接池的创建和销毁从 invoke(...)方法中移动到 open(...)和 close()方法中，具体见下面的示例：

```
private static class CustomRichSink extends RichSinkFunction<Tuple2<Long,String>> {

    private DruidDataSource dataSource;
```

```
    public void open(Configuration parameters) throws Exception {
        Properties druid = new Properties();
        druid.put("driverClassName", "com.mysql.jdbc.Driver");
        druid.put("url", "jdbc:mysql://localhost:3306/test");
        druid.put("username", "root");
        druid.put("password", "intsmaze");
        //创建数据库连接池
        dataSource=(DruidDataSource)DruidDataSourceFactory.createDataSource(druid);
    }

    public void close() {
        dataSource.close();;
    }

    @Override
    public void invoke(Tuple2<Long,String> value, Context context) throws SQLException {
        Connection connection = dataSource.getConnection();
        String sql = "INSERT INTO flink_table(id,name) values(?,?)";
        PreparedStatement statement = connection.prepareStatement(sql);
        statement.setLong(1, value.f0);
        statement.setString(2, value.f1);
        //将传入数据接收器操作符的元素输出到 MySQL 的表中
        int rows = statement.executeUpdate();
        statement.close();
    }
}
```

完整代码见 com.intsmaze.flink.streaming.connector.sink.CustomSinkTemplate.CustomRichSink。

6.8 数据流连接器

Flink 内置了一些基本的数据源函数和数据接收器函数的实现，无须在流处理程序中添加任何依赖，这些内置的数据源函数和数据接收器总是可用的。内置的数据源函数支持从文件、目录和套接字中读取数据，以及从集合和迭代器中获取数据，而内置的数据接收器函数支持写入文件、stdout、stderr 和套接字。

6.8.1 内置连接器

除了内置的数据源函数与数据接收器函数，Flink 还提供了与各种第三方系统交互的连接器实现，目前提供对如下系统的支持：

```
Apache Kafka (source/sink)
Apache Cassandra (sink)
```

```
Amazon Kinesis Streams (source/sink)
Elasticsearch (sink)
Hadoop FileSystem (sink)
RabbitMQ (source/sink)
Apache NiFi (source/sink)
Twitter Streaming API (source)
```

需要注意的是，在流处理程序中使用这些连接器之一，通常需要安装额外的第三方组件，例如数据存储或消息队列的服务器。上面列出的流连接器是 Flink 项目的一部分，并且包含在 Flink 的开源版本中，但它们不包含在二进制发行版中，如果要使用这些连接器，则需要在流处理程序中添加对应的 Maven 依赖。

还有一些连接器不包含在 Flink 的开源版本中，而是通过 Apache Bahir 发布：

```
Apache ActiveMQ (source/sink)
Apache Flume (sink)
Redis (sink)
Akka (sink)
Netty (source)
```

6.8.2　数据源和数据接收器的容错保证

Flink 的容错机制在作业出现故障时可以恢复作业并使作业继续从先前失败的状态开始执行，以保证作业在整个运行期间的一致性。这些故障包括机器硬件故障、网络故障、程序故障等。

当数据源操作符启用快照机制时，Flink 可以精确地保证用户定义的状态具有 Exactly Once 语义。Flink 的内置连接器的语义级别可参见本书下载资源中的链接 1。

当数据接收器操作符参与检查点机制时，也可以提供端到端的 Exactly Once 语义。Flink 的内置接收器的语义级别参见本书下载资源中的链接 2。

本书主要讲解 Flink 对 Apache Kafka（简称 Kafka）连接器的容错保证，关于其他连接器容错保证的细节，请参阅对应组件的官方文档。

6.8.3　Kafka 连接器

Flink 提供了特定的 Kafka 连接器实现对 Kafka 服务中指定主题下消息的读取和写入。同时 Flink 的 Kafka 消费者与 Flink 的检查点机制进行了集成，以提供 Exactly Once 处理语义。为了实现这一语义，Flink 并不完全依赖 Kafka 默认的消费者组的偏移量跟踪机制，而是在 Flink 的内部跟踪和检查这些偏移量。

表 6-1 是当前 Flink 版本所支持的 Kafka 服务的版本，可以根据所连接的 Kafka 服务选择对

应的 Kafka 连接器版本。

表 6-1

Maven 依赖	开始支持的 Flink 版本	消费者和生产者的类名	Kafka 服务版本	备　注
flink-connector-kafka-0.8_2.11	1.0.0	FlinkKafkaConsumer08 FlinkKafkaProducer08	0.8.x	内部使用 Kafka 的 Simple-Consumer API，偏移量由 Flink 提交给 ZooKeeper
flink-connector-kafka-0.9_2.11	1.0.0	FlinkKafkaConsumer09 FlinkKafkaProducer09	0.9.x	使用 Kafka 新的 Consumer API
flink-connector-kafka-0.10_2.11	1.2.0	FlinkKafkaConsumer010 FlinkKafkaProducer010	0.10.x	该连接器支持带有时间戳的 Kafka 消息，以供生产和消费
flink-connector-kafka-0.11_2.11	1.4.0	FlinkKafkaConsumer011 FlinkKafkaProducer011	0.11.x	从 Kafka 的 0.11.x 版本开始，Kafka 不支持 Scala 2.10。该连接器支持 Kafka 事务消息传递，以为生产者提供精确的一次语义
flink-connector-kafka_2.11	1.7.0	FlinkKafkaConsumer FlinkKafkaProducer	≥1.0.0	通用的 Kafka 连接器，该连接器会尝试跟踪 Kafka 客户端的最新版本。Flink 各个发行版之间可能会更改其使用的 Kafka 客户端版本，当前 Kafka 客户端会向后兼容 0.10.0 或更高版本。但是对于 Kafka 0.11.x 和 0.10.x 版本，建议分别使用专用的 flink-connector-kafka-0.11_2.11 和 flink-connector-kafka-0.10_2.11

注意：从 Flink 1.7 开始，通用 Kafka 连接器被视为 Beta 状态，并且可能不如 0.11 版本那么稳定。万一使用通用连接器出现问题，开发者还可以尝试使用 flink-connector-kafka-0.11_2.11，这与从 0.11 版本开始的所有 Kafka 版本兼容。

在讲解 Kafka 的消费者和生产者之前，先声明 Kafka 消息的大体组成部分，通常意义上说的一条 Kafka 消息包含两部分：消息的 Key 和 Value，消息的 Key 值不要求开发者强制赋值，可以为 null。在大部分场景中，消息的 Key 值与业务的处理是无关的，指定消息的 Key 值仅用来区别该消息应该发送到指定主题的哪一个分区中存储。在很多场景中，Kafka 的一条消息一般指的就是消息的 Value 值（并不包含 Key 值），本书统一将 Kafka 消息的 Value 称为消息的主体，消息的 Key 仍称为 Key，Key 与 Value 的组合称为 Kafka 消息。

6.8.4　安装 Kafka 的注意事项

Kafka 官方提供了多个 Scala 版本的构件，这里建议使用 Scala 2.11，同时本书不会过多讲解 Kafka 组件，仅讲解 Flink 与 Kafka 组件交互的问题，所以以最简易的方式，单节点部署 Kafka 服务，不修改任何配置。在 Linux 系统中，进入 kafka_1.0.0 文件夹，依次调用如下命令：

```
bin/zookeeper-server-start.sh config/zookeeper.properties >/dev/null 2>&1 &
bin/kafka-server-start.sh config/server.properties >/dev/null 2>&1 &
```

Kafka 的二进制版本也提供 Windows 部署方案，在 Windows 系统中，进入 kafka_1.0.0 文件夹，依次调用如下命令：

```
bin/windows/zookeeper-server-start.bat config/zookeeper.properties
bin/windows/kafka-server-start.bat config/server.properties
```

6.8.5　Kafka 1.0.0+ 连接器

从 Flink 1.7 开始，提供了一个新的通用 Kafka 连接器，它不跟踪特定的 Kafka 主版本，而是在 Flink 发布时跟踪 Kafka 的最新版本。

如果 Kafka 服务是 1.0.0 或更新的版本，那么建议使用这个新的通用 Kafka 连接器以保证 Flink 程序具有更好的扩展性。如果使用 Kafka 的旧版本（0.11、0.10、0.9 或 0.8），则应该使用与代理版本对应的连接器。

这里我们使用的 Kafka 服务为 1.0.0 版本，在 Maven 项目中导入 Kafka 连接器的依赖：

```
<dependency>
  <groupId>org.apache.flink</groupId>
  <artifactId>flink-connector-kafka_2.11</artifactId>
  <version>1.7.2</version>
</dependency>
```

对于 Kafka1.0.0 以前的版本，要使用特定的 Kafka 连接器，添加如下依赖项：

```
<dependency>
    <groupId>org.apache.flink</groupId>
```

```
    <artifactId>flink-connector-kafka-${kafka_version}_2.11</artifactId>
    <version>1.7.2</version>
</dependency>
```

对于 Kafka 0.9，使用 0.9 替换${kafka_version}即可。

6.8.6 Kafka 消费者

Flink 的 Kafka 消费者称为 FlinkKafkaConsumer（FlinkKafkaConsumer09 对应的是 Kafka 0.9.0.x，Kafka 大于或等于 1.0.0 版本则使用 FlinkKafkaConsumer），消费者提供对一个或多个 Kafka 主题的访问。

Flink 提供如下 6 种消费者构造函数，开发者可以根据自己的需求选用：

- FlinkKafkaConsumer(String topic, DeserializationSchema<T> valueDeserializer, Properties props)；
- FlinkKafkaConsumer(String topic, KeyedDeserializationSchema<T> deserializer, Properties props)；
- FlinkKafkaConsumer(List<String> topics, DeserializationSchema<T> deserializer, Properties props)；
- FlinkKafkaConsumer(List<String> topics, KeyedDeserializationSchema<T> deserializer, Properties props)；
- FlinkKafkaConsumer(Pattern subscriptionPattern, DeserializationSchema<T> valueDeserializer, Properties props)；
- FlinkKafkaConsumer(Pattern subscriptionPattern, KeyedDeserializationSchema<T> deserializer, Properties props)。

FlinkKafkaConsumer 的构造函数接收以下几种参数：

- Topic、Topics 或 SubscriptionPattern：单个主题名称、主题名称的列表或基于正则表达式的主题名称。
- KeyedDeserializationSchema 或 DeserializationSchema：DeserializationSchema 仅用于反序列化 Kafka 消息中的消息主体，KeyedDeserializationSchema 可同时反序列化消息中的 Key 和消息主体。
- Properties：FlinkKafkaConsumer 允许为内部的 KafkaConsumer 提供自定义 properties 配置（有关配置 Kafka 消费者的详细信息，请参阅 Kafka 文档）。同时以下属性是必须指定的：
    - bootstrap.servers：以逗号分隔的 Kafka 代理服务器列表。
    - zookeeper.connect：以逗号分隔的 ZooKeeper 服务器列表（只在 Kafka 服务是 0.8 版本时需要指定该属性）。
    - group.id：定义的消费者组 id。

下面是一个简单的 FlinkKafkaConsumer 代码实现，消费者从 Kafka 指定主题中读取数据，并将反序列化后的数据发送给下游操作符：

```
Properties properties = new Properties();

//9092 是 Kafka 服务默认端口
properties.setProperty("bootstrap.servers", "localhost:9092");

//2181 是 ZooKeeper 服务默认端口，该参数仅在 Kafka 的版本为 0.8 时需要配置
properties.setProperty("zookeeper.connect", "localhost:2181");

//定义消费者组 id 为 intsmaze
properties.setProperty("group.id", "intsmaze");

//构造 FlinkKafkaConsumer 消费者实例，指定消费名为“topic-name”主题中的数据
FlinkKafkaConsumer flinkKafkaConsumer=new FlinkKafkaConsumer<>("topic-name", new
SimpleStringSchema(), properties)

//将 FlinkKafkaConsumer 数据源函数添加到流拓扑中，构造一个数据流
DataStream<String> stream = env.addSource(flinkKafkaConsumer);
```

1. 反序列化模式

FlinkKafkaConsumer 从 Kafka 主题中读取消息后，需要知道如何将二进制消息转换为 Flink 处理的 Java 对象，DeserializationSchema 或 KeyedDeserializationSchema 模式用于让开发者指定如何将二进制消息转换为 Flink 处理的 Java 对象。

1）DeserializationSchema 模式

实现 DeserializationSchema 接口的类需要实现 deserialize(byte[] message)方法，从 Kafka 主题中读取的每一个消息都会进入该方法，只需在该方法中将消息的主体反序列化为 Flink 处理的 Java 对象即可：

```
public interface DeserializationSchema<T> extends Serializable, ResultTypeQueryable<T> {

   //将二进制消息反序列化为对象
   T deserialize(byte[] message) throws IOException;

   //该方法用于判断元素是否发出信号通知流结束。如果元素发出流结束信号，则为 true，否则为 false
   //此默认实现应该始终返回 false，表示流为无界的
   boolean isEndOfStream(T nextElement);
}
```

Flink 提供了 DeserializationSchema 接口的默认实现类 SimpleStringSchema，它可以将二进制消息转换为简单的 String 类型元素。对于一些特别的场景，开发者可以通过实现 DeserializationSchema 接口定义自己的序列化模式。但是在实现 DeserializationSchema 接口时，因此 DeserializationSchema

接口还继承了 ResultTypeQueryable 接口，所以往往还需要实现 getProducedType()方法。为此 Flink 提供了 AbstractDeserializationSchema 抽象类用于简化开发者编写自定义的反序列化方法。通过继承该抽象类，仅需要实现 deserialize(byte[] message）方法编写反序列化逻辑，它会自动返回生成的类信息。

下面是一个简单的反序列化二进制消息实现，定义了一个 KafkaDeserializationSchema 类，它继承了 AbstractDeserializationSchema 抽象类，负责将从 Kafka 中获取的二进制消息使用 Gson 工具类转为对应的 POJO 类，这里的 POJO 类为 SchemaBean，它包含一个 name 字段。

```
public class KafkaDeserializationSchema extends AbstractDeserializationSchema<SchemaBean> {

    @Override
    public SchemaBean deserialize(byte[] message) {
        Gson gson = new Gson();
        //使用 gson 对象将二进制消息反序列化为 SchemaBean 对象
        return gson.fromJson(new String(message), SchemaBean.class);
    }
}

//实现了 Serializable 接口的 POJO 类
public class SchemaBean  implements Serializable{

    public String name;

    ...
}
```

2）KeyedDeserializationSchema 模式

Flink 没有提供实现 KeyedDeserializationSchema 接口的抽象类，开发者要想自定义反序列化逻辑就需要实现 KeyedDeserializationSchema 接口，该接口定义了一个 deserialize(...)方法需要开发者实现。从 Kafka 主题中读取的每一个消息都会进入该方法，只需在该方法中将消息的主体和 Key 反序列化为 Flink 处理的 Java 对象即可：

```
public interface KeyedDeserializationSchema<T> extends Serializable, ResultTypeQueryable<T> {

        //该方法提供了消息中的 Key、消息的主体、消息所在主题/分区及该消息当前偏移量等元数据的细粒度信息
        //以丰富反序列化的场景。反序列化后的消息将作为一个 Java 对象返回给 FlinkKafkaConsumer
        T deserialize(byte[] messageKey, byte[] message, String topic, int partition, long offset)
throws IOException;
        //该方法用于判断元素是否发出信号通知流结束。如果元素发出流结束信号，则返回 true，否则返回 false
        //此默认实现应该始终返回 false，表示流为无界的
        boolean isEndOfStream(T nextElement);
}
```

同时因为 KeyedDeserializationSchema 继承 ResultTypeQueryable 接口，所以还需要实现 getProducedType()方法以指定返回对象的类型信息。

为此 Flink 的 KeyedDeserializationSchema 接口有如下两个默认实现类：

- KeyedDeserializationSchemaWrapper：它是一个封装类，对 DeserializationSchema 接口的实现类进行简单的包装即可将二进制消息转换为 Flink 处理的 Java 对象，观察该类的源码可以发现其仅将二进制消息的主体转换为 Flink 处理的 Java 对象（也就是数据流中传播的元素），对于二进制消息的 Key 则不做任何处理。
- JSONKeyValueDeserializationSchema：该实现类负责将二进制消息以 JSON 形式反序列化为 ObjectNode 的对象，ObjectNode 中有三个字段，负责存储消息对应的数据，字段名分别为“key”（消息的 Key）和“value”（消息的主体）字段，以及一个可选的“metadata”（用于显示此消息的偏移量、分区和主题）字段。

下面是一个简单的反序列化二进制消息的实现，定义了一个 KafkaKeyedDeserialization-Schema 类，它实现了 KeyedDeserializationSchema 接口。它负责将从 Kafka 主题中读取的二进制消息的主体使用 Gson 工具类转为对应的 POJO 类，这里的 POJO 类为 SchemaBean，它包含一个 name 字段，将二进制消息的 Key 转换为简单的 String 类型，将序列化后的两个数据封装到 Tuple2<String, SchemaBean>类型的对象中，然后作为数据流中的元素。

```
    public class KafkaKeyedDeserializationSchema implements KeyedDeserializationSchema<Tuple2<String,
SchemaBean>> {

        @Override
        public Tuple2<String, SchemaBean> deserialize(byte[] messageKey, byte[] message, String topic,
int partition, long offset) throws IOException {
            Gson gson = new Gson();
            //使用 gson 对象将二进制消息中的 Key 反序列化为 String 对象
            String key = gson.fromJson(new String(messageKey), String.class);

            //使用 gson 对象将二进制消息中的主体反序列化为 SchemaBean 对象
            SchemaBean value = gson.fromJson(new String(message), SchemaBean.class);
            return Tuple2.of(key, value);
        }

        //始终返回 false，表示流为无界的
        @Override
        public boolean isEndOfStream(Tuple2<String, SchemaBean> nextElement) {
            return false;
        }

        //指定转换到数据流中元素的类型
        @Override
```

```
    public TypeInformation<Tuple2<String, SchemaBean>> getProducedType() {
        return new TypeHint<Tuple2<String, SchemaBean>>() {
        }.getTypeInfo();
    }
}
```

当由于某种原因而无法反序列化损坏的消息时，Flink 提供了两种选择：

- deserialize(...)方法向外传播异常，这么做将导致作业失败并重新启动。
- deserialize(...)方法内部捕获异常后，返回 null 以允许 FlinkKafkaConsumer 静默地跳过损坏的消息。

2. 消费者偏移量配置

FlinkKafkaConsumer 允许配置如何指定 Kafka 主题下分区的起始位置，提供大致四类方式供开发者选择。下面的代码定义了 Kafka 消费者组为 intsmaze，从服务地址为 192.168.19.201:9092 的 Kafka 服务中消费主题为 flink-intsmaze 下的消息。

```
    @Test
    public  void sourceForKafka() {
        final StreamExecutionEnvironment env = StreamExecutionEnvironment.getExecutionEnvironment();
        //设置作业的全局并行度为 2
        env.setParallelism(2);
        //消费者属性对象
        Properties properties = new Properties();
        //配置 Kafka 服务的地址
        properties.setProperty("bootstrap.servers", "192.168.19.201:9092");
        //设置 Kafka 消费组 id 为 intsmaze
        properties.setProperty("group.id", "intsmaze");
        //构造 FlinkKafkaConsumer 实例，指定消费名为 flink-intsmaze 主题中的数据
        FlinkKafkaConsumer<String> kafkaConsumer = new FlinkKafkaConsumer<> ("flink-intsmaze",new 
SimpleStringSchema(), properties);
        //设置 Kafka 消费者采用哪一种起始偏移量配置方法从指定 Kafka 主题中读取消息
        kafkaConsumer.setStartFromGroupOffsets();//默认行为，从保存的消费者偏移量位置开始
//      kafkaConsumer.setStartFromEarliest();//尽可能从最早的记录开始
//      kafkaConsumer.setStartFromLatest();//从更近的记录开始
//      kafkaConsumer.setStartFromTimestamp(System.currentTimeMillis()-5000);//从指定的时间戳开始
                                                                              //（毫秒）

        //将 FlinkKafkaConsumer 数据源函数添加到流拓扑中，构造一个数据流
        DataStream<String> streamSource = env.addSource(kafkaConsumer);

        streamSource.print("kafka data is:");
        env.execute("KafkaSource");
    }
```

完整代码见 com.intsmaze.flink.streaming.connector.source.KafkaSourceTemplate#sourceForKafka。

在演示 FlinkKafkaConsumer 前，我们先在 kafka/bin 目录下使用 Kafka 提供的命令创建一个名为 flink-intsmaze 的主题，并使用 Kafka 提供的生产者脚本向该主题发送消息：

```
[intsmaze@intsmaze-201 bin]$ pwd
/home/intsmaze/kafka_1.0.0_local/bin
[intsmaze@intsmaze-201 bin]$ ./kafka-topics.sh --create --zookeeper 192.168.19.201:2181
--replication-factor 1 --partitions 1 --topic flink-intsmaze
Created topic "flink-intsmaze".
[intsmaze@intsmaze-201 bin]$ ./kafka-console-producer.sh --broker-list 192.168.19.201:9092 --topic
flink-intsmaze
>hello
>intsmaze
>flink
```

FlinkKafkaConsumer 的所有版本都实现了上述显式设置，开发者可以决定采用哪一种起始偏移量的配置方法。

1）setStartFromGroupOffsets

setStartFromGroupOffsets 是 FlinkKafkaConsumer 配置起始偏移量的默认行为，从消费者组（group.id 在消费者的 properties 属性对象中设置）提交到 Kafka 代理中（Kafka0.8 是将消费者偏移量保存在 ZooKeeper 中）的偏移量作为起始位置去读取 Kafka 服务中对应主题下每个分区的消息。如果无法在 Kafka 代理中找到分区偏移量，则使用 properties 属性对象中设置的 auto.offset.reset 参数。

向名为“flink-intsmaze”的主题发送三条消息后，在 IDE 中运行上述程序后，在控制台中可以看到并没有消费掉程序启动前向名为“flink-intsmaze”的主题发送的三条消息，这时我们再向名为“flink-intsmaze”的主题发送一条消息：

```
>message
```

在控制台中可以看到成功消费了 message 这条消息：

```
kafka data is::2> message
```

关闭该程序后，再向名为“flink-intsmaze”的主题发送如下消息：

```
>2019-ncov
>sars
```

再次启动该程序，在控制台中可以看到程序会接着之前消费的偏移量继续向后消费：

```
kafka data is::2> 2019-ncov
kafka data is::2> sars
```

2）setStartFromEarliest

setStartFromEarliest 将设置 FlinkKafkaConsumer 从最早的记录开始消费。在该模式下，Kafka 消费者客户端提交的偏移量将被忽略，不用作起始位置。这里我们注释掉上述程序的第 17 行，放开第 18 行的注释。在 IDE 中运行上述程序后，在控制台中可以看到程序会从该主题的第一条消息开始消费：

```
kafka data is::2> hello
kafka data is::2> intsmaze
kafka data is::2> flink
kafka data is::2> message
kafka data is::2> 2019-ncov
kafka data is::2> sars
```

3）setStartFromLatest

setStartFromLatest 将设置 FlinkKafkaConsumer 从最近的记录开始消费（上述程序启动后，新发送到 Kafka 主题的消息才会被消费）。在该模式下，Kafka 消费者客户端提交的偏移量将被忽略，不用作起始位置。我们注释掉上述程序的第 17 行，放开第 19 行的注释。在 IDE 中运行上述程序后，在控制台中看不到之前发送到该主题的任何消息，当我们向该主题发送一条内容为“2020”的消息后，马上可以在控制台中看到该消息被成功消费：

```
kafka data is::2> 2020
```

关闭该程序后，再向名为“flink-intsmaze”的主题发送如下消息：

```
>flink-kafka
```

再次启动该程序，在控制台中可以看到该程序并没有消费内容为“flink-kafka”的消息，保持程序运行，再向名为“flink-intsmaze”的主题发送如下消息：

```
kafka-2020
```

马上可以在控制台中看到该消息被成功消费：

```
kafka data is::2> kafka-2020
```

4）setStartFromTimestamp

setStartFromTimestamp(long)将设置 FlinkKafkaConsumer 从指定的时间戳开始消费消息，对于每个分区，其时间戳大于或等于指定时间戳的记录将用作起始位置。如果分区内的最新记录比指定的时间戳更早，则 FlinkKafkaConsumer 只读取分区的最新记录。在此模式下，Kafka 消费者客户端提交的偏移量将被忽略，不用作起始位置。我们注释掉上述程序的第 17 行，放开第 20 行的注释，同时指定消费者的时间戳为启动上述程序的当前时间向前减去 5 秒的时间。

在启动程序之前，我们每隔一秒向名为“flink-intsmaze”的主题发送一条消息，连续发送十条消息：

```
>1
>2
>3
>4
>5
>6
>7
>8
>9
>10
```

在向名为“flink-intsmaze”的主题发送第 10 条消息的同时，在 IDE 中启动程序后可以看到控制台会打印第 5 条消息后的消息：

```
kafka data is::2> 6
kafka data is::2> 7
kafka data is::2> 8
kafka data is::2> 9
kafka data is::2> 10
```

注意：如果读者想模拟出和本程序一样的结果，则要确保运行该程序的机器和运行 Kafka 服务的机器的系统时间是同步的。同时该功能对于 Kafka 0.10+版本可用，这是因为 Kafka0.10+版本会自动在每条消息后加上时间戳，消费者每次启动后只会读取指定时间戳后面的数据。

5）specificStartOffsets

除了上述的四种方式，Flink 还提供了更细粒度的控制方式，可以为 Kafka 主题下的每个分区指定消费者应该从哪个偏移量开始消费。

下面的示例指定消费者从主题名为 flink-intsmaze-two 下 0 和 1 分区的指定偏移量开始消费，指定的偏移量分别为 1 和 2，偏移量值是消费者将从每个分区读取的下一条记录。如果消费者需要读取的分区在提供的 specificStartOffsets 中没有指定偏移量，那么对于这个特定分区将退回为默认组偏移量行为（即 setStartFromGroupOffsets）。

```
    @Test
    public  void sourceSpecificOffsetsKafka() {
        final StreamExecutionEnvironment env = StreamExecutionEnvironment.getExecutionEnvironment();
        ...
        //构造 FlinkKafkaConsumer 实例，指定消费名为“flink-intsmaze-two”主题中的数据
        FlinkKafkaConsumer<String> kafkaConsumer = new FlinkKafkaConsumer<> ("flink-intsmaze-two",
new SimpleStringSchema(), properties);
```

```
        Map<KafkaTopicPartition, Long> specificStartOffsets = new HashMap<>();
        //指定消费主题 flink-intsmaze-two 中索引为 0 的分区的起始偏移量为 1
        specificStartOffsets.put(new KafkaTopicPartition("flink-intsmaze-two", 0), 1L);

        //指定消费主题 flink-intsmaze-two 中索引为 1 的分区的起始偏移量为 2
        specificStartOffsets.put(new KafkaTopicPartition("flink-intsmaze-two", 1), 2L);
        kafkaConsumer.setStartFromSpecificOffsets(specificStartOffsets);

        //将 FlinkKafkaConsumer 数据源函数添加到流拓扑中，构造一个数据流
        DataStream<String> streamSource = env.addSource(kafkaConsumer);

        streamSource.print("kafka data is:");
        env.execute("KafkaSource");
    }
```

完整代码见 com.intsmaze.flink.streaming.connector.source.KafkaSourceTemplate#sourceSpecific-OffsetsKafka。

在运行上述程序之前，我们先在 kafka/bin 目录下使用 Kafka 命令创建一个名为 flink-intsmaze- two 的主题，并设置该主题拥有两个分区。随后使用 Kafka 提供的生产者脚本向该主题发送如下几条消息：

```
    [intsmaze@intsmaze-201 bin]$ ./kafka-topics.sh --create --zookeeper 192.168.19.201:2181
--replication-factor 1 --partitions 2 --topic flink-intsmaze-two
    Created topic "flink-intsmaze-two"
    [intsmaze@intsmaze-201 bin]$ ./kafka-console-producer.sh --broker-list 192.168.19.201:9092 --topic
flink-intsmaze-two
    >1
    >a
    >2
    >b
    >3
    >c
```

然后使用 Kafka 提供的脚本工具观察该主题下每个分区的偏移量：

```
    [intsmaze@intsmaze-201 bin]$ ./kafka-run-class.sh kafka.tools.GetOffsetShell --broker-list
192.168.19.201:9092 --topic flink-intsmaze-two --time -1
    flink-intsmaze-two:1:3
    flink-intsmaze-two:0:3
```

在 IDE 中运行上述程序后，在控制台的输出信息中可以看到该程序中的 FlinkKafkaConsumer 会从各个分区指定的偏移量开始消费数据：

```
    kafka data is::1> 3
```

```
kafka data is::2> b
kafka data is::2> c
```

3. 消费者容错

FlinkKafkaConsumer 在消费 Kafka 主题下每个分区内的记录（数据）时会记录当前消费的偏移量，如果启用检查点机制，FlinkKafkaConsumer 将定期对当前消费的 Kafka 主题下所有分区的偏移量执行检查点操作。如果没有启用检查点机制，则 FlinkKafkaConsumer 将定期向 ZooKeeper 提交偏移量。要使用容错的 FlinkKafkaConsumer，需要在执行环境中启用检查点机制。

```
//获取执行环境
final StreamExecutionEnvironment env = StreamExecutionEnvironment.getExecutionEnvironment();
env.enableCheckpointing(5000); //每 5000 毫秒进行一次 checkpoint 操作
```

4. 消费者主题和分区发现

1）分区发现

当使用 FlinkKafkaConsumer 的流处理程序启动后，使用 Kafka 命令对 FlinkKafkaConsumer 消费的主题动态增加分区，要想让正在运行的流处理程序能够从该主题下增加的分区中成功消费数据，只需在消费者配置中开启“flink.partition-discovery.interval- millis”参数即可，这时正在运行的流处理程序就能实时检测到该主题下新增的分区并从中消费数据。默认情况下“分区发现”是禁用的，要启用它，只需要在 properties 属性对象中将 flink.partition-discovery.interval-millis 设置一个非负值即可，表示以毫秒为单位的间隔定期去监测对应的主题下是否有新增分区。

```
StreamExecutionEnvironment env = StreamExecutionEnvironment.getExecutionEnvironment();
//设置作业的全局并行度为 2
env.setParallelism(2);

Properties properties = new Properties();
properties.setProperty("bootstrap.servers", "192.168.19.201:9092");
properties.setProperty("group.id", "intsmaze");
//配置定期检测对应主题下新增分区的间隔周期是否为 100 毫秒
properties.put("flink.partition-discovery.interval-millis","100");

//构造 FlinkKafkaConsumer 实例，用于消费符合正则表达式 intsmaze-discover-[0-9]的主题中的消息
FlinkKafkaConsumer<String> kafkaConsumer = new FlinkKafkaConsumer<>(
        java.util.regex.Pattern.compile("intsmaze-discover-[0-9]"),
        new SimpleStringSchema(),
        properties);

//将 FlinkKafkaConsumer 数据源函数添加到流拓扑中，构造一个数据流
```

```
    DataStream<String> streamSource = env.addSource(kafkaConsumer);

    streamSource.print("kafka data is:");
    env.execute("kafkaSourceDiscover");
```

完整代码见 com.intsmaze.flink.streaming.connector.source.KafkaSourceTemplate#kafkaSource-Discover。

在运行该流处理程序之前，我们先在 kafka/bin 目录下使用 Kafka 命令创建一个主题，主题名为“intsmaze-discover-1”，包含一个分区。

```
    [intsmaze@intsmaze-201 bin]$ ./kafka-topics.sh --create --zookeeper 192.168.19.201:2181
--replication-factor 1 --partitions 1 --topic intsmaze-discover-1
    Created topic "intsmaze-discover-1".
```

主题创建成功后，我们在 IDE 中启动该流处理程序，从名为“intsmaze-discover-1”的主题中消费消息，然后使用 Kafka 的生产者脚本向该主题发送 2 条数据：

```
    [intsmaze@intsmaze-201 bin]$ ./kafka-console-producer.sh --broker-list 192.168.19.201:9092 --topic
intsmaze-discover-1
    >1
    >2
```

2 条消息发送成功后，使用 Kafka 提供的工具脚本将该主题下的分区数动态调整为 4，再使用 Kafka 的生产者脚本向该主题发送 6 条数据：

```
    [intsmaze@intsmaze-201 bin]$ ./kafka-topics.sh --zookeeper 192.168.19.201:2181 -alter --partitions
4 --topic intsmaze-discover-1
    WARNING: If partitions are increased for a topic that has a key, the partition logic or ordering
of the messages will be affected
    Adding partitions succeeded!
    [intsmaze@intsmaze-201 bin]$ ./kafka-console-producer.sh --broker-list 192.168.19.201:9092 --topic
intsmaze-discover-1
    >3
    >4
    >5
    >6
    >7
    >8
```

最后使用 Kafka 的工具脚本检测该主题下每个分区的当前偏移量，可以看到新增的 3 个分区中已经有消息了：

```
    [intsmaze@intsmaze-201 bin]$ ./kafrun-class.sh kafka.tools.GetOffsetShell --broker-list
192.168.19.201:9092 --topic intsmaze-discover-1 -time -1
    intsmaze-discover-1:2:1
```

```
intsmaze-discover-1:1:2
intsmaze-discover-1:3:2
intsmaze-discover-1:0:3
```

同时在 IDE 的控制台输出中也可以看到一直保持运行的流处理程序成功消费了新增的分区内的数据：

```
kafka data is::2> 1
kafka data is::2> 2
kafka data is::1> 3
kafka data is::1> 4
kafka data is::2> 5
kafka data is::2> 6
kafka data is::1> 7
kafka data is::1> 8
```

2）主题发现

FlinkKafkaConsumer 还可以使用正则表达式基于 Kafka 主题名称的模式匹配去发现新创建的主题，仍然以“分区发现”中的代码作为示例。

运行该流处理程序后，FlinkKafkaConsumer 将订阅所有名称与指定正则表达式匹配的主题（以 intsmaze-discover 开头，以个位数结尾）。和分区发现一样，要允许使用 FlinkKafkaConsumer 的流处理程序运行后能够发现符合正则表达式的新创建的主题，同样要为 flink.part-discovery.intervali-millis 参数设置一个非负值。

在 IDE 中运行上述流处理程序后，我们先在 kafka/bin 目录下使用 Kafka 命令创建一个主题名为“intsmaze-discover-2”的主题，该主题包含一个分区。随后使用 Kafka 生产者脚本向其发送数据：

```
    [intsmaze@intsmaze-201 bin]$ ./kaftopics.sh --create --zookeeper 192.168.19.201:2181
--replication-factor 1 --partitions 1 --topic intsmaze-discover-2
    Created topic "intsmaze-discover-2".

    [intsmaze@intsmaze-201 bin]$ ./kafka-console-producer.sh --broker-list 192.168.19.201:9092 --topic
intsmaze-discover-2
    >2
```

同时在 IDE 的控制台输出中也可以看到一直保持运行的流处理程序成功消费了新创建的“intsmaze-discover-2”主题内的数据：

```
kafka data is::2> 2
```

5. 偏移量提交行为配置

FlinkKafkaConsumer 允许配置如何将消费的偏移量提交回 Kafka 代理的行为，但是 FlinkKafkaConsumer 并不依赖提交的偏移量来保证容错，提交偏移量只是一种用于向外部公开消费者消费的进度以便进行监视的方式。

配置偏移量提交行为的方法有两种，这取决于流处理程序是否启用了检查点机制：

- Checkpointing disabled：如果流处理程序禁用了检查点机制，则 FlinkKafkaConsumer 将依赖于内部使用的 Kafka 消费者客户端的自动定期提交偏移量的功能。在禁用检查点机制的场景中，禁用或启用提交量偏移量功能，只需在 Properties 属性对象中配置 enable.auto.commit（Kafka 0.8 为 auto.commit.enable）和 auto.commit.interval.ms 参数即可。
- Checkpointing enabled：如果流处理程序启用了检查点机制，那么当检查点操作完成后，FlinkKafkaConsumer 将向 Kafka 代理提交存储在检查点状态中的偏移量。这样做是为了确保 Kafka 代理中提交的偏移量与检查点状态中的偏移量保持一致。在启用检查点机制的场景中，开发者还可以通过在 FlinkKafkaConsumer 中调用 setCommitOffsetsOnCheckpoints(boolean)方法来设置是否将检查点中的偏移量提交回 Kafka 代理，默认为 true。在这个场景中，Properties 属性对象中设置的自动定期性提交偏移量行为将完全被忽略。

6. 消费者的时间戳提取器和水印分配器

在许多基于事件时间处理的场景中，事件的时间戳（显式或隐式）嵌入事件本身，开发者可能希望周期性或标记性地发出水印（例如 Kafka 数据源中包含当前事件时间水印的特殊记录）。对于这些情况，FlinkKafkaConsumer 允许开发者在其上调用 assignTimestampsAndWatermarks(...)方法来指定使用 AssignerWithPeriodicWatermarks 或 AssignerWithPunctuatedWatermarks 提取时间戳和发出水印。

可以像下面示例一样指定自定义的时间戳提取器或水印分配器：

```
StreamExecutionEnvironment env = StreamExecutionEnvironment.getExecutionEnvironment();
//设置流处理程序基于事件时间语义进行处理
env.setStreamTimeCharacteristic(TimeCharacteristic.EventTime);

Properties properties = new Properties();
properties.setProperty("bootstrap.servers", "192.168.19.201:9092");
properties.setProperty("group.id", "intsmaze");

//构造 FlinkKafkaConsumer 实例，指定消费名为“intsmaze-pojo”主题中的数据
FlinkKafkaConsumer<KafkaMess> kafkaConsumer = new FlinkKafkaConsumer<KafkaMess> (
    "intsmaze-pojo",
     new AbstractDeserializationSchema<KafkaMess>() {...},
```

```
        properties);

    //在 FlinkKafkaConsumer 消费者实例中指定时间戳提取器和水印分配器
    kafkaConsumer.assignTimestampsAndWatermarks(new AssignerWithPeriodicWatermarks<KafkaMess>() {
        @Override
        public long extractTimestamp(KafkaMess element, long previousElementTimestamp) {
            return element.getTime();
        }
        @Override
        public Watermark getCurrentWatermark() {
            return  new Watermark(System.currentTimeMillis());
        }
    });
    //将 FlinkKafkaConsumer 数据源函数添加到流拓扑中，构造一个数据流
    DataStream<KafkaMess> streamSource = env.addSource(kafkaConsumer);

    streamSource.print();
    env.execute("kafkaSourceTimestampsAndWatermarks");

    public class KafkaMess implements Serializable {

        private String content;

        private long time;

        ...//getXxx, SetXxx
    }
```

完整代码见 com.intsmaze.flink.streaming.connector.source.KafkaSourceTemplate#kafka-SourceTimestampsAndWatermarks。

在 FlinkKafkaConsumer 内部，每个 Kafka 分区会执行一个分配者实例。当指定了这样一个分配者时，对于从 Kafka 主题中读取的每个消息，时间戳提取器和水印分配器的 extractTimestamp(T element, long previousElementTimestamp)方法都会被调用一次，用来为该消息分配一个时间戳。根据指定的水印生成策略周期性地调用 getCurrentWatermark()方法，或者根据指定标志调用 checkAndGetNextWatermark(T lastElement, long extractedTimestamp)方法来确定是否应该发出新水印。

6.8.7　Kafka 生产者

Flink 的 Kafka 生产者名为 FlinkKafkaProducer（FlinkKafkaProducer09 对应的是 Kafka 0.9.0.x，Kafka 大于或等于 1.0.0 版本则使用 FlinkKafkaProducer），它允许将数据流中的元素写入一个或多个 Kafka 主题。

下面是 Flink 提供的常用的生产者构造函数，开发者可以根据自己的需求选用：

- FlinkKafkaProducer(String brokerList, String topicId, SerializationSchema<IN> serializationSchema)；
- FlinkKafkaProducer(String topicId, SerializationSchema<IN> serializationSchema, Properties producerConfig)；
- FlinkKafkaProducer(String topicId,SerializationSchema<IN> serializationSchema,Properties producerConfig,OptionalFlinkKafkaPartitioner<IN>> customPartitioner)；
- FlinkKafkaProducer(String brokerList, String topicId, KeyedSerializationSchema<IN> serializationSchema)；
- FlinkKafkaProducer(String topicId, KeyedSerializationSchema<IN> serializationSchema, Properties producerConfig)；
- FlinkKafkaProducer(String topicId,KeyedSerializationSchema<IN> serializationSchema, Properties producerConfig,OptionalFlinkKafkaPartitioner<IN>> customPartitioner)；
- FlinkKafkaProducer(String topicId,KeyedSerializationSchema<IN> serializationSchema, Properties producerConfig,FlinkKafkaProducer.Semantic semantic)。

FlinkKafkaProducer 的构造函数接收以下几种参数：

- topicId：单个主题名称。
- brokerList：以逗号分隔的 Kafka 代理服务器列表。
- SerializationSchema 或 KeyedSerializationSchema：SerializationSchema 仅用于序列化消息的主体；KeyedSerializationSchema 允许分别序列化消息的 Key 和消息的主体，同时还允许覆盖要发送的目标主题，以便一个生产者实例可以向多个主题发送数据。
- Properties：FlinkKafkaProducer 允许为内部 KafkaProducer 提供自定义 properties 配置。在某些构造函数中，“bootstrap.servers”（以逗号分隔的 Kafka 代理服务器列表）参数必须在 Properties 中指定。
- customPartitioner：向构造函数提供 FlinkKafkaPartitioner（分区器）的实现，将数据流中的元素分配到对应主题的特定分区。进入 FlinkKafkaProducer 中的每个元素都将使用分区器以确定元素应该发送到目标主题的哪个分区。
- semantic：FlinkKafkaProducer 可以提供三种语义级别的保证（Semantic.NONE、Semantic.AT_LEAST_ONCE、Semantic.EXACTLY_ONCE），默认语义级别为 Semantic.AT_LEAST_ONCE。

下面是一个简单的 FlinkKafkaProducer 代码实现，FlinkKafkaProducer 将数据流中的元素写入单个 Kafka 目标主题：

```
DataStream<String> stream = // [...]
FlinkKafkaProducer<String> myProducer = new FlinkKafkaProducer<String>(
        "localhost:9092", //指定 Kafka 代理服务的地址
        "flink-intsmaze", //指定消息发送到 Kafka 主题的名称
        new SimpleStringSchema()); //指定序列化模式

//Kafka 的 0.10+版本允许在将消息写入 Kafka 主题时为消息添加时间戳，在 Kafka 的早期版本中，这个方法是不可用的
myProducer.setWriteTimestampToKafka(true);
//数据流中的元素传入 FlinkKafkaProducer 数据接收器函数
stream.addSink(myProducer);
...
```

1. 序列化模式

FlinkKafkaProducer 将数据流中的元素发送到 Kafka 主题时，需要知道如何将 Flink 处理的 Java 对象转换为二进制消息在网络中传输，SerializationSchema 或 KeyedSerializationSchema 模式就是用来让开发者指定将 Flink 处理的 Java 对象的哪一部分转换为二进制消息。

1）SerializationSchema 模式

实现 SerializationSchema 接口的类需要实现 serialize(T element) 方法，进入 FlinkKafkaProducer 的每个元素都将进入该方法，开发者需要在该方法中编写将元素的哪一部分数据序列化为二进制消息的逻辑，返回的二进制消息将发送到指定的 Kafka 主题中。

```
public interface SerializationSchema<T> extends Serializable {
 //将 Java 的对象序列化为二进制消息
 byte[] serialize(T element);
}
```

Flink 提供了 SerializationSchema 接口的默认实现类 SimpleStringSchema，它可以将简单的 String 类型元素转换为二进制消息的主体，对于一些特别的场景，开发者可以通过实现 SerializationSchema 接口定义自己的序列化模式。

下面是一个简单的序列化元素的实现，定义了一个 KafkaSerializationSchema 类去实现 SerializationSchema 接口。数据流中的元素是 Tuple2<Integer, String>类型，KafkaSerializationSchema 将数据流元素的 f1 字段转换为二进制消息后发送到 Kafka 的目标主题中。这里沿用 Kafka 消费者一节中创建的名为“intsmaze-discover-1”的主题，指定 FlinkKafkaProducer 将数据流中的元素发送到该主题上。

```
public class KafkaSerializationSchema implements SerializationSchema<Tuple2<Integer, String>> {

    @Override
    public byte[] serialize(Tuple2<Integer, String> element) {
        //将元素的 f1 字段序列化为二进制消息
```

```
            return element.f1.getBytes();
        }
    }

    StreamExecutionEnvironment env = StreamExecutionEnvironment.getExecutionEnvironment();
    //设置作业的全局并行度为 2
    env.setParallelism(2);

    List<Tuple2<Integer, String>> list = new ArrayList<Tuple2<Integer, String>>();
    list.add(new Tuple2(1, "intsmaze"));
    list.add(new Tuple2(5, "spark"));
    list.add(new Tuple2(6, "storm"));
    list.add(new Tuple2(33, "liuyang"));

    //将数据集合转换为数据流
    DataStream<Tuple2<Integer, String>> streamSource = env.fromCollection(list);

    Properties properties = new Properties();
    //配置 Kafka 服务的地址
    properties.put("bootstrap.servers", "192.168.19.201:9092");

    //指定将数据流中的元素发送到名为 intsmaze-discover-1 的主题上
    FlinkKafkaProducer<Tuple2<Integer, String>> flinkKafkaProducer = new FlinkKafkaProducer(
            "intsmaze-discover-1",
            new KafkaSerializationSchema(),
            properties);

    //数据流中的元素传入 FlinkKafkaProducer 数据接收器函数
    streamSource.addSink(flinkKafkaProducer);
    env.execute("KafkaSink");
```

完整代码见 com.intsmaze.flink.streaming.connector.sink.KafkaSinkTemplate#sinkToKafka-SerializationSchema。

在 IDE 中运行上述程序后，我们在 Kafka/bin 目录下使用 Kafka 提供的消费者脚本消费名为“intsmaze-discover-1”主题中的数据，可以看到数据流中元素的 f1 字段的数据已经发送到 Kafka 服务器中名为“intsmaze-discover-1”的主题上且成功被消费者消费。

```
    [root@intsmaze-201 bin]# ./kafka-console-consumer.sh --bootstrap-server localhost:9092 --topic
intsmaze-discover-1 --from-beginning
    spark
    liuyang
    intsmaze
    storm
```

2）KeyedSerializationSchema 模式

实现 KeyedSerializationSchema 接口的类需要实现如下三个方法，进入 FlinkKafkaProducer 的每个元素都将进入这些方法。

- byte[] serializeKey(T element)：指定将传入元素的哪一部分作为消息的 Key 值，该值被序列化为二进制数据。对于无须指定消息 Key 的元素，则此方法可以返回 null。
- byte[] serializeValue(T element)：指定将传入元素的哪一部分作为消息的主体，该值被序列化为二进制数据。
- String getTargetTopic(T element)：指定传入元素将要发送的目标主题名称，该值将覆盖在 FlinkKafkaProduce 构造函数中指定的主题名，对于无须发送到其他主题的元素，此方法建议返回 null。

Flink 提供了 KeyedSerializationSchema 接口的默认实现类 KeyedSerializationSchemaWrapper，它是一个封装类，对 SerializationSchema 接口的实现类进行简单的包装即可将 Flink 处理的 Java 对象序列化为二进制消息。观察该类的源码可以发现其仅将 Flink 处理的 Java 对象序列化为二进制消息的主体，对于消息的 Key 则不做处理保持为 null。对于一些特别的场景，开发者可以通过实现 KeyedDeserializationSchema 接口定义自己的序列化模式。

```
package org.apache.flink.streaming.util.serialization;

public class KeyedSerializationSchemaWrapper<T> implements KeyedSerializationSchema<T> {

 private static final long serialVersionUID = 1351665280744549933L;

 private final SerializationSchema<T> serializationSchema;

 public KeyedSerializationSchemaWrapper(SerializationSchema<T> serializationSchema) {
  this.serializationSchema = serializationSchema;
 }

 //发送消息的 Key 设置为 null
 @Override
 public byte[] serializeKey(T element) {
  return null;
 }

 //数据流中的元素作为消息的主体
 @Override
 public byte[] serializeValue(T element) {
  return serializationSchema.serialize(element);
 }

 @Override
```

```
  public String getTargetTopic(T element) {
   return null; //不覆盖 FlinkKafkaProducer 构造函数中指定的主题名
  }
 }
```

KeyedSerializationSchema 与 SerializationSchema 的区别在于新增了对 Kafka 消息 Key 值的指定，指定消息 Key 值的意义在于，开发者可以指定将该消息发送到目标主题的哪一个分区，所以 KeyedSerializationSchema 一般与生产者分区器结合使用，相关代码的演示将在下面的生产者分区方案中给出。

2. 生产者分区方案

默认情况下如果没有为 FlinkKafkaProducer 指定自定义分区器，那么 FlinkKafkaProducer 将使用默认的 FlinkFixedPartitioner 类作为分区器，FlinkFixedPartitioner 与发送到 Kafka 主题中消息的 Key 无关，将每个 FlinkKafkaProducer 的并行子任务映射到 Kafka 主题的单个分区，也就是一个 FlinkKafkaProducer 并行子任务实例绑定 Kafka 主题的一个分区，该并行子任务中的所有元素都将发送到该分区。

可以通过继承 FlinkKafkaPartitioner 抽象类来实现自定义分区器，开发者只需要实现 partition(…)方法即可，该方法提供 5 个参数来丰富开发者的分区逻辑，参数 record 为该数据接收器中的元素，参数 key 为发送到 Kafka 消息的 Key 值，参数 value 为发送到 Kafka 消息的主体，参数 targetTopic 为指定该消息发送的 Kafka 主题名称，参数 partitions 是一个数组，里面存储了当前 Kafka 主题下的分区编号，默认从 0 开始。

```
package org.apache.flink.streaming.connectors.kafka.partitioner;

public abstract class FlinkKafkaPartitioner<T> implements Serializable {

    public void open(int parallelInstanceId, int parallelInstances) {
        //如果需要可以重写该方法
    }

    public abstract int partition(T record, byte[] key, byte[] value, String targetTopic, int[] partitions);
}
```

下面是一个自定义生产者分区方案的简单实现，因为数据流中的元素的类型为 Tuple2 <Integer, String>，所以先自定义 KafkaKeyedSerializationSchema 的序列化类，指定元素的 f0 字段作为消息的 Key，f1 字段作为消息的主体，将 f0 字段大于 30 的元素发送到 Kafka 中名为“intsmaze-discover-2”的主题中。在自定义的 KafkaPartitioner 生产者分区类中，将 f0 字段小于 100 的元素都发送到 Kafka 中名为“intsmaze-discover-1”的主题中索引为 3 的分区上，否则发送到名为“intsmaze-discover-1”的主题中索引为 2 的分区上。

```
public class KafkaKeyedSerializationSchema implements KeyedSerializationSchema <Tuple2<Integer,
String>> {
    public byte[] serializeKey(Tuple2<Integer, String> element) {
        return element.f0.toString().getBytes();//将元素的 f0 字段序列化为消息的 Key
    }

    public byte[] serializeValue(Tuple2<Integer, String> element) {
        return element.f1.getBytes();  //将元素的 f1 字段序列化为消息的主体
    }

    //元素的 f0 字段大于 30 时覆盖 FlinkKafkaProducer 构造器中指定的主题，将该元素发送到
    //intsmaze-discover-2 主题中
    public String getTargetTopic(Tuple2<Integer, String> element) {
        if(element.f0>30)
            return "intsmaze-discover-2";
        return null;
    }
}

public class KafkaPartitioner extends FlinkKafkaPartitioner<Tuple2<Integer, String>> {
    public int partition(Tuple2<Integer, String> record, byte[] key, byte[] value, String targetTopic,
int[] partitions) {
        System.out.println("数据流中的元素:"+record.toString());
        System.out.println("消息的 Key 值:"+new String(key));
        System.out.println("消息的主体内容: "+new String(value));
        System.out.println("targetTopic:"+targetTopic);
        Integer integer = Integer.valueOf(new String(key));
        if (integer < 100) {
            return partitions.length - 1; //将元素发送到 intsmaze-discover-1 主题中索引为 3 的分区上
        } else {
            return partitions.length - 2; //将元素发送到 intsmaze-discover-1 主题中索引为 2 的分区上
        }
    }
}
```

自定义好 KafkaKeyedSerializationSchema 的序列化类和 KafkaPartitioner 生产者分区类后，下一步就是构建流处理程序的拓扑结构，初始化一个 List 集合，该集合中存有三条 Tuple2<Integer, String>类型的元素，随后使用 Flink 提供的 fromCollection(...)方法从 Java 集合中创建一个数据流，然后使用 FlinkKafkaProducer 将数据流中的元素发送到对应的 Kafka 主题中。

```
StreamExecutionEnvironment env = StreamExecutionEnvironment.getExecutionEnvironment();
//设置作业的全局并行度为 2
env.setParallelism(2);

List<Tuple2<Integer, String>> list = new ArrayList<Tuple2<Integer, String>>();
list.add(new Tuple2(1, "intsmaze"));
```

```
list.add(new Tuple2(6, "storm"));
list.add(new Tuple2(33, "liuyang"));

//将集合转换为数据流
DataStream<Tuple2<Integer, String>> streamSource = env.fromCollection(list);

Properties properties = new Properties();
//配置 Kafka 服务的地址
properties.put("bootstrap.servers", "192.168.19.201:9092");

//指定将数据流中的元素发送到名为 intsmaze-discover-1 或 intsmaze-discover-2 的主题中
FlinkKafkaProducer<Tuple2<Integer, String>> producerPartition = new FlinkKafkaProducer(
        "intsmaze-discover-1",
        new KafkaKeyedSerializationSchema(),
        properties,
        Optional.of(new KafkaPartitioner()));

//数据流中的元素传入 FlinkKafkaProducer 数据接收器函数
streamSource.addSink(producerPartition);
env.execute("KafkaSink");
```

完整代码见 com.intsmaze.flink.streaming.connector.sink.KafkaSinkTemplate#sinkToKafkaPartiton。

自定义分区器的实现必须是可序列化的，因为它们将在 Flink 集群的节点之间传输，同时要注意分区器中的任何状态都将在作业失败时丢失，因为分区器不是生产者的检查点状态的一部分。

运行上述程序之前，我们在 Kafka/bin 目录下用 Kafka 的命令查看“intsmaze-discover-1”主题下每个分区的偏移量：

```
[root@intsmaze-201 bin]# ./kafka-run-class.sh kafka.tools.GetOffsetShell --broker-list
192.168.19.201:9092 --topic intsmaze-discover-1 --time -1
intsmaze-discover-1:2:5
intsmaze-discover-1:1:8
intsmaze-discover-1:3:15
intsmaze-discover-1:0:8
```

随后我们使用 Kafka 的消费者脚本分别消费“intsmaze-discover-1”和“intsmaze-discover-2”两个主题中的数据。在 IDE 中运行上述程序后，我们可以看到元素中 f0 字段小于 30 的消息主体进入“intsmaze-discover-2”主题，另外三个元素的消息主体进入“intsmaze-discover-1”主题。

```
[intsmaze@intsmaze-201 bin]$ ./kafka-console-consumer.sh --bootstrap-server localhost:9092 --topic
intsmaze-discover-2
liuyang

[root@intsmaze-201 bin]# ./kafka-console-consumer.sh --bootstrap-server localhost:9092 --topic
intsmaze-discover-1
```

```
intsmaze
storm
```

关于元素在“intsmaze-discover-1”主题下的分区的分布情况，我们通过 Kafka 的脚本可以看到元素都分布在索引为 3 的分区上：

```
[root@intsmaze-201 bin]# ./kafka-run-class.sh kafka.tools.GetOffsetShell --broker-list 
192.168.19.201:9092 --topic intsmaze-discover-1 --time -1
intsmaze-discover-1:2:5
intsmaze-discover-1:1:8
intsmaze-discover-1:3:17
intsmaze-discover-1:0:8
```

同时在 IDE 的控制台中可以看到该程序打印的日志信息如下，可以发现数据流中的元素进入 FlinkKafkaProducer 数据接收器函数时会先进入 KafkaKeyedSerializationSchema 类序列化方法，随后进入 KafkaPartitioner 类分区方法：

```
数据流中的元素:(1,intsmaze)
消息的 Key 值:1
消息的主体内容：intsmaze
targetTopic:intsmaze-discover-1
数据流中的元素:(6,storm)
消息的 Key 值:6
消息的主体内容：storm
targetTopic:intsmaze-discover-1
数据流中的元素:(33,liuyang)
消息的 Key 值:33
消息的主体内容：liuyang
targetTopic:intsmaze-discover-2
```

3. 生产者容错

1）Kafka 0.8

在 Kafka 0.9 版本之前，Kafka 没有提供任何机制来保证 FlinkKafkaProducer 向 Kafka 主题发送消息时具备 At Least Once 或 Exactly Once 的语义。

2）Kafka 0.9 和 0.10

在 Kafka 的 0.9 和 0.10 版本中，FlinkKafkaProducer09 和 FlinkKafkaProducer010 在启用检查点机制后可以提供 At Least Once 语义的交付保证。

除了启用 Flink 的检查点机制，开发者还应该调用 FlinkKafkaProducer 的 setLogFailuresOnly(boolean)和 setFlushOnCheckpoint(boolean)方法进行合理配置。

- setLogFailuresOnly(boolean)：默认情况下设置为 false，启用此功能将允许生产者只记录失败，而不捕获和抛出失败，这从本质上说明了消息处理成功，即使它从未被写到目标 Kafka 主题中。开发者要想让 FlinkKafkaProducer 具备 At Least Once 语义就必须禁用该功能。

- setFlushOnCheckpoint(boolean)：默认情况下设置为 true，启用此功能后，可以确保执行检查点操作之前的所有消息都已写入目标 Kafka 主题。开发者要想让 FlinkKafkaProducer 具备 At Least Once 语义就必须开启该功能。

通过启用检查点机制，将 setLogFailureOnly 设置为 false、setFlushOnCheckpoint 设置为 true 后，FlinkKafkaProducer 在 0.9 和 0.10 版本上将具有 At Least Once 语义保证。

```
FlinkKafkaProducer<String> kafkaProducer = new FlinkKafkaProducer<String>(
        "localhost:9092",
        "flink-intsmaze",
        new SimpleStringSchema());

kafkaProducer.setLogFailuresOnly(false);
kafkaProducer.setWriteTimestampToKafka(true);
```

注意：当 FlinkKafkaProducer 的 retries（重试次数）为 0，且 setLogFailuresOnly 被设置为 false 时，FlinkKafkaProducer 会在出现错误时立即失败，包括 Kafka leader 的更改。retries 值默认为 0 可以避免重试导致目标主题中的消息重复，要想修改该值，可在 properties 属性对象中进行设置，对于大多数 Kafka 代理更改频繁的生产环境，建议将重试次数设置为较高的值。

Kafka 的 0.9 和 0.10 版本目前还没有 Kafka 的事务生成器，所以 FlinkKafkaProducer 不能提供 Exactly Once 交付保证。

3）Kafka 0.11 及以上版本

对于 Kafka 0.11 及以上版本，在启用了 Flink 检查点机制之后，FlinkKafkaProducer 可以提供 Exactly Once 语义级别的交付保证。同时 FlinkKafkaProduce 还可以根据业务场景在三种不语义级别中进行切换。

- Semantic.NONE：产生的消息可以丢失，也可以重复。
- Semantic.AT_LEAST_ONCE（默认级别）：FlinkKafkaProduce 保证不会丢失任何消息，但是消息可能会重复，这一点类似于 FlinkKafkaProducer010 中的 setFlushOnCheckpoint(true)。
- Semantic.EXACTLY_ONCE：使用 Kafka 事务机制来提供 Exactly Once 的语义。
    - 对于开启事务机制的 FlinkKafkaProducer，对应主题的 FlinkKafkaConsumer 需要在 properties 属性对象中将隔离级别 isolation.level 设置为 read_committed 或 read_uncommitted，默认值为 read_uncommitted。

- 开启 Kafka 的事务机制，FlinkKafkaProducer 将在 Kafka 事务中写入所有消息，该事务将在检查点操作中提交给 Kafka。在此模式下 FlinkKafkaProducer 会维护一个 FlinkKafkaInternalProducer 实例的池。
- 每个检查点操作之间会创建一个 Kafka 事务，该事务将在 FlinkKafkaProducer 的 notifyCheckpointComplete(long)方法中提交。如果 notifyCheckpointComplete(long)方法运行延迟，则 FlinkKafkaInducerProducer 可能会耗尽池中的 FlinkKafkaInternalProducer 实例。在这种情况下，任何后续的 FlinkKafkaProducer 上 snapshotState（FunctionSnapshotContext）的请求都将失败，并且 FlinkKafkaProducer 将继续使用先前检查点操作的 FlinkKafkaInternalProducer 实例。

目前只能通过 FlinkKafkaProducer 构造函数来指定 FlinkKafkaProducer 的语义：

```
Properties properties = new Properties();
//Kafka 服务地址
properties.put("bootstrap.servers", "192.168.19.201:9092");

FlinkKafkaProducer<String> kafkaProducer = new FlinkKafkaProducer<String>(
        "intsmaze-discover-1",
        new KeyedSerializationSchemaWrapper(new SimpleStringSchema()),
        properties,
        FlinkKafkaProducer.Semantic.EXACTLY_ONCE); //设置 Kafka 生产者的语义级别
```

同时需要注意的是，如果作业崩溃后恢复重启时间较长，那么 Kafka 的事务超时机制将导致消息丢失。换句话说，Kafka 将自动中止超过超时时间的事务（导致事务回滚）。

Kafka 代理的 transaction.max.timeout.ms（事务最大超时时间）默认为 15 分钟，因此 FlinkKafkaProducer 参数中设置的 transaction.timeout.ms 不得大于该值，但是 FlinkKafkaProducer 中 transaction.timeout.ms 值默认为 1 小时，所以在使用 Semantic.EXACTLY_ONCE 模式之前，需要根据预期的停机时间调大 Kafka 代理的 transaction.max.timeout.ms 值。

6.8.8 Kafka 连接器指标

Flink 的 Kafka 连接器提供一些指标信息给 Flink 的指标系统以分析连接器的实时行为。FlinkKafkaProducer 可以通过 Flink 的指标系统导出 Kafka 内部的指标信息。

从 Kafka 0.9 开始，FlinkKafkaConsumer 也可以导出 Kafka 内部的指标信息，同时 FlinkKafka-Consumer 还公开每个主题分区的 current-offsets（当前偏移量）和 committed-offsets（已提交偏移量）。当前偏移量是指分区中的当前最新消息的偏移量，这是成功检索最后一个消息的偏移量。已提交的偏移量是 FlinkKafkaConsumer 消费该分区消息时最后提交的偏移量，用于明确

FlinkKafkaConsumer 下一次消费时的开始位置。

FlinkKafkaConsumer 也会将偏移量提交给 ZooKeeper（Kafka 0.8）或 Kafka 代理（Kafka 0.9+）。如果禁用检查点机制，那么 FlinkKafkaConsumer 会定期提交偏移量。如果启用检查点机制，一旦作业中的所有操作符都确认已创建其状态的检查点，FlinkKafkaConsumer 便会进行偏移量的提交。这为开发者在提交偏移量给 ZooKeeper 或 Kafka 代理时提供了 At Least Once 语义的保证。在 FlinkKafkaConsumer 将偏移量作为状态的检查点的场景中，Flink 仅提供 Exactly Once 语义的保证。

FlinkKafkaConsumer 提交给 ZooKeeper 或 Kafka 代理的偏移量也可以用于跟踪消费者的读取进度，每个分区中提交的偏移量和最新偏移量之间的差异称为消费者延迟。如果 FlinkKafkaConsumer 消费主题中消息的速度比添加进主题中新消息的速度慢，则延迟将增加，并且消费方将落后。对于大型生产部署的场景，建议时刻监视该指标以避免延迟增加。

下面将一个使用了 FlinkKafkaConsumer 和 FlinkKafkaProducer 的流处理程序部署到 Flink 集群中以观察 Flink 指标系统提供的指标信息。具体代码不在这里进行讲解，关于示例的完整代码可见 com.intsmaze.flink.streaming.connector.KafkaSourceSinkTemplate。

将程序打包部署到 Flink 集群中后，我们进入 Flink 的 UI 页面找到该作业的详细页面，点击“Add metric”按钮选择我们想要观察的指标信息，这些指标包含了 Kafka 内部的指标信息，这里我们选择观察 current-offsets 和 committed-offsets 两个指标，如图 6-14 所示。

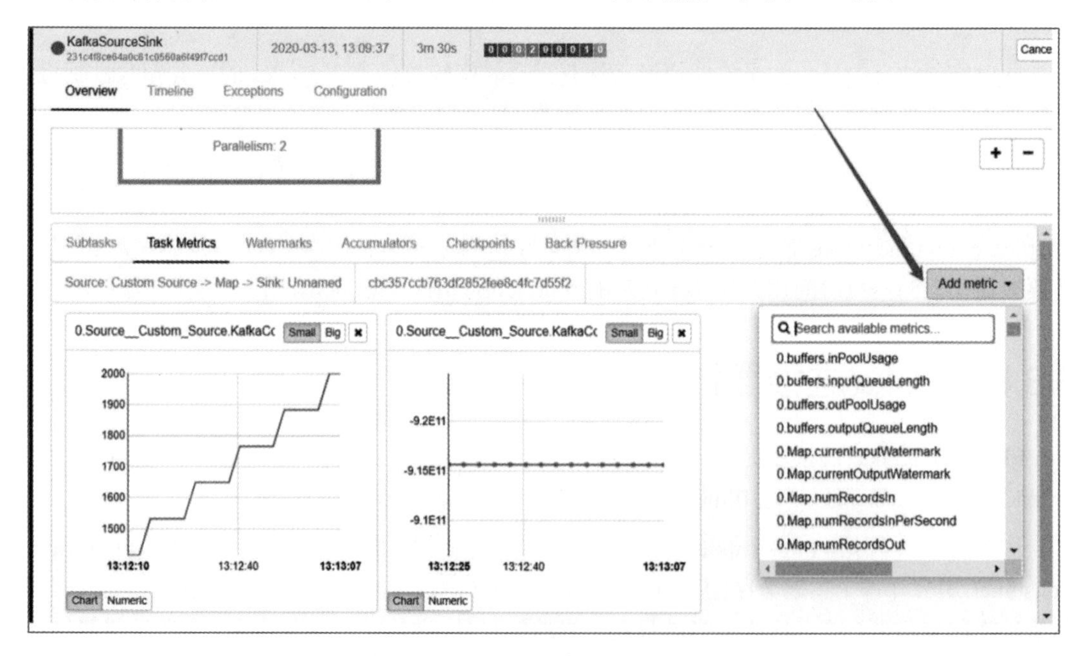

图 6-14

在开发流处理程序时，如果因为使用 Kafka 遇到问题，则需要明白 Flink 只是封装 KafkaConsumer 或 KafkaProducer 的 API，所以出现的问题可能独立于 Flink。有时可以通过升级 Kafka 服务的版本、重新配置 Kafka 服务的参数，或者在 Flink 中重新配置 KafkaConsumer 或 KafkaProducer 来解决问题。

第 7 章 批处理基础操作

7.1 DataSet 的基本概念

Flink 中使用 DataSet API 的程序是对数据集进行转换（例如过滤、映射、连接、分组）的常规程序。数据集最初是从各种数据源（例如文件或本地集合）中创建的，计算的结果通过数据接收器返回，数据接收器可以将数据集中的数据写入（分布式）文件或标准输出（例如命令行终端）。Flink 的 DataSet 程序既可以在本地 JVM 进程中执行，也可以在许多机器的集群中执行。

7.1.1 批处理示例程序

在讲解 DataSet 程序的基本概念之前，先从零开始建立一个简单的 Flink 批处理项目。

1. 建立一个 Maven 项目

我们使用 IDE 创建一个 Maven 项目，在 pom.xml 文件中添加如下依赖：

```
<dependencies>
    <dependency>
        <groupId>org.apache.flink</groupId>
        <artifactId>flink-java</artifactId>
        <version>${flink.version}</version>
    </dependency>
    <dependency>
```

```
            <groupId>org.apache.flink</groupId>
            <artifactId>flink-clients_2.11</artifactId>
            <version>${flink.version}</version>
        </dependency>
        <dependency>
            <groupId>org.slf4j</groupId>
            <artifactId>slf4j-api</artifactId>
            <version>1.7.21</version>
        </dependency>
        <dependency>
            <groupId>org.slf4j</groupId>
            <artifactId>slf4j-log4j12</artifactId>
            <version>1.7.21</version>
        </dependency>
    </dependencies>
```

本书使用的是 Flink1.7.2，所以使用 1.7.2 替换上面的${flink.version}，由于本地执行还需要添加日志依赖，为此我们在项目的 resources 文件夹下创建一个 log4j.properties 文件，配置信息如下。关于批处理章节的所有示例的代码都可以在本项目名为 flink-dataset 的 model 中找到。

```
log4j.rootLogger = INFO,stdout,D
log4j.appender.stdout = org.apache.log4j.ConsoleAppender
log4j.appender.stdout.Target = System.out
log4j.appender.stdout.layout = org.apache.log4j.PatternLayout
log4j.appender.stdout.layout.ConversionPattern = %-5p,[%l],%m%n

log4j.appender.D = org.apache.log4j.DailyRollingFileAppender
log4j.appender.D.File = /home/intsmaze/flink/log/dataset.log
log4j.appender.D.DatePattern=.yyyy-MM-dd
log4j.appender.D.Append = true
log4j.appender.D.Threshold = INFO
log4j.appender.D.layout =  org.apache.log4j.PatternLayout
log4j.appender.D.layout.ConversionPattern =%-d{yyyy-MM-dd HH:mm:ss},%-5p,[%t], [%l],%m%n
```

2. 编写一个批处理示例程序

创建一个 WordCount.java 类：

```
package com.intsmaze.flink.dataset.helloworld;
public class WordCount {
    public static void main(String[] args) throws Exception {

    }
}
```

这个程序非常简单，我们将慢慢填写模板代码。请注意不会在这里提供 import 语句，因为 IDE 可以自动添加它们。完整的代码可以在 com.intsmaze.flink.dataset.helloworld.WordCount 中找到。

创建 Flink 批处理程序的第一步是获取一个 ExecutionEnvironment，该对象可以用来设置执行参数并创建一个数据源以从外部系统读取数据，将该对象添加到 main 方法中：

```
final ExecutionEnvironment env = ExecutionEnvironment.getExecutionEnvironment();
```

接下来基于从字符串数组中读取的源来创建一个初始数据集，该数据集中的元素类型为 String：

```
public static final String[] WORDS = new String[] {
        "com.intsmaze.flink.streaming.window.helloworld.WordCountTemplate",
        "com.intsmaze.flink.streaming.window.helloworld.WordCountTemplate",
};

DataSet<String> text = env.fromElements(WORDS);
```

获取初始数据集后，下面就对该数据集进行转换操作，使用 FlatMap 操作符将数据集中的每个元素根据小数点进行切分，并将切分的每个单词组合为 new Tuple2<>(word, 1)元组类型的数据后发往下游操作符。

```
DataSet<Tuple2<String, Integer>> word =
        text.flatMap(new FlatMapFunction<String, Tuple2<String, Integer>>()
        {
            @Override
            public void flatMap(String value, Collector<Tuple2<String, Integer>> out) {
                String[] tokens = value.toLowerCase().split("\\.");
                for (String token : tokens) {
                    if (token.length() > 0) {
                        out.collect(new Tuple2<>(token, 1));
                    }
                }
            }
        });
```

对执行 FlatMap 操作符转换后的数据集使用 GroupBy 操作符，指定数据集中的元素以 f0 字段作为 Key 进行分组，并对同一分组中元素的字段 f1（对应索引为 1）进行求和：

```
DataSet<Tuple2<String, Integer>> counts=word.groupBy("f0").sum(1);
```

最后要做的是将最终计算的结果打印到标准输出流中并触发批处理程序执行：

```
counts.print("hello dataset")
env.execute();
```

最后一次调用 execute(...)方法是启动实际批处理程序所必需的，所有操作（如数据转换操作、创建数据源操作、创建数据接收器操作）会构建表示该程序拓扑结构的作业图。只有在调用 execute(...)方法时，这个作业图才会派发到集群中或在本地机器中执行。

3.批处理示例代码

以下程序是 WordCount 类的完整代码示例。

```
import org.apache.flink.api.common.functions.FlatMapFunction;
import org.apache.flink.api.java.DataSet;
import org.apache.flink.api.java.ExecutionEnvironment;
import org.apache.flink.api.java.tuple.Tuple2;
import org.apache.flink.util.Collector;

public class WordCount {
    public static final String[] WORDS = new String[] {
            "com.intsmaze.flink.streaming.window.helloworld.WordCountTemplate",
            "com.intsmaze.flink.streaming.window.helloworld.WordCountTemplate",
    };

    public static void main(String[] args) throws Exception {
        final ExecutionEnvironment env = ExecutionEnvironment.getExecutionEnvironment();

        DataSet<String> text = env.fromElements(WORDS);
        DataSet<Tuple2<String, Integer>> word =
                text.flatMap(new FlatMapFunction<String, Tuple2<String, Integer>>()
                {
                    @Override
                    public void flatMap(String value, Collector<Tuple2<String, Integer>> out) {
                        String[] tokens = value.toLowerCase().split("\\.");
                        for (String token : tokens) {
                            if (token.length() > 0) {
                                out.collect(new Tuple2<>(token, 1));
                            }
                        }
                    }
                });
        DataSet<Tuple2<String, Integer>> counts=word.groupBy("f0").sum(1);
        counts.print("hello dataset");

        env.execute();
    }
}
```

完整代码见 com.intsmaze.flink.dataset.helloworld.WordCount。

在 IDE 中运行上述程序后，在控制台中可以看到如下输出信息。与流处理程序不同的是，批处理程序的数据是有限的，所以批处理程序的计算结果只会在程序计算结束时输出一次。

```
hello dataset:6> (wordcounttemplate,2)
```

```
hello dataset:7> (flink,2)
hello dataset:1> (helloworld,2)
...
```

7.1.2 数据源

数据的来源是批处理程序从中读取数据输入的地方，例如从常规文件或从 Java 集合中读取数据。Flink 内置了大量预先实现好的各种读取数据源的函数来方便开发者进行快速开发。Flink 内置的各种数据源函数在 ExecutionEnvironment 中都有快捷方式可以进行访问。

1. 基于文件

下面列出基于文件创建数据集的几种常用方法。

- public DataSource<String> readTextFile(String filePath)：使用系统默认的 UTF-8 字符集读取指定路径中的文件（该文件要符合 TextInputFormat 规范），一次性读取文本文件，逐行读取数据并作为 String 对象返回。
- public DataSource<String> readTextFile(String filePath, String charsetName)：针对上面的 readTextFile(path)方法，开发者还可以自己指定字符集类型去读取文本文件中的数据。
- public DataSource<StringValue> readTextFileWithValue(String filePath)：使用系统默认的 UTF-8 字符集读取指定路径中的文件（该文件要符合 TextValueInputFormat 规范），一次性读取文本文件。逐行读取数据并作为 StringValue 对象返回。此方法类似于 readTextFile(path)，但是它生成的 DataSet 中的元素类型为可变 StringValue 而不是 Java 的 String 类型。StringValue 以可序列化和可变的方式封装了 String 的基本功能，同时因为 StringValues 对象的可变性以允许在用户代码内部（甚至在调用之间）重用对象。重复使用 StringValue 对象有助于提高性能，因为字符串对象是重量级对象，如果大量创建和销毁，则会产生大量垃圾回收开销。
- public CsvReader readCsvFile(String filePath)：使用 CsvInputFormat 规范读取以逗号分隔（默认）的文件（CSV），该方法返回一个 CsvReader，CsvReader 最终将产生与读取和解析的 CSV 输入文件相对应的 DataSet。
- public <X> DataSource<X> readFileOfPrimitives(String filePath, Class<X> typeClass)：按行读取给定文件所产生的原始类型，例如 String 或 Integer。此方法类似于具有单个字段的 readCsvFile(path)，但它不是通过 org.apache.flink.api.java.tuple.Tuple1 生成数据集的。
- public <X> DataSource<X> readFileOfPrimitives(String filePath, String delimiter, Class<X> typeClass)：针对上面的 readFileOfPrimitives(filePath,typeClass)方法，开发者还可以通过指定分隔方式读取给定文件所产生的原始类型。

2. 基于集合

基于 Java 的集合去创建数据集仅仅是为了方便进行批处理程序的本地测试，实际生产中不会使用该方式，用法也比较简单，下面列出基于集合创建数据集的几种常用方法。

- public <X> DataSource<X> fromCollection(Collection<X> data)：从 Java 的 java.util.Collection 中创建一个数据集，集合中的所有元素必须是相同的类型。
- public <X> DataSource<X> fromCollection(Iterator<X> data, Class<X> type)：从迭代器中创建数据集，参数 type 指定迭代器返回元素的数据类型。
- public final <X> DataSourceX> fromElements(X... data)：根据给定的对象序列创建数据集，所有对象必须是相同的类型。
- public <X> DataSource<X> fromParallelCollection(SplittableIterator<X> iterator, Class<X> type)：从迭代器中并行创建一个数据集，参数 type 指定迭代器返回元素的数据类型。
- public DataSource<Long> generateSequence(long from, long to)：在给定的区间内并行生成数字序列，基于该序列创建一个数据集。

3. 配置 CSV 解析选项

Flink 提供了许多用于解析 CSV 的配置选项，下面列出一些常用的方法。

- public DataSource types（Class ... types)：指定要解析的字段的类型，必须配置已解析字段的类型。目前最多支持 25 个参数，参数的个数对应 TupleX。在类型为 Boolean.class 的情况下，True（不区分大小写）、False（不区分大小写）、1 和 0 被视为布尔值。

```
public <T0> DataSource<Tuple1<T0>> types(Class<T0> type0)
public <T0, T1> DataSource<Tuple2<T0, T1>> types(Class<T0> type0, Class<T1> type1)
...
public <T0, T1......> DataSource<Tuple25<T0, T1......>> types(Class<T0> type0, Class<T1>
type1......)
```

- public CsvReader lineDelimiter(String del)：配置分隔行的分隔符，默认情况下行分隔符使用换行符 “\n”。
- public CsvReader fieldDelimiter(String del)：配置字段分隔符，以分隔行中的字段，默认的字段分隔符是逗号 “，”。
- public CsvReader includeFields(boolean ... flag)：定义从输入的 CSV 文件中读取和忽略哪些字段，CSV 解析器将查看前 n 个字段，其中 n 是布尔数组的长度。解析器将跳过数组中相应位置的布尔值为 false 的所有字段，读取数组中相应位置的布尔值为 true 的所有字段。
- public CsvReader parseQuotedStrings(char quoteChar)：启用带引号的字符串解析功能。如

果字符串以引号开头和结尾，则将字符串解析为带引号的字符串，带引号的字符串中的字段分隔符将被忽略。默认情况下，带引号的字符串解析是禁用的。

- public CsvReader ignoreComments(String commentPrefix)：指定注释前缀，CSV 文件中以指定的注释前缀开头的所有行都不会被解析并被忽略。默认情况下，不忽略任何行。此功能仅识别从行首开始的注释。
- public CsvReader ignoreInvalidLines()：设置 CSV 解析器以忽略 CSV 文件中的任何无效的行，这对于结尾处包含空行、多个标题行或注释的文件很有用，否则无效的行将引发异常。默认情况下，忽略解析无效行是禁用的。
- public CsvReader ignoreFirstLine()：设置 CSV 解析器忽略 CSV 文件的第一行，这对于包含标题行的文件很有用。默认情况下，不忽略任何行。
- public <T> DataSource<T> pojoType(Class<T> pojoType, String... pojoFields)：配置 CVS 解析器将读取的 CSV 数据转换为给定类型。该类型的所有字段必须是 public 的，或者能够通过 public 的 setter 方法进行设置。
- public <T extends Tuple> DataSource<T> tupleType(Class<T> targetType)：配置 CVS 解析器将读取的 CSV 数据转换为给定类型，该类型必须是 Tuple 的子类。因此该类型需要指定元组的所有通用字段类型。

下面简单给出配置 CSV 解析器来读取 CSV 文件的数据的代码示例。

```
ExecutionEnvironment env = ExecutionEnvironment.getExecutionEnvironment();

//读取 HDFS 集群中包含五个字段的 CSV 文件，获取其中的两个字段
DataSet<Tuple2<String, Double>> csvInput =
          env.readCsvFile("hdfs://name-node-Host:Port/intsmaze/CSV/file")
         .includeFields(true,false,false,true,false)  //读取第 1 和第 4 字段
         .types(String.class, Double.class);指定字段对应的类型为 String 和 Double

//读取本地文件系统中包含三个字段的 CSV 文件
DataSet<Person> csvInput = env.readCsvFile("file:///intsmaze/CSV/file")
                    //将读取的第 1、2、3 字段值分别存入 POJO 中的 name、age、city 字段
                   .pojoType(Person.class, "name", "age", "city");
```

4. 递归遍历输入路径的目录

对于基于文件的输入，当输入路径为目录时，默认情况下不枚举嵌套文件，只读取基本目录中的文件，忽略嵌套文件。可以通过在执行环境的配置对象中配置 recursive.file.enumeration 参数来启用嵌套文件的递归枚举，如以下示例所示。

```
ExecutionEnvironment env = ExecutionEnvironment.getExecutionEnvironment();

//创建一个配置对象
Configuration parameters = new Configuration();

//设置递归枚举参数，启用嵌套文件的递归枚举
parameters.setBoolean("recursive.file.enumeration", true);

//将配置参数传递到数据源操作符中
DataSet<String> logs = env.readTextFile("file:///intsmaze/with.nested/files")
            .withParameters(parameters);
...
```

7.1.3 数据接收器

数据接收器消费数据集中的数据并将它们转发到文件中，或者在输出流中打印它们。Flink内置了大量预先实现好的各种数据接收器函数来方便开发者进行快速开发，许多函数在 DataSet中都有快捷方式可以进行访问。

1. 基于文件

writeAsText

将数据集中的元素以文本格式写入指定路径的文件，通过调用每个元素的 toString()方法获得写入的字符串。Flink 提供两个重载的 writeAsText(...)方法供开发者使用：

- public DataSink<T> writeAsText(String filePath)：默认以 NO_OVERWRITE 模式将数据写入指定路径。
- public DataSink<T> writeAsText(String filePath, WriteMode writeMode)：可以由开发者手动指定以 NO_OVERWRITE 模式还是 OVERWRITE 模式将数据写入指定文件。

对于 NO_OVERWRITE 模式，仅在该路径中不存在指定的文件时创建目标文件，不覆盖现有文件和目录。如果指定路径中的文件存在，则会报 java.nio.file.FileAlreadyExistsException 错误。

对于 OVERWRITE 模式，无论指定路径中是否存在文件或目录，都将创建一个新的目标文件，现有文件和目录将在创建新文件之前自动（递归）删除。

writeAsCsv

将数据集中的元组类型的元素写到以逗号分隔的值文件中。写入值文件中的行和字段的分隔符是可配置的，每个字段的值来自元素的 toString()方法。

Flink 提供四个重载的 writeAsCsv(...)方法供开发者使用：

- public DataSink<T> writeAsCsv(String filePath)：默认以换行符“\n”分隔行，以逗号“,”分隔字段，以 NO_OVERWRITE 模式将数据写入指定文件。
- public DataSink<T> writeAsCsv(String filePath, WriteMode writeMode)：针对上面的 writeAsCsv(String filePath)方法，开发者还可以手动指定以 NO_OVERWRITE 模式还是 OVERWRITE 模式将数据写入指定文件。
- public DataSink<T> writeAsCsv(String filePath, String rowDelimiter, String fieldDelimiter)：以指定的字段分隔符和行分隔符将数据写入指定文件，同时在将数据写入文件时默认为 NO_OVERWRITE 模式。
- public DataSink<T> writeAsCsv(String filePath, String rowDelimiter, String fieldDelimiter, WriteMode writeMode)：针对上面的 writeAsCsv(String filePath, String rowDelimiter, String fieldDelimiter)方法，开发者还可以手动指定是 NO_OVERWRITE 模式还是 OVERWRITE 模式将数据写入指定文件。

2. 基于输出流

将数据集中的元素以字符串的形式打印在标准输出/标准错误流中，通过调用元素的 toString()方法得到字符串。同时可以指定输出字符串的固定前缀，这可以帮助开发者区分不同的打印要求。如果数据接收器操作符任务的并行度大于 1，则指定的固定前缀输出时还会与生成输出的任务的标识符一起作为前缀。

- public DataSink<T> print(String sinkIdentifier)/print()：将 DataSet 中的元素写入标准输出流（stdout）。
- public DataSink<T> printToErr(String sinkIdentifier)/printToErr()：将 DataSet 中的元素写入标准错误流（stderr）。

7.2 数据集的基本操作

DataSet API 的操作符相比 DataStream API 的操作符更容易让人理解，且 DataSet API 和 DataStream API 的操作符大部分是相同的，为此这里仅说明 DataSet API 常见操作符的使用方式，不再对示例代码进行讲解，示例代码可以在名为 flink-dataset 的 model 中找到。

7.2.1 Map

Map 操作符将用户定义的 MapFunction 函数应用于 DataSet 中的每个元素。数据集中的每个元素将作为输入元素进入用户定义的 MapFunction 函数，MapFunction 函数将对输入的元素进行转换并产生一个结果元素输出到新的数据集中。Map 操作符实现了一对一的映射，即用户定义的 MapFunction 函数必须恰好返回一个元素。该操作典型的应用场景是解析元素、转换数据类型等。

```
    DataSet<Long> dataSet = // [...]

    //第一个泛型类型为输入参数的类型，第二个泛型类型为返回结果的类型
    DataSet<Tuple2<Long, Integer>> mapDataSet = dataSet.map(new MapFunction<Long, Tuple2<Long,
Integer>>() {
        @Override
        public Tuple2<Long, Integer> map(Long values) {
            return new Tuple2<>(values * 100, values.hashCode());
        }
    });
```

完整代码见 com.intsmaze.flink.dataset.operator.MapTemplate。

7.2.2 FlatMap

FlatMap 操作符将用户定义的 FlatMapFunction 函数应用于 DataSet 中的每个元素。数据集中的每个元素将作为输入元素进入 FlatMapFunction 函数，FlatMapFunction 函数将对输入的元素进行转换并产生 0 个、1 个或多个结果元素输出到新的数据集中。该操作符典型的应用场景是拆分不需要的列表和数组。如果每个输入元素只要求产生一个结果元素，那么用 Map 操作符也是可以的。

```
    DataSet<Tuple2<String, Integer>> dataSet =// [...]

    //第一个泛型类型为输入参数的类型，第二个泛型为返回结果的类型
    DataSet<Tuple1<String>> flatMapDataSet = dataSet.flatMap(new FlatMapFunction <Tuple2<String,
Integer>, Tuple1<String>>() {
        @Override
        public void flatMap(Tuple2<String, Integer> value, Collector<Tuple1<String>> out) {
            if ("intsmaze".equals(value.f0)) {
                return;
            }else {
                out.collect(new Tuple1<String>("Not included intsmaze: " + value.f0));
            }
        }
    });
```

完整代码见 com.intsmaze.flink.dataset.operator.FlatMapTemplate。

7.2.3 MapPartition

MapPartition 操作符将使用用户定义的 MapPartitionFunction 函数去转换并行分区，MapPartitionFunction 函数对数据集的每个并行分区应用一次，可通过 MapPartitionFunction 函数提供的 Iterator 参数调用整个分区的数据，并将产生的任意数量的结果值输出到新的数据集中。MapPartitionFunction 函数的每个实例看到的元素数量是不确定的，这取决于操作符的并行度。

```
DataSet<Long> dataSet = // [...]

//第一个泛型类型为输入参数的类型，第二个泛型类型为返回结果的类型
DataSet<String> result = dataSet.mapPartition(new MapPartitionFunction<Long, String>() {
    @Override
    public void mapPartition(Iterable<Long> values, Collector<String> out) {
        long count = 0;
        //遍历分区对应的迭代器
        String result="";
        for (Long elements : values) {
            count++;
            result= StringUtils.join(result,",",elements);
        }
        out.collect("分区中迭代器内元素:" + result + "元素的数量:" + count);
    }
});
```

完整代码见 com.intsmaze.flink.dataset.operator.MapPartitionTemplate。

7.2.4 Filter

Filter 操作符将用户定义的 FilterFunction 函数应用于 DataSet 中的每个元素。数据集中的每个元素将作为输入元素进入 FilterFunction 函数，FilterFunction 函数将对输入的元素进行判断来决定是保留该元素还是丢弃该元素，返回 true 代表保留该元素，返回 false 代表丢弃该元素。该操作符典型的应用场景是数据去重。

注意：Flink 假定用户定义的 FilterFunction 函数内的操作不会修改元素的内容。如果用户违反此假设，则可能导致错误的结果，因此不建议用户在 FilterFunction 函数中修改输入元素的内容。

```
DataSet<Long> dataSet= // [...]

//泛型类型为输入参数的类型
DataSet<Long> filterDataSet = dataSet.filter(new FilterFunction<Long>() {
```

```
        @Override
        public boolean filter(Long value) {
            if (value == 2L || value == 4L) {
                return false;
            }
            return true;
        }
    });
```

完整代码见 com.intsmaze.flink.dataset.operator.FilterTemplate。

7.2.5　Project

Project 操作符用在元素的数据类型是元组的数据集上，它根据指定的索引从元组中选择对应的字段组成一个子集。该操作符方法的参数是一个变长参数，类型为 int，参数指定保留的输入元组的字段索引，输出元组中的字段顺序与参数中指定字段索引的顺序相对应。

```
dataSet.project(int... fieldIndexes)
```

```
DataSet<Tuple3<String,Integer, String>> dataSet = // [...]
//将 Tuple3<String,Integer, String>转换为 Tuple2<String, String>
DataSet<Tuple2<String, String>> result = dataSet.project(2,0);
```

完整代码见 com.intsmaze.flink.dataset.operator.ProjectTemplate。

注意：Java 编译器无法推断 Project 操作符的返回类型。如果对 Project 操作符的结果调用另一个操作符，则可能引起一些问题，例如：

```
DataSet<Tuple5<String,String,String,String,String>> ds = // [...]
DataSet<Tuple1<String>> distinctSet = ds.project(0)
                                        .distinct(0);
```

可以通过提示 Project 操作符的返回类型来解决此问题，例如：

```
DataSet<Tuple1<String>> distinctSet = ds.<Tuple1<String>>project(0)
                                        .distinct(0);
```

7.2.6　Union

Union 操作符负责将两个相同类型的数据集进行合并来创建一个包含两个数据集中所有元素的新数据集。如果想将两个以上的相同类型的数据集进行合并，则可以通过多个级联调用来实现。

```
DataSet<Tuple2<String, Integer>> dataSet = // [...]
DataSet<Tuple2<String, Integer>> dataSetTwo = // [...]
DataSet<Tuple2<String, Integer>> dataSetThree = // [...]
DataSet<Tuple2<String, Integer>> unioned = dataSet.union(dataSetTwo)
                                                    .union(dataSetThree);
```

完整代码见 com.intsmaze.flink.dataset.operator.UnionTemplate。

7.2.7 Distinct

Distinct 操作符根据指定的 Key 对数据集的元素进行去重得到一个新数据集。Distinct 操作符提供了三种方式来指定在数据集中将元素的哪几个字段作为 Key 来去重数据集中的元素：

- dataSet.distinct(String …"someKey");
- dataSet.distinct(int … index);
- dataSet.distinct(new KeySelector<...,...>(...))。

详细介绍见 3.1.4 节。

```
DataSet<Tuple3<String, Integer, String>> dataSet = // [...]

//对数据集中元素的 f1 和 f2 字段进行去重得到一个新的数据集
DataSet<Tuple3<String, Integer, String>> distinct = dataSet.distinct("f1", "f2");
```

完整代码见 com.intsmaze.flink.dataset.operator.DistinctTemplate。

7.2.8 GroupBy

GroupBy 操作符的逻辑是将一个数据集分成不相交的分区，所有具有相同 Key 的元素都被分配到相同的分区，在 GroupBy 操作符的内部通过散列算法将元素划定到对应的分区。

Flink 提供了三种方式来指定在数据集中将元素的哪一个字段作为 Key。

- dataSet.groupBy("someKey");
- dataSet.groupBy(0);
- dataSet.groupBy(new KeySelector<...,...>(...))。

详细介绍见 3.1.4 节。

对数据集使用 GroupBy 操作符后会得到一个 UnsortedGrouping 类型的数据集，下一步就是调用聚合类型的操作符去计算分组后的数据集。Flink 提供了如下几种在 UnsortedGrouping 数据集中进行聚合计算的操作符供开发者使用：

- UnsortedGrouping.reduce(org.apache.flink.api.common.functions.ReduceFunction)；
- UnsortedGrouping.reduceGroup(org.apache.flink.api.common.functions.GroupReduceFunction)；
- UnsortedGrouping.sortGroup(int, org.apache.flink.api.common.operators.Order)；
- UnsortedGrouping.aggregate(Aggregations, int)。

7.2.9 Reduce

Reduce 操作符将用户定义的 ReduceFunction 函数应用于分组的数据集中，将数据集中具有相同 Key 的元素组合并为单个值，而且总是将两个元素合并为一个元素，直到仅剩一个值为止。

```
    DataSet<Trade> dataSource = // [...]

    DataSet<Trade> resultStream = dataSource
            .groupBy("cardNum")//将 cardNum 字段作为 Key 去分组数据集
            //在分组的数据集中应用 Reduce 操作符
            .reduce(new ReduceFunction<Trade>() {
                @Override
                public Trade reduce(Trade value1, Trade value2) {
                    return new Trade(value1.getCardNum(), value1.getTrade() + value2.getTrade(),
"----");
                }
            });
```

完整代码见 com.intsmaze.flink.dataset.operator.ReduceTemplate。

7.2.10 ReduceGroup

ReduceGroup 操作符将用户定义的 GroupReduceFunction 函数应用在分组的数据集中，该函数与 ReduceFunction 函数的区别在于 GroupReduceFunction 函数可一次获取整个分组数据集中的元素，GroupReduceFunction 函数使用 Iterable 遍历分组数据集中的所有元素，并且可以返回任意数量的输出元素，包括无输出元素。

```
    DataSet<Tuple2<Integer, String>> dataSet = // [...]

    DataSet<Tuple2<Integer, String>> result = dataset
            .groupBy("f0")//将 f0 字段作为 Key 去分组数据集
            //第一个泛型类型为输入参数的类型，第二个泛型类型为返回结果的类型
            .reduceGroup(new GroupReduceFunction<Tuple2<Integer, String>, Tuple2<Integer, String>>() {
                @Override
                public void reduce(Iterable<Tuple2<Integer, String>> values, Collector<Tuple2<Integer,
String>> out) {
```

```
            Set<String> uniqueString = new HashSet<String>();
            Integer key = null;
            //将分组数据集中所有元素的 f1 字段值添加到 Set 集合中进行去重
            Iterator<Tuple2<Integer, String>> iterator = values.iterator();
            while (iterator.hasNext()) {
                Tuple2<Integer, String> next = iterator.next();
                key = next.f0;
                uniqueString.add(next.f1);
            }
            //将 Set 集合中的元素输出到下游操作符
            for (String s : uniqueString) {
                out.collect(new Tuple2<Integer, String>(key, s));
            }
        }
    });
```

完整代码见 com.intsmaze.flink.dataset.operator.GroupReduceTemplate#reduceGroup。

1 在排序的分组数据集中使用 ReduceGroup

在分组的数据集中应用 ReduceGroup 操作符之前，还可以先调用 SortGroup 操作符对分组数据集中的元素进行排序，使得 ReduceGroup 操作符中用户定义的 GroupReduceFunction 函数以一种有序的方式遍历 Iterable 中的数据集元素。在许多情况下，这样做可以降低用户定义的 GroupReduceFunction 函数的复杂度并提高其效率。

```
DataSet<Tuple2<String, Integer>> dataSet = // [...]

DataSet<Tuple2<String, String>> result =dataSet
        .groupBy("f0")//将 f0 字段作为 Key 去分组数据集
        .sortGroup("f1", Order.ASCENDING)//分组数据集中的元素以 f1 字段进行升序排序
        .reduceGroup(new GroupReduceFunction<Tuple2<String, Integer>, Tuple2<String, String>> (){
            ...... });
```

完整代码见 com.intsmaze.flink.dataset.operator.GroupReduceTemplate#testSortedGroups。

2. 可预计算的 ReduceGroup

局部计算可以显着提高 ReduceGroup 操作符的性能，此功能也称为组合器。与 ReduceFunction 函数相反，GroupReduceFunction 函数不是隐式可组合的，为了使 GroupReduceFunction 函数具备局部计算功能，用户定义 GroupReduceFunction 函数的同时必须实现 org.apache.flink.api.common.functions.GroupCombineFunction 接口。还需要注意的是，GroupCombineFunction 接口的通用输入/输出类型必须与 GroupReduceFunction 接口的通用输入/输出类型一致。

GroupCombineFunction 接口是用于组合功能（组合器）的通用接口，组合器充当 GroupReduceFunction 接口的辅助功能以“预减少”数据，组合器通常访问不到整个分组数据集

中的元素，而只能访问到一个子组。组合器通常有助于提高程序效率，因为组合器允许系统在收集整个分组数据集之前更早地减少数据量。

```
DataSet<Tuple2<String, Integer>> dataSet = // [...]

DataSet<Tuple2<String, Integer>> result = dataset
        .groupBy("f0")//将 f0 字段作为 Key 去分组数据集
        .reduceGroup(new CustomCombinableGroupReducer());
...
public class CustomCombinableGroupReducer implements
        GroupReduceFunction<Tuple2<String, Integer>, Tuple2<String, Integer>>,
        GroupCombineFunction<Tuple2<String, Integer>, Tuple2<String, Integer>> {
    @Override
    public void reduce(Iterable<Tuple2<String, Integer>> values,
                       Collector<Tuple2<String, Integer>> out) {
        dealCompute(values, out, "调用 reduce 方法进行最终计算");
    }

    @Override
    public void combine(Iterable<Tuple2<String, Integer>> values,
                        Collector<Tuple2<String, Integer>> out) {
        dealCompute(values, out, "调用 combine 方法进行预计算");
    }

    private void dealCompute(Iterable<Tuple2<String, Integer>> values, Collector<Tuple2<String,
Integer>> out, String flag) {
         ...
        out.collect(new Tuple2<>(key, value));
    }
}
```

完整代码见 com.intsmaze.flink.dataset.operator.GroupReduceTemplate#testCombinableGroups。

3. 在分组数据集中使用 CombineGroup

除了让 ReduceGroup 操作符具备预计算特性，Flink 还提供单独的 CombineGroup 操作符以在调用 ReduceGroup 操作符之前调用 CombineGroup 操作符预先进行局部计算。分组数据集中的 CombineGroup 操作符使用贪婪策略在内存中执行，该策略可能不会一次处理所有数据，而是分多个步骤处理。

GroupCombineFunction 函数是可组合的 GroupReduceFunction 函数中的 Combine 步骤的通用形式。从某种意义上说，它是广义的，它允许将输入类型 I 组合为任意输出类型 O。相反，GroupReduceFunction 函数中的 Combine 步骤仅允许将输入类型 I 组合为输出类型 I，这是因为 GroupReduceFunction 函数中的 Reduce 步骤需要输入类型 I。

```
DataSet<Tuple2<String, Integer>> dataSet = // [...]
```

```
DataSet<Tuple2<String, Integer>> result = dataset
        .groupBy("f0")//将 f0 字段作为 Key 去分组数据集
        .combineGroup(new CustomCombinableGroupReducer())
        .groupBy("f0")//将 f0 字段作为 Key 去分组数据集
        .reduceGroup(new CustomCombinableGroupReducer());

public class CustomCombinableGroupReducer implements
        GroupReduceFunction<Tuple2<String, Integer>, Tuple2<String, Integer>>,
        GroupCombineFunction<Tuple2<String, Integer>, Tuple2<String, Integer>> {
        ...
}
```

完整代码见 com.intsmaze.flink.dataset.operator.GroupReduceTemplate#testGroupCombine。

7.2.11 Aggregate

Flink 提供了对分组数据集中的元素进行聚合操作的功能，目前 Aggregate 操作符提供以下内置聚合函数：

- SUM；
- MIN；
- MAX。

Aggregate 操作符目前只能应用于元组类型的数据集，并且仅支持使用指定索引的方式来指定聚合字段。

以下代码显示如何以指定索引的方式在分组的数据集中应用 Aggregate 操作符：

```
import static org.apache.flink.api.java.aggregation.Aggregations.MAX;
import static org.apache.flink.api.java.aggregation.Aggregations.MIN;
import static org.apache.flink.api.java.aggregation.Aggregations.SUM;

DataSet<Tuple3<Integer, String, Double>> input =    // [...]
DataSet<Tuple3<Integer, String, Double>> output = input
                                .groupBy("f0")       //将 f0 字段作为 Key 去分组数据集
                                .aggregate(SUM, 0)  //计算第一个字段的和
                                .and(MIN, 2);       //计算第三个字段的最小值
```

当要对数据集应用多个 Aggregate 操作符时，可以在第一个 aggregate()聚合方法之后调用 and()方法，这意味着.aggregate(SUM，0).and(MIN，2)会产生原始数据集字段 f0 的总和及字段 f2 的最小值。

除了使用 Aggregate 操作符进行分组聚合计算，Flink 还进一步封装了对 MIN、MAX、SUM

聚合计算的逻辑，提供如下操作符：

```
max(int field)
min(int field)
sum(int field)
minBy(int... fields)
maxBy(int... fields)
```

关于 Min 和 MinBy、Max 和 MaxBy 的区别可见 4.2.6 节中的示例。

以下代码显示如何以指定索引的方式在分组的数据集中应用 Min 和 MinBy 操作符：

```
DataSet<Tuple3<Integer, String, Double>> input = // [...]
DataSet<Tuple3<Integer, String, Double>> output = input
                                .groupBy("f0")  //将 f0 字段作为 Key 去分组数据集
                                .min(0); //计算分组数据集元素中第一个字段的最小值

DataSet<Tuple3<Integer, String, Double>> output = input
                                .groupBy("f0") //将 f0 字段作为 Key 去分组数据集
                                .minBy(0);//计算分组数据集元素中第一个字段的最小值
```

完整代码见 com.intsmaze.flink.dataset.operator.AggregationsTemplate。

7.2.12　Join

批处理的 Join 操作符可以将两个数据集合并为一个数据集，将两个数据集中具有相同键的元素连接到一起，并提供了多种方式将符合连接条件的元素组合到一个数据集中。

Join 的固定语法可以概括如下：

```
DataSet<Integer> dataSet = // [...]
DataSet<Integer> otherDataSet = // [...]

dataSet.join/joinWithTiny/joinWithHuge(otherDataSet) <-  必选：连接两个数据集
    .where(<KeySelector>/String... fields/int... fields)  <-  必选：指定第一个数据集中元素的 Key
    .equalTo(<KeySelector>/String... fields/int... fields) <-  必选：指定第二个数据集中元素的 Key
    [.with(<JoinFunction>/<FlatJoinFunction>)];  <-  可选："用户定义的连接函数"
```

对于 where 和 equalTo 操作符，Flink 提供了三种方式来指定数据集中元素的哪一个字段作为 Key。

- .where/equalTo("someKey");
- .where/equalTo(0);
- .where/equalTo(new KeySelector<...,...>(...))。

详细介绍见 3.1.4 节。

1. 默认 Join

默认 Join 将生成一个具有两个字段的元组数据集，每个元组的第一个字段保留第一个输入数据集中的连接元素，第二个字段保留第二个输入数据集中匹配的元素。默认情况下，元素连接严格遵循 SQL 中“内部连接”的语义，这意味着如果一个数据集中的元素没有与另一个数据集中的元素存在数据匹配关系，则该元素将被过滤。

```
DataSet<Tuple2<Integer, String>> commodityDataSet = // [...]
DataSet<Tuple2<String, Integer>> orderDataSet = // [...]

DataSet<Tuple2<Tuple2<Integer, String>, Tuple2<String, Integer>>> result =
        commodityDataSet.join(orderDataSet)
            .where("f0")//指定 commodityDataSet 数据集中元素的 f0 字段作为 Key
            .equalTo( “f1” );//指定 orderDataSet 数据集中元素的 f1 字段作为 Key
```

完整代码见 com.intsmaze.flink.dataset.operator.JoinTemplate#testDefaultJoin。

2. 带有 JoinFunction 的 Join

Join 操作符将两个数据集合并为一个数据集，将两个数据集中具有相同键的元素连接到一起形成元素对。除此之外，Flink 还提供 JoinFunction 函数来处理连接的元素对。JoinFunction 函数会接收第一个输入数据集的一个元素和第二个输入数据集的一个元素，并返回指定类型的元素作为处理结果输出到新的数据集中。要在连接后的元素对中调用 JoinFunction 函数，开发者需要实现 org.apache.flink.api.common.functions.JoinFunction 接口，该接口定义了一个 join(..) 方法，每对符合连接条件的元素对都会调用此方法。

```
DataSet<Tuple2<Integer, String>> commodityDataSet = // [...]
DataSet<Tuple2<String, Integer>> orderDataSet = // [...]

DataSet<Tuple2<Tuple2<Integer, String>, Tuple2<String, Integer>>> result =
        commodityDataSet.join(orderDataSet)
            .where("f0")
            .equalTo( “f1” )
            .with(new CustomJoinFunction());//应用用户定义的 JoinFunction 函数

//用户定义的 JoinFunction 函数，第一个泛型类型为元素对中第一个元素的类型，
//第二个泛型类型为元素对中第二个元素的类型，第三个泛型类型为 JoinFunction 函数返回的结果类型
public class CustomJoinFunction implements JoinFunction<Tuple2<Integer, String>,
      Tuple2<String, Integer>, Tuple2<String, String>> {
    @Override
    public Tuple2<String, String> join(Tuple2<Integer, String> first,
                                 Tuple2<String, Integer> second) {
        //将元素对中第一个元素的 f1 字段和第二个元素的 f0 字段组合为 Tuple2 元组输出
        return new Tuple2<>(first.f1, second.f0);
    }
}
```

完整代码见 com.intsmaze.flink.dataset.operator.JoinTemplate#testJoinWithJoinFunction。

3. 带有 FlatJoinFunction 的 Join

Flink 还提供 FlatJoinFunction 函数来处理连接的元素对。与 JoinFunction 函数相同的是，FlatJoinFunction 函数也会接收第一个输入数据集的一个元素和第二个输入数据集的一个元素，并返回指定类型的元素作为处理结果输出到新的数据集中。与 JoinFunction 函数不同的是，对于一个元素对的处理结果，FlatJoinFunction 函数可以返回零、一个或者多个结果值。要在连接后的元素对中调用 FlatJoinFunction 函数，开发者需要实现 org.apache.flink.api.common.functions.FlatJoin-Function 接口，该接口定义了一个 join(...)方法，每对符合连接条件的元素对都会调用此方法。

```
DataSet<Tuple2<Integer, String>> commodityDataSet = // [...]
DataSet<Tuple2<String, Integer>> orderDataSet = // [...]

DataSet<Tuple2<Tuple2<Integer, String>, Tuple2<String, Integer>>> result =
        commodityDataSet.join(orderDataSet)
                .where("f0")
                .equalTo( “f1” )
                .with(new CustomFlatJoin());//应用用户定义的 FlatJoinFunction 函数

//用户定义的 FlatJoinFunction 函数，第一个泛型类型为元素对中第一个元素的类型，第二个泛型类型为
//元素对中第二个元素的类型，第三个泛型类型为 JoinFunction 函数返回的结果类型
public class CustomFlatJoin implements FlatJoinFunction<Tuple2<Integer, String>,Tuple2<String, 
Integer>, Tuple2<String, String>> {
    @Override
    public void join(Tuple2<Integer, String> first, Tuple2<String, Integer> second, 
Collector<Tuple2<String, String>> out) throws Exception {
        //将元素对中第一个元素的 f1 字段和第二个元素的 f0 字段组合为 Tuple2 元组输出
        out.collect(new Tuple2<>(first.f1 + "", second.f0));
    }
}
```

完整代码见 com.intsmaze.flink.dataset.operator.JoinTemplate#testWithFlatJoinFunction。

4. 带有投影的 Join

我们已经知道 Join 操作符将两个数据集合并为一个数据集，将两个数据集中具有相同键的元素连接到一起形成元素对，但是这种情况会将两个数据集中元素的所有字段连接到一起形成元素对，有些时候我们只需要将每个数据集中元素的部分字段连接到一起形成元素对来减少数据传输量。面对这种情况，Flink 提供了 ProjectJoin 操作符来对连接的第一个数据集或者第二个数据集进行投影。如果数据集的元素是元组类型，则可以通过指定索引来选择投影的字段，否则不应该传递任何参数来指定该数据集的投影字段。

ProjectJoin 操作提供了两个方法分别用来指定对第一个数据集或者第二个数据集进行投影，projectFirst(int...)方法对第一个数据集进行投影，projectSecond(int...)方法对第二个数据集进行投影。

```
DataSet<Tuple2<Integer, String>> commodityDataSet = // [...]
DataSet<Tuple2<String, Integer>> orderDataSet = // [...]

DataSet<Tuple2<Tuple2<Integer, String>, Tuple2<String, Integer>>> result =
          commodityDataSet.join(orderDataSet)
              .where("f0")
              .equalTo( “f1” )
              .projectFirst(1)//投影 commodityDataSet 数据集中元素索引为 1 的字段
              .projectSecond();//投影 orderDataSet 数据集中元素的所有字段
```

完整代码见 com.intsmaze.flink.dataset.operator.JoinTemplate#testJoinProjection。

5. 带有数据集大小提示的 Join

为了指导优化器选择高效的执行策略，Flink 提供了 JoinWithTiny 和 JoinWithHuge 操作符代替普通的 Join 操作符以提示 Flink 优化器要连接的数据集的大小，代码如下所示。

```
DataSet<Tuple2<Integer, String>> commodityDataSet = // [...]
DataSet<Tuple2<String, Integer>> orderDataSet = // [...]

DataSet<Tuple2<Tuple2<Integer, String>, Tuple2<String, Integer>>> result =
          commodityDataSet.joinWithTiny(orderDataSet)//暗示第二个数据集很小
              .where("f0")
              .equalTo( “f1” );

DataSet<Tuple2<Tuple2<Integer, String>, Tuple2<String, Integer>>> result =
          commodityDataSet.joinWithHuge(orderDataSet)//暗示第二个数据集很大
              .where("f0")
              .equalTo( “f1” );
```

6. 带有算法提示的 Join

批处理程序在运行时可以以多种方式执行连接操作，默认情况下系统会尝试自动选择一种合理的方式进行连接，但是也允许开发者手动为连接操作选择一种连接策略。

```
DataSet<Tuple2<Integer, String>> commodityDataSet = // [...]
DataSet<Tuple2<String, Integer>> orderDataSet = // [...]

DataSet<Tuple2<Tuple2<Integer, String>, Tuple2<String, Integer>>> result =
          commodityDataSet.join(orderDataSet,JoinOperatorBase.JoinHint.BROADCAST_ HASH_FIRST)
          //指定连接策略
              .where("f0")
              .equalTo( “f1” );
```

Flink 提供如下连接策略供开发者显式指定：

- OPTIMIZER_CHOOSES：完全不给出连接策略提示，将连接策略的选择留给系统。
- BROADCAST_HASH_FIRST：提示第一个连接输入的数据集比第二个连接输入的数据集小得多。这将在分布式集群环境中广播第一个输入的数据集，并基于该数据集的元素构建一个 Hash 表，第二个输入数据集将对其 Hash 表进行寻址。如果第一个输入数据集很小，那么这是一个很好的策略。
- BROADCAST_HASH_SECOND：提示第二个连接输入的数据集比第一个连接输入的数据集小得多。这将在分布式集群环境中广播第二个输入的数据集，并基于该数据集的元素构建一个 Hash 表，第一个输入数据集将对其 Hash 表进行寻址。如果第二个输入数据集很小，那么这是一个很好的策略。
- REPARTITION_HASH_FIRST：系统对每个输入数据集进行分区，并根据第一个输入数据集构建 Hash 表。如果第一个输入数据集小于第二个输入数据集，但两个输入数据集仍然很大，则此策略很好。如果无法估计系统大小，并且无法重新使用先前存在的分区和排序顺序，那么这是系统使用的默认后备策略。
- REPARTITION_HASH_SECOND：系统对每个输入数据集进行分区，并根据第二个输入数据集构建 Hash 表。如果第二个输入数据集小于第一个输入数据集，但两个输入仍然很大，则此策略很好。如果无法估计系统大小，并且无法重新使用先前存在的分区和排序顺序，那么这是系统使用的默认后备策略。
- REPARTITION_SORT_MERGE：系统对每个输入数据集进行分区，并对每个输入数据集进行排序。输入数据集通过已排序输入的数据流合并在一起，如果已经对一个或两个输入数据集进行了排序，则此策略很好。

7.2.13 OuterJoin

除了 Join 操作符，Flink 还提供了 OuterJoin 操作符对两个数据集执行左外连接、右外连接或全外连接，OuterJoin 类似于常规连接，将具有相同的键的元素连接到一起。如果在另一侧数据集中的元素没有与“外侧”数据集中的元素匹配，则将保留“外侧”数据集中的元素。

OuterJoin 操作符的语法和 Join 操作符的语法结构一样，只需要用 fullOuterJoin(input2)/leftOuterJoin(input2)/rightOuterJoin(input2)替换 join(input2)操作符即可：

```
DataSet<Integer> dataSet = // [...]
DataSet<Integer> otherDataSet = // [...]

dataSet.fullOuterJoin/leftOuterJoin/rightOuterJoin(otherDataSet) <-  必选：连接两个数据集
    .where(<KeySelector>/String... fields/int... fields)   <-  必选：指定第一个数据集中元素的 Key
```

```
.equalTo(<KeySelector>/String... fields/int... fields) <-  必选：指定第二个数据集中元素的 Key
[.with(<JoinFunction>/<FlatJoinFunction>)];  <-  可选："用户定义连接函数"
```

OuterJoin 操作符也支持使用 JoinFunction 或 FlatJoinFunction 函数处理连接的元素对。关于 JoinFunction 和 FlatJoinFunction 的介绍见前面的 Join 部分，这里不再过多讲解。

与 Join 操作符不同的是，并非每种 OuterJoin 操作符都支持所有执行策略，下面是 OuterJoin 操作符分别支持的执行策略。

- LeftOuterJoin 支持如下执行策略：
  - OPTIMIZER_CHOOSES；
  - BROADCAST_HASH_SECOND；
  - REPARTITION_HASH_SECOND；
  - REPARTITION_SORT_MERGE。
- RightOuterJoin 支持如下执行策略：
  - OPTIMIZER_CHOOSES；
  - BROADCAST_HASH_FIRST；
  - REPARTITION_HASH_FIRST；
  - REPARTITION_SORT_MERGE。
- FullOuterJoin 支持如下执行策略：
  - OPTIMIZER_CHOOSES；
  - REPARTITION_SORT_MERGE。

7.2.14 Cross

Cross 操作符将两个数据集组合为一个数据集，它构建两个输入数据集的元素的所有成对组合，即构建笛卡儿积。Cross 操作符将生成一个具有两个字段的元组数据集，每个元组在第一字段中保留第一输入数据集的元素，在第二字段中保留第二输入数据集的元素。需要注意：使用 Cross 操作符可能是一项非常消耗计算量的操作，甚至会消耗大量计算集群资源。

```
DataSet<Tuple2<Integer, String>> commodityDataSet = // [...]
DataSet<Tuple2<String, Integer>> orderDataSet = // [...]

DataSet<Tuple2<Tuple2<Integer, String>, Tuple2<String, Integer>>> result =
       commodityDataSet.cross(orderDataSet);//对两个数据集进行 Cross 操作，构建笛卡儿积
```

完整代码见 com.intsmaze.flink.dataset.operator.CrossTemplate#testDefaultCross。

1. 带有 CrossFunction 的 Cross

Cross 操作符将两个数据集合并为一个数据集，将两个数据集中的元素构建笛卡儿积形成元素对。除此之外，Flink 还提供 CrossFunction 函数来处理笛卡儿积中的元素对。CrossFunction 函数会接收第一个输入数据集的一个元素和第二个输入数据集的一个元素，并返回指定类型的元素作为处理结果输出到新的数据集中。要在 Cross 操作符后的元素对上调用 CrossFunction 函数，开发者需要实现 org.apache.flink.api.common.functions.CrossFunction 接口，该接口定义了一个 cross(...)方法，每对元素对都会调用此方法。

```
DataSet<Tuple2<Integer, String>> commodityDataSet = // [...]
DataSet<Tuple2<String, Integer>> orderDataSet = // [...]

DataSet<Tuple2<String, String>> result = commodityDataSet
    .cross(orderDataSet)
    .with(new CustomCrossFunction());//在笛卡儿积的元素对上应用用户定义的 CrossFunction 函数

//用户定义的 CrossFunction 函数，第一个泛型类型为元素对中第一个元素的类型，第二个泛型类型为元素对中第二个
//元素的类型，第三个泛型类型为 CrossFunction 函数返回的结果类型
public class CustomCrossFunction implements CrossFunction<Tuple2<Integer, String>, Tuple2<String,
Integer>, Tuple2<String, String>> {
    @Override
    public Tuple2<String, String> cross(Tuple2<Integer, String> first,
                                        Tuple2<String, Integer> second) {
        //将元素对中第一个元素的 f1 字段和第二个元素的 f1 字段组合为 Tuple2 元组输出
        return new Tuple2<String, String>(first.f1, second.f0);
    }
}
```

完整代码见 com.intsmaze.flink.dataset.operator.CrossTemplate#testWithCrossFunction。

2. 带有投影或数据集大小提示的 Cross

与 Join 操作符一样，Cross 操作符也可以应用投影操作符和提示 Cross 操作的数据集的大小以指导优化器选择正确的执行策略。下面仅给出相关代码示例，使用方式不再过多讲解，具体可见 Join 操作符的投影或数据集大小提示部分。

对 Cross 操作符上的数据集指定投影和提示数据集大小，相关代码如下：

```
DataSet<Tuple2<Integer, String>> commodityDataSet = // [...]
DataSet<Tuple2<String, Integer>> orderDataSet = // [...]

DataSet<Tuple2<Tuple2<Integer, String>, Tuple2<String, Integer>>> result =
        commodityDataSet.cross(orderDataSet)
                .projectFirst(1)//投影 commodityDataSet 数据集中的元素索引为 1 的字段
```

```
            .projectSecond();//投影 orderDataSet 数据集中的所有字段

DataSet<Tuple2<Tuple2<Integer, String>, Tuple2<String, Integer>>> result =
        commodityDataSet.crossWithTiny(orderDataSet); //暗示第二个数据集很小

DataSet<Tuple2<Tuple2<Integer, String>, Tuple2<String, Integer>>> result =
        commodityDataSet.crossWithHuge(orderDataSet); //暗示第二个数据集很大
```

7.2.15 CoGroup

CoGroup 操作符将两个数据集合并为一个数据集，共同处理两个数据集中由相同键划分的分组数据集，共享同一个公共键的两个数据集中的元素集合由 CoGroupFunction 函数进行处理，而不是像 Join 操作符中由 Flink 将满足连接条件的元素两两组合后作为参数发送到用户定义的函数中进行处理。在 CoGroup 操作符上应用 CoGroupFunction 函数，开发者需要实现 org.apache.flink.api.common.functions.CoGroupFunction 接口，该接口定义了一个 coGroup(...)方法，相同 Key 的分组数据集都会调用此方法。对于一个特定的键，如果只有一个数据集划分了对应的分组数据集，则使用该分组数据集和一个空数据集传入 CoGroupFunction 函数进行处理，在 coGroup(...)方法中可以分别迭代两个分组数据集中的元素并返回任意数量的结果元素。

CoGroup 的固定语法可以概括如下：

```
DataSet<Integer> dataSet = // [...]
DataSet<Integer> otherDataSet = // [...]

dataSet.coGroup(otherDataSet) <-  必选：连接两个数据集
    .where(<KeySelector>/String... fields/int... fields)  <- 必选：指定第一个数据集中元素的 Key
    .equalTo(<KeySelector>/String... fields/int... fields) <-  必选：指定第二个数据集中元素的 Key
    .with(<CoGroupFunction>);  <-  必选："用户定义连接函数"
```

完整代码见 com.intsmaze.flink.dataset.operator.CoGroupTemplate。

7.3 将参数传递给函数

在流处理章节中我们知道 Flink 通过使用构造函数或 ExecutionConfig 的方式将参数传递给用户定义的函数，同样这两种方式在批处理程序中也是适用的。除此之外，在批处理程序中，Flink 还提供第三种方式将参数传递给用户定义的函数，这种方式就是在批处理操作符上级联调用 withParameters (Configuration parameters)方法将参数传递给该操作符对应的用户定义的函数。

通过 withParameters(Configuration parameters)方法我们知道要想将参数传递给用户定义的函数，首先要创建一个 Configuration 对象，然后将要传递的参数添加进该对象。

```
import org.apache.flink.configuration.Configuration;
```

```
//Configuration 是一个轻型配置对象，用于存储键值对，这里创建一个 Configuration 对象
Configuration conf = new Configuration();
//将参数 key:limit，value:6 添加进 Configuration 对象中
conf.setLong("limit", 6);
```

将要传递的参数添加进 Configuration 对象后，下一步就是在要传递用户定义的函数对应的操作符上调用 withParameters(Configuration parameters)方法来传递 Configuration 对象。

```
DataSet<Long> result = dataSet.filter(new UserDefinedFilterFunction())
        //将 Configuration 对象传递给用户定义的 FilterFunction 函数
        .withParameters(config);
```

因为 Configuration 对象作为参数会传递给函数的 open(Configuration parameters)方法，所以要想让用户定义的函数成功获取传递的参数，需要采用继承富函数的方式来继承 open(...)方法。

```
private static class UserDefinedFilterFunction extends RichFilterFunction<Long> {

    //方法的 Configuration 参数就是传递进来的配置对象
    @Override
    public void open(Configuration parameters) {
        //获取配置对象中 Key 为“limit”的参数值，如果没有获取到则默认值为 2
        limit= parameters.getInteger("limit",2);
    }

    ...
}
```

在下面的程序中，数据源函数向数据集中生成 1 到 10 的 10 个 Long 类型的元素，Filter 操作符上用户定义的 FilterFunction 函数在初始化时会调用 open(...)方法来获取传递进来的 limit 参数的值，FilterFunction 函数的 filter(...)方法会对数据集中的元素进行判断，如果元素的值大于 limit 参数值，则将该元素发送到下游 Print 操作符以打印在标准的输出流中，否则过滤掉该元素。

```
final ExecutionEnvironment env = ExecutionEnvironment.getExecutionEnvironment();
//创建一个包含指定数字序列的新数据集
DataSet<Long> dataSource = env.generateSequence(1, 10);

//将参数添加进 Configuration 轻量级配置对象中
Configuration config = new Configuration();
config.setInteger("limit", 6);

DataSet<Long> result = dataSource.filter(new UserDefinedFilterFunction())
        //将 Configuration 对象传递给用户定义的 FilterFunction 函数
        .withParameters(config);
```

```
result.print("输出结果");
env.execute("ParamTemplate");

private static class UserDefinedFilterFunction extends RichFilterFunction<Long> {

    private int limit;

     //Configuration 参数就是传递进来的配置对象
    @Override
    public void open(Configuration parameters) {
        //获取配置对象中 Key 为 "limit" 的参数值
        limit = parameters.getInteger("limit", 2);
    }

    @Override
    public boolean filter(Long value) {
        return value > limit;
    }
}
```

完整代码见 com.intsmaze.flink.dataset.param.ParamTemplate。

在 IDE 中运行上述程序后，在控制台中可以看到如下输出结果：

```
输出结果:3> 7
输出结果:12> 9
输出结果:4> 8
输出结果:10> 10
```

7.4 广播变量

除了在操作符上使用常规数据集作为输入，Flink 还提供广播变量的方式将一个数据集中的所有元素应用于操作符的所有并行实例中，这种方式对于丰富主数据集或与数据相关的参数设置很有用，因为所有的操作符都可以以集合的方式访问广播变量。

广播变量与将参数传递给函数的区别在于广播变量只会在每台任务管理器中存在一份广播的数据，该变量将由被注册了对应广播变量的操作符的并行实例共享，而将参数传递给函数会导致对应操作符的每个并行实例都存在一份独立的数据（即使多个并行实例位于同一台任务管理器中），这样就比较浪费空间。

7.4.1 注册广播变量

要对某个操作符注册广播变量，首先要创建一个用于广播的数据集，创建好用于广播的数据集后，在对应的操作符上调用 withBroadcastSet(DataSet<?> data, String name) 方法便可将某个数据集作为广播变量注册到此操作符上，该方法接收两个参数，名为 data 的参数为要广播的数据集，名为 name 的参数为注册在操作符上的广播变量的名称。

```
//根据给定的对象序列创建一个数据集，该数据集将用作广播变量
DataSet<Integer> broadcast = env.fromElements(1, 2, 3);

DataSet<String> data= // [...]

DataSet<String> result = data.map(new RichMapFunction<String, String>() {
    ...
})
//broadcast 为要广播的数据集，“Broadcast Variable”为注册在该操作符上的广播变量名称
.withBroadcastSet(broadcast, "Broadcast Variable");
```

7.4.2　访问广播变量

在某个操作符上注册广播变量后，就可以在该操作符对应的函数中根据注册的广播变量名称去访问广播变量。因为获取广播变量需要运行环境的上下文对象，所以用户定义的函数需要采用继承富函数的方式来实现。通过继承富函数的 getRuntimeContext()方法获得 RuntimeContext 对象，使用该对象提供的 getBroadcastVariable (...)方法得到广播变量，具体细节可以查阅 4.3 节。

```
List<T> broadcastCollection= getRuntimeContext().getBroadcastVariable("Broadcast Variable");
```

getBroadcastVariable(...)方法用于获取给定名称标识的广播变量，广播变量的数据存储在 List 集合中并返回给开发者使用。需要注意的是，如果 getBroadcastVariable(...)方法访问没有注册的广播变量名称，那么运行程序会报如下错误：

```
Caused by: java.lang.IllegalArgumentException: The broadcast variable with name 'Broadcast Variable' has not been set.
```

注意：由于广播变量的内容会保留在每个任务管理器的内存中，因此这个广播的数据集不应太大。广播变量的数据结构由同一台任务管理器中的操作符的并行实例共享，所以当在函数中修改广播变量的内部数据时必须手动同步修改广播变量的代码。一般不建议对广播出去的变量进行修改，只有这样才能保证每个任务管理中的广播变量的数据都是一致的。

7.4.3　代码实现

在下面的程序中，一个数据源函数向名为 data 的数据集中生成两个 String 类型的元素，元

素分别为 a 和 b，另一个数据源函数根据给定的对象序列（1, 2, 3）创建一个含有 3 个 Integer 类型的数据集作为广播变量数据集。在名为 data 的数据集中使用 Map 操作符后，将广播变量数据集注册在该 Map 操作符上，指定注册的广播变量名称为“Broadcast Variable”。因为 Map 操作符要访问注册的广播数据集，所以用户定义的 MapFunction 函数需要继承 RichMapFunction，从而获得 getRuntimeContext()方法以便获取注册的广播数据集。data 数据集中的每个进入 MapFunction 函数的元素都会与广播变量数据集中的所有元素拼接为一个字符串后发送给下游的 Print 操作符以打印在标准的输出流中。

```
final ExecutionEnvironment env = ExecutionEnvironment.getExecutionEnvironment();

//初始化要广播的数据集
DataSet<Integer> broadcast = env.fromElements(1, 2, 3);

//初始化常规数据集
DataSet<String> data = env.fromElements("a", "b");

DataSet<String> result = data.map(new BroadMapTemplate())
        //将 broadcast 数据集在 Map 操作符上注册为名为“Broadcast Variable”的广播变量
        .withBroadcastSet(broadcast, "Broadcast Variable");

result.print("输出结果");
env.execute("BroadVariable Template");

public static class BroadMapTemplate extends RichMapFunction<String, String> {

    //存储广播变量的集合
    private List<Integer> broadcastCollection;

    @Override
    public void open(Configuration parameters) {
        //访问注册在 Map 操作符上名为“Broadcast Variable”的广播变量并存储在 Java 集合中
        broadcastCollection = getRuntimeContext()
                .getBroadcastVariable("Broadcast Variable");
    }

    @Override
    public String map(String value) {
        //将输入的元素与 broadcastCollection 集合中的所有元素拼接为一个字符串后发送给下游操作符
        return value + broadcastCollection.toString();
    }
}
......
```

完整代码见 com.intsmaze.flink.dataset.broadvariable.BroadVariableTemplate。

在 IDE 中运行上述程序后，在控制台中可以看到如下输出结果：

```
输出结果> a[1, 2, 3]
输出结果> b[1, 2, 3]
```

7.5　物理分区

在批处理程序中，Flink 提供了多种方式去指定上游操作符转换的数据集发往下游操作符时，数据集中的元素如何分布在下游操作符的并行子任务实例中。默认情况下 Flink 会将上游操作符并行子任务实例发送的元素尽可能地转发到和该实例在同一个任务管理器中的下游操作符的并行子任务实例中。

为了演示批处理程序中各种分区操作的区别，先准备一个公共的批处理程序，所有的分区操作都将基于批处理程序进行演示。在该程序中，数据源函数向数据集中生成 8 个 POJO 类型的元素，这里定义为 Trade。该数据源函数从给定的非空集合中创建一个数据集后将连续执行两次 Map 操作，Map 操作符内部仅打印执行每个元素的并行子任务的实例编号，不对数据集中的元素做任何处理，最后将数据集中的元素发送给 Print 操作符以打印在标准的输出流中。为了清晰地从控制台观察到批处理程序处理后的结果，将 log4j.properties 配置文件的 log4j.rootLogger = stdout 去掉，使用 System.out.println 代替 logger.info 来打印调试信息，同时将整个作业的全局并行度设置为 3。

```
final ExecutionEnvironment env = ExecutionEnvironment.getExecutionEnvironment();
//设置作业的全局并行度为 3
env.setParallelism(3);

final String flag = " 分区策略前子任务名称:";
List<Trade> list = new ArrayList<Trade>();
list.add(new Trade("185XXX", 1199, "2018"));
list.add(new Trade("155XXX", 1111, "2019"));
list.add(new Trade("155XXX", 20, "2019"));
list.add(new Trade("185XXX", 2899, "2018"));
list.add(new Trade("138XXX", 19, "2019"));
list.add(new Trade("138XXX", 399, "2020"));
list.add(new Trade("138XXX", 39, "2020"));
list.add(new Trade("138XXX", 99, "2020"));

//从给定的非空集合中创建一个数据集
DataSet<Trade> dataSource = env.fromCollection(list);
//对数据集使用 Map 操作符，仅打印处理每个元素的任务编号
DataSet<Trade> mapResult = dataSource.map(new RichMapFunction<Trade, Trade>() {
    @Override
    public Trade map(Trade value) {
        String subtaskName = getRuntimeContext().getTaskNameWithSubtasks();
```

```
            int subtaskIndex = getRuntimeContext().getIndexOfThisSubtask();
            System.out.println("元素值:" + value + flag + subtaskName
                    + " ,子任务编号:" + subtaskIndex);
            return value;
        }
    });

    //对第一次 Map 操作后的数据集再次使用 Map 操作符，同样仅打印处理每个元素的任务编号，随后将元素发
    //送给下游 Print 操作符以打印在标准的输出流中
    mapResult = mapResult.map(new RichMapFunction<Trade, Trade>() {
        @Override
        public Trade map(Trade value) {
            String subtaskName = getRuntimeContext().getTaskNameWithSubtasks();
            int subtaskIndex = getRuntimeContext().getIndexOfThisSubtask();
            System.out.println("元素值:" + value + " 分区策略后子任务名称:" + subtaskName
                    + " ,子任务编号:" + subtaskIndex);
            return value;
        }
    });

    mapResult.print("输出结果");
    env.execute("partitioning");
```

完整代码见 com.intsmaze.flink.dataset.partition.PartitionTemplate。

7.5.1 Rebalance

Rebalance 操作符将强制重新平衡数据集，即数据集均匀分布在下游操作符的所有并行子任务实例中。在存在严重的数据偏斜和计算密集型操作的情况下，使用该操作符可以提高批处理程序的性能。同时需要注意，此操作符会通过网络重新整理整个数据集中的元素，可能会花费大量时间。

固定语法如下：

```
DataSet<String> in = // [...]
//重新平衡 in 数据集中的元素，将数据集中的元素均匀地分布在下游 Map 操作符的所有并行子任务实例中
DataSet<Tuple2<String, String>> out = in.rebalance()
                                        .map(new UserDefinedMapFunction());
```

在上面的 PartitionTemplate 类中，数据集第一次调用 Map 操作符后调用 Rebalance 操作符，也就是在 30 行中添加如下代码：

```
mapResult = mapResult.rebalance();
```

将批处理程序打包部署到 Flink 集群中运行，可以看到该批处理程序的执行计划如图 7-1 所示。

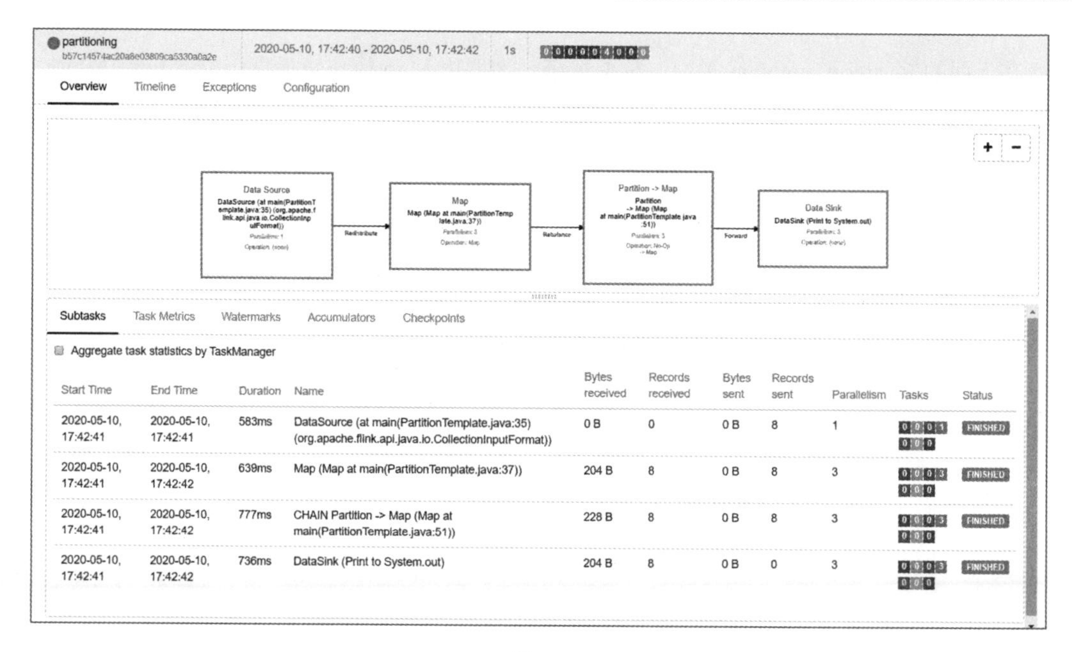

图 7-1

相对于流处理程序，批处理程序处理的结果更便于开发者理解，因此不再给出处理的结果，感兴趣的读者可以在 IDE 中运行该代码以观察批处理程序输出的结果。

7.5.2 PartitionByHash

PartitionByHash 操作符将根据指定的 Key 来分组数据集中的元素，位于同一分组中的元素将发往下游操作符的某一个固定的并行子任务实例。Flink 提供了三种方式来指定数据集中元素的哪一个字段作为 Key 来分组数据集。

- .partitionByHash("someKey");
- .partitionByHash(0);
- .partitionByHash(new KeySelector<...,...>(...))。

详细内容见 3.1.4 节。

固定语法如下：

```
DataSet<Tuple2<String, Integer>> in = // [...]
//指定数据集中元素的 f0 字段作为 Key 对数据集进行分组，将同一分组中的元素发送给下游 Map
//操作符的某一个固定的并行子任务实例上
DataSet<Tuple2<String, String>> out = in.partitionByHash( “f0” )
                                        .map(new UserDefinedMapFunction());
```

在上面的 PartitionTemplate 类中，数据集第一次调用 Map 操作符后调用 PartitionByHash 操作符，也就是在 30 行中添加如下代码：

```
mapResult = mapResult.partitionByHash("cardNum");
```

将批处理程序打包部署到Flink集群中运行，可以看到该批处理程序的执行计划如图7-2所示。

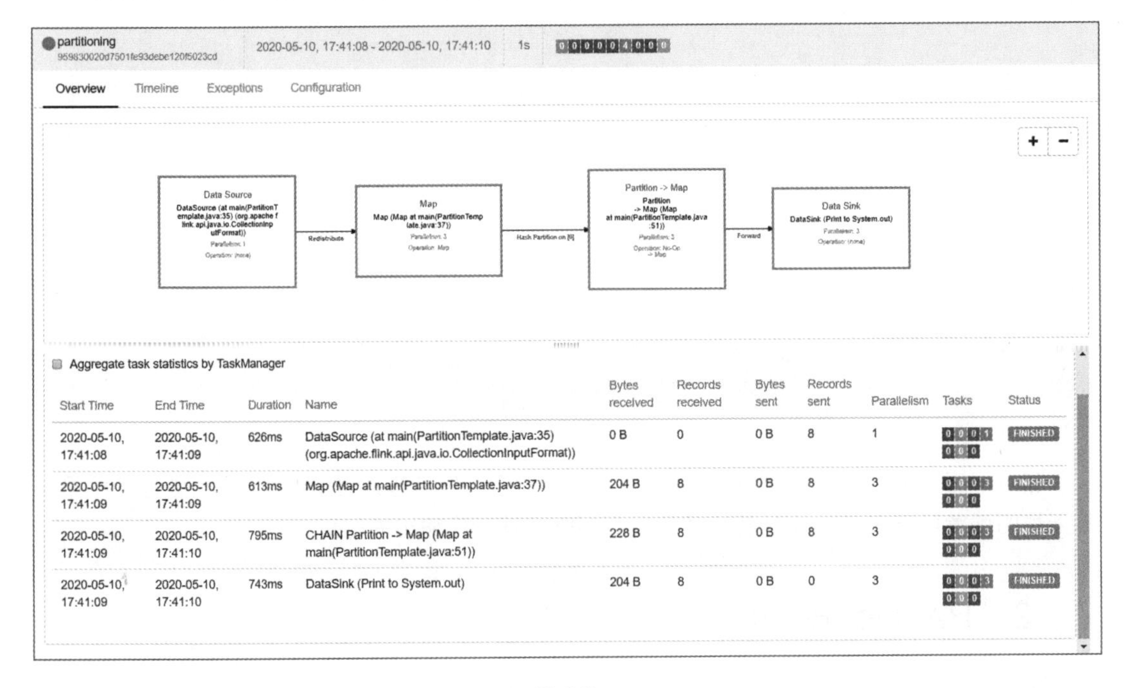

图 7-2

此处不再给出批处理程序处理的结果，感兴趣的读者可以在 IDE 中运行该代码以观察批处理程序输出的结果。

7.5.3 PartitionByRange

PartitionByRange 操作符将根据指定的 Key 来计算数据集的范围边界，以范围边界对数据集进行分区，位于同一分区中的元素将发往下游操作符的某一个固定的并行子任务实例。需要注意的是，该操作需要对数据集进行额外的转换才能计算范围边界，并通过网络重新整理整个数据集中的元素，这样会花费大量时间。Flink 提供了三种方式来指定数据集中元素的哪一个字段作为 Key，以此作为数据集范围边界的计算条件。

- .partitionByRange("someKey");

- .partitionByRange(0);
- .partitionByRange(new KeySelector<...,...>(......))。

详细内容见 3.1.4 节。

固定语法如下：

```
DataSet<Tuple2<String, Integer>> in = // [...]
 //指定数据集中元素的 f0 字段作为 Key 来计算数据集的范围边界，将同一范围中的元素发送到下游 Map 操作符的
 //某一个固定的并行子任务实例上
DataSet<Tuple2<String, String>> out = in.partitionByRange( “f0” )
                                        .map(new UserDefinedMapFunction());
```

在上面的 PartitionTemplate 类中，数据集第一次调用 Map 操作符后调用 PartitionByRange 操作符，也就是在 30 行中添加如下代码：

```
mapResult = mapResult.partitionByRange("cardNum");
```

将批处理程序打包部署到Flink集群中运行，可以看到该批处理程序的执行计划如图 7-3 所示。

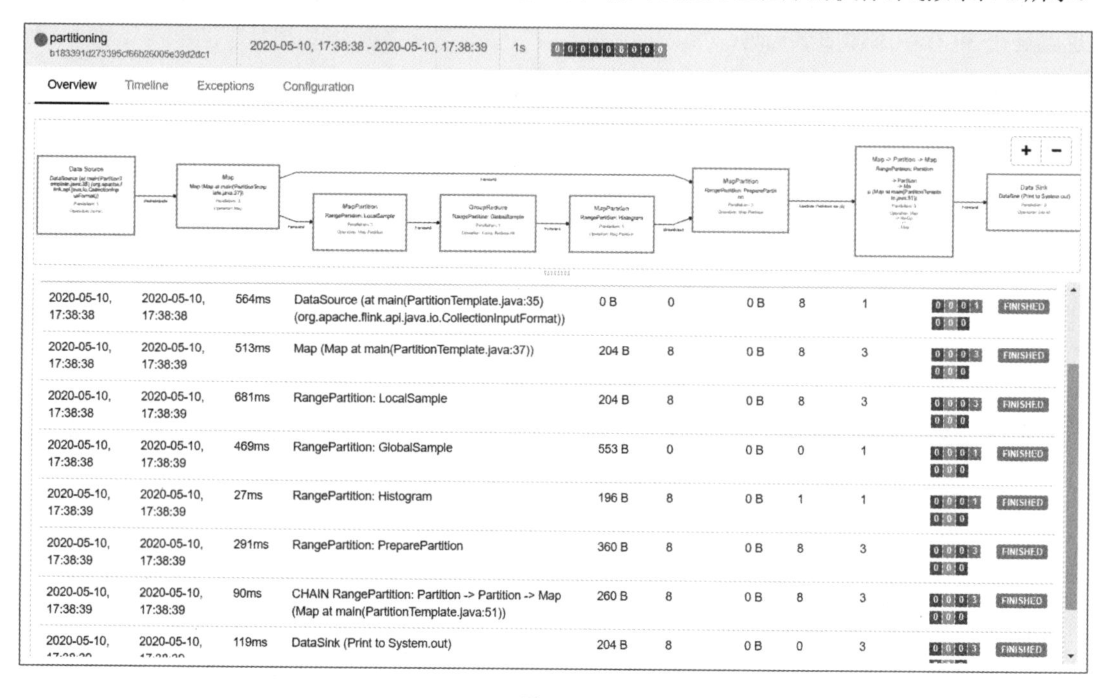

图 7-3

此处不再给出批处理程序处理的结果，感兴趣的读者可以在 IDE 中运行该代码以观察批处理程序输出的结果。

7.5.4 SortPartition

SortPartition 操作符将根据指定的 Key 对数据集中的元素进行本地排序，如果要根据多个字段对数据集中的元素进行排序，则可以通过级联调用 SortPartition 操作符来实现。Flink 提供了三种方式来指定数据集中元素的哪一个字段作为 Key 来对数据集的分区进行本地排序。

- .sortPartition("someKey");
- .sortPartition(0);
- .sortPartition(new KeySelector<...,...>(...))。

详细内容见 3.1.4 节。

```
DataSet<Tuple2<String, Integer>> in = // [...]
//指定以元素的 f1 字段对数据集的分区进行本地升序排序
DataSet<Tuple2<String, String>> out = in.sortPartition( “f1” , Order.ASCENDING)
                                        .map(new UserDefinedMapFunction());
```

在上面的 PartitionTemplate 类中，数据集第一次调用 Map 操作符后调用 SortPartition 操作符，也就是在 30 行中添加如下代码：

```
import org.apache.flink.api.common.operators.Order;

mapResult = mapResult.sortPartition("cardNum", Order.ASCENDING);
```

将批处理程序打包部署到 Flink 集群中运行，可以看到该批处理程序的执行计划如图 7-4 所示。

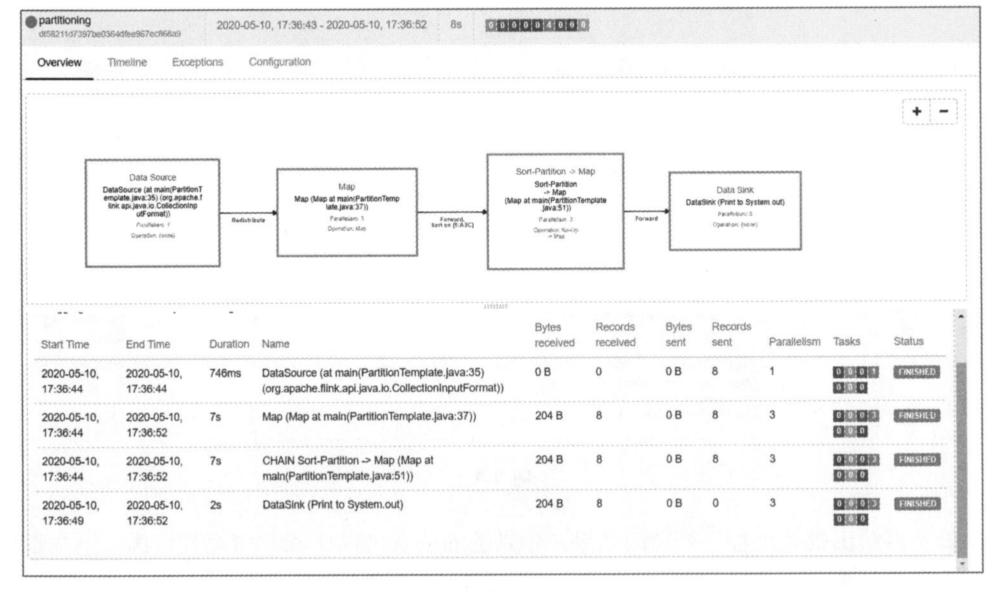

图 7-4

此处不再给出批处理程序处理的结果，感兴趣的读者可以在 IDE 中运行该代码以观察批处理程序输出的结果。

7.6　批处理的本地测试

Flink 提供了在 IDE 中进行本地调试、测试数据的注入和结果数据的收集这一套简化批处理程序开发的特性。本节主要讲解批处理程序的本地执行环境，以及集合支持的数据源和数据接收器，关于本地测试中的单元测试和集成测试的环节可见 4.6 节。

7.6.1　本地执行环境

批处理程序可以在一台机器中运行，甚至可以在一台 Java 虚拟机中运行，这就允许开发者在本地测试和调试批处理程序。Flink 提供了 LocalEnvironment 类来创建本地执行环境，以便在创建该环境的 JVM 进程中启动一个本地的伪 Flink 集群。如果从 IDE 中启动 LocalEnvironment，则开发者可以在代码中设置断点并轻松调试批处理程序。Flink 的 ExecutionEnvironment 类提供一个静态的 getExecutionEnvironment()方法，这个方法将创建一个执行环境，该环境代表当前在其中执行批处理程序的上下文。如果批处理程序是独立调用的，则此方法将返回本地执行环境，如调用 ExecutionEnvironment.createLocalEnvironment()返回 LocalEnvironment 那样。如果使用 Flink 命令行客户端将批处理程序提交给 Flink 集群，则此方法将返回该集群的执行环境。

```
//获取执行环境
final ExecutionEnvironment env = ExecutionEnvironment.getExecutionEnvironment();
...
//触发程序执行
env.execute();
```

需要注意的是，如果在本地运行批处理程序，则还可以像调试其他 Java 程序一样去调试批处理程序。可以使用 System.out.println()来打印一些内部变量，也可以使用 IDE 的调试器，在 Map、Reduce 和所有其他操作符中设置断点。

7.6.2　集合支持的数据源和数据接收器

通过创建输入文件和读取输出文件来分析批处理程序的输入及其输出非常麻烦，为此 Flink 提供了由 Java 集合支持的特殊数据源和数据接收器，以简化测试这一环节。一旦批处理程序测试通过，就可以轻松地将数据源和数据接收器替换为可读取/写入外部数据存储（例如 HDFS）的数据源和数据接收器。

Java 集合作为数据源可以按如下方式使用，关于 Java 集合作为批处理程序的数据源的更多细节见 7.2 节。

```
//获取执行环境
final ExecutionEnvironment env = ExecutionEnvironment.createLocalEnvironment();

//从 Java 的集合中创建一个数据集
List<Tuple2<String, Integer>> data = // [...]
DataSet<Tuple2<String, Integer>> dataSet = env.fromCollection(data);
```

关于收集批处理程序中处理的结果数据，Flink 提供了 LocalCollectionOutputFormat 这个本地集合输出格式类，在 DataSet 对象中调用 output(...)方法将数据集中的元素以 LocalCollectionOutputFormat 格式输出到本地的 Java 集合，以收集测试和调试的数据集的元素。

```
import org.apache.flink.api.java.io.LocalCollectionOutputFormat;

...
DataSet<Tuple2<String, Integer>> dataSet = // [...]
//创建一个 java 集合对象用于存储数据集中的元素
List<Tuple2<String, Integer>> outData = new ArrayList<Tuple2<String, Integer>>();
//将数据集中的元素以 LocalCollectionOutputFormat 格式输出到 Java 的 outData 集合对象中
dataSet.output(new LocalCollectionOutputFormat(outData));
env.execute();

//遍历 Java 集合，分析批处理程序的计算结果
for (int i = 0; i < outData.size(); i++) {
    Tuple2<String, Integer> tuple =  outData.get(i);
    System.out.println(tuple);
}
```

第 8 章 Table API 和 SQL

8.1 基础概念和通用 API

Flink 为统一流处理和批处理提供了两种 API：SQL 和 Table API。Table API 是一个用 Scala 和 Java 语言集成的查询 API，它允许以一种非常直观的方式组合关系运算符（如查询、过滤和连接）。Flink 对 SQL 的支持基于 Apache Calcite，它实现了 SQL 标准，降低了开发者学习和开发的门槛，能够将开发者编写的 SQL 语句转换为 Flink 程序并行地运行在分布式集群中。Table API 和 SQL 的功能是等价的，在 Table API 和 SQL 中指定的查询都具有相同的语义，并有相同的结果。

Table API 和 SQL 与 Flink 的 DataStream 和 DataSet API 紧密集成在一起，开发者可以轻松地在所有 API 和基于 API 的库之间切换。例如，可以使用 Flink CEP 库从数据流中提取事件模式，然后使用 Table API 分析模式，或者在对预处理数据使用 Gelly Graph 算法之前，使用 SQL 查询扫描、过滤和聚合批处理表。

8.1.1 添加依赖

Table API 和 SQL 绑定在 flink-table Maven 构件中，为了使用 Table API 和 SQL，必须将以下依赖项添加到项目中：

```
<dependency>
  <groupId>org.apache.flink</groupId>
```

```
    <artifactId>flink-table_2.11</artifactId>
    <version>1.7.2</version>
  </dependency>
```

此外，还需要为 Flink 的 Scala 批处理或流处理 API 添加一个依赖项。对于批处理查询，需要添加如下依赖项：

```
  <dependency>
    <groupId>org.apache.flink</groupId>
    <artifactId>flink-scala_2.11</artifactId>
    <version>1.7.2</version>
  </dependency>
```

对于流处理查询，需要添加如下依赖项：

```
  <dependency>
    <groupId>org.apache.flink</groupId>
    <artifactId>flink-streaming-scala_2.11</artifactId>
    <version>1.7.2</version>
  </dependency>
```

注意：由于 Apache Calcite 中存在防止用户类加载器被垃圾回收器收集的问题，所以不建议构建包含 flink-table 依赖项的 Fat Jar。建议在系统类加载器中配置包含 flink-table 依赖项，可以通过将 flink-table.jar 文件从<flink_home>/opt 文件夹复制到<flink_home>/lib 文件夹来实现。

8.1.2 第一个 Hello World 表程序

下面是一个基于流处理的 SQL 表程序。该表程序从普通的 Java 集合中构建一个输入数据流，数据流中有 4 个元素，将该输入数据流注册为一个名为 test 的表后使用 SQL 语法读取该表的数据，并将 SQL 的查询结果表转换为 DataStream 后通过 Print 操作符打印在标准输出流中。基于 Table API 的表程序不是本书的重点，后面的内容主要基于 SQL 进行表程序开发。

```
//获取执行环境
StreamExecutionEnvironment env = StreamExecutionEnvironment.getExecutionEnvironment();

//获取表环境
StreamTableEnvironment tableEnv = TableEnvironment.getTableEnvironment(env);

DataStream<Long> dataStream = env.fromCollection(Arrays.asList(1L, 2L, 3L, 4L));
//将 dataStream 注册为表，表名为 test
tableEnv.registerDataStream("test", dataStream);

//使用 SQL 查询 test 表的数据
```

```
Table result = tableEnv.sqlQuery("SELECT * FROM test ");

//将查询的结果数据转换为数据流并打印在标准输出流中
tableEnv.toAppendStream(result, Row.class).print();
//触发表程序执行
env.execute();
```

以下是表程序的输出结果，读者可以在本地 IDE 中运行，或者打包部署到集群中运行。至此我们已经成功运行了一个 SQL 表程序。

```
6> 1
7> 2
8> 3
9> 4
```

完整代码见 com.intsmaze.flink.table.StreamTemplate。

8.1.3 表程序的公共结构

所有用于批处理和流处理的 Table API 和 SQL 表程序都遵循相同的模式，下面的代码示例显示了 Table API 和 SQL 表程序的公共结构。

```
//获取执行环境，对于批处理程序使用 ExecutionEnvironment 代替 StreamExecutionEnvironment
StreamExecutionEnvironment env = StreamExecutionEnvironment.getExecutionEnvironment();

//获取表环境
//对于批处理程序，使用 BatchTableEnvironment 代替 StreamTableEnvironment
StreamTableEnvironment tableEnv = TableEnvironment.getTableEnvironment(env);

//注册一个输入表
tableEnv.registerTable(String tableName,Table table); // 方式一

tableEnv.registerTableSource(String tableName,TableSource tableSource); //方式二

//对于批处理程序，使用 registerDataSe(String tableName,DataSet dataSet)
tableEnv.registerDataStream(String tableName,DataStream dataStream);// 方式三

//注册一个输出表
tableEnv.registerTableSink(String outputTableName, String[]fieldNames,
        TypeInformation[]fieldTypes, TableSink tableSink);

//从 Table API 的查询操作中创建一个 Table 对象
Table tableResult = tableEnv.scan("tableName").select(...);

//从 SQL 的查询操作中创建一个 Table 对象
```

```
Table sqlResult = tableEnv.sqlQuery("SELECT ... FROM tableName... ");

//将 Table API 或 SQL 查询的结果数据发送到注册的输出表中
tableResult.insertInto("outputTableName");
sqlResult.insertInto("outputTableName");

//触发表程序执行
env.execute();
```

注意：Table API 和 SQL 查询可以很容易地集成并嵌入 DataStream 或 DataSet 程序。下面将讲解 Table API 和 SQL 查询与 DataStream 和 DataSet API 的集成方式，以及如何将 DataStream 和 DataSet 转换为表。

8.1.4 创建一个 TableEnvironment

TableEnvironment 是 Table API 和 SQL 的核心概念，它负责：

- 在目录中注册表；
- 执行 SQL 查询；
- 注册用户定义的函数；
- 将数据流或数据集转换为表；
- 持有对 ExecutionEnvironment 或 StreamExecutionEnvironment 的引用。

表总是被绑定到特定的 TableEnvironment 中，开发者无法在同一个查询中组合不同 TableEnvironments 中的表，例如 JOIN 或 UNION。TableEnvironment 是通过调用静态 TableEnvironment.getTableEnvironment(...) 方法创建的，该方法的参数可以是 StreamExecutionEnvironment 或 ExecutionEnvironment。

流处理查询：

```
import org.apache.flink.streaming.api.environment.StreamExecutionEnvironment;
import org.apache.flink.table.api.TableEnvironment;
import org.apache.flink.table.api.java.StreamTableEnvironment;

StreamExecutionEnvironment sEnv = StreamExecutionEnvironment.getExecutionEnvironment();
//对于流处理查询，此处创建一个流处理表环境
StreamTableEnvironment sTableEnv = TableEnvironment.getTableEnvironment(sEnv);
```

批处理查询：

```
import org.apache.flink.api.java.ExecutionEnvironment;
import org.apache.flink.table.api.TableEnvironment;
```

```
import org.apache.flink.table.api.java.BatchTableEnvironment;

ExecutionEnvironment bEnv = ExecutionEnvironment.getExecutionEnvironment();
//对于批处理查询，此处创建一个批处理表环境
BatchTableEnvironment bTableEnv = TableEnvironment.getTableEnvironment(bEnv);
```

8.1.5 在目录中注册表

TableEnvironment 维护按名称注册的表的目录，表有输入表和输出表两种类型。输入表可以在 Table API 和 SQL 查询中引用，并提供输入数据。输出表可用于将 Table API 或 SQL 查询的结果发送到外部系统。

输入表可在不同来源中注册：

- 一个 TableSource，它用于访问外部数据，如文件、数据库或消息传递系统。
- 来自流处理程序的 DataStream 或批处理程序的 DataSet。
- 现有的 Table 对象，通常是 Table API 或 SQL 查询的结果。

输出表可以使用 TableSink 来注册。

1. 注册一个 TableSource

TableSource 提供对存储在外部系统中数据的访问，如数据库（MySQL、HBase 等）、具有特定编码的文件（CSV、Apache Parquet、Apache Avro、Apache ORC 等）或消息中间件系统（Apache Kafka、RabbitMQ 等）。

下面是一个在 TableEnvironment 中注册 TableSource 的程序示例，它使用 Flink 内置的 CsvTableSource 作为表源，该源负责读取指定路径下 CSV 文件内的数据。

```
//获取执行环境
StreamExecutionEnvironment env = StreamExecutionEnvironment.getExecutionEnvironment();
//获取表环境
StreamTableEnvironment tableEnv = StreamTableEnvironment.getTableEnvironment(env);

//定义表的字段名称
String[] fieldNames = {"name", "age", "city"};
//定义表字段的类型
TypeInformation[] fieldTypes = {Types.STRING(), Types.INT(), Types.STRING()};

//创建一个 TableSource，读取本地文件系统中指定路径下的 CSV 文件
TableSource csvSource = new CsvTableSource("///home/intsmaze/flink/table/data",
fieldNames,fieldTypes);

//将 TableSource 注册为表，表名为 Person
tableEnv.registerTableSource("Person", csvSource);
```

```
//使用 SQL 查询 Person 表的数据
Table result = tableEnv.sqlQuery("SELECT name,age,city FROM Person WHERE age>30");

//将查询的结果数据转换为数据流并打印在标准输出流中
tableEnv.toAppendStream(result, Row.class).print();

 //触发程序执行
 env.execute();
```

完整代码见 com.intsmaze.flink.table.connector.CsvSourceTemplate。

在 IDE 中运行程序前，先在执行程序所在机器的/home/intsmaze/flink/table/data 路径下创建 intsmaze.csv 文件（文件名自取），在文件中添加如图 8-1 所示的几条数据：

	A	B	C
1	张三	28	北京
2	李四	38	上海
3			

图 8-1

然后在 IDE 中运行该程序，可以看到如下输出结果：

```
李四,38,上海
```

这里要注意：如果是集群部署，因为指定的路径是本地路径，所以要保证集群中每台机器的对应路径下有指定的文件，否则会出现读取文件不存在的异常。

2. 注册一个 Table

在将数据流或数据集转化为 Table 对象后，对该 Table 对象的查询操作需要在表环境中注册为表。注册表的处理方式类似于关系数据库系统中的视图，如果多个查询引用相同的注册表，则每个引用查询都将内联并执行多次，即注册表的结果不会被共享。

基于前面注册一个 TableSource 的示例，我们进行如下修改来演示在 TableEnvironment 中注册一个表：

```
//获取执行环境
StreamExecutionEnvironment env = StreamExecutionEnvironment.getExecutionEnvironment();
//获取表环境
StreamTableEnvironment tableEnv = StreamTableEnvironment.getTableEnvironment(env);

 ... //创建一个 TableSource

//将 TableSource 注册为表，表名为 Person
tableEnv.registerTableSource("Person", csvSource);
```

```
//使用 SQL 查询 Person 表的数据，返回的 result 表对象是一个简单的投影查询结果
Table result = tableEnv.sqlQuery("SELECT name,age,city FROM Person WHERE age>30");

//将 result 表对象注册到表环境中，表名为 resultTable
tableEnv.registerTable("resultTable", result);

//使用 SQL 查询 resultTable 表的 name、city 两个字段
Table resultTwo = tableEnv.sqlQuery("SELECT name,city FROM resultTable");

//将查询的结果数据转换为数据流并打印在标准输出流中
tableEnv.toAppendStream(resultTwo, Row.class).print();

//触发程序执行
env.execute();
```

完整代码见 com.intsmaze.flink.table.register.RegisterTableTemplate。

程序中名为 resultTable 表的数据是基于“SELECT name,age,city FROM Person WHERE age>30”的 SQL 查询得到的，在 IDE 中运行上述程序后，在控制台中可以看到输出如下结果：

```
李四,上海
```

3. 注册一个 TableSink

注册 TableSink 可用于将 Table API 或 SQL 查询的结果发送到外部存储系统，例如数据库、消息中间件系统或文件系统。TableSink 是支持各种文件格式、存储系统或消息中间件系统的通用接口。Flink 旨在为通用数据格式和存储系统提供表接收器。请查看 9.6 节，以了解受支持的表接收器。

Flink 提供两种方式将查询的结果发送到已注册的 TableSink 中：

- Table.insertInto(String tableName)方法将查询的结果表发送到已注册的 TableSink 中，该方法根据名称从目录中查找注册的 TableSink 名称，并验证表的模式与 TableSink 的模式是否相同。
- TableEnvironment.sqlUpdate(String insertSql)方法使用 SQL 的 INSERT INTO 语句将查询的结果数据发送到已注册的 TableSink 中。

基于前面注册一个 TableSource 的示例，我们进行如下修改来演示在 TableEnvironment 中注册一个 TableSink 的例子，这里使用 Flink 内置的 CsvTableSink 作为输出表，负责将数据输出到指定路径下。

```
//获取执行环境
StreamExecutionEnvironment env = StreamExecutionEnvironment.getExecutionEnvironment();
//获取表环境
```

```
StreamTableEnvironment tableEnv = StreamTableEnvironment.getTableEnvironment(env);
... //创建一个 TableSource

//将 TableSource 注册为表，表名为 Person
tableEnv.registerTableSource("Person", csvSource);

//创建一个 TableSink，指定将查询结果输出到指定路径下，且字段的分隔符为“|”
TableSink csvSink = new CsvTableSink("///home/intsmaze/flink/table/sink/", "|");

//定义输出表的字段名称
String[] outputFieldNames = {"name", "city"};
//定义输出表的字段的类型
TypeInformation[] outputFieldTypes = {Types.STRING(), Types.STRING()};

//将 TableSink 注册为表，命名为 CsvSinkTable
tableEnv.registerTableSink("CsvSinkTable", outputFieldNames, outputFieldTypes, csvSink);

//方式一：通过 result 表对象的 insertInto 方法将该对象中的结果数据输出到表接收器中
Table result = tableEnv.sqlQuery("SELECT name,city FROM Person WHERE age>30");
result.insertInto("CsvSinkTable");

//方式二：通过在 tableEnv 表环境的 sqlUpdate 方法中使用 SQL 的 INSERT INTO 语句将 SQL 查询的结果数据输出到表接收器中
tableEnv.sqlUpdate("INSERT INTO CsvSinkTable SELECT name,city FROM Person WHERE age>30");

//触发程序执行
env.execute();
```

完整代码见 com.intsmaze.flink.table.register.RegisterTableSinkTemplate。

因为笔者的 CPU 是 12 线程的，在 IDE 中运行上述程序后，在对应路径下可以看到生成了 12 个文件，如图 8-2 所示。

1	2020/3/1 14:42	文件	0 KB
2	2020/3/1 14:42	文件	0 KB
3	2020/3/1 14:42	文件	0 KB
4	2020/3/1 14:42	文件	0 KB
5	2020/3/1 14:42	文件	0 KB
6	2020/3/1 14:42	文件	0 KB
7	2020/3/1 14:42	文件	0 KB
8	2020/3/1 14:42	文件	0 KB
9	2020/3/1 14:42	文件	0 KB
10	2020/3/1 14:42	文件	0 KB
11	2020/3/1 14:42	文件	0 KB
12	2020/3/1 14:42	文件	1 KB

图 8-2

因为最终输出只有一条数据，所以只有一个文件内有数据，在名为 12 的文件中可以看到如下结果：

```
李四|上海
```

8.1.6 查询一个表

在知道如何注册表后，下面将详细讲解如何在注册的表中执行查询操作。

1. Table API

与 SQL 查询不同的是，Table API 的查询需要调用多个方法，而 SQL 查询只需要指定一个字符串。Table API 基于 Table 类，Table 类表示流处理或批处理中的表，并提供使用关系操作的方法。这些方法返回一个新的 Table 对象，它表示在输入表中使用关系操作的结果。一些关系操作由多个方法调用组成，如 table.groupBy(...).select(...)，其中 groupBy(...)指定表的分组，select(...)为表分组中的投影。

基于前面注册一个 TableSource 的示例，我们进行如下修改来演示使用 Table API 执行查询。下面的例子显示了一个简单的 Table API 聚合查询：

```
//获取执行环境
StreamExecutionEnvironment env = StreamExecutionEnvironment.getExecutionEnvironment();
//获取表环境
StreamTableEnvironment tableEnv = StreamTableEnvironment.getTableEnvironment(env);
 ... //创建一个 TableSource

//将 TableSource 注册为表，表名为 Person
tableEnv.registerTableSource("Person", csvSource);

//扫描注册的 Person 表，计算 age>30 的相同 name 记录的数量
Table table = tableEnv.scan("Person").filter("age >30")
        .groupBy("name").select("name,count(1)");

//将 Table API 查询的结果数据转换为数据流并打印在标准输出流中
tableEnv.toRetractStream(table, Row.class).print();

//触发程序执行
 env.execute();
```

完整代码见 com.intsmaze.flink.table.TableApiTemplate。

2. SQL

Flink 对 SQL 的支持基于 Apache Calcite，它实现了 SQL 标准，SQL 查询被指定为常规字符串，对于上面使用 Table API 的程序可以使用 SQL 来实现。

```
//获取执行环境
StreamExecutionEnvironment env = StreamExecutionEnvironment.getExecutionEnvironment();
//获取表环境
StreamTableEnvironment tableEnv = StreamTableEnvironment.getTableEnvironment(env);
```

```
  ... //创建一个 TableSource

//将 TableSource 注册为表，表名为 Person
tableEnv.registerTableSource("Person", csvSource);

//检索 Person 表，计算 age>30 的相同 name 记录的数量
Table table = tableEnv.sqlQuery("SELECT name,count(1) FROM Person
    WHERE age >30 GROUP BY name"
);

//将 SQL 查询的结果数据转换为数据流并打印在标准输出流中
tableEnv.toRetractStream(table, Row.class).print();

//触发程序执行
env.execute();
```

完整代码见 com.intsmaze.flink.table.SQLTemplate。

Table API 和 SQL 查询可以很容易地混合使用，因为它们都返回 Table 对象，所以既可以在 SQL 查询返回的 Table 对象中定义 Table API 查询，也可以在 TableEnvironment 中注册一个 Table 并在 SQL 查询的 FROM 子句中引用它。

3. 转换并执行查询

根据 Table API 和 SQL 查询的输入是流处理输入或者批处理输入，它们会转换为对应的 DataStream 或 DataSet 程序。在查询的内部表示为一个逻辑查询计划，这个计划分两个阶段进行转换：

- 优化逻辑计划；
- 转换成 DataStream 或 DataSet 程序。

Table API 和 SQL 查询在以下情况下被转换成 DataStream 或 DataSet：

- Table 被发送到 TableSink，即当调用 Table.insertInto(...)时。
- 指定一个 SQL 更新查询，即当调用 TableEnvironment.sqlUpdate(...)时。
- Table 被转换为 DataStream 或 DataSet 时。

一旦转换完成，Table API 或 SQL 查询将像常规 DataStream 或 DataSet 程序一样进行处理。

8.1.7 DataStream 和 DataSet API 的集成

Table API 和 SQL 查询可以很容易地集成到 DataStream 和 DataSet 程序中。例如使用 Table API 和 SQL 查询外部表做一些预处理（如过滤、投射、聚合），然后使用 DataStream 或 DataSet 的 API 进一步处理数据（任何建立在这些 API 之上的库，如 CEP 或 Gelly 均可）。Table API 或

SQL 查询也可以应用在 DataStream 或 DataSet API 处理结果之后。这种交互可以通过将 DataStream 或 DataSet 转换为 Table 来实现，反之也可以将 Table 转换为 DataStream 或 DataSet。

1. 将 DataStream 或 DataSet 注册为表

DataStream 或 DataSet 可以在 TableEnvironment 中注册为表。表的 Schema 取决于注册的 DataStream 或 DataSet 的数据类型。下面的例子演示了如何将 DataStream 注册为表，关于 DataSet 的注册操作可以使用 tableEnv.registerDataSet(...)替换例子中的 tableEnv.registerDataStream(...)。

```
StreamExecutionEnvironment env = StreamExecutionEnvironment.getExecutionEnvironment();
StreamTableEnvironment tableEnv = TableEnvironment.getTableEnvironment(env);
DataStream<Tuple2<Long, String>> order = env.fromCollection(Arrays.asList(
        new Tuple2<Long, String>(1L, "手机"),
        new Tuple2<Long, String>(1L, "电脑"),
        new Tuple2<Long, String>(3L, "平板")));

//将 DataStream 注册为表，表名为 table_order，表字段名默认为 f0、f1
tableEnv.registerDataStream("table_order", order);

Table result = tableEnv.sqlQuery("SELECT * FROM table_order WHERE f0 < 3");

tableEnv.toAppendStream(result, Row.class).print();
env.execute();
```

完整代码见 com.intsmaze.flink.table.TypeMap.DataStreamMapTable#dataStreamRegisterTable。

在 IDE 中运行上述程序后，在控制台中可以看到如下结果：

```
9> 1,电脑
8> 1,手机
```

注意：DataStream 表的名称不得与^_DataStreamTable_[0-9] +模式匹配，并且 DataSet 表的名称不得与^_DataSetTable_[0-9] +模式匹配。这些模式仅供 Flink 框架内部使用。例如将上述程序中的表名 table_order 改为_DataStreamTable_1，再次运行程序，将抛出如下错误：

```
org.apache.flink.table.api.TableException: Illegal Table name. Please choose a name that does not contain the pattern ^_DataStreamTable_[0-9]+$
```

2. 将 DataStream 或 DataSet 转换为 Table

DataStream 或 DataSet 也可以直接转换为 Table，而不是将 DataStream 或 DataSet 在 TableEnvironment 环境中注册。下面的例子演示了如何将 DataStream 转换为 Table，关于 DataSet 的转换可以使用 tableEnv.fromDataSet(...)替换例子中的 tableEnv.fromDataStream(...)。

```
StreamExecutionEnvironment env = StreamExecutionEnvironment.getExecutionEnvironment();
StreamTableEnvironment tableEnv = TableEnvironment.getTableEnvironment(env);
```

```
DataStream<Tuple3<Long, String,Double>> order = env.fromCollection(Arrays.asList(
        new Tuple3<Long, String,Double>(1L, "手机",1899.00),
        new Tuple3<Long, String,Double>(1L, "电脑",8888.00),
        new Tuple3<Long, String,Double>(3L, "平板",899.99)));

//将 DataStream 转换为 Table，同时指定表的字段名称为 id、name、amount
Table tableObject = tableEnv.fromDataStream(order, "id,name,amount");

//将 tableObject 表对象注册到表环境中，表名为 table_order
tableEnv.registerTable("table_order", tableObject);

Table result = tableEnv.sqlQuery("SELECT * FROM table_order WHERE amount < 1000");
tableEnv.toAppendStream(result, Row.class).print("Sql");

//在 SQL 查询的字符串中拼接 tableObject 表对象，以实现对该表的查询
result = tableEnv.sqlQuery("SELECT name FROM " + tableObject + " WHERE amount < 2000");
tableEnv.toAppendStream(result, Row.class).print("Table");

env.execute();
```

完整代码见 com.intsmaze.flink.table.TypeMap.DataStreamMapTable#dataStreamConvertTable。

为了能够完整地使用 SQL 查询，将 DataStream 转换为 Table 后，还需要在 TableEnvironment 环境中注册表以便执行 SQL 查询。为了方便，Table.toString()会自动在 TableEnvironment 中以唯一的名称注册表并返回该名称，所以 Table 对象可以直接内联到 SQL 查询中（通过字符串连接）。输出结果如下：

```
Table:7> 手机
Sql:6> 3,平板,899.99
Table:9> 平板
```

3. 将 Table 转换为 DataStream 或 DataSet

Table 可以转换为 DataStream 或 DataSet，通过这种方式可以在 Table API 或 SQL 查询的结果上运行定制的 DataStream 或 DataSet 程序。将 Table 转换为 DataStream 或 DataSet 时，需要指定 DataStream 或 DataSet 中元素的数据类型，即表中的行要转换成的数据类型。通常最方便的转换类型是 Row。下面描述了不同选项的特性：

- Row：字段按位置映射，不限制字段数量，支持 null，不支持类型安全访问。
- POJO：字段按名称映射（POJO 字段必须命名为表字段），不限制字段数量，支持 null 值、类型安全访问。
- Tuples：字段按位置映射，限制为 22（Scala）或 25（Java）字段，不支持 null，支持类型安全访问。
- Atomic Type：表必须有单个字段，不支持 null，支持类型安全访问。

1）将 Table 转换为 DataStream

流处理查询的结果表会动态更新，当新的记录到达查询的输入流时，结果表会发生变化。因此将这种动态查询转换为 DataStream 时需要对表的更新操作进行编码。

将 Table 转换为 DataStream 有两种模式：

- Append：只有当动态表仅通过 INSERT 操作进行更新时，才可以使用该模式，它只能追加结果，也就是说以前发出的结果永远不会更新。
- Retract：新记录会导致先前计算结果的更改，该模式使用布尔标记对插入和删除操作进行编码。不管流处理查询的结果表的动态更改是仅追加还是更新，表到 DataStream 的转换始终都可以使用此模式。

下面的示例仅演示如何将 Table 转换为 DataStream。在基于流处理的表程序中将 Table 转换为 DataStream 时，Retract 模式是永远可用的。在不清楚是使用 Append 还是 Retract 时，使用 Retract 是扩展性最好的一种方式，后期无论怎样修改表程序中的查询 SQL，表程序执行都不会出错。

```
StreamExecutionEnvironment env = StreamExecutionEnvironment.getExecutionEnvironment();
StreamTableEnvironment tableEnv = TableEnvironment.getTableEnvironment(env);
DataStream<Tuple3<Long, String, Integer>> order = env.fromCollection(Arrays.asList(
        new Tuple3<Long, String, Integer>(1L, "手机", 1899),
        new Tuple3<Long, String, Integer>(1L, "电脑", 8888),
        new Tuple3<Long, String, Integer>(3L, "平板", 899)));

//将 DataStream 注册为表，表名为 table_order，表字段名为 user、product、amount
tableEnv.registerDataStream("table_order", order,"user,product,amount");

Table resultRow = tableEnv.sqlQuery("SELECT user,product,amount FROM table_order WHERE amount <
3000");
//通过指定类型将 Table 转换为 Row 类型的 Append DataStream
tableEnv.toAppendStream(resultRow, Row.class).print("Row Type: ");

Table resultAtomic = tableEnv.sqlQuery("SELECT product FROM table_order WHERE amount < 3000");
//通过指定类型将 Table 转换为原子类型的 Append DataStream
tableEnv.toAppendStream(resultAtomic, String.class).print("Atomic Type: ");

Table resultTuple = tableEnv.sqlQuery("SELECT product,amount FROM table_order WHERE amount < 3000");
//通过指定 TypeInformation 将 Table 转换为 Tuple2<String, Integer>类型的 Append DataStream
TupleTypeInfo<Tuple2<String, Integer>> tupleType = new TupleTypeInfo<>(
       Types.STRING(),Types.INT());
tableEnv.toAppendStream(resultTuple, tupleType).print("Tuple Type: ");

//通过指定类型将Table转换为POJO类型的Append DataStream,这里POJO类有三个字段(user, product, amount)
Table resultPojo = tableEnv.sqlQuery("SELECT user,product,amount FROM table_order WHERE amount <
3000");
tableEnv.toAppendStream(resultPojo, OrderBean.class).print("Pojo Type: ");
```

```
//通过指定类型将 Table 转换为 Row 类型的 Retract DataStream
DataStream<Tuple2<Boolean, Row>> retract = tableEnv.toRetractStream(resultRow, Row.class);
retract.print("Retract Row Type: ");
env.execute();
```

完整代码见 com.intsmaze.flink.table.TypeMap.TableConvertDataStream。

通过上述代码可以看到，tableEnv.toRetractStream(resultRow, Row.class)方法会返回一个数据类型为 Tuple2<Boolean, X>的 DataStream，X 是我们指定的数据类型，Boolean 字段指定了更改的类型，true 代表 INSERT 操作，false 代表 DELETE 操作。

2）将 Table 转换为 DataSet

对于将 Table 转换为 DataSet，只需要将上面示例中的 tableEnv.toAppendStream（...）或 tableEnv.toRetractStream(...)改为 tableEnv.toDataSet(...)，将 DataStream 改为 DataSet 即可。下面是一个简单的示例，关于 DataSet 的使用不再做过多的演示。

```
Table table = tableEnv.sqlQuery("SELECT product,amount FROM table_order WHERE amount < 3000");

//通过指定类型将 Table 转换为 Row 类型的 DataSet
DataSet<Row> dsRow = tableEnv.toDataSet(table, Row.class);

//通过指定 TypeInformation 将 Table 转换为 Tuple2<String, Integer>类型的 DataSet
TupleTypeInfo<Tuple2<String, Integer>> tupleType = new TupleTypeInfo<>(
        Types.STRING(), Types.INT());

DataSet<Tuple2<String, Integer>> dsTuple = tableEnv.toDataSet(table, tupleType);
```

8.1.8 数据类型到表模式的映射

Flink 的 DataStream 和 DataSet API 支持多种不同的类型，例如复合类型、POJO 和 Flink 的 Row 类型。它们允许嵌套数据结构，其中还可以包含多个字段，其他类型被视为原子类型。

下面将描述 Table API 如何将这些类型转换为内部行，并展示将 DataStream 转换为 Table 的示例。以下是基于流处理的映射，基于批处理的映射将 tableEnv.fromDataStream(...)改为 tableEnv.fromDataSet(...)即可。

1. 基于字段位置映射

基于位置的映射可用于在保持字段顺序的同时赋予字段更有意义的名称。此映射可用于具有已定义字段顺序的复合数据类型和原子类型。Tuples 和 Row 等复合数据类型具有这样的字段顺序。但是 POJO 的字段必须根据字段名映射，无法基于字段位置进行映射。

基于字段位置映射时，输入数据类型中必须不存在指定的名称，否则将假定应该基于字段名称进行映射。如果没有指定字段名，则使用复合类型的默认字段名和字段顺序，或者使用 f0 表示原子类型。

```
DataStream<Tuple2<Long, Integer>> dataStream = // [...]

//将 dataStream 转换为 Table，表的字段名默认为 f0 和 f1
Table table = tableEnv.fromDataStream(dataStream);

//将 dataStream 转换为 Table，同时指定表的字段名称为 myLong 和 myInt
Table table = tableEnv.fromDataStream(dataStream, "myLong, myInt");
```

2. 基于字段名称映射

基于名称的映射可以用于任何数据类型，包括 POJO。这是定义表模式映射最灵活的方法，映射中的所有字段都按名称引用，可以使用别名来重命名，字段可以重新排序并投影出来。如果没有指定字段名，则使用复合类型的默认字段名和字段顺序，或者使用原子类型的 f0。

```
DataStream<Tuple2<Long, Integer>> dataStream = // [...]

//将 dataStream 转换为 Table，表的字段名默认为 f0 和 f1
Table table = tableEnv.fromDataStream(dataStream);

//将 dataStream 转换为 Table，同时指定表的字段名为 f1
Table table = tableEnv.fromDataStream(dataStream, "f1");

//dataStream 转换为 Table，同时指定表的字段名为 f0 和 f1 并交换字段顺序
Table table = tableEnv.fromDataStream(dataStream, "f1, f0");

//dataStream 转换为 Table，同时交换字段顺序，并对指定的字段名进行重命名
Table table = tableEnv.fromDataStream(dataStream, "f1 AS myInt, f0 AS myLong");
```

3. 原子类型

Flink 将基本类型（Integer、Double、String）视为原子类型。原子类型的数据流或数据集被转换为具有单个字段的表。字段的类型由原子类型推断，可以指定字段的名称。

```
DataStream<Long> dataStream = // [...]

//将 dataStream 转换为 Table，表的字段名默认为 f0
Table table = tableEnv.fromDataStream(dataStream);

//将 dataStream 转换为 Table，同时指定表的字段名为 myLong
Table table = tableEnv.fromDataStream(dataStream, "myLong");
```

4. Tuples

Flink 支持 Scala 的内置元组，并为 Java 提供了自己的元组类。这两种元组的数据流和数据

集都可以转换为表。可以通过为所有字段提供名称（基于位置的映射）来重命名字段。如果没有指定字段名，则使用默认字段名。如果引用原始字段名（Flink 元组和 Scala 元组），则 API 假定映射是基于名称的，而不是基于位置的。基于名称的映射允许使用别名（as）对字段和投影进行重新排序。以下演示了基于 Java 的 Tuples：

```
DataStream<Tuple2<Long, String>> dataStream= // [...]

//将 dataStream 转换为 Table，表的字段名默认为 f0、f1
Table table = tableEnv.fromDataStream(dataStream);

//将 dataStream 转换为 Table，同时指定表的字段名为 myLong、myString
Table table = tableEnv.fromDataStream(dataStream, "myLong, myString");

//将 dataStream 转换为 Table，同时指定表的字段名为 f0 和 f1 并交换字段顺序
Table table = tableEnv.fromDataStream(dataStream, "f1, f0");

//将 dataStream 转换为 Table，同时指定表的字段名为 f1
Table table = tableEnv.fromDataStream(dataStream, "f1");

//将 dataStream 转换为 Table，同时交换字段顺序，并对指定的字段名进行重命名
Table table = tableEnv.fromDataStream(dataStream, "f1 AS 'myStr', f0 AS 'myLong'");
```

5. POJO

Flink 支持将 POJO 作为复合类型，在 3.3 节中记录了 Flink 对 POJO 支持的详细要求。在不指定字段名的情况下将数据类型为POJO的DataStream或DataSet转换为表时，将使用原始POJO字段的名称。名称映射需要原始名称，不能通过位置来完成映射。字段可以使用别名（带 as 关键字）重命名、重新排序和投影。

```
//Person 类是具有字段 name 和 age 的 POJO
DataStream<Person> dataStream= // [...]

//将 dataStream 转换为 Table，表的字段名默认为 age、name
Table table = tableEnv.fromDataStream(dataStream);

//将 dataStream 转换为 Table，并对指定的字段名进行重命名
Table table = tableEnv.fromDataStream(dataStream, "age AS myAge, name AS myName");

//将 dataStream 转换为 Table，同时指定表的字段名为 name
Table table = tableEnv.fromDataStream(dataStream, "name");
```

6. Row

Row 数据类型支持任意数量的字段和具有空值的字段。字段名可以通过 RowTypeInfo 指定，也可以在将行 DataStream 或 DataSet 转换为表时指定。Row 类型支持按位置和名称映射字段。

可以通过为所有字段提供名称（基于位置的映射）来对字段进行重命名，或者单独进行投影/排序/重命名（基于名称的映射）。

```
String[] names = new String[] {"name" ,"age"};
TypeInformation[] types = new TypeInformation[] {Types.STRING(), Types.INT()};

//Row 类型的 DataStream，在 RowTypeInfo 中指定了两个字段 name 和 age
DataStream<Row> dataStream= env.fromCollection(Arrays.asList(
            Row.of( "beer", 3),
            Row.of("diaper", 4)))
          .returns(Types.ROW(names, types));

//将 dataStream 转换为 Table，表的字段名默认为 name、age
Table table = tableEnv.fromDataStream(dataStream);

//将 dataStream 转换为 Table，表的字段名为 myName、myAge
Table table = tableEnv.fromDataStream(dataStream, "myName, myAge");

//将 dataStream 转换为 Table，并对指定的字段名进行重命名
Table table = tableEnv.fromDataStream(dataStream, "name AS myName, age AS myAge");

//将 dataStream 转换为 Table，同时指定表的字段名为 name
Table table = tableEnv.fromDataStream(dataStream, "name");
```

8.1.9　查询优化

Apache Flink 使用 Apache Calcite 来优化和翻译查询，当前的查询优化包括投影、过滤下推、不相关子查询及各种形式的查询重写。Flink 不会优化查询中表 JOIN 的顺序，而是按照查询中定义的表顺序执行（FROM 子句中表的顺序，WHERE 子句中连接谓词的顺序）。

Table API 提供了一种机制来解释计算表的逻辑和优化查询计划，这个机制可以通过调用 TableEnvironment.explain(table)方法来完成，这个方法返回一个描述三种类别计划的字符串：

（1）关系查询语法树，即未优化的查询计划。

（2）优化后的逻辑查询计划。

（3）物理执行计划。

下面的示例代码将在控制台打印出程序中查询的执行计划：

```
...
Table table1 = tEnv.fromDataStream(stream1, "count, word");
Table table2 = tEnv.fromDataStream(stream2, "count, word");
Table table = table1
  .where("LIKE(word, 'F%')")
```

```
  .unionAll(table2);

String explanation = tEnv.explain(table);
System.out.println(explanation);
```

完整代码见 com.intsmaze.flink.table.ExplainingTemplate。

在 IDE 中运行上述程序，将在控制台打印出该程序中对应查询的执行计划信息：

```
== Abstract Syntax Tree ==
LogicalUnion(all=[true])
  LogicalFilter(condition=[LIKE($1, 'F%')])
    LogicalTableScan(table=[[_DataStreamTable_0]])
  LogicalTableScan(table=[[_DataStreamTable_1]])

== Optimized Logical Plan ==
DataStreamUnion(union=[count, word])
  DataStreamCalc(select=[count, word], where=[LIKE(word, 'F%')])
    DataStreamScan(table=[[_DataStreamTable_0]])
  DataStreamScan(table=[[_DataStreamTable_1]])

== Physical Execution Plan ==
Stage 1 : Data Source
  content : collect elements with CollectionInputFormat
Stage 2 : Data Source
  content : collect elements with CollectionInputFormat
  Stage 3 : Operator
    content : from: (count, word)
    ship_strategy : REBALANCE
    Stage 4 : Operator
      content : where: (LIKE(word, 'F%')), select: (count, word)
      ship_strategy : FORWARD
      Stage 5 : Operator
        content : from: (count, word)
        ship_strategy : REBALANCE
```

8.2 SQL

Flink 对 SQL 的集成基于 Apache Calcite，它实现了 SQL 标准。SQL 查询被指定为常规字符串，同时在 TableEnvironment 对象的 sqlQuery(...)方法中指定。sqlQuery(...)方法将 SQL 查询的结果作为 Table 对象返回，返回的 Table 对象既可用于后续 SQL 和 Table API 查询，也可转换为 DataSet 或 DataStream，甚至可以写入 TableSink。

SQL 和 Table API 的查询可以无缝混合在一起，并进行整体优化后转换成一个程序。用户要想访问 SQL 查询中的表，必须先在 TableEnvironment 中注册表。Flink 提供了从 TableSource、Table、DataStream 或 DataSet 中注册表的多种方式。

请注意：在写作本书时，Flink 对 SQL 的支持尚未完成，用户在指定 SQL 查询时，如果包含不支持的 SQL 特性，则会导致 TableException 异常。

8.2.1　指定一个查询

下面的示例显示了如何在已注册的表中指定 SQL 查询：

```
import com.intsmaze.flink.table.PrepareData;
import com.intsmaze.flink.table.bean.ClickBean;

import org.apache.flink.api.java.tuple.Tuple2;
import org.apache.flink.streaming.api.datastream.DataStream;
import org.apache.flink.streaming.api.environment.StreamExecutionEnvironment;
import org.apache.flink.table.api.Table;
import org.apache.flink.table.api.TableEnvironment;
import org.apache.flink.table.api.java.StreamTableEnvironment;
import org.apache.flink.types.Row;

//获取执行环境
StreamExecutionEnvironment env = StreamExecutionEnvironment.getExecutionEnvironment();
//获取表环境
StreamTableEnvironment tableEnv = TableEnvironment.getTableEnvironment(env);

//从指定的数据集合中创建一个数据流
DataStream<ClickBean> streamSource = env.fromCollection(PrepareData.getClicksData());

//将数据流注册为表，表名为 Clicks，表的字段名为 user、url、time
tableEnv.registerDataStream("Clicks", streamSource, "user,url,time");

//执行 SQL 查询
Table resultTable = tableEnv.sqlQuery("SELECT user,url FROM Clicks WHERE user = '张三'");

//将 SQL 查询的结果数据转换为数据流
 DataStream<Tuple2<Boolean, Row>>  resultStream=tableEnv.toRetractStream (resultTable,
Row.class);

//将数据流中的元素打印到标准的输出流上中
resultStream.print();
//触发程序执行
env.execute();
```

完整代码见 com.intsmaze.flink.table.sqlapi.SqlTemplate。

8.2.2 SQL 支持的语法

Flink 使用 Apache Calcite 解析 SQL，它支持标准的 ANSI SQL（例如 SQL92，即数据库的一个 ANSI/ISO 标准）。开发者在使用 Flink 的 SQL 查询时需要注意当前 Flink 版本是否支持 DDL 语句。

BNF（Backus-Naur Form，巴科斯范式）语法描述了批处理和流处理对 SQL 特性支持的超集（具体代码可在 Flink 官网查看）。后面将详细展示当前 Flink 版本支持特性的示例，并指出哪些特性只支持批处理或流处理。

Flink SQL 对标识符（表、属性、函数名）使用的语法策略类似于 Java：

- 无论是否引用标识符，都会保留标识符的大小写状态。
- 标识符匹配区分大小写。
- 与 Java 不同，SQL 中的反引号允许标识符包含非字母、数字字符（例如，"SELECT a AS `my field` FROM t"）。

SQL 查询中的字符串文字必须用单引号括起来（例如 SELECT 'Hello World'）。复制一个单引号表示进行转义（例如 SELECT 'It''s me.'）。

8.2.3 SQL 操作

1. 扫描、过滤、投影

SELECT

- 适用范围：Batch 和 Streaming

SELECT 用于从数据流或数据集中检索指定列的数据，语义是关系代数中的投影。星号(*)是选取所有列的快捷方式。

```
SELECT * FROM Clicks;

SELECT user,url,time FROM Clicks;
```

WHERE

- 适用范围：Batch 和 Streaming

WHERE 用于从数据流或数据集中过滤数据，从 SELECT 检索的数据中选择对应的数据。

```
SELECT * FROM Clicks WHERE user="张三";

SELECT user,url,time FROM Clicks WHERE user="张三";
```

Scalar 函数（UDF）

- 适用范围：Batch 和 Streaming

对于从数据流或数据集中检索出的数据，可以使用标量函数对这些数据的指定字段进行函数计算。

```
SELECT UPPER(url) FROM Clicks ;
```

Flink 提供了大量内置的标量函数以丰富 SQL 功能，如果现有的标量函数无法满足需求，Flink 还支持用户去自定义标量函数。自定义的标量函数必须在 TableEnvironment 中注册，有关如何指定和注册自定义标量函数的详细信息可参阅 8.4 节。

2. 聚合

DISTINCT

- 适用范围：Batch 和 Streaming

因为表中可能会包含重复值，所以当希望仅列出不同的值时可以使用 DISTINCT，DISTINCT 会删除重复的值并返回不同的值。

```
SELECT DISTINCT user FROM Clicks
```

需要注意的是，在流处理中使用 DISTINCT 时，新进入的数据会导致先前计算结果的更改，因此将表转换为数据流时应采用 Retract 模式，具体细节见 9.1 节。同时，流处理使用 DISTINCT 的计算查询结果所需的状态可能会无限增长，这取决于不同字段的数量。为此需要用户提供具有有效保留间隔的查询配置，以防止状态过大，具体细节见 9.5 节。

GROUP BY

- 适用范围：Batch 和 Streaming

GROUP BY 语句根据指定的一个或多个列对查询的结果集进行分组，然后结合聚合函数进行聚合计算。

```
SELECT user, count(url)
FROM Clicks
GROUP BY user
```

在流处理的 SQL 查询中使用 GROUP BY 时，注意事项和使用 DISTINCT 一样，不再赘述。

HAVING

- 适用范围：Batch 和 Streaming

HAVING 语句通常与 GROUP BY 语句联合使用，用于过滤 GROUP BY 语句返回的数据集。HAVING 语句的存在弥补了 WHERE 关键字不能与聚合函数联合使用的不足。

```
SELECT user, count(url)
FROM Clicks
GROUP BY user
HAVING  count(url) > 50
```

在流处理的 SQL 查询中使用 HAVING 时，注意事项和使用 DISTINCT 一样，不再赘述。

GROUPING SETS

- 适用范围：Batch

GROUPING SETS 是 GROUP BY 语句更进一步的扩展，它可以定义多个数据分组，并对分组集中指定的组表达式的每个子集执行 GROUP BY 操作。GROUPING SETS((user), (url))等价于 GROUP BY user UNION GROUP BY url。

```
SELECT user,url,
count(1)
FROM Clicks
GROUP BY GROUPING SETS ((user), (url))
```

完整代码见 com.intsmaze.flink.table.sqlapi.GroupingSetsTemplate。

UDAF（用户定义聚合函数）

- 适用范围：Batch 和 Streaming

当使用 GROUP BY 语句对查询的结果集以指定的一个或多个列进行分组后，可以使用聚合函数对检索出数据的指定字段进行函数计算操作。

```
SELECT user, MyAggregate(time)
FROM Clicks
GROUP BY user
```

Flink 提供了大量内置的聚合函数以丰富 SQL 功能，如果现有的聚合函数无法满足需求，Flink 同样支持用户自定义聚合函数，自定义的聚合函数必须在 TableEnvironment 中注册。有关如何指定和注册自定义聚合函数的详细信息可参阅 8.4 节。

在流处理的 SQL 查询中使用聚会函数时，注意事项和使用 DISTINCT 一样，不再赘述。

GROUP BY WINDOW

- 适用范围：Batch 和 Streaming

GROUP BY WINDOW（组窗口）根据指定的一个或多个列及时间属性对一个窗口内的结果集进行分组，然后结合聚合函数进行聚合计算。当前的 Flink 版本支持滚动、滑动和会话三种组窗口计算方式。

```
SELECT user AS name,count(url)
FROM Clicks
GROUP BY TUMBLE(time_attr, INTERVAL '1' HOUR), user
```

在流处理的 SQL 查询中使用组窗口时，time_attr 必须引用一个有效的时间属性，该属性用于指定行（数据）的处理时间或事件时间。可参阅 9.2 节以了解如何定义时间属性。在批处理的 SQL 查询中使用组窗口时，time_attr 必须是 TIMESTAMP 类型。

OVER WINDOW

- 适用范围：Streaming

Flink 对 OVER WINDOW 的定义遵循标准 SQL 的定义语法，但目前只支持 ROWS OVER WINDOW，即视每一行（数据）为新的计算行（数据），每一行（数据）都是一个新的窗口。目前暂不支持 ROWS OVER WINDOW。

OVER WINDOW 的语法如下：

```
SELECT COUNT(url) OVER (
  PARTITION BY (expression1,..., expressionN)
  ORDER BY time_attr
  ROWS BETWEEN (UNBOUNDED | rowCount) PRECEDING AND CURRENT ROW)
FROM Clicks
```

- expression：分区值表达式，可以有多个。
- time_attr：用于元素排序的时间属性字段。
- rowCount：根据当前行向前追溯几行元素。
- UNBOUNDED：根据当前行向前追溯的行元素是没有界限的。

示例如下：

```
SELECT COUNT(url) OVER (
  PARTITION BY user
  ORDER BY VisitTime
  ROWS BETWEEN 1 PRECEDING AND CURRENT ROW)
FROM Clicks
```

在流处理中使用 OVER WINDOW 时，time_attr 参数也必须引用一个有效的时间属性，该属性指定行（数据）的处理时间或事件时间。

完整代码见 com.intsmaze.flink.table.sqlapi.OverWindowTemplate。

3. 集合操作

UNION

- 适用范围：Batch

UNION 会将两个表进行合并并删除重复的记录。如果用户要使用 UNION，则必须确保进行联合操作的两个表的字段完全重叠，且两个表必须绑定到相同的表环境中。

正确的语法如下：

```
SELECT * FROM
( SELECT name,age FROM Person WHERE age < 23)
UNION
(SELECT name,age FROM PersonTmp WHERE age > 40)

SELECT * FROM
( SELECT * FROM Person WHERE age < 23)
UNION
(SELECT * FROM PersonTmp WHERE age > 40)
```

错误的语法如下：

```
SELECT * FROM
( SELECT name,age FROM Person WHERE age < 23)
UNION
(SELECT name,age,city FROM PersonTmp WHERE age > 40)
```

完整代码见 com.intsmaze.flink.table.sqlapi.UnionTemplate。

UNION All

- 适用范围：Batch 和 Streaming

UNION All 会将两个表进行合并且不删除重复的记录。如果用户要使用 UNION All，则必须确保进行联合操作的两个表的字段必须完全重叠，且两个表必须绑定到相同的表环境中。

正确的语法如下：

```
SELECT * FROM
( SELECT name,age FROM Person WHERE age < 40)
UNION All
(SELECT name,age FROM PersonTmp WHERE age > 35)
```

```
SELECT * FROM
( SELECT * FROM Person WHERE age < 40)
UNION All
(SELECT * FROM PersonTmp WHERE age > 35)
```

错误的语法如下：

```
SELECT * FROM
( SELECT name,age FROM Person WHERE age < 40)
UNION All
(SELECT name,age,city FROM PersonTmp WHERE age > 35)
```

完整代码见 com.intsmaze.flink.table.sqlapi.UnionAllTemplate。

EXCEPT

- 适用范围：Batch

EXCEPT 将两个结果集进行计算并返回两个结果集的差（即从左查询中返回右查询中没有找到的所有非重复值）。如果用户要使用 EXCEPT，则必须确保进行差集计算的两个表的字段完全重叠，且两个表必须绑定到相同的表环境中。

```
SELECT * FROM
( SELECT * FROM Person WHERE age<40)
EXCEPT
(SELECT * FROM PersonTmp WHERE age>33)
```

完整代码见 com.intsmaze.flink.table.sqlapi.ExceptTemplate。

INTERSECT

- 适用范围：Batch

INTERSECT 将两个结果集进行计算并返回两个结果集的交集。注意事项与 EXCEPT 一致，不再赘述。

```
SELECT * FROM
( SELECT * FROM Person WHERE age<40)
INTERSECT
(SELECT * FROM PersonTmp WHERE age>33)
```

完整代码见 com.intsmaze.flink.table.sqlapi.IntersectTemplate。

IN

- 适用范围：Batch 和 Streaming

如果给定表的子查询中存在表达式指定的字段，则返回 true。

```
SELECT * FROM Person WHERE name IN
(SELECT name FROM PersonTmp WHERE age <30)
```

在流处理中使用 IN 时，注意事项和使用 DISTINCT 一样，不再赘述。

完整代码见 com.intsmaze.flink.table.sqlapi.InTemplate。

4. 排序和限制

ORDER BY

- 适用范围：Batch 和 Streaming

ORDER BY 语句用于根据指定的列对结果集进行排序，降序为 DESC，升序为 ASC。

```
SELECT * FROM  Clicks ORDER BY time DESC

SELECT * FROM  Clicks ORDER BY time ASC
```

在流处理中，查询的结果必须根据时间属性进行升序排序，该属性指定行的处理时间或事件时间。同时，对于在流处理中使用了 ORDER BY 的查询操作，新进入的数据不会导致先前计算结果的更改，因此将表转换为数据流可以采用 Append 模式。

```
//定义流表的时间属性字段名为 VisitTime
tEnv.registerDataStream("Clicks", dataStream, "user,time,url,VisitTime.rowtime");

//Table  table = tEnv.sqlQuery("SELECT * FROM Clicks ORDER BY time DESC");
//使用非时间属性字段，即使该字段是时间类型，程序也无法执行

//Table table = tEnv.sqlQuery("SELECT * FROM Clicks ORDER BY VisitTime DESC");
//使用时间属性，字段排序必须是升序，否则程序无法执行

Table table = tEnv.sqlQuery("SELECT * FROM Clicks ORDER BY VisitTime ASC");
```

完整代码见 com.intsmaze.flink.table.sqlapi.OrderTemplate。

LIMIT

- 适用范围：Batch

LIMIT 子句用于限制查询结果返回的数量，必须结合 ORDER BY 语句一起使用。Flink 不允许限制查询的结果条数且不对结果进行排序，因为这样会导致程序每次运行时产生不同的结果。

```
SELECT * FROM  Clicks  ORDER BY time DESC LIMIT 2
```

如果不对结果进行排序就使用 LIMIT 语法，在执行程序时会报如下错误：

```
org.apache.flink.table.api.TableException: Limiting the result without sorting is not allowed as it could lead to arbitrary results.
```

完整代码见 com.intsmaze.flink.table.sqlapi.LimitTemplate。

5. 插入

INSERT INTO

- 适用范围：Batch 和 Streaming

INSERT INTO 用于将 SQL 查询的结果发送到 TableSink 中以实现将数据发送到外部存储系统，为此 TableSink 必须在 TableEnvironment 中注册，同时已注册表的模式必须与查询的模式匹配。

```
INSERT INTO CsvSinkTable SELECT name,city FROM Person WHERE age>3
```

与其他 SQL 查询不同的是，INSERT INTO 必须使用 tableEnv.sqlUpdate(...)方法，而不是 tableEnv.sqlQuery(...)方法，否则会报如下错误：

```
org.apache.flink.table.api.TableException: Unsupported SQL query! sqlQuery() only accepts SQL queries of type SELECT, UNION, INTERSECT, EXCEPT, VALUES, and ORDER_BY.
```

完整代码见 com.intsmaze.flink.table.sqlapi.InsertIntoTemplate。

6. 常规连接

当前 Flink 版本仅支持等价连接，即至少具有一个相等谓词的联合条件的连接。同时需要注意，当前 Flink 版本未对表的连接顺序进行优化，表在 FROM 子句中以指定的顺序进行连接。用户在使用连接计算时要确保以产生笛卡儿乘积的顺序指定表的连接条件，否则会导致查询失败。

INNER EQUI-JOIN

- 适用范围：Batch 和 Streaming

使用 INNER JOIN 连接两张表时会返回左表和右表匹配的行：

```
SELECT * FROM Clicks
INNER JOIN
Person
ON Person.name=Clicks.user
```

流处理中的查询操作需要将连接输入两侧的数据永久保持在 Flink 的状态中，直到连接输入两侧的数据符合连接条件才会输出连接结果，新进入的数据不会导致先前计算结果的更改，因此表转换为数据流可以采用 Append 模式，具体细节见 9.3 节。如果连接中的一个或两个输入表不断增长，那么计算查询结果所需的状态可能会无限增大。为此需要用户提供具有有效保留间隔的查询配置，以防止状态过大。

完整代码见 com.intsmaze.flink.table.sqlapi.JoinTemplate。

OUTER EQUI-JOIN

- 适用范围：Batch 和 Streaming

即使在右表中没有匹配的行，LEFT JOIN 关键字也会从左表中返回所有的行；即使在左表中没有匹配的行，RIGHT JOIN 关键字也会从右表中返回所有的行。

```
SELECT * FROM Clicks
LEFT JOIN
Person
ON Person.name=Clicks.user

SELECT * FROM Clicks
RIGHT JOIN
Person
ON Person.name=Clicks.user

SELECT * FROM Clicks
FULL JOIN
Person
ON  Person.name=Clicks.user
```

流处理上的查询需要将连接输入的两侧的数据永久保持在 Flink 的状态中，当连接两侧输入的数据不满足连接条件时会以主表的数据进行输出，新进入的数据会导致先前计算结果的更改，因此表转换为数据流应采用 Retract 模式，具体细节见 9.3 节。如果连接中的一个或两个输入表不断增长，计算查询结果所需的状态可能会无限增大。为此需要用户提供具有有效保留间隔的查询配置，以防止状态过大，具体细节见 9.5 节。

不支持的语法如下：

```
SELECT * FROM Clicks FULL|RIGHT|LEFT|INNER JOIN Person on 1=1

SELECT * FROM Clicks FULL|RIGHT|LEFT|INNER JOIN Person
on Person.name=Clicks.user or Person.city=Clicks.url
```

7. 时间窗口的连接

- 适用范围：Batch 和 Streaming

时间窗口连接可以以流的方式处理常规连接的子集。时间窗口的连接至少需要一个等价连接判断和一个时间属性的连接条件，这种连接条件可以由两个适当的范围判断（<、≤、≥、>）、一个 BETWEEN 判断或一个比较同一类型时间属性的等式判断（处理时间或事件时间）组成。以下是有效的窗口连接条件：

- ltime = rtime
- ltime≥rtime AND ltime < rtime + INTERVAL '10' MINUTE
- ltime BETWEEN rtime - INTERVAL '10' SECOND AND rtime + INTERVAL '5' SECOND

```
SELECT *
FROM Orders o, Shipments s
WHERE o.id = s.orderId AND
     o.ordertime BETWEEN s.shiptime - INTERVAL '4' HOUR AND s.shiptime
```

8. UNNEST

- 适用范围：Batch 和 Streaming

在处理复杂数据时，数据的某一列可能是较为复杂的格式，例如 ARRAY、MAP 和 MULTISET 格式。Flink 提供了 UNNEST 语法供用户使用，该语法可以将复杂格式的数据转换为多行数据。

```
SELECT name,age,area FROM Person
CROSS JOIN
UNNEST(city) AS t (area)
```

在将数据集或数据流注册为表时，后续 SQL 查询中用作 UNNEST 列的对应的字段类型必须为 ARRAY、MAP 和 MULTISET 类型之一，否则会报如下错误：

```
    Cannot apply 'UNNEST' to arguments of type 'UNNEST(<VARCHAR(65536)>)'. Supported form(s):
'UNNEST(<MULTISET>)'
    'UNNEST(<ARRAY>)'
    'UNNEST(<MAP>)'
```

完整代码见 com.intsmaze.flink.table.sqlapi.UnnestTemplate。

下面是一个简单的示例：

```
List<PersonUnnestBean> personList = new ArrayList();
personList.add(new PersonUnnestBean("张三", 38, new String[]{"上海","浦东新区"}));
personList.add(new PersonUnnestBean("李四", 45, new String[]{"深圳","福田区"}));

DataStream<PersonUnnestBean> personStream = env.fromCollection(personList);

tEnv.registerDataStream("Person", personStream, "name,age,city");
```

```
tEnv.toRetractStream(tEnv.sqlQuery("SELECT name,age,area FROM Person CROSS JOIN UNNEST(city) AS t
(area)"), Row.class).print("UNNEST");
```

9. 与表函数的连接

- 适用范围：Batch 和 Streaming

Flink 也支持用户将表与表函数的结果连接在一起，左（外）表的每一行都与调用表函数产生的所有行连接在一起。在使用表函数连接前，必须将用户定义的表函数注册到表环境中。

```
-- CROSS JOIN：如果左侧（外部）表的表函数调用返回空结果，则该行将被删除
SELECT users, tag
FROM Orders, LATERAL TABLE(tableFunctionName(tags)) t AS tag

-- LEFT OUTER JOIN：如果表函数调用返回空结果，则保留对应的左表的行，并用空值填充结果
SELECT users, tag
FROM Orders LEFT JOIN LATERAL TABLE(tableFunctionName(tags)) t AS tag ON TRUE
```

10. 与时态表的连接

- 适用范围：Streaming

时态表是跟踪随时间变化的表，即缓慢变化的维度表。时态表函数提供对特定时间点下时态表对应的快照版本的访问。Flink 对于时态表的连接有严格的顺序要求，连接的左侧输入为 append-only 表，右侧输入为时态表。

假设 Rates(...)是时态表函数，则对于时态表的连接的 SQL 表示如下：

```
SELECT
  o_amount, r_rate
FROM
  Clicks,
  LATERAL TABLE (Rates(o_proctime))
WHERE
  user=name
```

注意：当前 Flink 版本只支持与时态表的内部连接。

8.2.4 数据类型

SQL 运行时构建在 Flink 的 DataSet 和 DataStream API 之上，而在内部它使用 Flink 的类型信息来定义数据类型。Flink SQL 完全支持的类型在 org.apache.flink.table.api.Types 中给出了定义。图 8-3 总结了 SQL 类型、表 API 类型和生成的 Java 类之间的关系。

Table API	SQL	Java type
Types.STRING	VARCHAR	java.lang.String
Types.BOOLEAN	BOOLEAN	java.lang.Boolean
Types.BYTE	TINYINT	java.lang.Byte
Types.SHORT	SMALLINT	java.lang.Short
Types.INT	INTEGER, INT	java.lang.Integer
Types.LONG	BIGINT	java.lang.Long
Types.FLOAT	REAL, FLOAT	java.lang.Float
Types.DOUBLE	DOUBLE	java.lang.Double
Types.DECIMAL	DECIMAL	java.math.BigDecimal
Types.SQL_DATE	DATE	java.sql.Date
Types.SQL_TIME	TIME	java.sql.Time
Types.SQL_TIMESTAMP	TIMESTAMP(3)	java.sql.Timestamp
Types.INTERVAL_MONTHS	INTERVAL YEAR TO MONTH	java.lang.Integer
Types.INTERVAL_MILLIS	INTERVAL DAY TO SECOND(3)	java.lang.Long
Types.PRIMITIVE_ARRAY	ARRAY	e.g. int[]
Types.OBJECT_ARRAY	ARRAY	e.g. java.lang.Byte[]
Types.MAP	MAP	java.util.HashMap
Types.MULTISET	MULTISET	e.g. java.util.HashMap<String, Integer> for a multiset of String
Types.ROW	ROW	org.apache.flink.types.Row

图 8-3

8.2.5 保留关键字

虽然目前 Flink 还没有实现所有 SQL 特性，但是一些字符串组合已经被保留为关键字，以供将来使用。如果开发者想使用某个字符串作为字段名，则要确保用反号（比如`value`、`count`）。具体关键字可查询 Flink 官网。

8.3 Table API

Table API 是用于流处理和批处理的统一关系 API。Table API 的查询操作可以在流处理或批处理的输入中执行。Table API 是 SQL 语言的超级集合，是专门为 Apache Flink 而设计的。Table API 查询不像 SQL 那样将查询指定为常见的字符串值，而是以 Java 或 Scala 语言嵌入的方式进行定义，并提供 IDE 的支持，例如自动完成和语法验证。

Table AI 基于 Table 类，Table 类表示表（流或批处理）并提供应用关系操作的方法。这些方法返回一个新的 Table 对象，它表示在输入表中应用关系操作的结果。一些关系操作由多个方法调用组成，如 table.groupBy(...).select(...)，其中 groupBy(...)指定表的分组，select(...)为表分组上的投影。

下面的示例显示了 Java 的 Table API，表程序在批处理环境中执行，它扫描 Clicks 表并查询 user 为张三或者李四数据的 id、user 和 time 字段值，表程序的结果被转换成 Row 类型的数据集并打印出来。

```
import org.apache.flink.table.api.Table;
import org.apache.flink.table.api.TableEnvironment;
import org.apache.flink.table.api.java.BatchTableEnvironment;
import org.apache.flink.types.Row;
...
//获取执行环境
ExecutionEnvironment env = ExecutionEnvironment.getExecutionEnvironment();
//获取表环境
BatchTableEnvironment tableEnv = TableEnvironment.getTableEnvironment(env);

//根据指定的集合创建一个数据集
DataSet<ClickBean> dataStream = env.fromCollection(PrepareData.getClicksData());

//将数据集注册为表，表名为 Clicks，表的字段名为 id、user、time、url
tableEnv.registerDataSet("Clicks", dataStream, "id,user,time,url");

//扫描已注册的表并返回结果
Table orders = tableEnv.scan("Clicks");
//查询 user 为张三或者李四数据的 id、user 和 time 三列字段
Table result = orders
        .filter("user== '张三' || user=='李四'")
        .select("id,user,time");

//将表查询结果数据转换为数据集并打印在标准的输出流中
tableEnv.toDataSet(result, Row.class).print("result");
//触发程序执行
env.execute();
```

完整代码见 com.intsmaze.flink.table.tableapi.TableAPITemplate。

Table API 的操作不是本书重点，关于具体的详细操作可以去官网查看。

8.4 自定义函数

自定义 SQL 函数是 Flink 提供的一个重要的特性，通过允许用户自定义 SQL 函数来显著地扩展 SQL 查询的表达能力。在大多数情况下，用户自定义的函数必须在表环境中注册后才能用于查询（对于使用 Scala 的 Table API 则无须注册函数）。通过在 TableEnvironment 中调用 registerFunction(...)方法来注册用户自定义的函数，该函数将插入表环境的函数目录中，以便 Table API 或 SQL 解析器能够识别并正确地翻译它。Flink 支持 ScalarFunction、TableFunction 和 AggregateFunction 这三种类型的用户自定义 SQL 函数。

8.4.1 标量函数

如果 Flink 提供的内置函数中没有支持用户当前业务所需要的标量函数，则用户可以考虑自定义标量函数（ScalarFunction）。为了定义标量函数，用户定义的类必须继承 org.apache.flink.table.functions.ScalarFunction 抽象类，并实现一个或多个 eval(...)方法，同时 eval(...)方法还可以支持变长参数，比如 eval(String...str)。

标量函数的处理逻辑是由 eval(...)方法确定的，因此 eval(...)方法必须声明为 public。eval(...)方法的参数类型和返回类型决定了标量函数的参数和返回类型。

在下面的示例中，定义了一个日期处理函数，该函数提供两个方法的变体，一个方法将接收的字符类型的日期数据格式化为 yyyy-MM-dd 后返回，另一个方法可以接收两个参数，一个参数用于接收字符类型的日期数据，另一个参数用于获取指定日期的前几天的日期，并将该日期格式化为 yyyy-MM-dd 后返回。

```
public class ScalarFunctionTemplate extends ScalarFunction {
    //将输入的字符类型的日期数据格式化为 yyyy-MM-dd 后返回
    public String eval(String dateStr) throws ParseException {
        SimpleDateFormat sdf = new SimpleDateFormat("yyyy-MM-dd HH:mm:ss");
        Date date = sdf.parse(dateStr);
        //将输入的日期格式化为 yyyy-MM-dd 后返回
        SimpleDateFormat format = new SimpleDateFormat("yyyy-MM-dd");
        return format.format(date);
    }
    //返回指定日期前几天的日期，参数 dateStr 为指定日期，num 为指定前几天
    public String eval(String dateStr,int num) throws ParseException {
        SimpleDateFormat sdf = new SimpleDateFormat("yyyy-MM-dd");
        Calendar calendar = Calendar.getInstance();
        Date date = sdf.parse(dateStr);
        calendar.setTime(date);
        int day=calendar.get(Calendar.DATE);
        calendar.set(Calendar.DATE,day-num);
        String lastDay = sdf.format(calendar.getTime());
        return lastDay;
    }
    public static void main(String[] args) throws Exception {
        ExecutionEnvironment env = ExecutionEnvironment.getExecutionEnvironment();
        BatchTableEnvironment tableEnv =TableEnvironment.getTableEnvironment(env);
        //创建一个数据集合
        List<Row> data = new ArrayList<>();
        data.add(Row.of( "intsmaze", "2019-07-28 12:00:00", ".../intsmaze/"));
        data.add(Row.of( "Flink", "2019-07-25 12:00:00", ".../intsmaze/"));
        //根据指定集合创建一个数据集
        DataSet<Row> orderRegister = env.fromCollection(data);
        //将数据集注册为表，表名为 testSUDF，表的字段名为 user、visit_time、url，其中 visit_time 字段的
```

```
        值为日期格式的字符串
        tableEnv.registerDataSet("testSUDF", orderRegister,"user,visit_time,url");

        //在表环境中注册用户自定义的函数，这里将函数命名为 custom_Date
        tableEnv.registerFunction("custom_Date", new ScalarFunctionTemplate());

        //在 SQL 查询语句中使用用户定义的标量函数
        Table sqlResult = tableEnv.sqlQuery("SELECT user, custom_Date(visit_time),
custom_Date(visit_time,2) FROM testSUDF");
        //将表查询结果数据转换为数据集
        DataSet<Row> result = tableEnv.toDataSet(sqlResult, Row.class);

        result.print("result");
        env.execute();
    }
}
```

完整代码见 com.intsmaze.flink.table.udf.ScalarFunctionTemplate。

在 IDE 中运行上述程序后，在控制台中可以看到如下输出结果：

```
result> intsmaze,2019-07-28,2019-07-26
result> Flink,2019-07-25,2019-07-23
```

8.4.2 表函数

与用户定义的标量函数一样，用户定义的表函数（TableFunction）也可以接收一个或多个标量值作为输入参数，但是它可以返回任意数量的行作为输出，而不是单个值，返回的行可能由一个或多个列组成。为了定义表函数，用户定义的类必须扩展 org.apache.flink.table.functions.TableFunction 抽象类，同时实现一个或多个 eval(...)方法，eval(...)方法还可以支持变长参数，比如 eval(String…str)。

表函数的处理逻辑是由 eval(…)方法确定的，因此 eval(…)方法必须声明为 public，eval(…)方法的参数类型决定了表函数的所有有效参数。通过使用受保护的 collect(T)方法来输出返回的结果，返回表的类型由 TableFunction 的泛型类型决定。

表函数的使用语法如下：

```
SELECT users, tag
FROM Orders, LATERAL TABLE(tableFunctionName(tags)) t AS tag

SELECT users, tag
FROM Orders LEFT JOIN LATERAL TABLE(tableFunctionName(tags)) t AS tag ON TRUE
```

下面的示例定义了用户自己的表函数。该表函数将根据输入的字段的字符串值进行判断，如果输入的值含有“flink”字符串，则表函数返回空结果，否则根据指定的“#”作为分隔符进行切分，并返回每一个切分的字符串及其长度。

```
public class SplitTable extends TableFunction<Tuple2<String, Integer>> {
    private String separator;

    //指定切割字符串的分隔符
    public SplitTable(String separator) {
        this.separator = separator;
    }
     //如果输入的参数中含有“flink”子字符串，则表函数返回空结果，否则根据#进行切分，并返回每一个切分的
     字符串及其长度
    public void eval(String str) {
        if (str.indexOf("flink") < 0) {
            for (String s : str.split(separator)) {
                //使用 collect(...) 发送一行数据
                collect(new Tuple2<String, Integer>(s, s.length()));
            }
        }
    }
}
public class TableFunctionTemplate {
    public static void main(String[] args) throws Exception {
     ExecutionEnvironment env = ExecutionEnvironment.getExecutionEnvironment();
     BatchTableEnvironment tableEnv = TableEnvironment.getTableEnvironment(env);
        //通过给定的对象序列创建一个数据集
        DataSet<OrderBean> input = env.fromElements(
                new OrderBean(1L, "beer#intsmaze", 3),
                new OrderBean(1L, "flink#intsmaze", 4),
                new OrderBean(3L, "rubber#intsmaze", 2));
        //将数据集注册为表，表名为 orderTable，表的字段名为 user、product、amount
        tableEnv.registerDataSet("orderTable", input, "user,product,amount");

        //在表环境中注册自定义的表函数，这里将表函数命名为 splitFunction，在构造函数中指定表函数以#作为
        分隔符进行逻辑处理
        tableEnv.registerFunction("splitFunction", new SplitTable("#"));

        //在 SQL 查询语句中使用带有 LATERAL 和 TABLE 关键字的表函数
        //使用 CROSS JOIN 关键字连接一个表函数，声明表函数返回的字段名为 word 和 length
        Table sqlCrossResult = tableEnv.sqlQuery("SELECT user,product,amount,word, length FROM
orderTable, LATERAL TABLE(splitFunction(product)) AS T(word, length)");

        //使用 LEFT JOIN 关键字连接一个表函数，声明表函数返回的字段名为 word 和 length
        Table sqlLeftResult = tableEnv.sqlQuery("SELECT user,product,amount,word, length FROM
orderTable LEFT JOIN LATERAL TABLE(splitFunction(product)) AS T(word, length) ON TRUE");

        //将结果表转换为数据集并以指定的 CROSS JOIN 前缀打印在标准的输出流中
        tableEnv.toDataSet(sqlCrossResult, Row.class).print("CROSS JOIN");
```

```
        //将结果表转换为数据集并以指定的 LEFT JOIN 前缀打印在标准的输出流中
        tableEnv.toDataSet(sqlLeftResult, Row.class).print("LEFT JOIN");
        env.execute("TableFunctionTemplate");
    }
}
```

完整代码见 com.intsmaze.flink.table.udf.table.TableFunctionTemplate。

在 IDE 中运行上述程序后，在控制台中可以看到 CROSS JOIN 表函数的输出结果。从原始数据中可以知道“1L, "flink#intsmaze", 4”这行记录中的 product 字段含有“flink”，表函数处理该行数据时不会发出输出行，最终的效果为 product 字段包含“flink”的记录不会输出在控制台中。

```
CROSS JOIN> 1,beer#intsmaze,3,beer,4
CROSS JOIN> 1,beer#intsmaze,3,intsmaze,8
CROSS JOIN> 3,rubber#intsmaze,2,rubber,6
CROSS JOIN> 3,rubber#intsmaze,2,intsmaze,8
```

在 IDE 中运行上述程序后，在控制台中可以看到 LEFT JOIN 表函数的输出结果。从原始数据中可以知道“1L, "flink#intsmaze", 4”这行记录中的 product 字段含有“flink”，表函数处理该行数据时不会发出输出行，因此左表中的该行会保留，右表以 null 进行填充。

```
LEFT JOIN > 1,beer#intsmaze,3,beer,4
LEFT JOIN > 1,beer#intsmaze,3,intsmaze,8
LEFT JOIN > 1,flink#intsmaze,4,null,null
LEFT JOIN > 3,rubber#intsmaze,2,rubber,6
LEFT JOIN > 3,rubber#intsmaze,2,intsmaze,8
```

8.4.3 聚合函数

用户定义的聚合函数（AggregateFunction）可以将一个表中包含一个或多个属性的多行数据聚合到一个标量值中，为了定义聚合函数，用户定义的类必须扩展 org.apache.flink.table.functions.AggregateFunction 抽象类。

用户定义的聚合函数都必须实现以下方法：

- createAccumulator()：为聚合函数创建并初始化累加器，返回具有初始值的累加器。
- accumulate()：处理输入值并更新累加器实例。
- getValue()：在每次获取聚合结果时被调用。

聚合函数的工作原理大致如下：首先需要一个累加器对象，这个累加器对象是保存聚合中间结果的数据结构，通过调用 AggregateFunction 的 createAccumulator()方法来创建一个空的累加器，然后对于每个输入行都调用 accumulate()方法来更新累加器对象，一旦处理完表的所有行，就调用 getValue()方法来进行计算并返回最终结果。

除上述必须实现的方法外，该抽象类还提供了一些可选择性实现的约定方法，使系统可以更有效地执行查询操作。

- retract()：在有界的窗口上进行聚合操作时需要实现该方法，从累加器实例中撤回输入值。当前的设计会假定输入为先前已累积的值，可以使用不同的自定义类型和参数来重载 retract()方法。
- merge()：批处理中的聚合操作或者会话窗口中的聚合操作大都需要实现该方法，将保留合并的聚合结果。累加器可能包含以前的聚合结果，因此用户不应在 merge()方法中替换或清除此实例。
- resetAccumulator()：批处理中的聚合操作大都需要实现该方法，该方法将对累加器实例撤回的输入值进行重置，当前的设计会假定输入是先前已累积的值。

虽然这些方法对用户来说是可以选择实现的，但对于某些用例来说，某些方法又是强制要求实现的。例如，当聚合函数应用于会话的组窗口上时，merge()方法是必须要实现的。

下面是一个自定义的聚合函数示例，程序中有一个名为 orders 的表，该表包含四个字段（user 为用户名，name 为商品名称，price 为商品的定价，num 为购买商品的数量）。聚合函数将统计每个用户购买商品的总价和商品的总数量，计算每个用户购买商品的平均价格。为此定义了一个 AccumulatorBean 的 POJO 类作为累加器来存储每个用户购买商品的总价和购买商品的总数量。

```
//累加器对象
public class AccumulatorBean {
    public double totalPrice = 0;
    public int totalNum = 0;
}

public class AggregateFunctionTemplate extends AggregateFunction<Double, AccumulatorBean> {
    //创建一个累加器，这里为自定义的 AccumulatorBean 对象
    @Override
    public AccumulatorBean createAccumulator() {
        return new AccumulatorBean();
    }
    //返回聚合计算的结果，参数 acc 为当前已经累计的数值
    @Override
    public Double getValue(AccumulatorBean acc) {
        return acc.totalPrice / acc.totalNum;
    }
    //将当前行数据添加到累加器中
    public void accumulate(AccumulatorBean acc, double price, int num) {
        //price * num 为当前输入行的总价并累加到 totalPrice 中
        acc.totalPrice += price * num;
        //将当前输入的 num 累加到 totalNum 中
```

```
            acc.totalNum += num;
        }
        //重置累加器中的值
        public void resetAccumulator(AccumulatorBean acc) {
            acc.totalNum = 0;
            acc.totalPrice = 0L;
        }

        public static void main(String[] args) throws Exception {
            ExecutionEnvironment env = ExecutionEnvironment.getExecutionEnvironment();
            BatchTableEnvironment tEnv = TableEnvironment.getTableEnvironment(env);

            //创建一个数据集合
            List<Row> dataList = new ArrayList<>();
            dataList.add(Row.of( "张三", "可乐", 20.0D,4));
            dataList.add(Row.of( "张三", "果汁", 10.0D,4));
            dataList.add(Row.of( "李四", "咖啡", 10.0D,2));
            //根据指定集合创建一个数据集
            DataSet<Row> rowDataSource = env.fromCollection(dataList);

            //将数据集注册为表，表名为 orders，表的字段名为 user、name、price、num
            tEnv.registerDataSet("orders", rowDataSource, "user,name,price, num");

            //在表环境中注册自定义的聚合函数，这里将聚合函数命名为 custom_aggregate
            tEnv.registerFunction("custom_aggregate", new AggregateFunctionTemplate());

            //在 SQL 查询语句中使用该聚合函数
            Table sqlResult = tEnv.sqlQuery("SELECT user, custom_aggregate(price, num)  FROM orders
GROUP BY user");
            //将结果表转换为数据集
            DataSet<Row> result =tEnv.toDataSet(sqlResult, Row.class);
            result.print("result");
            env.execute();
        }
    }
```

完整代码见 com.intsmaze.flink.table.udf.aggre.AggregateFunctionTemplate。

在 IDE 中运行上述程序后，在控制台中可以看到如下输出信息：

```
result> 张三,15.0
result> 李四,10.0
```

8.4.4 自定义函数与运行环境集成

用户定义的函数可能需要在实际工作之前获取全局运行时信息，或者执行一些设置和清理的工作。为此 Flink 为用户定义的函数提供了 open(...)和 close()方法，用户定义的类在扩展

TableFunction、AggregateFunction 和 ScalarFunction 抽象类时自动继承了 open(...)和 close()方法，用户可以根据业务需求选择覆盖 open(...)或/和 close()方法。

- open(FunctionContext context)：该方法在用户定义的函数的 eval(...)方法之前调用一次。
- close()：该方法在最后一次调用用户定义的函数的 eval(...)方法后使用。

open(FunctionContext context)方法提供了一个 FunctionContext 类型的参数，其包含关于执行用户定义的函数的上下文的信息，例如指标组、分布式缓存文件或全局作业参数。调用 FunctionContext 的相应方法可以得到以下信息：

- getMetricGroup()：并行子任务的度量组。
- getCachedFile(name)：分布式缓存文件的本地临时文件副本。
- getJobParameter(name, defaultValue)：与给定键关联的全局作业参数值。

下面的示例展示了在用户定义的标量函数中通过重写 open(...)方法来使用 FunctionContext 访问全局作业参数，执行业务逻辑的 eval(...)方法根据自身的处理逻辑选择是否使用传入的参数值。

```
public class CustomScalarFunction extends ScalarFunction {
   ...
    private int sleepTime;
    @Override
    public void open(FunctionContext context) throws Exception {
        //访问 sleepTime 参数，如果参数不存在，则默认值为 1
        sleepTime = Integer.valueOf(context.getJobParameter("sleepTime", "1"));
    }

    public String eval(String str) throws ParseException {
        if(sleepTime>1000){
            ...
        }
        return ...;
    }

    public static void main(String[] args) throws Exception {
        ExecutionEnvironment env = ExecutionEnvironment.getExecutionEnvironment();
        BatchTableEnvironment tableEnv =TableEnvironment.getTableEnvironment(env);
        //构造配置对象
        Configuration conf = new Configuration();
        //设置要传递的参数值
        conf.setString("sleepTime", "2");
        //将配置对象设置到全局作业参数中供用户定义的函数获取参数
        env.getConfig().setGlobalJobParameters(conf);
       ...
    }
}
```

至此用户已经能够编写自己的用户定义的函数并将该函数运用在 SQL 查询中。下面是对用户编写自定义函数的几点建议：

- 建议编写用户定义的函数代码时尽可能使用原始值，因为用户定义的函数可能会通过对象创建，转换和自动装箱（拆箱）会带来很多开销。
- 建议将参数和结果类型声明为基本类型，而不是自定义类，Types.DATE 和 Types.TIME 可以表示为 Int，Types.TIMESTAMP 可以表示为 Long。
- 建议用 Java 而不是 Scala 语言来编写用户定义的函数，因为 Scala 中的类型对 Flink 的类型提取器构成了挑战。

8.5 SQL 客户端

尽管 Flink 的 Table 和 SQL API 实现了使用 SQL 语言执行查询计算的目的，但是这些查询要嵌入用 Java 或 Scala 语言编写的表程序中才能使用，同时，在将这些表程序提交到集群之前，还需要使用构建工具对它们进行打包。为此 Flink 推出了 SQL 客户端，旨在提供一种简单的方法来编写和调试表程序，并且在将表程序提交给 Flink 集群时不再需要编写任何 Java 或 Scala 代码。

SQL 客户端目前处于早期开发阶段，该特性还没有准备好投入生产环境，但它对基于 Flink 的 SQL 表程序进行程序原型构建和快速调试来说可能是一个非常有用的工具。

8.5.1 启动 SQL 客户端

SQL 客户端内置在 Flink 的二进制发行版本中，用户只需要确保有一个运行的 Flink 集群，且集群可以执行表程序（在 Flink 集群的安装目录中，将 flink-table.jar 文件从<flink_home>/opt 文件夹复制到<flink_home>/lib 文件夹）即可。

SQL 客户端脚本位于<flink_home>/bin/目录中，Flink 社区计划在未来为用户提供两种启动 SQL 客户端的方式，一种是以嵌入式独立进程来启动，另一种是连接到远程 SQL 客户端网关。当前 Flink 版本只支持以嵌入式独立进程来启动 SQL 客户端。相关启动命令如下：

```
./bin/sql-client.sh embedded
```

启动成功后的界面如图 8-4 所示。

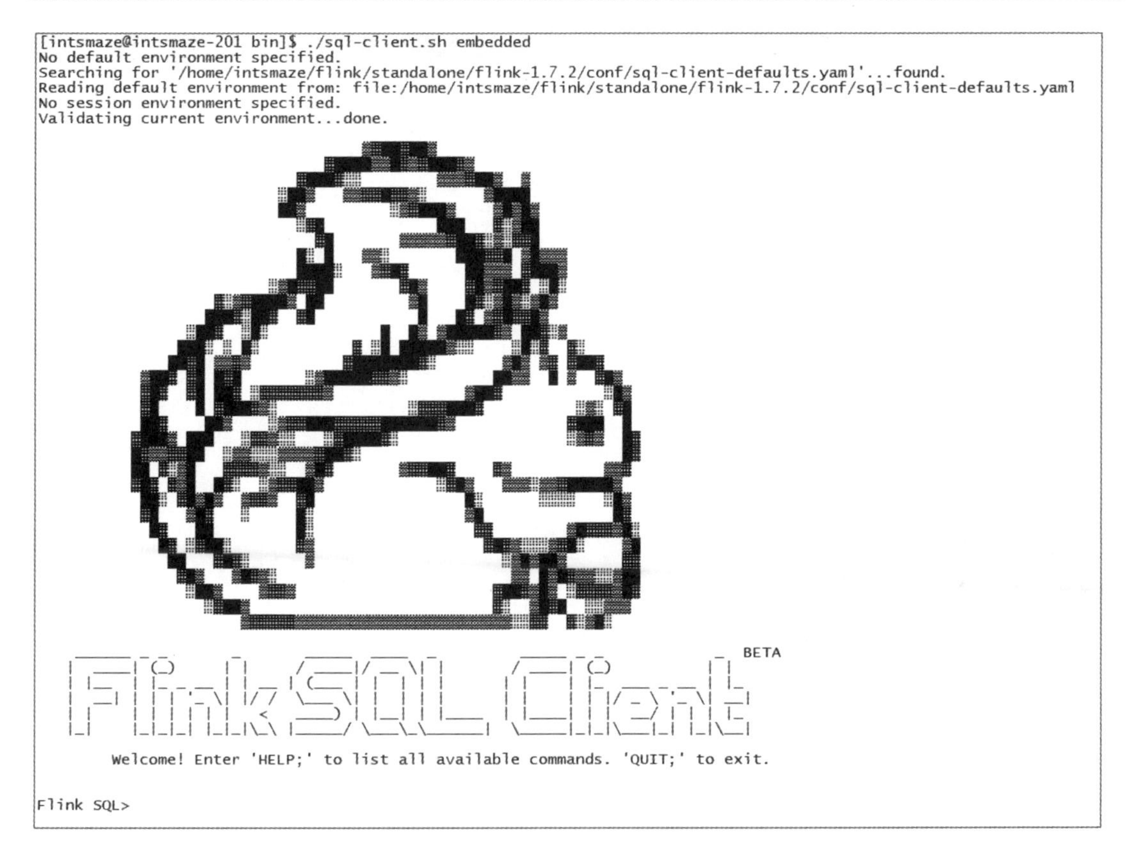

图 8-4

在默认情况下，SQL 客户端将从<flink_home>/conf/sql-client-defaults.yaml 的环境文件中读取 SQL 客户端的配置信息。

1. 运行 SQL 查询

启动 SQL 客户端之后，用户可以使用 HELP 命令列出所有可用的 SQL 语句。为了快速验证 SQL 客户端与集群连接的情况，可以输入一个简单的 SQL 查询语句，并按回车键执行：

```
SELECT 'Hello World';
```

该查询语句不需要表源，最终只生成一行结果，如图 8-5 所示。

```
                                  SQL Query Result (Table)
Table program finished.              Page: Last of 1                  Updated: 15:52:53.523

               EXPR$0
          Hello World

Q Quit          + Inc Refresh     G Goto Page     N Next Page     O Open Row
R Refresh       - Dec Refresh     L Last Page     P Prev Page
```

图 8-5

SQL 客户端将从集群中检索结果并将其可视化展示，用户可以通过按下 Q 键来关闭结果视图。SQL 客户端提供两种模式来维护和可视化查询的结果。

- table mode：该模式会将结果物化在内存中，并以常规的分页表表示形式将其可视化。用户可以通过在 SQL 客户端的命令行中执行以下命令来启用该模式：

  ```
  SET execution.result-mode=table;
  ```

- changelog mode：该模式不会将结果物化，并且无法可视化包含插入（+）和撤回（-）的连续查询产生的结果流。用户可以通过在 SQL 客户端的命令行中执行以下命令来启用该模式：

  ```
  SET execution.result-mode=changelog;
  ```

下面将以一个对有界单词计数的 SQL 查询作为例子来演示该 SQL 查询在这两种模式下运行的情况。

```
    SELECT name, COUNT(*) AS cnt FROM (VALUES ('Bob'), ('Alice'), ('Greg'), ('Bob'))  AS NameTable(name)
GROUP BY name;
```

在 changelog 模式下，可视化的变更日志可能类似下面这样：

```
+ Bob, 1
+ Alice, 1
+ Greg, 1
```

```
- Bob, 1
+ Bob, 2
```

在 table 模式下，可视化的结果表会不断更新，表程序的最终结果如下：

```
Bob, 2
Alice, 1
Greg, 1
```

在基于 Flink 的 SQL 表程序进行程序原型构建时，这两种结果模式都是非常有用的。在这两种结果模式中，结果都存储在 SQL 客户端的 Java 堆内存中。为了保持 SQL 客户端的命令行接口的响应性，changelog 模式只显示最新的 1000 个更改，table 模式则允许浏览更多的结果数据，这些结果只受可用主内存和配置的最大行数（max-table-result-row）参数限制。最后需要注意的是，以批处理来执行的查询只能使用 table 模式。

每一个 SQL 查询都作为一个独立的表程序提交给 Flink 集群运行，在 Flink 集群的管控台页面上可以看到，前面执行的两个 SQL 查询已经被翻译为具体的表程序（作业）在 Flink 集群上运行并快速结束，如图 8-6 所示。

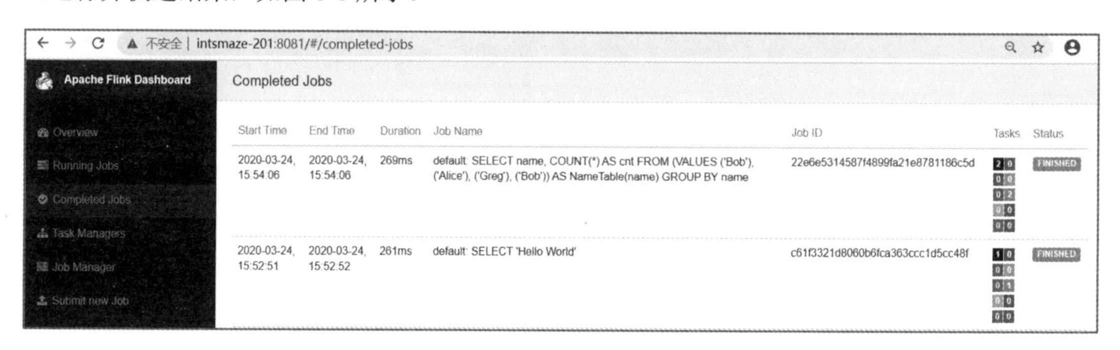

图 8-6

可以将定义的 SQL 查询作为一个独立的长时间的表程序，只需要使用 INSERT INTO 语句指定存储查询结果的目标系统即可。下面将说明如何声明用于读取数据的表源，如何声明用于写入数据的表接收器，以及如何配置其他表程序属性。

8.5.2　配置参数

用户可以使用以下可选的命令启动 SQL 客户端：

```
./bin/sql-client.sh embedded --help
```

效果如图 8-7 所示。

```
[root@intsmaze-201 bin]# ./sql-client.sh embedded --help

Mode "embedded" submits Flink jobs from the local machine.

  Syntax: embedded [OPTIONS]
  "embedded" mode options:
     -d,--defaults <environment file>      The environment properties with which
                                           every new session is initialized.
                                           Properties might be overwritten by
                                           session properties.
     -e,--environment <environment file>   The environment properties to be
                                           imported into the session. It might
                                           overwrite default environment
                                           properties.
     -h,--help                             Show the help message with
                                           descriptions of all options.
     -j,--jar <JAR file>                   A JAR file to be imported into the
                                           session. The file might contain
                                           user-defined classes needed for the
                                           execution of statements such as
                                           functions, table sources, or sinks.
                                           Can be used multiple times.
     -l,--library <JAR directory>          A JAR file directory with which every
                                           new session is initialized. The files
                                           might contain user-defined classes
                                           needed for the execution of
                                           statements such as functions, table
                                           sources, or sinks. Can be used
                                           multiple times.
     -s,--session <session identifier>     The identifier for a session.
                                           'default' is the default identifier.
     -u,--update <SQL update statement>    Experimental (for testing only!):
                                           Instructs the SQL Client to
                                           immediately execute the given update
                                           statement after starting up. The
                                           process is shut down after the
                                           statement has been submitted to the
                                           cluster and returns an appropriate
                                           return code. Currently, this feature
                                           is only supported for INSERT INTO
                                           statements that declare the target
                                           sink table.
```

图 8-7

Embedded 模式的含义是从 SQL 客户端所在的机器将用户提交的 SQL 查询翻译为 Flink 的表程序后提交到 Flink 集群中运行，具体参数如下：

- -d：用来初始化每个新会话的环境文件，默认环境文件可能被会话环境文件覆盖。
- -e：要导入会话的环境文件，它可能会覆盖默认的环境文件。
- -h：显示帮助消息及所有选项的描述。
- -j：要导入会话的 JAR 文件，该文件可能包含执行语句所需的用户定义的类，例如函数、表源或表接收器。
- -l：用于初始化每个新会话的 JAR 文件目录，这些文件可能包含执行语句所需的用户定义的类，例如函数、表源或表接收器。
- -s：会话的标识符，“default”是默认标识符。

1. 环境文件

SQL 查询需要一个配置环境以便在其中执行，在环境文件中将定义该查询可用的表源和接收器、用户定义的函数，以及执行和部署所需的其他属性。

每个环境文件都是一个常规的 YAML 文件，示例如下：

```
#在此处定义表，例如表源、接收器、视图或临时表。
tables:
  - name: MyTableSource
    type: source-table
    update-mode: append
    connector:
      type: filesystem
      path: "/home/intsmaze/sql-client-data.csv"
    format:
      type: csv
      fields:
        - name: user
          type: VARCHAR
        - name: visit_time
          type: VARCHAR
        - name: url
          type: VARCHAR
      line-delimiter: "\n"
      comment-prefix: "#"
    schema:
        - name: user
          type: VARCHAR
        - name: visit_time
          type: VARCHAR
        - name: url
          type: VARCHAR
  - name: MyCustomView
    type: view
    query: "SELECT user,visit_time,url FROM MyTableSource"
#在此定义用户定义的函数
functions:
  - name: custom_Date
    from: class
    class: com.intsmaze.flink.table.udf.ScalarFunctionTemplate
    constructor:
      - 2019-07-28 12:00:00
      - 2
#配置执行属性允许更改表程序的行为
execution:
  type: streaming  #必选：指定执行模式为 batch 或 streaming
  result-mode: table #必选：指定结果模式为 table 或 changelog
  max-table-result-rows: 1000000 #可选：设置 table 模式下可维护的最大行数（默认为 1000000，1 表示无限制）
  time-characteristic: event-time #可选：设置表程序的时间属性为 processing-time 或 event-time（默认）
  parallelism: 1 #可选：设置表程序的并行度 (默认为 1)
  periodic-watermarks-interval: 200 #可选：设置定期水印的间隔（默认为 200 毫秒）
  max-parallelism: 16 #可选：设置表程序的最大并行度（默认为 128）
```

```
    min-idle-state-retention: 0 #可选：设置表程序的最小空闲状态时间
    max-idle-state-retention: 0 #可选：设置表程序的最大空闲状态时间
    restart-strategy: #可选：设置表程序的重启策略
    type: fallback #默认情况下回滚到全局重启策略
# 部署属性允许配置将表程序提交到集群的行为
deployment:
    response-timeout: 5000
```

该配置的大体信息如下：

（1）使用一个名为 MyTableSource 的表源定义环境，该表源将从执行表程序所在机器的/home/intsmaze 路径下读取名为 sql-client-data.csv 的文件。

（2）定义一个名为 MyCustomView 的视图，该视图使用 SQL 查询声明一个虚拟表。

（3）定义一个名为 custom_Date 的用户定义的函数，该函数可以使用类名和两个构造函数参数进行实例化。

（4）将此流处理执行环境中执行查询的并行度设置为 1。

（5）将此流处理执行环境中执行查询的时间属性设置为事件时间。

（6）设置以 table 模式来物化结果并可视化。

根据使用情况，可以将配置拆分为多个文件——因为可以出于一般目的（使用--defaults 默认环境文件）及基于每个会话（使用--environment 会话环境文件）来创建环境文件。每个命令行会话均使用默认环境文件进行初始化，随后使用会话环境文件。例如，默认环境文件在每个会话中都可用于查询的所有表源，而会话环境文件声明特定的状态保留时间和并行度。当启动命令行程序时，可以传递默认环境文件和会话环境文件。如果未指定默认环境文件，则 SQL 客户端会在 Flink 的配置目录中搜索< flink_home>/conf/sql-client-defaults.yaml 文件。 需要注意的是，在命令行会话中设置的属性（例如使用 SET 命令）具有最高优先级，相关优先级如下：

```
CLI commands > session environment file > defaults environment file
```

用户可以在<flink_home>/flink/conf 文件夹下创建一个名为 sql-client-session.yaml 的文件，然后将上面的配置信息写入该文件，在启动 SQL 客户端时，可以通过-e 参数指定该会话读取的配置文件：

```
./bin/sql-client.sh embedded -e conf/sql-client-session.yaml
```

随后创建一个 sql-client-data.csv 文件，填入如下数据后上传到 Flink 集群中的每台机器的/home/intsmaze/路径下，如图 8-8 所示。

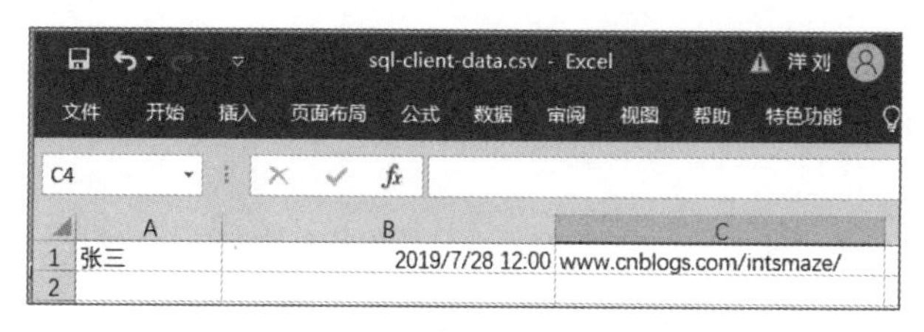

图 8-8

在 SQL 客户端的命令行中输入“SELECT * FROM MyTableSource”，可以看到如图 8-9 所示的可视化结果。

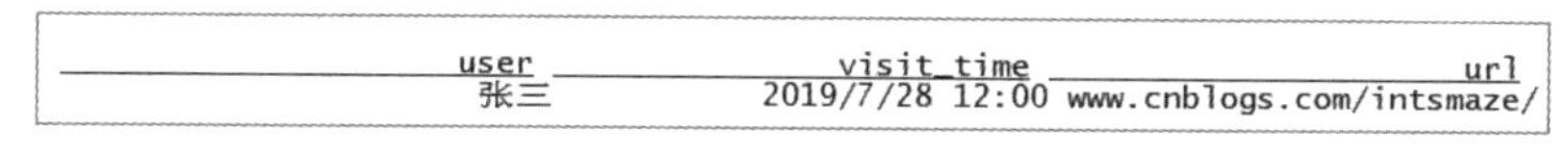

图 8-9

2. 重启策略

重启策略用于控制在 Flink 集群中运行的作业（表程序）在发生故障时如何重启，SQL 客户端的重启策略与 Flink 集群的全局重启策略类似，用户可以在环境文件中声明更细粒度的重启配置。SQL 客户端支持以下重新启动策略：

```
execution:
  #退回到 flink-conf.yaml 中定义的全局策略
  restart-strategy:
    type: fallback
  #作业直接失败，并且不尝试重新启动
  restart-strategy:
    type: none
  #尝试给定次数来重新启动作业
  restart-strategy:
    type: fixed-delay
    attempts: 3 #在宣告作业失败之前重试次数（默认值为 Integer.MAX_VALUE）
    delay: 10000 #作业重试之间的以毫秒为单位的延迟（默认值为 1000ms）
  #尝试重启作业，只要不超过每个时间间隔的最大失败次数即可
  restart-strategy:
    type: failure-rate
    max-failures-per-interval: 1 #重试间隔直到失败（默认值为 1）
    failure-rate-interval: 60000 #失败率的度量间隔（毫秒）
    delay: 10000 #作业重试之间的以毫秒为单位的延迟（默认值为 1000ms）
```

3. 依赖

SQL 客户端不需要使用 Maven 或 SBT 设置 Java 项目，相反可以将依赖项作为常规 JAR 文件传递，然后将其提交给集群。用户可以分别指定每个 JAR 文件（使用--jar），也可以定义整个库的目录（使用--library）。对于外部系统（例如 Apache Kafka）和相应数据格式（例如 JSON）

的连接器，Flink 提供了现成的 JAR 文件，这些 JAR 文件带有 sql-jar 后缀，可以从 Maven 中央仓库中根据对应的 Flink 发行版进行下载。关于连接某些外部系统所依赖的 JAR 包的详细内容在 9.6 节进行讲解。

以下示例显示了一个环境文件。该文件定义了一个表源，该表源从 Apache Kafka 中读取 JSON 数据：

```
tables:
  - name: MyKafkaTableSource
    type: source-table
    update-mode: append
    connector:
      property-version: 1
      type: kafka
      version: "0.11"
      topic: flink-intsmaze
      startup-mode: earliest-offset
      properties:
        - key: zookeeper.connect
          value: localhost:2181
        - key: bootstrap.servers
          value: localhost:9092
        - key: group.id
          value: testGroup
    format:
      property-version: 1
      type: json
      schema: "ROW<rideId LONG, lon FLOAT, lat FLOAT, rideTime TIMESTAMP>"
    schema:
      - name: rideId
        type: LONG
      - name: lon
        type: FLOAT
      - name: lat
        type: FLOAT
      - name: rowTime
        type: TIMESTAMP
        rowtime:
          timestamps:
            type: "from-field"
            from: "rideTime"
          watermarks:
            type: "periodic-bounded"
            delay: "60000"
      - name: procTime
        type: TIMESTAMP
        proctime: true
```

MyKafkaTableSource 表的结果模式包含 JSON 模式的大多数字段，此外它添加了事件时间属性 rowTime 和处理时间属性 procTime。

4. 用户定义的函数

SQL 客户端允许用户创建用于 SQL 查询的自定义函数。目前自定义函数仅限于在 Java/Scala 类中以编程方式定义。为了提供一个自定义函数，首先需要实现并编译一个函数类，该类扩展了 ScalarFunction、AggregateFunction 或 TableFunction，然后将一个或多个函数打包到 SQL 客户端依赖的 JAR 文件中。

所有自定义函数在 SQL 查询中使用之前必须在环境文件中声明。函数列表中的每一项都必须指定如下内容：

- 函数注册时使用的名称。
- 函数的来源（目前仅限于 Java 的类）。
- 表明函数的完全限定的类名，以及用于实例化的构造函数参数的可选列表。

```
functions:
  - name: ... #必选：函数名称
    from: class #必选：函数的来源（目前只能是 class）
    class: ... #必选：函数的全限定类名
    constructor: #可选：函数类的构造函数参数
      - ... #可选：具有隐式类型的字面上参数
      - class: ... #可选：参数的完整类名
        constructor: #可选：参数类的构造函数参数
          - type: ... #可选：字面上参数的类型
            value: ... #可选：字面上参数的值
```

需要注意的是，一定要确保指定参数的顺序和类型严格匹配自定义函数类的构造函数之一。

构造函数参数

根据用户定义的函数，可能有必要在 SQL 语句中使用用户定义的函数之前对其进行参数化。如之前的示例所示，在声明用户定义的函数时，可以通过以下三种方式之一使用构造函数参数来配置类：

- 具有隐式类型的字面上值：SQL 客户端将根据字面上的值自动推导类型。当前这种方式仅支持 BOOLEAN、INT、DOUBLE 和 VARCHAR 类型的值。如果自动推导无法按预期进行，则使用显式类型。

  ```
  - true # -> BOOLEAN (区分大小写)
  - 42 # -> INT
  - 1234.222 # -> DOUBLE
  - foo # -> VARCHAR
  ```

- 具有显式类型的字面上值：使用类型和值属性明确声明参数以实现类型安全。

```
- type: DECIMAL
  value: 11111111111111111
```

图 8-10 列出了受支持的 Java 参数类型和相应的 SQL 类型字符串。

Java type	SQL type
java.math.BigDecimal	DECIMAL
java.lang.Boolean	BOOLEAN
java.lang.Byte	TINYINT
java.lang.Double	DOUBLE
java.lang.Float	REAL, FLOAT
java.lang.Integer	INTEGER, INT
java.lang.Long	BIGINT
java.lang.Short	SMALLINT
java.lang.String	VARCHAR

图 8-10

- （嵌套的）类实例：指定类和构造函数属性来为构造函数参数创建（嵌套）类实例，可以递归执行此过程，直到所有构造函数参数都用字面上值表示为止。

```
- class:com.intsmaze.paramClass
  constructor:
    - StarryName
    - class: java.lang.Integer
      constructor:
        - class: java.lang.String
          constructor:
            - type: VARCHAR
              value: 3
```

8.5.3 分离的 SQL 查询

使用 SQL 的 INSERT INTO 语句向 Flink 集群提交长时间运行的分离查询，可以定义端到端的 SQL 管道。这些查询操作将其结果生成到外部系统而不是 SQL 客户端中，从而允许处理更多的数据。提交查询后，SQL 客户端的命令行对分离出去的查询没有任何控制。

```
INSERT INTO MyTableSink SELECT * FROM MyTableSource
```

以下示例显示了一个环境文件，该环境文件定义了一个名为 MyKafkaTableSink 的 Apache Kafka 表接收器：

```
tables:
  - name: MyKafkaTableSink
    type: sink-table
    update-mode: append
    connector:
      property-version: 1
      type: kafka
      version: "0.11"
      topic: OutputTopic
      properties:
        - key: zookeeper.connect
          value: localhost:2181
        - key: bootstrap.servers
          value: localhost:9092
        - key: group.id
          value: testGroup
    format:
      property-version: 1
      type: json
      derive-schema: true
    schema:
      - name: rideId
        type: LONG
      - name: lon
        type: FLOAT
      - name: lat
        type: FLOAT
      - name: rideTime
        type: TIMESTAMP
```

SQL 客户端会确保语句已成功提交到集群。提交查询后，SQL 客户端的命令行将显示有关作业（表程序）的信息：

```
[INFO] Table update statement has been successfully submitted to the cluster:
Cluster ID: StandaloneClusterId
Job ID: 6f922fe5cba87406ff23ae4a7bb79044
Web interface: http://localhost:8081
```

提交 SQL 查询后，SQL 客户端不会跟踪正在运行作业（表程序）的状态，同时可以关闭 SQL 客户端的命令行进程而不影响分离出去的查询。

8.5.4 SQL 客户端中的视图

视图允许用户通过 SQL 查询去定义一个虚拟表，定义视图后 SQL 客户端会立即对视图中的 SQL 查询进行解析和验证语法是否正确，但视图的实际执行是在用户提交常规 INSERT INTO

或 SELECT 语句去访问视图时发生的。

Flink 提供了两种定义视图的方式：

（1）在环境文件中定义视图。

以下示例显示了如何在一个环境文件中定义多个视图，Flink 按照视图在环境文件中定义的顺序去注册视图，同时支持诸如视图 A 依赖于视图 B、视图 B 依赖于视图 C 的引用链。

```
tables:
  - name: MyTableSource
    # ...
  - name: MyRestrictedView
    type: view
    query: "SELECT MyField2 FROM MyTableSource"
  - name: MyComplexView
    type: view
    query: >
      SELECT MyField2 + 42, CAST(MyField1 AS VARCHAR)
      FROM MyTableSource
      WHERE MyField2 > 200
```

与表源和接收器相似，会话环境文件中定义的视图具有最高优先级。

（2）在命令行会话中定义视图。

使用 CREATE VIEW 语句在命令行会话中创建视图：

```
CREATE VIEW MyNewView AS SELECT MyField2 FROM MyTableSource;
```

使用 DROP VIEW 语句再次删除在命令行会话中创建的视图：

```
DROP VIEW MyNewView;
```

在当前 Flink 版本的命令行会话中定义视图仅限于上述语法。

8.5.5 SQL 客户端中的时态表

时态表允许在变化的历史记录表中进行（参数化）视图操作，该视图在特定时间点返回表当前的内容，这对于在特定时间戳将一个表与另一个表的内容连接起来特别有用。以下示例显示了一个环境文件，该文件给出了一个定义时态表的示例：

```
tables:
  #定义包含时态表更新的表源（或视图）
  - name: HistorySource
    type: source-table
```

```
    update-mode: append
    connector: # ...
    format: # ...
    schema:
      - name: integerField
        type: INT
      - name: stringField
        type: VARCHAR
      - name: rowtimeField
        type: TIMESTAMP
        rowtime:
          timestamps:
            type: from-field
            from: rowtimeField
          watermarks:
            type: from-source
  #使用时间属性和主键在更改历史记录表中定义一个临时表
  - name: SourceTemporalTable
    type: temporal-table
    history-table: HistorySource
    primary-key: integerField
    time-attribute: rowtimeField #或 proctimeField
```

从上面的示例中可以看到，表源、视图和时态表的定义可以相互混合，它们根据环境文件中定义的顺序进行注册。例如，时态表可以引用一个视图，该视图可以依赖于另一个视图或表源。

第 9 章 流处理中的 Table API 和 SQL

9.1 动态表

Flink 的 Table API 和 SQL 是支持用于批处理和流处理的统一 API，这意味着 Table API 和 SQL 查询具有相同的语义——无论它们的输入是有界批量输入，还是无界流式输入。因为关系代数和 SQL 最初是为批处理而设计的，并没有考虑流式数据的处理，所以无界流式输入的关系查询不像有界批输入的关系查询那样容易理解。

9.1.1 动态表和连续查询

与代表批处理数据的静态表相比，动态表会随时间变化。查询动态表会产生一个连续的查询，这个连续的查询永远不会终止并因此生成一个动态表作为结果。连续的查询会不断更新动态结果表，以反映动态输入表中的更改。

本质上动态表中的连续查询非常类似于传统数据库中查询定义的物化视图，连续查询的结果在语义上始终等同于在输入表的当前快照上以批处理模式执行的相同查询的结果。

图 9-1 显示了流式数据、动态表和连续查询之间的关系。

图 9-1

（1）数据流被转换为一个动态表。

（2）在动态表中进行连续查询会生成一个新的动态表。

（3）生成的动态表被转换回数据流。

需要注意的是，动态表是一个逻辑概念，在查询执行期间，动态表不一定（完全）被物化。

在下面的内容中，我们使用网站的点击流事件来解释动态表和连续查询的概念：

```
[
  id: int, //记录的唯一主键
  user: VARCHAR, //用户的名称
  Time: TIMESTAMP, //URL 被访问的时间
  url: VARCHAR //用户访问的 URL 路径
]
```

9.1.2　在数据流中定义动态表

为了使用关系查询去处理流式数据，必须先将数据流转换为动态表。从概念上讲，数据流中的每个记录都被解释为对结果表的 INSERT 类型的修改，因此这里将根据一个仅发生 INSERT 变更的日志流去构建一个动态表。

图 9-2 显示了左侧的点击事件流如何转换为右侧的表，随着更多点击流记录的插入，生成的结果表将不断增长。

1,张三,12:00:00,./intsmaze
2,李四,12:05:05,./flink
3,张三,12:08:08,./intsmaze
4,张三,12:30:00,./sql
5,李四,13:01:00,./intsmaze

ID	USER	TIME	URL
1	张三	12:00:00	./intsmaze
2	李四	12:05:05	./flink
3	张三	12:08:08	./intsmaze
4	张三	12:30:00	./sql
5	李四	13:01:00	./intsmaze
...	...	...	...

图 9-2

为此我们先准备上图中左侧点击事件流对应的初始化数据集合，为后面构建数据流，以及将数据流注册为表并对表进行连续查询所用。

```
public class PrepareData {
    public static List<ClickBean> getClicksData() throws ParseException {
```

```
        List<ClickBean> clickList = new ArrayList();
        clickList.add(new ClickBean(1,"张三", "./intsmaze", "2019-07-28 12:00:00"));
        clickList.add(new ClickBean(2,"李四", "./flink", "2019-07-28 12:05:05"));
        clickList.add(new ClickBean(3,"张三", "./intsmaze", "2019-07-28 12:08:08"));
        clickList.add(new ClickBean(4,"张三", "./sql", "2019-07-28 12:30:00"));
        clickList.add(new ClickBean(5,"李四", "./intsmaze", "2019-07-28 13:01:00"));
        clickList.add(new ClickBean(6,"王五", "./flink", "2019-07-28 13:20:00"));
        clickList.add(new ClickBean(7,"王五", "./sql", "2019-07-28 13:30:00"));
        clickList.add(new ClickBean(8,"张三", "./intsmaze", "2019-07-28 14:10:00"));
        clickList.add(new ClickBean(9,"王五", "./flink", "2019-07-28 14:20:00"));
        clickList.add(new ClickBean(10,"李四", "./intsmaze", "2019-07-28 14:30:00"));
        clickList.add(new ClickBean(11,"李四", "./sql", "2019-07-28 14:40:00"));
        return clickList;
    }
}
```

完整代码见 com.intsmaze.flink.table.PrepareData。

1. 持续查询

数据流转换为动态表后，接着就是在动态表中计算一个连续查询，并生成新的动态表作为结果。与批处理查询不同的是，连续查询不会终止，并根据其输入表中新增的数据来更新结果表。在任何时间点，连续查询的结果在语义上等同于在输入表的当前快照上以批处理模式执行相同查询的结果。

在下面显示的两个查询示例中，我们将在点击事件流中定义一个 Clicks 表。

- 第一个查询是一个简单的按组计数（GROUP-BY COUNT）的聚合查询。它在 user 字段上对 Clicks 表进行分组，并计算每个 user 访问的 URL 数量。图 9-3 显示了在 Clicks 表中增加其他行时，查询是如何随时间计算的。

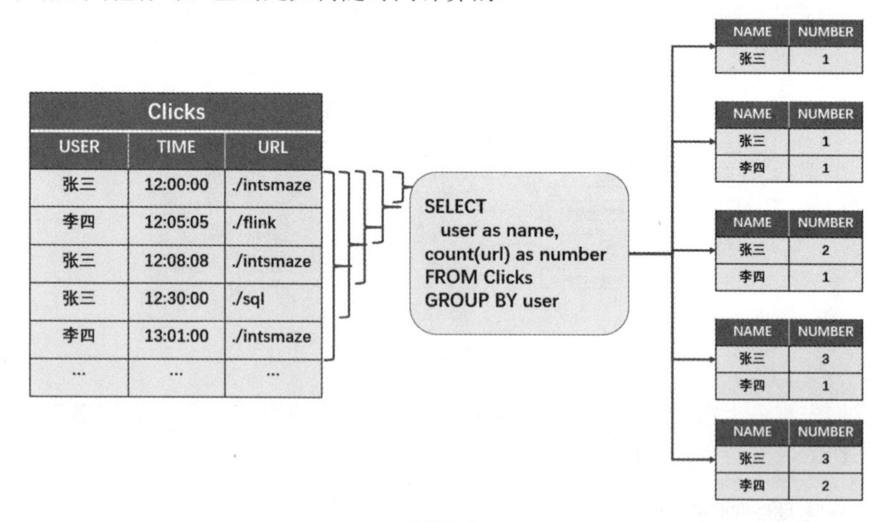

图 9-3

当查询启动时，Clicks 表（左侧）为空。当第一行[张三,./intsmaze]数据插入 Clicks 表中时，查询开始计算结果表，结果表（右侧顶部）由一行[张三, 1]数据组成。当第二行[李四, ./flink]数据插入 Clicks 表中时，查询将更新结果表并插入新行[李四, 1]数据。当第三行[张三, ./intsmaze]数据插入 Clicks 表中时，将更新结果表中先前已经计算的行数据，以便将[张三, 1]更新为[张三, 2]。当第四行[张三, ./sql]插入 Clicks 表中时，将更新结果表中先前已经计算的行数据，以便将[张三, 2]更新为[张三, 3]。最后，当第四行[李四, ./intsmaze]插入 Clicks 表中时，将更新结果表中先前已经计算的行数据，以便将[李四, 1]更新为[李四, 2]。

该查询对应的相关实现代码如下：

```
StreamExecutionEnvironment env = StreamExecutionEnvironment.getExecutionEnvironment();
StreamTableEnvironment tableEnv = TableEnvironment.getTableEnvironment(env);
//从指定数据集合中创建一个数据流
DataStream<ClickBean> streamSource = env.fromCollection(PrepareData.getClicksData());
//将数据流注册为名为 Clicks 的表，指定表的字段名为 id、user、url、time
tableEnv.registerDataStream("Clicks", streamSource, "id,user,url,time");

//执行关系查询，连续计算每个用户访问 URL 的数量
Table table = tableEnv.sqlQuery("SELECT user AS name, count(url) AS number FROM Clicks GROUP BY
user");

//因为该关系查询要更新先前的计算结果，所以动态表转换为数据流时必须使用 toRetractStream 方法而不是
//toAppendStream 方法
DataStream<Tuple2<Boolean, Row>> retractStream = tableEnv.toRetractStream(table, Row.class);
retractStream.print();
env.execute();
```

完整代码见 com.intsmaze.flink.table.sqlapi.GroupTemplate#testDataStream。

在 IDE 中运行上述程序后，下面是程序在控制台输出的部分结果。我们可以看到，采用 tableEnv.toRetractStream 模式会将 Table 转换为一个数据类型 Tuple2<Boolean,X>的 DataStream，X 是我们指定的数据类型，Boolean 字段指定了对结果表数据的更改类型，true 代表 INSERT，false 代表 DELETE。

```
9> (true,李四,1)
11> (true,张三,1)
9> (false,李四,1)
11> (false,张三,1)
9> (true,李四,2)
11> (true,张三,2)
...
```

这种方式的查询为了能更新先前发出的结果到结果表（即定义结果表的更改日志流包含 INSERT 和 UPDATE 两种更改方式），需要在操作的内部维护更多的状态信息。因此在使用该查

询时用户需要考虑该查询的各种限制，否则随着程序的持续运行、状态的不断增长，以及变更先前结果过于频繁，可能导致查询效率变慢或者查询失败。

- 第二个查询在第一个查询的基础上，将 Clicks 表分组到一个每小时滚动的窗口中，然后计算每个 user 的访问 URL 的数量（基于事件时间的计算，为此在流中定义表时，需要在 schema 中定义时间属性字段）。图 9-4 显示了不同时间点的输入和输出，以及可视化了动态表不断变化的性质。

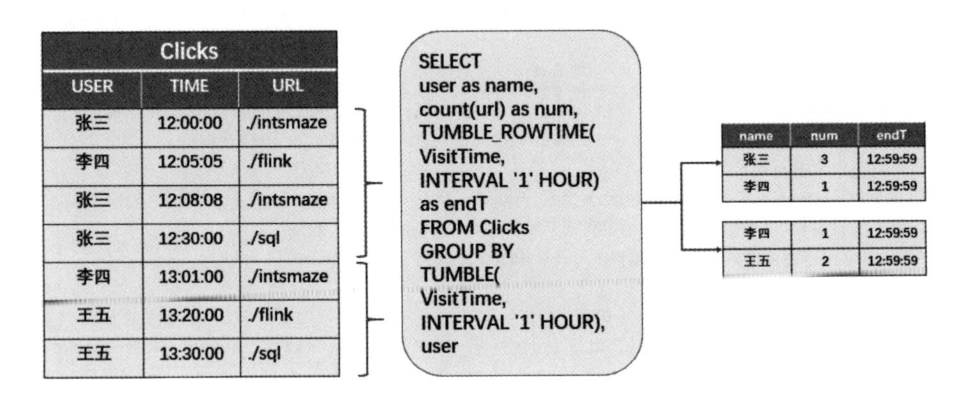

图 9-4

和前面一样，输入表 Clicks 显示在左侧，该查询按小时连续计算结果并更新结果表。Clicks 表中的时间戳（Time）位于 12:00:00 和 12:59:59 之间，包含四行数据。该查询根据此输入数据来计算出两个结果行（每个 user 一行）并将它们追加到结果表中。对于时间戳（Time）在 13:00:00 到 13:59:59 之间的下一个窗口，该 Clicks 表包含三行，这将导致另外计算出的两个结果行被追加到结果表中。随着时间的推移，结果表将被更新，因为越来越多的行被添加到 Clinks 表中。该查询对应的相关实现代码如下：

```
    StreamExecutionEnvironment env = StreamExecutionEnvironment.getExecutionEnvironment();
    //设置流处理表程序基于事件时间语义进行处理
    env.setStreamTimeCharacteristic(TimeCharacteristic.EventTime);
    StreamTableEnvironment tableEnv = TableEnvironment.getTableEnvironment(env);
    //从指定数据集合中创建一个数据流
    DataStream<ClickBean> dataStream = env.fromCollection(PrepareData.getClicksData());

    //提取数据流的时间戳并分配水印
    dataStream = dataStream.assignTimestampsAndWatermarks(new AssignerWithPeriodicWatermarks
<ClickBean>() {
        @Override
        public long extractTimestamp(ClickBean element, long previousElementTimestamp) {
            return element.getTime();
        }
```

```
    @Override
    public Watermark getCurrentWatermark() {
        return new Watermark(System.currentTimeMillis());
    }
});

//将数据流注册为名为 Clicks 的表，指定表的字段名为 id、user、time、url、VisitTime.rowtime
//其中 VisitTime 字段为事件时间属性
tableEnv.registerDataStream("Clicks", dataStream, "id,user,time,url, VisitTime.rowtime");

//执行关系查询，计算每小时滚动的窗口下每个用户访问 URL 的数量
String sqlQuery = "SELECT user AS name," +
        "count(url) " +
        ",TUMBLE_START(VisitTime, INTERVAL '1' HOUR) " + //窗口包含下界的开始时间
        ",TUMBLE_ROWTIME(VisitTime, INTERVAL '1' HOUR) "+ //窗口包含上界的结束时间
        ",TUMBLE_END(VisitTime, INTERVAL '1' HOUR)  " + //窗口不包含上界的结束时间
        "FROM Clicks " +
        "GROUP BY TUMBLE(VisitTime, INTERVAL '1' HOUR), user ";

//该关系查询基于时间窗口的聚合，不会更新先前计算的结果
Table table = tableEnv.sqlQuery(sqlQuery);
//动态表转换为数据流时可以使用 toAppendStream 方法
DataStream<Row> resulteStream = tableEnv.toAppendStream(table , Row.class);
resulteStream.print();
env.execute();
```

完整代码见 com.intsmaze.flink.table.sqlapi.groupwindows.GroupWindowTemplate。

在 IDE 中运行上述程序后，下面是程序在控制台的输出结果。因为窗口的聚合操作只会对一个窗口内的数据进行计算，所以不会更新先前窗口计算的结果，只将计算的结果追加到结果表中，即定义结果表的更改日志流只包含 INSERT 类型的更改。为此可以采用 tableEnv.toAppendStream 模式将 Table 转换为一个常规的 DataStream。

```
9> 李四,1,2019-07-28 04:00:00.0,2019-07-28 04:59:59.999,2019-07-28 05:00:00.0
11> 张三,3,2019-07-28 04:00:00.0,2019-07-28 04:59:59.999,2019-07-28 05:00:00.0
9> 王五,2,2019-07-28 05:00:00.0,2019-07-28 05:59:59.999,2019-07-28 06:00:00.0
11> 张三,1,2019-07-28 06:00:00.0,2019-07-28 06:59:59.999,2019-07-28 07:00:00.0
9> 李四,1,2019-07-28 05:00:00.0,2019-07-28 05:59:59.999,2019-07-28 06:00:00.0
9> 王五,1,2019-07-28 06:00:00.0,2019-07-28 06:59:59.999,2019-07-28 07:00:00.0
9> 李四,2,2019-07-28 06:00:00.0,2019-07-28 06:59:59.999,2019-07-28 07:00:00.0
```

同时可以注意到，控制台输出的时间与构造数据流的数据集合中赋予每条数据的时间不一致，这是因为 Flink 在内部对时间属性的值进行了 UTC-8 的转换。

2. 查询限制

虽然 Flink 支持将许多语义上有效的查询评估为对数据流的连续查询，但是对那些计算成

本太高、维护的状态太大、计算更新太昂贵的查询，用户在开发中应尽量避免使用。

下面列举了两个常见的场景，需要用户在进行流处理的表程序开发时考虑进去。

- 状态大小：在无界数据流中的连续查询通常会运行数周或数月，因此连续查询处理的数据总量可能非常大。查询同时必须更新以前发出的结果，所以需要维护所有发出的行，以便后面能够更新它们。比如本节的第一个示例，查询需要存储每个用户访问 URL 的数量，以便能够增加计数，并在输入表收到新行时发送新结果。如果仅跟踪注册用户，那么需要维护的计数可能不会太高。如果系统为未注册的用户分配了唯一的用户名，则要维护的计数数将随着时间的推移而增长，最终可能导致查询失败。

```
SELECT user, COUNT(url)
FROM Clicks
GROUP BY user;
```

- 计算更新：即使只添加或更新了单个输入记录，有些查询也需要重新计算和更新大部分发出的结果行，这样的查询显然不适合作为连续查询去执行。比如下面这个示例，该查询基于最后一次点击的时间为每个用户计算排名。只要 Clicks 表收到新的行，就会更新用户的最后一次点击事件并计算新的排名，同时因为不能存在相同排名的数据，所以还必须更新其他最近没有发生点击行为的用户的排名。

```
SELECT user, RANK() OVER (ORDER BY lastLogin)
FROM (
  SELECT user, MAX(Time) AS lastAction FROM Clicks GROUP BY user
);
```

9.1.3 动态表到数据流的转换

INSERT、UPDATE 和 DELETE 可以像常规数据库表一样持续修改动态表，与常规数据库表一样，动态表可以通过 INSERT、UPDATE 和 DELETE 进行不断的更改。动态表可能是一个具有单行（经常 UPDATE）的表，也可能是一个只有 INSERT、没有 UPDATE 和 DELETE 的表，或者介于两者之间的表。

在将动态表转换为数据流或将其写入外部系统时，需要对这些更改的内容进行编码。Flink 的 Table API 和 SQL 支持以以下方式编码动态表的更改内容：

- Append-only Stream：通过发出插入的行将 INSERT 更改的动态表转换为数据流。
- Retract Stream：Retract 流是具有两种消息类型的数据流，即添加消息和撤销消息，包括将 INSERT 的更改内容编码为添加消息，将 DELETE 的更改内容编码为撤销消息，将 UPDATE 的更改内容编码为已更新（上一个）行的撤销消息，以及一条更新（新）行的添加消息。图 9-5 可视化了动态表到 Retract 流的转换。

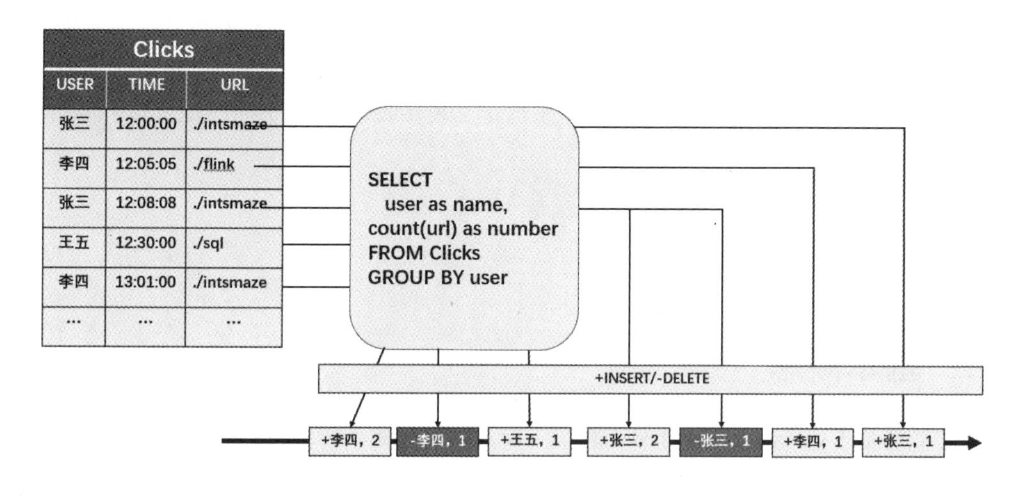

图 9-5

- Upsert Stream：Upsert 流是具有两种消息类型的数据流，即 UPSERT 消息和 DELETE 消息的流。转换为 Upsert 流的动态表需要一个唯一 Key，将具有唯一 Key 的动态表转换为数据流是通过将 INSERT 和 UPDATE 的更改的内容编码为 UPSERT 消息并将 DELETE 的更改内容编码为 DELETE 消息实现的。流处理中的查询操作需要知道消息的唯一 Key 属性才能正确处理消息。与 Retract 流的主要区别在于，UPDATE 更改内容时使用单个消息进行编码，因此效率更高。图 9-6 显示了动态表到 Upsert 流的转换。

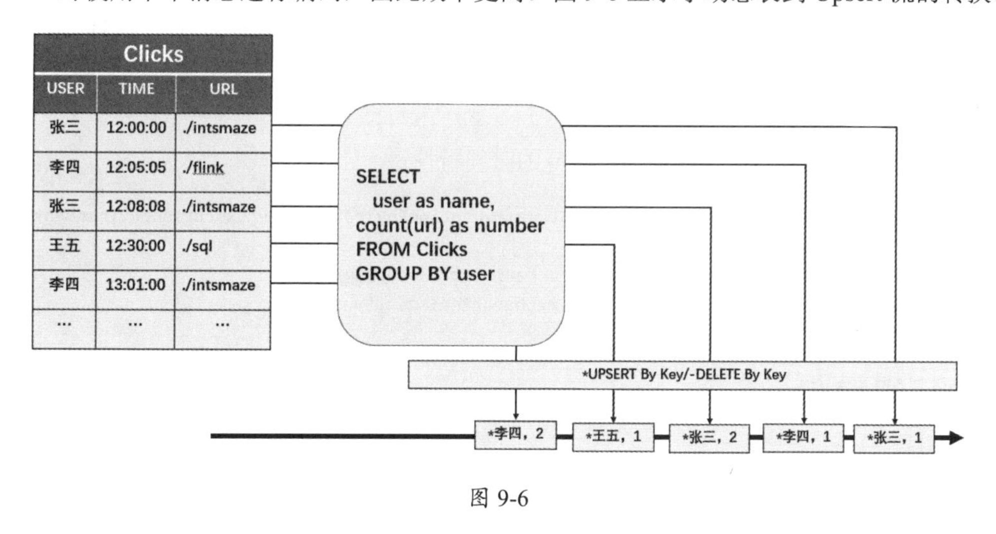

图 9-6

需要注意的是，目前将动态表转换为数据流时，仅支持转换回 Append-only Stream 或 Retract Stream，不支持转换回 Upsert Stream。因为只有在关键属性明确的情况下，Flink 才能处理 Upsert

Stream，而在关系查询中无法明确是否能处理 Upsert Stream。如果开发人员没有正确指明动态表的关键属性，则可能导致表程序出错。在当前 Flink 版本中，要想表程序能够将表转换为 Upsert Stream，可以通过实现 UpsertTableSink 接口来自定义表接收器，将 Upsert Stream 中的数据写入外部系统。

9.2 时间属性

9.2.1 基本概念

Flink 能够基于处理时间、事件时间和摄入时间三种不同的时间特性去处理流式数据。Table API 和 SQL 在流处理中的很多查询（如 WINDOW、ORDER BY）是基于时间属性进行计算的，因此在基于流处理的表程序中注册表时可以提供逻辑时间属性来指示表程序采用的时间语义，并在表程序中访问相应的时间戳字段。

时间属性可以是每个表模式的一部分，它们可以在使用 DataStream 创建表时定义，或者在使用 TableSource 时预先定义。一旦定义了时间属性，那么该属性就可以作为字段去引用，并且可以在基于时间的操作中使用。

只要时间属性的字段在查询中未被修改，并且只是从查询的一部分转发到另一部分，那么该字段仍然是有效的时间属性。时间属性的行为类似于常规时间戳，可以访问时间属性以进行计算。如果在计算中使用时间属性字段，那么它将具体化并成为常规时间戳。当时间属性字段成为常规时间戳后，便无法再与 Flink 的时间戳和水印系统配合，因此不能再用于基于时间的查询操作。

表程序需要为流处理执行环境指定相应的时间特性：

```
final StreamExecutionEnvironment env = StreamExecutionEnvironment.getExecutionEnvironment();

env.setStreamTimeCharacteristic(TimeCharacteristic.ProcessingTime);
//默认 env.setStreamTimeCharacteristic(TimeCharacteristic.EventTime)
```

9.2.2 组窗口

组窗口函数在 SQL 查询的 GROUP BY 子句中定义，将具有相同时间范围的所有元素放在同一个组窗口中，为每个组窗口计算一个结果行，效果就像使用常规 GROUP BY 子句查询一样。批处理表和流处理表中的 SQL 均支持以下三种组窗口函数。

- TUMBLE(time_attr, interval)：定义一个滚动的时间窗口，滚动时间窗口将行分配给具有固定持续时间（间隔）的非重叠的连续窗口，例如一个 5 分钟的滚动窗口以 5 分钟为间隔将行进行分组。滚动窗口可以在事件时间（流或批处理）或处理时间（流处理）中定义。

```
SELECT user AS name,count(url)
FROM Clicks
GROUP BY TUMBLE(time_attr, INTERVAL '5' MINUTE), user
```

- HOP(time_attr, interval, interval) ：定义一个滑动的时间窗口，一个滑动时间窗口有一个固定的持续时间（第二个 interval 参数）和一个指定的滑动间隔（第一个 interval 参数）。如果滑动间隔小于窗口的大小，则滑动窗口将重叠，行将分配给多个窗口。例如一个 15 分钟大小的滑动窗口，具有 5 分钟的滑动间隔，该窗口会将每一行分配给 3 个 15 分钟大小的不同窗口，这些窗口在 5 分钟的间隔内进行计算。滑动窗口可以在事件时间（流或批处理）或处理时间（流处理）中定义。

```
SELECT user AS name,count(url)
FROM Clicks
GROUP BY HOP(time_attr, INTERVAL '5' MINUTE,INTERVAL '15' MINUTE), user
```

- SESSION(time_attr, interval)：定义一个会话时间窗口。会话时间窗口没有固定的持续时间，它的边界由不活动的时间间隔定义，即如果在定义的间隔期间没有出现事件，则关闭会话窗口。例如一个 30 分钟间隔的会话窗口，如果 30 分钟内没有数据进入该窗口，则会关闭该窗口，在关闭窗口后观察到一行新的数据时会启动一个新的会话窗口，会话窗口可以在事件时间（流或批处理）或处理时间（流处理）中工作。

```
SELECT user AS name,count(url)
FROM Clicks
GROUP BY SESSION(time_attr, INTERVAL '30' MINUTE), user
```

组窗口函数的滑动间隙的关键字为 YEAR、MONTH、DAY、HOUR、MINUTE、SECOND。

对于流处理表的 SQL 查询，组窗口函数的 time_attr 参数必须引用一个有效的时间属性，该属性指定行的处理时间或事件时间。

选择分组窗口开始和结束时间戳

组窗口函数的开始和结束时间戳以及时间属性可以通过以下辅助函数来选择：

- TUMBLE_START(time_attr, interval);
- HOP_START(time_attr, interval, interval);
- SESSION_START(time_attr, interval)。

返回的对应滚动、滑动或会话窗口包含下界的时间戳：

- TUMBLE_END(time_attr, interval)；
- HOP_END(time_attr, interval, interval)；
- SESSION_END(time_attr, interval)。

返回对应的滚动、滑动或会话窗口不包含上界的时间戳。不包含上界的时间戳不能在后续基于时间的操作中（例如带时间窗口的连接、组窗口或窗口的聚合）用作时间属性。

- TUMBLE_ROWTIME(time_attr, interval)；
- HOP_ROWTIME(time_attr, interval, interval)；
- SESSION_ROWTIME(time_attr, interval)。

返回对应的滚动、滑动或会话窗口包含上限的时间戳。返回时间戳的属性是 rowtime 类型，该属性可以在随后的基于事件时间的操作（例如带时间窗口的连接、组窗口或窗口的聚合）中使用。

- TUMBLE_PROCTIME(time_attr, interval)；
- HOP_PROCTIME(time_attr, interval, interval)；
- SESSION_PROCTIME(time_attr, interval)。

返回对应的滚动、滑动或会话窗口包含上限的时间戳。返回时间戳的属性是 proctime 类型，该属性可以在随后的基于处理时间的操作（例如带时间窗口的连接、组窗口或窗口的聚合）中使用。

注意：必须使用与 GROUP BY 子句中的组窗口函数完全相同的参数来调用辅助函数。下面是一个语法示例：

```
SELECT user AS name,count(url),
TUMBLE_START(time_attr, INTERVAL '1' HOUR) AS wStart,
TUMBLE_END(time_attr, interval '1' HOUR) AS wEnd,
TUMBLE_ROWTIME(time_attr, interval '1' HOUR) AS WROWTIME
FROM Clicks
GROUP BY TUMBLE(time_attr, INTERVAL '1' HOUR), user
```

9.2.3 处理时间

处理时间属性允许表程序根据本地机器的时间生成结果，这是最简单的时间概念。它既不需要时间戳提取器，也不需要水印生成器，可以在数据流到表转换期间或在自定义 TableSource 中指定时间属性。本节主要讲解在数据流到表转换期间如何指定时间属性，在自定义 TableSource 中指定时间属性仅提供代码以供参考，代码路径为 com.intsmaze.flink.table.sqlapi.groupwindows.

TableSourceTimeAttributesTemplate。

数据流到表转换期间

处理时间属性可以在表 schema 的定义期间使用.proctime 属性定义，在这种方式下时间属性只能通过附加的逻辑字段去扩展表的物理模式，因此它只能在 schema 末尾定义。

```
DataStream<Row> inputStream=// [...]
tableEnv.registerDataStream("test", inputStream, "id,number,autoAddTime.proctime");
```

这里将一个 Row 类型的数据流注册为名为 test 的表，其中 Row 中有两个字段，分别对应表的 id 和 number 字段，而 autoAddTime.proctime 作为附加的逻辑字段去指定表的处理时间属性，autoAddTime 为用户自定义的逻辑字段名称，.proctime 为定义的逻辑字段固定的后缀，以表明该字段的属性是处理时间。

```
StreamExecutionEnvironment env = StreamExecutionEnvironment.getExecutionEnvironment();
//设置流处理表程序基于处理时间语义进行处理
env.setStreamTimeCharacteristic(TimeCharacteristic.ProcessingTime);

String[] names = new String[]{"id", "number"};
TypeInformation[] types = new TypeInformation[]{Types.INT(), Types.INT()};
//自定义数据源函数，每隔 3 秒向数据流中发送一个类型为 Row 的元素，Row 中定义了两个字段，分别为 id 和 number
DataStream<Row> inputStream = env.addSource(new SourceFunction<Row>() {
    @Override
    public void run(SourceContext ctx) throws Exception {
        int counter = 1;
        while (true) {
          //模拟数据发送
            Row row = Row.of(counter % 2, counter);
            ctx.collect(row);
            System.out.println("send data :" + row);
            Thread.sleep(3000);
            counter++;
        }
    }
    ...
}).returns(Types.ROW(names, types));
//获取表环境
StreamTableEnvironment tableEnv = TableEnvironment.getTableEnvironment(env);
//将数据流注册为表时需要额外声明第三个字段作为逻辑字段，以表示处理时间属性
//autoAddTime 为定义的逻辑字段名称，.proctime 为定义的逻辑字段固定的后缀，以表明该字段是处理时间属性
tableEnv.registerDataStream("test", inputStream, "id,number,autoAddTime.proctime");


//组窗口函数中的 autoAddTime 为定义的逻辑时间属性字段，这里定义的滚动窗口持续周期为 14 秒
String sqlQuery = "SELECT id," +
```

```
"sum(number) " +
",TUMBLE_START(autoAddTime, INTERVAL '14' SECOND) AS wStart" +
", TUMBLE_END(autoAddTime, INTERVAL '14' SECOND) AS wEnd " +
", TUMBLE_PROCTIME(autoAddTime, INTERVAL '14' SECOND) AS wEnd " +
"FROM test " +
"GROUP BY TUMBLE(autoAddTime, INTERVAL '14' SECOND), id ";
```

完整代码见 com.intsmaze.flink.table.sqlapi.groupwindows.GroupWindowTemplate。

9.2.4 事件时间

事件时间允许表程序根据每个记录中包含的时间戳生成结果，可以在无序事件或延迟事件的情况下得到一致的结果。当从持久存储中读取记录时，它还确保表程序可重放结果。为此 Flink 需要从事件中提取时间戳和生成水印。可以在数据流到表转换期间或在自定义 TableSource 中指定时间属性。本节主要讲解在数据流到表转换期间如何指定时间属性，自定义 TableSource 中指定时间属性仅提供代码以供参考，代码路径为 com.intsmaze.flink.table.sqlapi.groupwindows.TableSourceTimeAttributesTemplate。

数据流到表转换期间

事件时间属性可以在表 schema 的定义期间使用.rowtime 属性定义，在将数据流转换为表之前必须在数据流中提取时间戳和生成水印。

将数据流转换为表时，根据指定的.rowtime 字段名称是否存在于数据流的 schema 中，有两种定义时间属性的方式：

（1）时间属性字段可作为新的字段添加到表 schema 中，这种方式必须添加在表 schema 的末尾。

（2）替换表 shcema 中现有的字段。无论采用哪种情况，事件时间的时间属性字段都将保存数据流事件时间的时间戳的值。

```
//ClickBean 具有 id、user、url、time 四个字段
DataStream<ClickBean> dataStream=// [...]
//提取时间戳并为流分配水印，这里根据 time 字段来提取时间戳
dataStream = dataStream.assignTimestampsAndWatermarks(...);

//time 字段被用作提取时间戳，不再需要用逻辑事件的时间属性替换 time 字段
//VisitTime 为定义的逻辑字段名称，.rowtime 为定义的逻辑字段固定的后缀，以表明该字段的属性是事件时间
tableEnv.registerDataStream("Clicks", dataStream, "id,user,VisitTime.rowtime,url");

//额外声明一个字段作为时间属性，该字段必须在表模式的最后定义，该字段在提取时间戳和分配水印时分配时间戳
//VisitTime 为定义的逻辑字段名称，.rowtime 为定义的逻辑字段固定的后缀，以表明该字段的属性是事件时间
 tableEnv.registerDataStream("Clicks", dataStream, "id,user,time,url, VisitTime.rowtime");
```

```
//选择分组窗口开始和结束时间戳，时间窗口的开始和结束时间戳有 UTC 时区的问题，默认为 UTC-8
String sqlQuery = "SELECT user AS name," +
        "count(url) " +
        ",TUMBLE_START(VisitTime, INTERVAL '1' HOUR) " +
        ",TUMBLE_ROWTIME(VisitTime, INTERVAL '1' HOUR) " +
        ",TUMBLE_END(VisitTime, INTERVAL '1' HOUR)  " +
        "FROM Clicks " +
        "GROUP BY TUMBLE(VisitTime, INTERVAL '1' HOUR), user ";
```

该代码在 9.1 节已经演示过了，这里只列出了核心内容。完整代码见 com.intsmaze.flink.table.sqlapi.groupwindows.GroupWindowTemplate#testEventTime。

9.3 动态表的 Join

表之间的连接是批处理数据处理中常见且易于理解的操作，用于连接表之间有关系的行。但是，对于流处理中动态表的连接语义则不是那么易于理解，甚至令人困惑。Flink 为动态表的连接提供了多种方式，用户可以根据自己的业务情况选择使用不同的方式。

9.3.1 常规 Join

常规 Join 是最通用的连接类型，其中任何新的记录或对连接输入两侧的任何更改都是可见的，并且会影响整个连接结果。例如当连接的左侧有新的记录时，该记录将与右侧所有的以前和未来的记录一起进行连接。

```
SELECT * FROM Clicks INNER JOIN Person on Person.name=Clicks.user

SELECT * FROM Clicks LEFT JOIN Person on Person.name=Clicks.user

SELECT * FROM Clicks RIGHT JOIN Person on Person.name=Clicks.user

SELECT * FROM Clicks FULL JOIN Person on Person.name=Clicks.user
```

这种常规连接允许任何类型的操作（INSERT、UPDATE、DELETE）更改输入表。常规连接需要将连接输入两侧的数据永久保持在 Flink 的状态中，如果连接中的一个或两个输入表不断增长，则计算查询结果所需的状态可能会无限增长，使用的资源也将无限增长。用户在使用常规连接时要设置数据具有有效保留间隔的查询配置，以防止状态过大。

下面的示例程序准备了两个不同类型的数据集合用来构造两个数据流，这两个数据流中的元素类型分别为 ClickBean（代表网站点击流的数据）和 Person（代表用户基本信息）。在将两个数据流注册为表之前，分别对两个数据流应用 Map 操作符，在操作符中调用 Thread.sleep()

方法来降低数据流中元素进入流表的速率，以模拟数据实时产生场景。最后在表环境中使用 SQL 对注册的两张流表分别进行“INNER JOIN”“LEFT JOIN”“RIGHT JOIN”“FULL JOIN”计算操作，因为“INNER JOIN”的计算不会更新结果表先前的记录，结果表是一个 append-only 类型的表，所以结果表转换为数据流可用 tEnv.toAppendStream()方法，对于“LEFT JOIN”“RIGHT JOIN”“FULL JOIN”的计算会更新结果表先前的记录，所以结果表转换为数据流时只能用 tEnv.toRetractStream()方法，将结果表转换为数据流后，使用 Print 操作符以指定前缀的方式将数据流中的元素输出到标准的输出流中。

关于 getClicksData()初始化的数据集合的数据沿用 9.1 节中的示例。

```
public class PrepareData {
    public static List<ClickBean> getClicksData() throws ParseException {
            ...
    }
    public static List<Person> getPersonData(){
        List<Person> personList = new ArrayList();
        personList.add(new Person("张三", 38, "上海"));
        personList.add(new Person("李四", 45, "深圳"));
        personList.add(new Person("赵六", 18, "天津"));
        return personList;
    }
}
StreamExecutionEnvironment env= // [...]
...
env.setParallelism(1); //设置作业的全局并行度为 1，方便观察控制台输出信息
List<ClickBean> clicksData = PrepareData.getClicksData();
DataStream<ClickBean> clicksStream = env.fromCollection(clicksData);
clicksStream = clicksStream.map((MapFunction<ClickBean, ClickBean>) value -> {
    Thread.sleep(2000);//每隔 2 秒向新数据流发送一个元素
    return value;
});
//将 clicksStream 注册表，表名为 Clicks，表字段的名称为 user、time、url
tEnv.registerDataStream("Clicks", clicksStream, "user,time,url");

List<Person> personData = PrepareData.getPersonData();
//打乱集合中元素的顺序
Collections.shuffle(personData);
DataStream<Person> personStream = env.fromCollection(personData);
personStream = personStream.map((MapFunction<Person, Person>) value -> {
        Thread.sleep(4000);//每隔 4 秒向新数据流发送一个元素
        return value;
});
//将 personStream 注册为表，表名为 Person，表字段的名称为 name、age、city
tEnv.registerDataStream("Person", personStream, "name,age,city");

tEnv.toAppendStream(tEnv.sqlQuery("SELECT * FROM Clicks INNER JOIN Person on name=user"),
Row.class).print("INNER JOIN");
```

```
    tEnv.toRetractStream(tEnv.sqlQuery("SELECT * FROM Clicks LETF JOIN Person on name=user"),
Row.class).print("LEFT JOIN");
    tEnv.toRetractStream(tEnv.sqlQuery("SELECT * FROM Clicks RIGHT JOIN Person on name=user"),
Row.class).print("RIGHT JOIN");
    tEnv.toRetractStream(tEnv.sqlQuery("SELECT * FROM Clicks FULL JOIN Person on name=user"),
Row.class).print("FULL JOIN");
    env.execute();
```

完整代码见 com.intsmaze.flink.table.sqlapi.JoinTemplate。

在 IDE 中运行上述表程序后，在控制台的输出信息中可以看到下面一种可能的结果。在不同的环境中运行可能会得到不同的结果，这取决于每个注册为表的数据流中数据进入的快慢，以及元素的顺序。

```
INNER JOIN
INNER JOIN:> 李四,2019-07-28 14:30:00.0,./intsmaze,李四,45,深圳
INNER JOIN:> 李四,2019-07-28 13:01:00.0,./intsmaze,李四,45,深圳
INNER JOIN:> 李四,2019-07-28 12:05:05.0,./flink,李四,45,深圳
INNER JOIN:> 李四,2019-07-28 14:40:00.0,./sql,李四,45,深圳
INNER JOIN:> 张三,2019-07-28 12:08:08.0,./intsmaze,张三,38,上海
INNER JOIN:> 张三,2019-07-28 14:10:00.0,./intsmaze,张三,38,上海
INNER JOIN:> 张三,2019-07-28 12:00:00.0,./intsmaze,张三,38,上海
INNER JOIN:> 张三,2019-07-28 12:30:00.0,./sql,张三,38,上海

RIGHT JOIN
RIGHT JOIN:> (true,null,null,null,赵六,18,天津)
RIGHT JOIN:> (true,null,null,null,张三,38,上海)
RIGHT JOIN:> (false,null,null,null,张三,38,上海)
RIGHT JOIN:> (true,张三,2019-07-28 12:30:00.0,./sql,张三,38,上海)
RIGHT JOIN:> (true,张三,2019-07-28 12:08:08.0,./intsmaze,张三,38,上海)
...

LEFT JOIN
LEFT JOIN:> (true,张三,2019-07-28 12:00:00.0,./intsmaze,null,null,null)
LEFT JOIN:> (false,张三,2019-07-28 12:00:00.0,./intsmaze,null,null,null)
LEFT JOIN:> (true,张三,2019-07-28 12:00:00.0,./intsmaze,张三,38,上海)
...

FULL JOIN
FULL JOIN:> (true,null,null,null,张三,38,上海)
FULL JOIN:> (false,null,null,null,张三,38,上海)
FULL JOIN:> (true,张三,2019-07-28 12:30:00.0,./sql,张三,38,上海)
FULL JOIN:> (true,李四,2019-07-28 14:40:00.0,./sql,null,null,null)
...
```

流处理表的连接与批处理表连接的处理结果是不同的，流表中的数据是无限的，永远无法

等到每张表的数据都到达后再进行连接操作。流表中的连接是以一种不断连接两个流表当前快照下的全量数据的方式来匹配输出新的结果，并更新上一次匹配的旧结果。触发两个流表不断进行连接操作是通过流表中的新增元素实现的，每当流表中新增一条数据时，就会触发当前流表快照下的全量数据的连接。

从 FULL JOIN 操作的结果来看，用户数据在进入 Person 表之前要在 Map 操作符中等待 4 秒，点击流数据在进入 Clicks 表之前要在 Map 操作符中等待 2 秒，Clicks 表中最先进入王五的数据，而 Person 表中最先进入的是张三的数据，所以这两个表连接后可以看到另一侧的数据均为 null。当张三的数据进入 Clicks 表后，Clicks 表与 Person 表就有了符合连接条件的数据，则可以看到输出了"(true,张三,2019-07-28 12:30:00.0,./sql,张三,38,上海)"的连接结果，同时将之前的"(true,null,null,null,张三,38,上海)"的连接结果更新为"(false,null,null,null,张三,38,上海)"，后面依此类推。

这里仅解释 SQL 的连接操作在流处理查询中的一个计算过程，关于这四个连接条件语法的差异不是本书的重点，可查阅标准的数据库语言定义以了解详细内容。

9.3.2 时间窗口 Join

时间窗口的连接由连接谓词定义，该连接谓词检查输入数据的时间属性是否在某些时间限制内，即是否在时间窗口内。这种方式使得时间窗口连接能以流处理的方式处理常规连接的子集。

时间窗口的连接至少需要一个等价连接谓词和连接条件来限制连接两侧流处理表的时间，这种连接条件可以通过两个适当的范围谓词（<，⩽，⩾，>），BETWEEN 谓词或比较相同类型的时间属性（即处理时间或事件时间）的单个相等谓词来定义。

这里仍以上面的 Clicks 表为例，假设现在需要以一个每小时滚动的窗口来统计每个窗口下每个用户的访问 URL 的数量，以及每个用户点击流数据中的最小 id 值和该 id 对应的 URL 地址为多少。

因为当前 Flink 版本不支持"row number over partition by"的 SQL 语法，所以我们只能通过将聚合后的结果与 Clicks 表再做一次关联来得到每个用户的最小 id 和该 id 对应的 URL 地址。下面是一种可能的实现：

```
SELECT temp.name,temp.minId,id,temp.n,url from
(
SELECT user AS name,
count(url) AS n , min(id) AS minId FROM Clicks
GROUP BY user
) temp LEFT JOIN Clicks on temp.minId=Clicks.id
```

在常规连接中，这样做会导致连接两侧流处理表中的数据一直作为状态保存，并且会生成一个不断更新先前计算结果的结果表。而这里需要计算每一个窗口内的聚合结果，这时就可以用时间窗口的连接去实现。下面先使用时间窗口的 group 语法得到该窗口的聚合结果，同时使用组窗口的辅助函数来获取组窗口函数的结束时间戳，以该时间戳作为 temp 表的时间属性和 Clicks 表的时间属性进行关联，确保 temp 表和 Clickes 表中相同时间属性的记录能在同一个窗口内进行关联。

```
SELECT temp.name,temp.minId,id,temp.n,url,temp.betweenStart,temp.betweenTime from
(
SELECT user AS name,
count(url) AS n , min(id) AS minId,
TUMBLE_ROWTIME(VisitTime, INTERVAL '1' HOUR) AS betweenTime,
TUMBLE_START(VisitTime, INTERVAL '1' HOUR) AS betweenStart
FROM Clicks
GROUP BY TUMBLE(VisitTime, INTERVAL '1' HOUR), user
) temp LEFT JOIN Clicks
on temp.minId=Clicks.id
and Clicks.VisitTime <= temp.betweenTime AND Clicks.VisitTime >= temp.betweenTime - INTERVAL '1'
HOUR
```

与常规连接相比，此类连接仅支持具有时间属性的 append-only 类型的表。由于时间属性是准单调递增的，因此 Flink 可以从其状态中删除旧值而不影响结果的正确性。

下面的示例程序使用上面 PrepareData 类中的 getClicksData()方法得到一个 ClickBean（代表网站点击流的数据）类型的数据集合来构造一个数据流。因为要在流表中使用时间窗口的连接，所以在将数据流注册为表之前，首先在流处理执行环境中设置该表程序的时间特性为事件时间语义，同时对于创建的数据流设置时间戳提取器和水印分配器来提取该数据流中的时间戳和分配水印。将提取时间戳和分配水印的数据流注册为为名 Clicks 的表，在定义表 schema 期间定义事件时间属性字段为 VisitTime.rowtime。最后在表环境中使用 SQL 查询对注册的流表进行时间窗口的连接计算，因为计算不会更新结果表先前的记录，结果表是一个 append-only 类型的表，所以表转换为流可用 tEnv.toAppendStream()方法。将结果表转换为数据流后，使用 Print 操作符以指定前缀的方式将数据流中的元素输出到标准的输出流中。

```
StreamExecutionEnvironment env= // [...]
...
//设置流处理表程序基于事件时间语义进行处理
env.setStreamTimeCharacteristic(TimeCharacteristic.EventTime);
//将数据集合转换为数据流
DataStream<ClickBean> stream= env.fromCollection(PrepareData.getClicksData());

//提取数据流的时间戳并分配水印
stream= stream.assignTimestampsAndWatermarks(new AssignerWithPeriodicWatermarks<ClickBean>() {
                ... //数据流的时间戳提取器和水印分配器
```

```
});

//在表环境中将数据流注册为名为 Clicks 的表，设置表的字段名称为 id、user、VisitTime.rowtime、url，其中
//VisitTime.rowtime 字段为事件时间属性
tableEnv.registerDataStream("Clicks", stream, "id,user,VisitTime.rowtime,url");

//执行 SQL 查询，计算一个按小时滚动的窗口下每个用户的访问 URL 的数量，
//以及每个用户点击流数据的最小 id 和该 id 对应的 URL
String sqlQuery =
        " SELECT temp.name,temp.minId,id,temp.n,url,temp.betweenStart, temp.betweenTime FROM (" +
                "SELECT user AS name, " +
                "count(url) AS n ," +
                "min(id) AS minId," +
                "TUMBLE_ROWTIME(VisitTime, INTERVAL '1' HOUR) AS betweenTime," +
                "TUMBLE_START(VisitTime, INTERVAL '1' HOUR) AS betweenStart  " +
                "FROM Clicks " +
                "GROUP BY TUMBLE(VisitTime, INTERVAL '1' HOUR), user"
                + ") temp LEFT JOIN Clicks on temp.minId=Clicks.id " +
                "and Clicks.VisitTime <= temp.betweenTime AND Clicks.VisitTime >= temp.betweenTime
- INTERVAL '1' HOUR";

Table table = tableEnv.sqlQuery(sqlQuery);
//计算不会更新结果表先前的记录，结果表是一个 append-only 类型的表，所以表转换为流可用 tEnv.toAppendStream()方法
tableEnv.toAppendStream(table, Row.class).print();
env.execute();
```

完整代码见 com.intsmaze.flink.table.sqlapi.TimeWindowJoinTemplate。

在 IDE 中运行上述表程序后，在控制台的输出信息中可以看到该 SQL 查询准确地计算出每个窗口下各个用户访问 URL 数，以及每个用户点击流数据中最小 id 和最小 id 对应的 URL 等信息。

```
6> 李四,10,10,2,./intsmaze,2019-07-28 06:00:00.0,2019-07-28 06:59:59.999
2> 王五,9,9,1,./flink,2019-07-28 06:00:00.0,2019-07-28 06:59:59.999
9> 王五,6,6,2,./flink,2019-07-28 05:00:00.0,2019-07-28 05:59:59.999
3> 李四,2,2,1,./flink,2019-07-28 04:00:00.0,2019-07-28 04:59:59.999
4> 张三,1,1,3,./intsmaze,2019-07-28 04:00:00.0,2019-07-28 04:59:59.999
1> 张三,8,8,1,./intsmaze,2019-07-28 06:00:00.0,2019-07-28 06:59:59.999
3> 李四,5,5,1,./intsmaze,2019-07-28 05:00:00.0,2019-07-28 05:59:59.999
```

需要注意的是，Flink 在内部对时间属性的值进行了 UTC-8 转换，因此可以发现控制台中输出窗口的开始时间和结束时间与元素本身的时间相差 8 小时左右。

9.4 时态表

基于流处理的表程序开发中一个常见的需求就是为数据流补齐字段。一般主数据流（主表）中的数据无法提供数据分析所需的所有字段，需要将主数据流（主表）中数据的维度信息补全。比如主数据流中的数据是商品交易的订单数据（交易时间，币种，金额），假设需要将订单的交易金额的单位统一转换为日本的货币单位，这时就需要与不断变化的货币汇率维表进行关联。

这种需求在批处理或数据仓库场景中是很容易实现的，用户只需要将订单表与货币汇率维表进行关联即可将订单的维度信息补全。但在流处理程序中，因为数据是不断流动的，如果使用周期性连接来关联两张流表，当货币汇率维度表中的记录发生变动时，则会影响先前连接的结果。而这里实际希望的是，货币汇率维度表中的记录发生了变动不会影响连接的先前结果，仅影响记录变动后连接的结果。对于这种需求，使用时间窗口连接也是无法解决的，因为时间窗口的连接无法保证每个时间窗口都有一份完整的货币汇率维度表，可能出现的情况是某些窗口只有变动后的货币汇率记录甚至没有一条货币汇率记录，从而导致两张流表的时间窗口连接匹配失败。

为了解决这种问题，Flink 提供了一个时态表（本书统一将 Temporal 称为时态表）的概念，表示更改历史记录的维度表中的（参数化）视图，该表返回特定时间点下表的内容。Flink 可以跟踪应用基于 append-only 类型的表更改，并允许在查询中的以特定时间访问表的内容。

9.4.1 需求背景

这里以 Flink 官网的货币汇率为例，假设有下面的 RatesHistory 表：

```
rowtime currency rate
======= ======== ======
09:00 US Dollar 102
09:00 Euro 114
09:00 Yen 1
10:45 Euro 116
11:15 Euro 119
11:49 Pounds 108
```

RatesHistory 代表了一个不断增长的 append-only 货币汇率表，以日元为换算单位（汇率为1）。这里我们关注欧元在时态表中出现的条数，例如欧元对日元从 09:00 到 10:45 的汇率为 114，从 10:45 到 11:15 的汇率为 116，11：15 以后的汇率为 119。

当我们希望在 10:58 输出当前时间的所有货币的汇率数据时，需要编写以下 SQL 查询来计算结果表：

```
SELECT *
FROM RatesHistory AS r
WHERE r.rowtime = (
  SELECT MAX(rowtime)
  FROM RatesHistory AS r2
  WHERE r2.currency = r.currency
  AND r2.rowtime <= TIME '10:58'
);
```

相关子查询获取相应货币的最大时间小于或等于指定时间，外部查询列出每个货币具有最大时间戳的汇率。下面显示了这种计算的结果，在这里的示例中，货币汇率表在 10:45 更新了欧元对日元的汇率，当在 10:58 输出当前汇率时，输出的结果不会包含 09:00 与 11:15 时刻的欧元对日元的汇率。

```
rowtime currency rate
======= ======== ======
09:00 US Dollar 102
09:00 Yen 1
10:45 Euro 116
```

Flink 提供的时态表正是用于简化这种查询，同时加快执行速度并减少 Flink 的状态使用。时态表是 append-only 表的参数化视图，它将 append-only 表的行解释为表的更改日志，并在特定时间点提供该表的对应时间点的快照版本。将 append-only 表解释为表的更改日志需要指定主键属性和时间戳属性。主键确定当前快照版本包含哪些行，时间戳确定行有效的时间。在上面的示例中，currency 是 CurrencyHistory 表的主键，rowtime 是 timestamp 属性。

9.4.2 时态表函数

在 Flink 中，时态表由时态表函数表示。为了访问时态表中的数据，必须传递一个时间属性，该属性确定将返回的表的版本。时态表函数传入单个时间参数后将得到一组返回的行数据，这些返回的数据集包含与给定时间属性相关的所有现有主键的最新行版本。

假设我们基于 RatesHistory 表定义了一个时态表函数 Rates（timeAttribute），对于前面的需求就可以通过以下方式查询时态表函数：

```
SELECT * FROM Rates('10:15');

rowtime currency rate
======= ======== ======
09:00 US Dollar 102
09:00 Euro 114
09:00 Yen 1
```

```
SELECT * FROM Rates('11:00');

rowtime currency rate
======= ======== ======
09:00 US Dollar 102
10:45 Euro 116
09:00 Yen 1
```

对 Rates（timeAttribute）的每个查询都将返回给定 timeAttribute 的汇率的数据。

注意：Flink 目前不支持使用常量时间属性参数直接查询时态表函数，时态表函数只能用于连接操作。上面的例子仅用于提供时态表函数 Rates（timeAttribute）返回的直觉效果，关于时态表的连接见下面的内容。

1. 定义时态表函数

下面代码段说明了如何从 append-only 表中创建时态表函数。需要注意的是，时态表函数不需要用户自定义表函数，时态表函数与常规表函数没有任何联系：

```
StreamExecutionEnvironment env= // [...]
...
//设置流处理表程序基于事件时间语义进行处理
env.setStreamTimeCharacteristic(TimeCharacteristic.EventTime);

DataStream<Row> ratesHistory =// [...]

//因为使用事件时间，所以要设置时间戳提取器和水印生成器
ratesHistory = ratesHistory.assignTimestampsAndWatermarks(
                new AssignerWithPeriodicWatermarks<RateBean>() {
                       ... //时间戳提取和水印分配
                });

//将数据流转换表对象，指定时间属性字段为 NowTime
Table table = tEnv.fromDataStream( ratesHistory, "id,currency,NowTime.rowtime,rate");
//注册一个名为 RatesHistory 的表
tEnv.registerTable("RatesHistory", table);

//创建一个时态表函数，将 NowTime 定义为时间属性，并将 currency 定义为主键
TemporalTableFunction temporalTableFunction = table.createTemporalTableFunction ("NowTime", 
"currency");// (1)
//注册一个名为 Rates 的时态表函数
tEnv.registerFunction("Rates", temporalTableFunction);// (2)
```

行（1）使用 Table.createTemporalTableFunction(String timeAttribute, String primaryKey)创建一个汇率时态表函数。由于 API 的灵活性，这里不允许使用 tEnv.registerDataStream ("XXX", dataStream, "fieldName")。因为要使用 Table 对象的方法创建时态表函数，所以必须将流转换为 Table 对象，然后在表环境对象中将 Table 对象注册为表。

行(2)在表环境中注册此时态表函数的名称为 Rates——允许我们在 SQL 查询中使用 Rates 函数。至此时态表函数已经创建完成了，接下来就是将主数据流与时态表进行关联来补充维度信息。

2. 与时态表连接

Flink 目前不支持使用常量时间属性参数直接查询时态表函数，时态表函数只能用于连接。时态表的连接有严格的顺序要求，连接的左侧输入为 append-only 表，右侧输入为时态表。

为此我们准备如下一个 append-only 表 Orders，代表具有给定的“金额”和给定的“货币”的订单。例如在“10:15”处有一笔金额为“2Euro（欧元）”的订单：

```
SELECT * FROM Orders;

rowtime amount currency
======= ====== =========
10:15        2 Euro
10:30        1 US Dollar
10:32        50 Yen
10:52        3 Euro
11:04        5 US Dollar
```

假设我们要计算所有转换为通用货币（日元）的“订单”的数量，如果不使用时态表的概念，则需要编写如下查询操作的代码：

```
SELECT
  o.id,r.id, o.amount * r.rate AS amount
FROM Orders AS o,
  RatesHistory AS r
WHERE r.currency = o.currency
AND r.rowtime = (
  SELECT MAX(rowtime)
  FROM RatesHistory AS r2
  WHERE r2.currency = o.currency
  AND r2.rowtime <= o.rowtime
);
```

借助我们在上面定义的时态表函数“Rates”（而不是“RatesHistory”表），我们可以在 SQL 中将上面的查询改为如下：

```
SELECT o.id,r.id, o.amount * r.rate AS amount
FROM Orders AS o,
LATERAL TABLE (Rates(o.orderTime)) AS r
WHERE r.currency = o.currency
```

在修改后的示例中，来自 Orders 表的每条记录将在时间 o.rowtime 处与时态表 Rates 的当时快照版本结合在一起。“currency” 字段之前已被定义为 “Rates” 的主键用于连接两个表。如果查询使用的是处理时间概念，则执行查询时，新追加进来的订单将始终与最新版本的 “Rates” 结合在一起。

3. 代码演示

```
//模拟汇率数据
public static List<RateBean> getRateData() throws ParseException {
    List<RateBean> rateList = new ArrayList();
    rateList.add(new RateBean(1, "US Dollar", 102, "2019-07-28 09:00:00"));
    rateList.add(new RateBean(2, "Euro", 114, "2019-07-28 09:20:00"));
    rateList.add(new RateBean(3, "Yen", 1, "2019-07-28 09:30:00"));
    rateList.add(new RateBean(4, "Euro", 116, "2019-07-28 10:45:00"));
    rateList.add(new RateBean(5, "Euro", 119, "2019-07-28 11:15:00"));
    rateList.add(new RateBean(6, "Pounds", 108, "2019-07-28 11:49:00"));
    return rateList;
}
//模拟订单数据
public static List<Order> getOrderData() throws ParseException {
    List<Order> orderList = new ArrayList();
    orderList.add(new Order(1, "US Dollar","2019-07-28 09:00:00", 2));
    orderList.add(new Order(2, "Euro", "2019-07-28 09:00:00", 10));
    orderList.add(new Order(3, "Yen", "2019-07-28 09:40:00", 30));
    orderList.add(new Order(4, "Euro", "2019-07-28 11:40:00", 30));
    return orderList;
}
public static void main(String[] args)  throws Exception {
    StreamExecutionEnvironment env= // [...]
    ...
    //设置流处理表程序基于事件时间语义进行处理
    env.setStreamTimeCharacteristic(TimeCharacteristic.EventTime);

    //将货币汇率数据集合转换为数据流
    DataStream<RateBean> ratesHistory = env.fromCollection(PrepareData.getRateData());
    ratesHistory = ratesHistory.assignTimestampsAndWatermarks(
                    new AssignerWithPeriodicWatermarks<RateBean>() {
                                ... //货币汇率数据流的时间戳提取器和水印分配器
                    });

     //在表环境中，将货币汇率数据流转换表对象，设置表的字段名称为 id、currency、NowTime.rowtime、rate，
     其中 NowTime.rowtime 字段为事件时间属性
    Table table = tEnv.fromDataStream(ratesHistory, "id,currency, NowTime.rowtime,rate");

    //在表环境中将表对象注册名为 RatesHistory 的表
    tEnv.registerTable("RatesHistory", table);
```

```
        //创建一个时态表函数，将 NowTime 字段定义为时间属性，并将 currency 字段定义为主键
        TemporalTableFunction fun = table.createTemporalTableFunction("NowTime", "currency");
        //在表环境中注册一个名为 Rates 的时态表函数
        tEnv.registerFunction("Rates", fun);

        //将订单数据集合转换为数据流
        DataStream<Order> orders = env.fromCollection(PrepareData.getOrderData());
        orders = orders.assignTimestampsAndWatermarks(
                new AssignerWithPeriodicWatermarks<Order>() {
                        ......//订单数据流的时间戳提取器和水印分配器
                 });

        //在表环境中，将订单数据流注册为名为 Orders 的表，设置表的字段名称为 id、currency、orderTime.rowtime、
amount，其中 orderTime.rowtime 字段为事件时间属性
        tEnv.registerDataStream("Orders", orders, "id,currency,orderTime.rowtime,amount");

        //执行订单表与时态表函数的连接语句
        Table sqlResult = tEnv.sqlQuery("SELECT o.id,r.id,o.amount * r.rate AS amount " +
                "FROM Orders AS o,LATERAL TABLE (Rates(o.orderTime)) AS r " +
                "WHERE r.currency = o.currency");

        tEnv.toAppendStream(sqlResult, Row.class).print();
        env.execute();
    }
```

完整代码见 com.intsmaze.flink.table.sqlapi.JoinWithTemporalTable。

目前时态表连接只支持事件时间和处理时间，两种时间属性的区别如下：

- 基于处理时间属性的时态表 Join：当时态表的连接使用处理时间的时间属性时无法将时间属性作为参数传递给时态表函数。因为根据处理时间的定义，它始终是当前时间戳，调用处理时间的时态表函数将始终返回时态表的最新已知版本。仅将时态表中记录的最新版本（相对于定义的主键）保存在状态中，时态表中记录的更新不会影响先前发出的连接结果。我们可以将基于处理时间的时态表的连接视为一种简单的 HashMap，它存储来自时态表所对应数据流中的所有记录。当时态表中新来的记录与先前的记录具有相同的键时，旧值将被覆盖。
- 基于事件时间属性的时态表 Join：当时态表的连接使用事件时间的时间属性时，可以将过去的时间属性传递给时间表函数——允许在相同的时间点上将两个表连接在一起。与处理时间的时态表连接相比，时态表不仅将记录的最新版本（相对于定义的主键）保持在状态中，而且还存储自上次生成水印以来的所有版本（按时间标识）。

注意：对于时态表的连接，没有实现在查询配置中定义的状态保留时间。这意味着计算查询结果所需的状态可能会无限增长，具体取决于维度表（在这里就是时态表函数里面的 RatesHistory）的不同主键数量。

9.5 查询配置

无论输入是批输入（DataSet）还是流输入（DataStream），在 Table API 和 SQL 中指定的查询都具有相同的语义。在许多情况下，对流式输入的连续查询计算能够与批处理计算的结果相同且准确，但是在一般情况下这是不可能的，因为连续查询必须限制它们维护状态的大小，以避免耗尽存储资源并且能够在很长一段时间内处理无界流数据。因此连续查询可能提供一个近似结果，而这个近似结过取决于输入数据的特征和查询本身。

9.5.1 查询配置对象

Flink 的 Table API 和 SQL 接口提供一些参数来调整连续查询的准确性和资源消耗。这些参数通过 QueryConfig 对象指定，QueryConfig 对象可以从 TableEnvironment 中调用 queryConfig() 方法获得，在结果表转换回 DataStream 或通过 TableSink 发出时传回 QueryConfig 对象。

```
StreamExecutionEnvironment env = StreamExecutionEnvironment.getExecutionEnvironment();
StreamTableEnvironment tableEnv = TableEnvironment.getTableEnvironment(env);
//从表环境中获取查询配置
StreamQueryConfig qConfig = tableEnv.queryConfig();
//设置查询参数，空闲状态保留时间：最小值=12 小时，最大值=24 小时
qConfig.withIdleStateRetentionTime(Time.hours(12), Time.hours(24));
...
//定义查询
Table result = // [...]

//创建 TableSink
TableSink<Row> sink = // [...]

//注册 TableSink
tableEnv.registerTableSink(
  "outputTable", //表名
  new String[]{...}, //表的字段名称
  new TypeInformation[]{...}, //表的字段类型
  sink); //表接收器对象

//将查询的结果表 result 发送到已注册的 TableSink 中
result.insertInto("outputTable", qConfig);

//结果表转换为数据流
DataStream<Row> stream = tableEnv.toAppendStream(result, Row.class, qConfig);
env.execute();
```

下面将描述 QueryConfig 的参数，以及这些参数如何影响查询的准确性和资源消耗。

9.5.2 空闲状态保留时间

许多查询操作会聚合或连接一个或多个键属性上的记录。在流处理中执行此类查询操作时，连续查询需要收集记录或维护每个键的部分结果。如果输入流的键一直在产生，那么随着观察到越来越多的不同键，连续查询将累积越来越多的状态。

例如以下查询操作会计算每个会话的单击次数：

```
SELECT sessionId, COUNT(*) FROM clicks GROUP BY sessionId;
```

sessionId 属性用作分组键，连续查询维护其观察到的每个 sessionId 的计数。sessionId 属性随着时间的推移会一直增加，并且 sessionId 值仅在会话结束之前有效，会话结束后，该 sessionId 的数据将不再使用。可是连续查询无法知道 sessionId 的值是否还有效，会认为每个 sessionId 值可以在任何时间出现，它将维护每个观察到的 sessionId 值的计数。随着越来越多的 sessionId 值被观察，查询的总状态的大小不断增长。

Flink 提供了空闲状态保留时间参数，这个参数用来定义保留某个键的状态在多长时间内没有进行更新就会删除该键。对于前面的示例，只要在配置的时间段内没有更新 sessionId，表程序就会删除该 sessionId 的计数结果。通过删除键的状态，连续查询将完全忘记它之前已经看过这个键。如果后面又处理了状态中之前已被删除键的记录，则该记录将被视为具有相应键的第一个记录。对于上面的示例，这意味着 sessionId 的计数将再次从 0 开始。

配置空闲状态时间有两个参数：

- 最小空闲状态时间定义了非活动 key 的状态在被删除之前至少保持多长时间。
- 最大空闲状态时间定义了非活动 key 的状态在被删除之前最多保持多长时间。

参数规定如下：

```
import org.apache.flink.table.api.StreamQueryConfig;

StreamQueryConfig qConfig = // [...]

//设置空闲状态保留时间：最小值=12 小时，最大值=24 小时
qConfig.withIdleStateRetentionTime(Time.hours(12), Time.hours(24));
```

9.6 连接外部系统

Flink 的 Table API 和 SQL 可以连接到其他外部系统来读写批处理表和流处理表。TableSource 提供对存储在外部系统（例如数据库、消息队列或文件系统）中的数据访问，TableSink 提供将表程序中的结果数据发送到外部存储系统的方式。

9.6.1 概述

从 Flink 1.6 开始，Flink 将连接外部系统的声明与实际实现分离，这样做不仅可以更好地统一 API 和 SQL 客户端，还可以在不更改实际声明的情况下更好地扩展自定义实现。每个声明都类似于传统数据库的 SQL CREATE TABLE 语句，可以在声明中预先定义表的名称、表的模式、连接器和用于连接外部系统的数据格式。

连接器描述存储表数据的外部系统，如 Kafka 或常规文件系统。这些连接器可能已经提供了固定的字段和模式。Flink 连接的外部系统中有一些还支持不同的数据格式，例如存储在 Kafka 或文件中的表可以用 CSV 或 Avro 编码其数据行，可以根据自己的业务情况选择数据格式。

表模式定义了表暴露给 SQL 查询的模式，它描述表源如何将数据格式映射到表模式，反之亦然。它可以使用一个或多个字段来提取或插入一个时间属性。如果输入字段没有确定的字段顺序，则可以在该模式中清楚地定义列名、字段的顺序和起源。

同时提供以下两种方式去连接外部系统：

- 以编程方式使用 org.apache.flink.table.descriptors 下的 Table 和 SQL API 的 Descriptor。
- 通过 SQL 客户端的 YAML 配置文件声明。SQL 客户端目前在不断发展中，仅用来基于 Flink SQL 进行程序原型的构建和快速调试。

下面内容将重点讲解如何通过编程方式去连接外部系统，关于 SQL 客户端连接外部系统不是本书重点，详细内容可查询官网。

下面的例子先简单展示如何传递表连接器的大致组成结构，后面将详细地介绍每个部分（连接器，格式和模式）的定义：

```
tableEnvironment
  .connect(...)
  .withFormat(...)
  .withSchema(...)
  .inAppendMode()
  .registerTableSource("MyTable")
```

表的类型（源、接收器或两者都是）决定了如何去注册表，如果同时使用两种表类型，则表源和表接收器都以相同的名称注册。从逻辑上讲，这意味着我们可以对这样的表进行读写，就像在常规 DBMS 中对表进行读写一样。

对于数据流中的查询操作，更新模式声明如何在动态表和存储系统之间通信以便进行连续查询。

下面的代码显示了如何连接到 Kafka 以读取 Avro 记录的完整示例：

```
tableEnvironment
  //声明要连接的外部系统
  .connect(
    new Kafka()
      .version("universal")
      .topic("test-intsmaze")
      .startFromEarliest()
      .property("zookeeper.connect", "localhost:2181")
      .property("bootstrap.servers", "localhost:9092")
  )
  //声明连接外部系统的数据格式
  .withFormat(
    new Avro()
      .avroSchema(
        "{" +
        "  \"namespace\": \"org.myorganization\"," +
        "  \"type\": \"record\"," +
        "  \"name\": \"UserMessage\"," +
        "    \"fields\": [" +
        "      {\"name\": \"timestamp\", \"type\": \"string\"}," +
        "      {\"name\": \"user\", \"type\": \"long\"}," +
        "      {\"name\": \"message\", \"type\": [\"string\", \"null\"]}" +
        "    ]" +
        "}" +
      )
  )
  //声明表的模式
  .withSchema(
    new Schema()
      .field("rowtime", Types.SQL_TIMESTAMP)
        .rowtime(new Rowtime()
          .timestampsFromField("timestamp")
          .watermarksPeriodicBounded(60000)
        )
      .field("user", Types.LONG)
      .field("message", Types.STRING)
  )
  //指定流表的更新模式
  .inAppendMode()
  //注册表的数据源
  .registerTableSource("MyUserTable");
  //或者注册表的接收器 connect.registerTableSink(...)
  //或者使用同一名称注册表的数据源和接收器 connect.registerTableSourceAndSink(...)
```

不管是 Java 还是 YAML，都要将所需的连接属性转换为标准化的基于字符串的键值对。表工厂将根据键值对创建配置好的表源、表接收器和相应的格式。在搜索到完全匹配的表工厂时，会通过 Java 的服务提供商接口（SPI）找到所有表工厂。如果找不到给定属性的表工厂或多个表工厂与给定属性匹配，则程序将引发异常。

9.6.2　表模式

表模式负责定义表中列的名称和类型，类似于传统数据库的 SQL CREATE TABLE 语句中对列的定义。如果是表接收器，则要确保仅将具有有效模式的数据写入外部系统。

下面的示例显示了一个简单的表模式，没有时间属性，同时输入/输出到表列的是一对一字段映射。

```
.withSchema(
  new Schema()
    .field("MyField1", Types.INT)     //必需：指定表的字段名称和类型（按此顺序）
    .field("MyField2", Types.STRING)
    .field("MyField3", Types.BOOLEAN)
)
```

对于每个字段，除了指定表的字段名称和类型，还可以声明以下属性：

```
.withSchema(
  new Schema()
    .field("MyField1", Types.SQL_TIMESTAMP)
      .proctime()      //可选：将此字段声明为处理时间属性
    .field("MyField2", Types.SQL_TIMESTAMP)
      .rowtime(...)    //可选：将此字段声明为事件时间属性
    .field("MyField3", Types.BOOLEAN)
      .from("mf3")     //可选：输入中的由该字段引用/别名的原始字段
)
```

在处理数据流中的表时，时间属性是必不可少的。因此 processing-time（也称为 proctime）和 event-time（也称为 rowtime）属性都可以定义为表模式的一部分。

事件时间属性

为了控制表的事件时间行为，Flink 提供了预定义的时间戳提取器和水印策略。以下是预定义的几个时间戳提取器：

```
//将输入中的现有 LONG 或 SQL_TIMESTAMP 类型的字段转换为 rowtime 属性
.rowtime(
  new Rowtime()
    .timestampsFromField("ts_field")    //必需：输入中的原始字段名称
)
//将来自DataStream记录中已分配的时间戳转换为rowtime属性,这需要数据的来源能分配时间戳(例如Kafka 0.10+)
.rowtime(
  new Rowtime()
```

```
      .timestampsFromSource()
    )
    //设置用于 rowtime 属性的自定义时间戳提取器，这个提取器继承
org.apache.flink.table.sources.tsextractors.TimestampExtractor
    .rowtime(
      new Rowtime()
        .timestampsFromExtractor(...)
    )
```

以下是预定义的几个水印生成策略：

```
    //设置水印策略以提升 rowtime 属性。发出到目前为止最大观察到的时间戳减 1 的水印，时间戳等于最大时间戳的行不
会迟到
    .rowtime(
      new Rowtime()
        .watermarksPeriodicAscending()
    )
    //为 rowtime 属性设置一个内置水印策略，允许在有限的时间间隔内乱序，发出的水印是最大观察到的时间戳减去指定
的延迟
    .rowtime(
      new Rowtime()
        .watermarksPeriodicBounded(2000)    //必需：以毫秒为单位的延迟
    )
    //设置一个内置水印策略，该策略指示应从底层的 DataStream API 中保留水印，这样就可以在数据源中保留指定的水印
    .rowtime(
      new Rowtime()
        .watermarksFromSource()
    )
```

要确保总是同时声明时间戳和水印。水印是触发基于时间的操作所必需的。

9.6.3 更新模式

对于流查询，需要声明如何执行动态表和外部连接器之间的转换，更新模式用于指定连接器应该与外部系统交换哪类消息。

- Append Mode：在追加模式下，动态表和外部连接器只交换 INSERT 消息。
- Retract Mode：在撤销模式下，动态表和外部连接器交换 ADD 和 RETRACT 消息。INSERT 被编码为 ADD 消息，DELETE 被编码为 RETRACT 消息，UPDATE 被编码为更新（先前）行的 RETRACT 消息和添加（新）行的 ADD 消息。因此每个 UPDATE 都由两条消息组成，效率较低。
- Upsert Mode：在该模式下，动态表和外部连接器交换 UPSERT 和 DELETE 消息。该模式

需要一个（可能是复合的）唯一键才能正确地处理消息，所以外部连接器需要指定唯一键的属性。INSERT 和 UPDATE 被编码为 UPSERT 消息，DELETE 被编码为 DELETE 消息。与 Retract Mode 的主要区别在于 UPDATE 使用单个消息进行编码，因此效率更高。

```
.connect(...)
  .inAppendMode()    //或者选用：inUpsertMode()和 inRetractMode()
```

9.6.4　表格式

Flink 提供了一组可与表连接器一起使用的表格式，这里主要讲解 CSV 格式与 Avro 格式，关于 Flink 支持的更多格式可查询 Flink 的官方网站。

1. CSV 格式

CSV 格式允许连接器读取和写入 CSV 格式的文件。CSV 格式已经内置在 Flink 的二进制发行版中，不需要在项目中添加额外的依赖项。

```
.withFormat(
  new Csv()
    .field("field1", Types.STRING()) //必填：指定字段名称和类型
    .field("field2", Types.INT())
    .fieldDelimiter(",")              //可选：默认情况下，字符串分割符“,”
    .lineDelimiter("\n")              //可选：默认情况下，字符串分割符“\n”
    .quoteCharacter('"')              //可选：字符串值的单个字符，默认为空
    .commentPrefix("#")               //可选：表示注释的字符串，默认为空
    .ignoreFirstLine()                //可选：忽略第一行，默认情况下不跳过第一行
    .ignoreParseErrors()              //可选：跳过带有解析错误的记录，而不是默认失败
)
```

需要注意的是当将 TableSink 类型的连接器设置为 CSV 格式时，对于 CSV 格式提供的可选项，仅自定义字段定界符 fieldDelimiter()可用，如果添加其他可选项则会导致程序运行失败。具体示例将在文件连接器中演示。

2. Apache Avro 格式

Apache Avro 格式支持的模式如图 9-7 所示。

Format: Serialization Schema　Format: Deserialization Schema

图 9-7

Apache Avro 格式允许连接器读取和写入 Avro 格式的文件。Avro 格式既可以使用实现 org.apache.avro.specific.SpecificRecord 接口的 POJO 类来定义，也可以使用符合 Avro 模式的字

符串来定义。如果使用了类名，则在运行时该类必须在类路径中可用。关于 Avro 格式的更多细节可以查询 Avro 的官网。

```
.withFormat(
  new Avro()
    //方式一：通过使用实现 org.apache.avro.specific.SpecificRecord 接口的 POJO 类来定义 Avro 格式
    .recordClass(User.class)
    //方式二：通过使用符合 Avro 模式的字符串来定义 Avro 格式
    .avroSchema(
      "{" +
      "  \"type\": \"record\"," +
      "  \"name\": \"test\"," +
      "  \"fields\" : [" +
      "    {\"name\": \"name\", \"type\": \"string\"}," +
      "    {\"name\": \"city\", \"type\": \"string\"}" +
      "  ]" +
      "}"
    )
)
```

Avro 类型和 SQL 数据类型之间的映射关系可查看官网，地址为链接 3。

9.6.5 表连接器

Flink 提供了一组连接到外部系统的连接器，并不是所有连接器都在流/批处理程序中可用，也并非每个流连接器都支持每种流模式。下面会介绍常用的两个连接器，同时会标明该连接器支持批处理还是流处理，支持的模式是什么，以及对流处理的表连接器提供哪种流模式的支持。

1. 文件系统连接器

文件系统连接器支持如图 9-8 所示的选项。

Source: Batch | Source: Streaming Append Mode | Sink: Batch | Sink: Streaming Append Mode | Format: CSV-only

图 9-8

文件系统连接器允许从本地或分布式文件系统进行读写数据，文件系统可以定义为如下方式。

```
.connect(
  new FileSystem()
    .path("file:///home/intsmaze/data")    //必需：文件或目录的路径
)
```

文件系统连接器本身包含在 Flink 的二进制发行版中，不需要添加额外的依赖项，在使用文件系统连接器时需要指定相应的格式，以便向文件系统读写行。

下面是一个使用文件连接器读取外部文件中数据的示例：

```
StreamExecutionEnvironment env = StreamExecutionEnvironment.getExecutionEnvironment();
StreamTableEnvironment tableEnv = TableEnvironment.getTableEnvironment(env);

//定义连接器类型为文件系统连接器
StreamTableDescriptor connect = tableEnv.connect(new FileSystem()
        .path("file:///home/intsmaze/flink/table/file-connector.csv") //必需：文件或目录的路径
);
//为文件系统连接器配置 CSV 格式
connect = connect.withFormat(new Csv()
        .field("name", Types.STRING())    //指定字段名为 name，类型为 String
        .field("age", Types.LONG())       //指定字段名为 age，类型为 Long
        .field("city", Types.STRING())    //指定字段名为 city，类型为 String
        .ignoreFirstLine()                //指定读取数据时忽略第一行内容
        .ignoreParseErrors()              //对解析错误的记录直接跳过，而不是抛出失败
);
//为文件系统连接器配置模式
connect=connect.withSchema(new Schema()
        .field("name", "VARCHAR") //指定字段名为 name，类型为 VARCHAR
        .field("age","BIGINT")    //指定字段名为 age，类型为 BIGINT
        .field("city","VARCHAR")  //指定字段名为 city，类型为 VARCHAR
);
//指定流模式为 Append 模式
connect=connect.inAppendMode();
//将连接器注册为表的数据源，指定表名为 CsvTable
connect.registerTableSource("CsvTable");
//使用 SQL 查询注册的表源
Table csvResult = tableEnv.sqlQuery("SELECT * FROM CsvTable WHERE age > 20");
//将查询的结果表转换为 DataStream 并将数据流中的元素打印在标准输出流中
tableEnv.toAppendStream(csvResult, Row.class).print();
env.execute();
```

完整代码见 com.intsmaze.flink.table.connector.FileConnector#testTableSource。

在 IDE 中运行上述程序后，在控制台的输出信息中可以看到如下信息：

```
9> Jordan,38,Shanghai
```

下面是一个使用文件连接器输出数据到外部文件的示例：

```
StreamExecutionEnvironment env = StreamExecutionEnvironment.getExecutionEnvironment();
StreamTableEnvironment tableEnv = TableEnvironment.getTableEnvironment(env);

//定义连接器类型为文件系统连接器
StreamTableDescriptor connect = tableEnv.connect(new FileSystem()
        .path("file:///home/intsmaze/flink/table/file-connector/")    //必需：文件或目录的路径
);
```

```
//为文件系统连接器配置 CSV 格式
connect = connect.withFormat(new Csv()
        .field("name", Types.STRING())    //指定字段名为 name，类型为 String
        .field("city", Types.STRING())    //指定字段名为 city，类型为 String
        .fieldDelimiter(",")              //指定字段间的分隔符为逗号“,”
);
//为文件系统连接器配置模式
connect=connect.withSchema(new Schema()
       .field("name", "VARCHAR")   //指定字段名为 name，类型为 VARCHAR
       .field("city","VARCHAR")    //指定字段名为 city，类型为 VARCHAR
);
//指定流模式为 Append 模式
connect=connect.inAppendMode();
//将连接器注册为表的接收器，指定表名为 CsvTable
connect.registerTableSink("CsvTable");

List<Person> clicksData = PrepareData.getPersonData();
//将普通 Java 集合转换为数据流
DataStream<Person> dataStream = env.fromCollection(clicksData);
//将 dataStream 注册为表，表名为 Person，字段为 name、age、city
tableEnv.registerDataStream("Person", dataStream, "name,age,city");
//使用 INSERT INTO 语句将查询 Person 表的数据插入 CsvTable 表，以输出数据到外部文件系统
tableEnv.sqlUpdate("INSERT INTO CsvTable SELECT name,city FROM Person WHERE age <20");
env.execute();
```

完整代码见 com.intsmaze.flink.table.connector.FileConnector#testTableSink。

在 IDE 中运行上述程序后，在对应的路径下可以看到生成了程序处理结果的输出文件，如图 9-9 所示。

« home › intsmaze › flink › table › file-connector　　搜索"file-connector"

名称	修改日期	类型	大小
1	2020/3/22 22:11	文件	0 KB
2	2020/3/22 22:11	文件	0 KB
3	2020/3/22 22:11	文件	0 KB
4	2020/3/22 22:11	文件	0 KB
5	2020/3/22 22:11	文件	0 KB
6	2020/3/22 22:11	文件	0 KB
7	2020/3/22 22:11	文件	0 KB
8	2020/3/22 22:11	文件	0 KB
9	2020/3/22 22:11	文件	0 KB
10	2020/3/22 22:11	文件	1 KB
11	2020/3/22 22:11	文件	0 KB
12	2020/3/22 22:11	文件	0 KB

图 9-9

打开其中的一个文件，文件中的内容如图 9-10 所示。

C:\home\intsmaze\flink\table\file-connector\10 - Notepad++
文件(F) 编辑(E) 搜索(S) 视图(V) 编码(N) 语言(L) 设置(T) 工具(O) 宏(M) 运行
10
1 赵六,天津
2

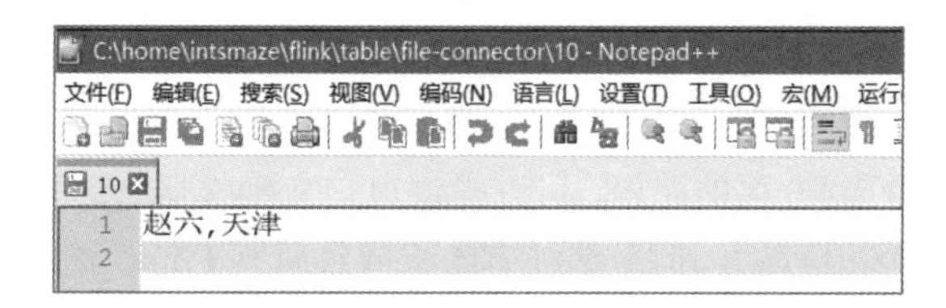

图 9-10

2. Kafka 连接器

Kafka 连接器支持如图 9-11 所示的选项。

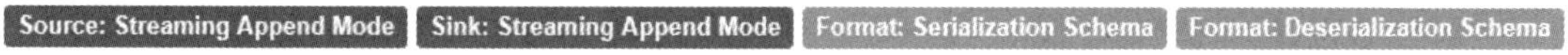

Source: Streaming Append Mode
Sink: Streaming Append Mode
Format: Serialization Schema
Format: Deserialization Schema

图 9-11

使用 Kafka 连接时，需要在项目中添加了 Kafka 连接器的依赖项，Kafka 连接器允许从 Kafka 的主题中读写内容，它可以定义为如下方式：

```
.connect(
  new Kafka()
    .version("universal")    //必需：连接的 Kafka 服务版本
    .topic("topic-name")     //必需：从 Kafka 服务中读取表数据的主题名称
    //可选：连接器特定的属性
    .property("zookeeper.connect", "localhost:2181")
    .property("bootstrap.servers", "localhost:9092")
    .property("group.id", "group-name")
    //可选：确定从 Kafka 主题下分区的哪个位置作为起始位置开始读取数据
    .startFromEarliest()
    .startFromLatest()
    .startFromSpecificOffsets(...)

  //可选：Flink 任务的并行度与对应 Kafka 主题的分区关系
  .sinkPartitionerFixed() //每个 Flink 并行子任务只将该任务的数据发送到 Kafka 主题下的一个分区上（默认）
  .sinkPartitionerRoundRobin()//每个 Flink 并行子任务以循环的方式将该任务的数据依次发送到 Kafka 主题下
                              //的每一个分区上
    .sinkPartitionerCustom(MyCustom.class) //自定义 Flink 并行子任务发送数据到 Kafka 主题下分区的方式
)
```

- 指定连接的 Kafka 服务版本：提供 0.8、0.9、0.10、0.11 和 universal 这几个值。从 Flink 1.7 开始，Kafka 连接器被定义为应该独立于硬编码的 Kafka 版本，所以可以使用 universal 作为 Flink 的 Kafka 连接器的通配符，该通配符兼容从 0.11 版本开始的所有 Kafka 版本。
- 指定开始读取位置：在默认情况下，Kafka 消费者将根据从 ZooKeeper 或 Kafka 代理中提交的偏移量作为读取数据的起始位置，可以指定其他启动位置。

- 指定 Flink-kafka 的接收器分区方式：在默认情况下，Kafka 接收器最多可写入与其自身并行度一样多的分区（每个并行的接收器实例均写入一个分区）。为了将写操作分配到更多分区或控制行到分区的路由，可以提供自定义接收器分区程序。尽管循环分区器对于避免不平衡分区很有用，但是这种方式将导致所有 Flink 实例与 Kafka 代理之间存在大量网络连接。
- Kafka 0.10 及以上版本的时间戳：从 Kafka 0.10 开始，Kafka 的消息就附带一个时间戳字段，用于指定何时将记录写入 Kafka 主题。

下面是一个使用 Kafka 连接器将消息发送到外部 Kafka 服务的主题中的示例：

```
StreamExecutionEnvironment env = StreamExecutionEnvironment.getExecutionEnvironment();
StreamTableEnvironment tableEnv = TableEnvironment.getTableEnvironment(env);

//定义连接器类型为 Kafka 连接器
StreamTableDescriptor connect = tableEnv.connect(new Kafka()
        .version("universal")  //连接 0.11 版本以上的 Kafak 服务
        .topic("flink-intsmaze")//将消息发送到主题为 flink-intsmaze 的 Kafka 服务中
        .property("zookeeper.connect", "192.168.19.201:2181")//ZooKeeper 的地址
        .property("bootstrap.servers", "192.168.19.201:9092")//Kafka 服务的地址
);

//为 Kafka 连接器配置 Avro 格式
connect = connect.withFormat(new Avro()
        .avroSchema(
                "{" +
                        "  \"type\": \"record\"," +
                        "  \"name\": \"test\"," +
                        "  \"fields\" : [" +
                        "    {\"name\": \"name\", \"type\": \"string\"}," +
                        //指定字段名为 name，类型为 String
                        "    {\"name\": \"city\", \"type\": \"string\"}" +
                        //指定字段名为 city，类型为 String
                        "  ]" +
                        "}"
        )
);
//为 Kafka 连接器配置模式
connect = connect.withSchema(new Schema()
        .field("name", "VARCHAR") //指定字段名为 name，类型为 VARCHAR
        .field("city", "VARCHAR") //指定字段名为 city，类型为 VARCHAR
);

//指定流模式为 Append 模式
connect = connect.inAppendMode();
//将连接器注册为表的接收器，指定表名为 KafkaTable
connect.registerTableSink("KafkaTable");
```

```
List<Person> clicksData = PrepareData.getPersonData();
//将普通 Java 集合转换为数据流
DataStream<Person> dataStream = env.fromCollection(clicksData);
//将 dataStream 注册为表，表名为 Person，字段为 name、age、city
tableEnv.registerDataStream("Person", dataStream, "name,age,city");
//使用 INSERT INTO 语句将查询 Person 表的数据插入 KafkaTable 表，以输出数据到 Kafka 服务对应的主题中
tableEnv.sqlUpdate("INSERT INTO KafkaTable SELECT name,city FROM Person WHERE age <20 ");
env.execute();
```

完整代码见 com.intsmaze.flink.table.connector.KafkaConnector#testTableSink。

在 IDE 中运行上述程序后，进入<Kafka_home>/bin 目录下执行 Kafka 的消费者命令脚本，可以看到消息已经成功发送到指定的 Kafak 主题中：

```
[root@intsmaze-201 bin]# ./kafka-console-consumer.sh --bootstrap-server localhost:9092 --topic
flink-intsmaze
赵六
    天津
赵六
    天津
```

下面是一个使用 Kafka 连接器从外部 Kafka 服务的主题中读取消息的示例：

```
StreamExecutionEnvironment env = StreamExecutionEnvironment.getExecutionEnvironment();
StreamTableEnvironment tableEnv = TableEnvironment.getTableEnvironment(env);

//定义连接器类型为 Kafka 连接器
StreamTableDescriptor connect = tableEnv.connect(new Kafka()
        .version("universal")  //连接 0.11 版本以上的 Kafak 服务
        .topic("flink-intsmaze")//将消息发送到主题为 flink-intsmaze 的 Kafka 服务中
        .property("zookeeper.connect", "192.168.19.201:2181")//ZooKeeper 的地址
        .property("bootstrap.servers", "192.168.19.201:9092")//Kafka 服务的地址
        .property("group.id", "testGroup")//指定消费者组的 id 为 testGroup
        .startFromLatest()
);
//为 Kafka 连接器配置 Avro 格式
connect = connect.withFormat(new Avro()
        .avroSchema(
                "{" +
                        "  \"type\": \"record\"," +
                        "  \"name\": \"test\"," +
                        "  \"fields\" : [" +
                        "    {\"name\": \"name\", \"type\": \"string\"}," +
                          //指定字段名为 name，类型为 String
                        "    {\"name\": \"city\", \"type\": \"string\"}" +
                          //指定字段名为 city，类型为 String
                        "  ]" +
```

```
                        "}"
            )
    );
    //为 Kafka 连接器配置模式
    connect = connect.withSchema(new Schema()
            .field("name", "VARCHAR")   //指定字段名为 name，类型为 VARCHAR
            .field("city", "VARCHAR")   //指定字段名为 city，类型为 VARCHAR
    );
    //指定流模式为 Append 模式
    connect = connect.inAppendMode();
    //将连接器注册为表的数据源，指定表名为 KafkaTable
    connect.registerTableSource("KafkaTable");
    //使用 SQL 查询注册的表源
    Table csvResult = tableEnv.sqlQuery("SELECT * FROM KafkaTable ");
    //将查询的结果表转换为 DataStream 并将数据流中的元素打印在标准输出流中
    tableEnv.toAppendStream(csvResult, Row.class).print();
    env.execute();
```

完整代码见 com.intsmaze.flink.table.connector.KafkaConnector#testTableSource。

在 IDE 中运行上述程序后，在控制台的输出信息中可以看到程序成功消费了对应 Kafka 主题中的消息：

```
5> 赵六,天津
5> 赵六,天津
```

9.6.6 未统一的 TableSources 和 TableSinks

Flink 中有些表源和表接收器尚未完全迁移到新的统一接口，下面列出了常用的几个表源和表接收器，更多的表源和表接收器的信息可去 Flink 官网查看。

1. CsvTableSource

CsvTableSource 是 Flink 内置一种表源，该表源负责读取指定路径下 CSV 文件内的数据：

```
StreamExecutionEnvironment env = StreamExecutionEnvironment.getExecutionEnvironment();
StreamTableEnvironment tableEnv = StreamTableEnvironment.getTableEnvironment(env);

 //定义表的字段名称
 String[] fieldNames = {"name", "age", "city"};
 //定义表字段的类型
 TypeInformation[] fieldTypes = {Types.STRING(), Types.INT(), Types.STRING()};

 //创建一个 TableSource，读取指定路径下的 CSV 文件
 TableSource csvSource = new CsvTableSource("///home/intsmaze/flink/table/data",
fieldNames,fieldTypes);
```

```
//将 csvSource 注册为表的数据源，指定表名为 Person
tableEnv.registerTableSource("Person", csvSource);
//使用 SQL 查询注册的表源
Table result = tableEnv.sqlQuery("SELECT name,age,city FROM Person WHERE age>30");
//将查询的结果表转换为 DataStream 并将数据流中的元素打印在标准输出流中
tableEnv.toAppendStream(result, Row.class).print();
 env.execute();
```

完整代码见 com.intsmaze.flink.table.connector.CsvSourceTemplate。

2. CsvTableSink

CsvTableSink 将一个结果表发送到一个或多个 CSV 文件中，该接收器不能用于发出连续更新的流表，仅支持追加的流表。将数据发送到流表时，如果启用了检查点机制，那么 CsvTableSink 将每行结果数据以“At Least Once”语义的方式写入文件，并且 CsvTableSink 不会将输出文件拆分为存储桶文件，而是将流表中的数据连续写入相同的文件。

```
StreamExecutionEnvironment env = StreamExecutionEnvironment.getExecutionEnvironment();
StreamTableEnvironment tableEnv = TableEnvironment.getTableEnvironment(env);

List<Person> clicksData = PrepareData.getPersonData();
//将普通的 Java 集合转换为数据流
DataStream<Person> dataStream = env.fromCollection(clicksData);
//将 dataStream 注册为表，表名为 Person，字段为 name、age、city
tableEnv.registerDataStream("Person", dataStream, "name,age,city");

CsvTableSink sink = new CsvTableSink(
       "///home/intsmaze/flink/table/csv",    //指定输出路径
       "|",                     //可选：指定分割符 '|'
       1,                       //可选：写入一个文件
       FileSystem.WriteMode.OVERWRITE);  //可选：覆盖之前的数据

//将 CsvTableSink 注册为表的接收器
tableEnv.registerTableSink(
       "csvOutputTable", //指定表的名称
       new String[]{"name", "age", "city"},//指定表的字段名称
       //指定表的字段类型
       new TypeInformation[]{Types.STRING, Types.LONG, Types.STRING},
       sink);

//使用 INSERT INTO 语句将查询 Person 表的数据插入 csvOutputTable 表，以将数据到输出到对应路径下的文件中
tableEnv.sqlUpdate("INSERT INTO csvOutputTable SELECT name,age,city FROM Person WHERE age <20 ");
env.execute();
```

完整代码见 com.intsmaze.flink.table.connector.CsvSinkTemplate。

3. JDBCAppendTableSink

JDBCAppendTableSink 将一个结果表发送到对应支持 JDBC 连接的数据库中。该接收器不能用于发出连续更新的流表，仅支持追加的流。

如果启用了检查点机制，那么 JDBCAppendTableSink 会将每个表的数据以 At Least Once 语义的方式插入数据库的表。也可以使用 REPLACE 或 INSERT OVERWRITE 来指定插入查询，以执行对数据库表的 UPSERT 式的写操作。

要使用 JDBC 接收器，必须将 JDBC 连接器依赖项（flink-jdbc）添加到项目中，同时根据连接的数据库添加对应的数据库驱动。下面的示例使用 JDBC 连接器将结果表中的数据发送到外部的 MySQL 数据库中，为此在项目中除了需要添加 flink-jdbc 依赖项，还需要添加 MySQL 驱动的依赖项。

```
<dependency>
    <groupId>org.apache.flink</groupId>
    <artifactId>flink-jdbc-scala_2.11</artifactId>
    <version>1.7.2</version>
</dependency>
<dependency>
    <groupId>mysql</groupId>
    <artifactId>mysql-connector-java</artifactId>
    <version>5.1.38</version>
</dependency>
```

在项目中添加了对应的依赖项后，我们在程序中使用 JDBCAppendSinkBuilder 创建接收器，具体代码如下：

```
StreamExecutionEnvironment env = StreamExecutionEnvironment.getExecutionEnvironment();
StreamTableEnvironment tableEnv = TableEnvironment.getTableEnvironment(env);

List<Person> clicksData = PrepareData.getPersonData();
//将普通的 Java 集合转换为数据流
DataStream<Person> dataStream = env.fromCollection(clicksData);
//将 dataStream 注册为表，表名为 Person，字段为 name、age、city
tableEnv.registerDataStream("Person", dataStream, "name,age,city");

//创建 JDBCAppendTableSink
JDBCAppendTableSink sink = JDBCAppendTableSink.builder()
        .setDrivername("com.mysql.jdbc.Driver")  //设置连接的数据库对应的驱动名称
        .setDBUrl("jdbc:mysql://127.0.0.1:3306/test")  //设置连接数据库对应的 URL
        .setPassword("intsmaze") //设置连接数据库的用户名称
        .setUsername("root") //设置连接数据库的用户密码
        .setQuery("INSERT INTO jdbc_test (name,age,city) VALUES (?,?,?)") //该数据库支持的 INSERT
        //INTO 语法，指定将表程序中的结果数据插入数据库的哪个表中，该表应在运行表程序前存在
        .setParameterTypes(STRING_TYPE_INFO,LONG_TYPE_INFO,STRING_TYPE_INFO)
```

```
        //设置插入数据库表的每个字段的类型
        .build();

//将 JDBCAppendTableSink 注册为表的接收器
tableEnv.registerTableSink(
        "jdbcOutputTable",//指定表的名称
        new String[]{"name", "age", "city"}, //指定表的字段名称
        //指定表的字段类型
        new TypeInformation[]{Types.STRING, Types.LONG, Types.STRING}, sink);

//使用 INSERT INTO 语句将查询 Person 表的数据插入 jdbcOutputTable 表，以将数据输出到对应数据库的表中
tableEnv.sqlUpdate("INSERT INTO jdbcOutputTable SELECT name,age,city FROM Person WHERE age <20 ");
env.execute();
```

完整代码见 com.intsmaze.flink.table.connector.JdbcSinkTemplate。

与使用 JDBCOutputFormat 相似，必须显式指定 JDBC 驱动程序的名称、JDBC URL、数据库账号和密码、要执行的查询操作，以及 JDBC 表的字段类型。

运行上述程序后，我们可以在 MySQL 数据库的 jdbc_test 表中看到被插入的数据，如图 9-12 所示。

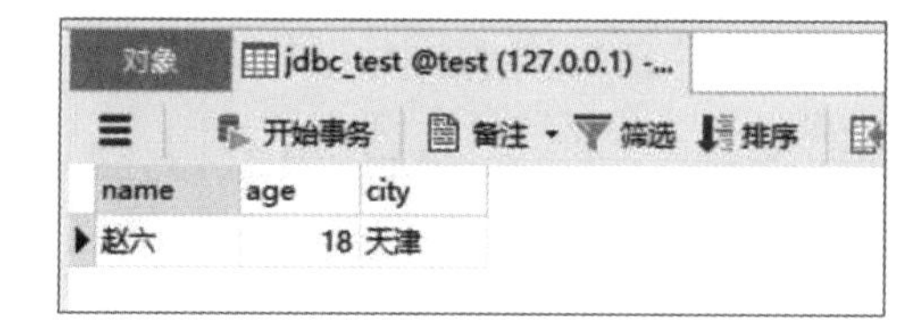

图 9-12

10 chapter

第 10 章 执行管理

10.1 执行参数

除了在 Flink 集群的<flink_home>/conf/flink-conf.xml 文件中配置运行在集群上所有作业的参数，Flink 还提供了 ExecutionEnvironment 与 ExecutionConfig 来支持用户在编写 Flink 程序时配置仅针对本作业可用的参数。

10.1.1 在 ExecutionEnvironment 中设置参数

ExecutionEnvironment（执行环境）提供了一些方法来控制作业的执行参数（例如设置并行度）及作业与外界交互的方式（数据访问）。下面是 ExecutionEnvironment（执行环境）对象提供的可选的配置选项：

- setRestartStrategy(RestartStrategies.RestartStrategyConfiguration restartStrategyConfiguration)：设置作业失败后的重启策略。
- setParallelism(int parallelism)：设置作业默认的全局并行度。
- setStateBackend(StateBackend backend)：设置作业的状态后端。
- setStreamTimeCharacteristic(TimeCharacteristic characteristic)：设置作业采用的时间特性。
- setMaxParallelism(int parallelism)：设置作业默认的最大并行度，此设置将指定该作业动态伸缩的上限（Flink 支持在作业运行时调整作业的并行度）。

- setBufferTimeout(timeoutMillis)：设置作业刷新输出缓冲区的最大时间（毫秒），默认值为 100ms。默认条件下，上下游操作符之间的元素不会一个接一个地在网络中传输（这样做会导致不必要的网络开销），而是以缓冲的方式批量地在网络中传输。这种方式可以很好地优化吞吐量，但当上游流的速度不够快时，可能会导致延迟问题。为了控制吞吐量和延迟，Flink 通过设置刷新缓冲区的最大时间来保证即使缓冲区没有填满数据，只要等待的时间到了，缓冲区中的数据也将自动发出。setBufferTimeout(timeoutMillis)方法根据设置的参数有三种逻辑模式：
    - 一个正整数 M 代表每隔 M 毫秒定期刷新输出缓冲区。
    - 0 代表每收到一条记录后就立刻刷新输出缓冲区，从而最大限度地减少延迟。
    - -1 代表仅在输出缓冲区已满时才刷新输出缓冲区，从而最大限度地提升吞吐量。

需要注意的是，缓冲区的大小只能在<flink_home>/conf/flink-conf.xml 配置文件中设置。

Flink 通过在 ExecutionEnvironment（执行环境）对象中调用 setBufferTimeout(timeoutMillis)方法来设置作业中所有操作符刷新输出缓冲区的最大等待时间。另外，Flink 也提供在操作符上调用 setBufferTimeout(timeoutMillis)方法以一种更细粒度方式去设置作业中某一个操作符刷新缓冲区的最大等待时间。

```
final StreamExecutionEnvironment env = StreamExecutionEnvironment.getExecutionEnvironment();
//final ExecutionEnvironment env = ExecutionEnvironment.getExecutionEnvironment();

//设置该作业中所有操作符刷新输出缓冲区的最大等待时间
env.setBufferTimeout(timeoutMillis);
//或者
env.generateSequence(1,10)
    .map(new MyMapper())
    .setBufferTimeout(timeoutMillis);//设置 Map 操作符刷新输出缓冲区的最大等待时间
```

10.1.2　在 ExecutionConfig 中设置参数

ExecutionEnvironment（执行环境）对象包含一个 ExecutionConfig 对象，该对象也可用于设置作业运行时的各项配置值：

```
final StreamExecutionEnvironment env = StreamExecutionEnvironment.getExecutionEnvironment();
//final ExecutionEnvironment env = ExecutionEnvironment.getExecutionEnvironment();

ExecutionConfig executionConfig = env.getConfig();
```

下面将介绍 ExecutionConfig（执行环境）对象提供的可选的配置选项（粗体为默认方式），更多配置选项可参考 ExecutionConfig 的源码：

- getAutoWatermarkInterval()/setAutoWatermarkInterval(long milliseconds)：获取与设置作业中水印自动发出的时间间隔，单位为毫秒。
- getParallelism()/setParallelism(int parallelism)：获取与设置作业默认的全局并行度。
- getMaxParallelism()/setMaxParallelism(int parallelism)：获取与设置作业默认的最大并行度，设置作业默认的最大并行度将指定该作业动态伸缩的上限（Flink 支持在作业运行时调整作业的并行度）。
- enableObjectReuse()/**disableObjectReuse()**：启用或禁用对象的重用模式。默认情况下是禁用的，即禁止重用 Flink 内部用于反序列化并将数据传递给用户自定义函数的对象。。
- **enableSysoutLogging()**/disableSysoutLogging()：启用或禁用作业管理器将作业的进度消息打印到 System.out 中，默认是启用的。
- getGlobalJobParameters()/setGlobalJobParameters(GlobalJobParameters parameters)：此方法允许用户将一个自定义的、可序列化的用户配置对象设置为全局作业参数。
- enableForceKryo()/**disableForceKryo()**：默认情况下不强制使用 Kryo 序列化器。当 Flink 的内部序列化程序无法正确处理 POJO 时，强制 GenericTypeInformation 对 POJO 使用 Kryo 序列化器是更可取的。
- enableForceAvro()/**disableForceAvro()**：默认情况下不强制使用 Avro 序列化器，用户可以强制 AvroTypeInformation 使用 Avro 序列化器而不是 Kryo 序列化器来序列化 Avro POJO。
- setTaskCancellationInterval(long interval)：设置连续两次尝试取消正在运行的任务之间要等待的间隔（以毫秒为单位），默认值为 30 秒。当尝试取消一个任务后，如果任务的线程在一定时间内未终止，则会创建一个新线程，该线程会定期在任务线程中调用 interrupt()方法。因此该参数指的是连续调用 interrupt()方法之间的间隔时间。
- setLatencyTrackingInterval(long interval)：设置从数据源操作符向数据接收器操作符发送延迟跟踪标记的时间间隔。Flink 将按照指定的时间间隔从数据源操作符中发送延迟跟踪标记。将跟踪标记的时间间隔设置为小于或等于 0 表示禁用延迟跟踪。
- enableClosureCleaner()/disableClosureCleaner()：默认情况下，闭包清理器处于启用状态。禁用闭包清理器后，可能会发生匿名用户定义的函数引用周围的类的情况，而这些类通常是不可序列化的，这样将导致序列化程序出现异常。
- getExecutionMode()/setExecutionMode()：默认执行模式是 PIPELINED。执行模式定义数据交换是以批处理还是流水线方式进行。
- getNumberOfExecutionRetries()/setNumberOfExecutionRetries(int numberOfExecutionRetries)：获取与配置作业失败后重新执行的次数，设置为 0 可以有效地禁用容错特性。当前 Flink

版本中这个方法已经过时，建议使用重启策略机制代替该方法。

- getExecutionRetryDelay()/setExecutionRetryDelay(long executionRetryDelay)：获取配置作业失败后重新执行之前系统等待的延迟时间（毫秒）。Flink 在任务管理器中成功停止该作业的所有任务之后，延迟计时就会开始，一旦到达等待的延迟时间后，作业将重新启动。此参数用于延迟作业失败后的重新执行，以便在尝试重新执行作业之前充分显示与超时相关的故障，防止在尝试重新执行作业后因为相同的问题导致作业再次失败。需要注意的是，此参数仅在作业失败重试次数为一个或多个时才有效。当前 Flink 版本中这个方法已经过时，建议使用重启策略机制代替该方法。

10.2 并行执行

一个作业（Flink 程序）一般包含多个任务，一个任务又会被分成几个并行实例去执行，每个并行实例将处理任务的输入数据的一个子集，因此任务的并行实例数也称为并行度。

Flink 提供了以下几种级别方式去设置一个作业（Flink 程序）中每个操作符任务的并行度。

10.2.1 操作符级别

单个数据源转换操作、创建数据源操作和接收器操作的并行度可以通过在其操作符后面调用 setParallelism(...)方法来设置：

```
final StreamExecutionEnvironment env = StreamExecutionEnvironment.getExecutionEnvironment();
DataStream<String> text = env.fromElements(...);

DataStream<Tuple2<String, Integer>> word =text
                              .flatMap(new FlatMapFunction<String, Tuple2<String, Integer>>()
                               {
                                 ......
                               }).setParallelism(3);//设置 FlatMap 操作符的并行度为 3

DataStream<Tuple2<String, Integer>> counts=word
                              .keyBy(0)
                              .sum(1).setParallelism(5);//设置 Sum 操作符的并行度为 5

counts.print().setParallelism(2);//设置 Print 操作符的并行度为 2
env.execute();
```

10.2.2 执行环境级别

作业是在执行环境的上下文中执行的，执行环境为在该环境中执行的所有操作符定义了默认的并行度。用户可以通过在执行环境中调用 setParallelism(...)方法来设置作业默认的全局并行度。

```
final StreamExecutionEnvironment env = StreamExecutionEnvironment.getExecutionEnvironment();
//在执行环境中设置作业的全局并行度为 3，在该执行环境中的所有操作符的并行度默认都为 3
env.setParallelism(3);

DataStream<String> text = env.fromElements(...);
DataStream<Tuple2<String, Integer>> word =text
                        .flatMap(new FlatMapFunction<String, Tuple2<String, Integer>>()
                        {
                          ...
                        });

DataStream<Tuple2<String, Integer>> counts=word.keyBy(0).sum(1);

counts.print();
env.execute();
```

10.2.3 客户端级别

当用户向 Flink 集群提交打包好的 Flink 程序时，还可以在客户端中设置该作业的并行度。客户端可以是 Java 程序，也可以是 Scala 程序，这种客户端的一个具体的例子是 Flink 的命令行接口（CLI）。

对于通过 Flink 命令行客户端向 Flink 集群提交的 Flink 程序，用户可以使用-p 参数指定该作业的并行度。比如指定该作业的并行度为 16：

```
./bin/flink run -p 16 ./examples/batch/WordCount.jar
```

除了使用 Flink 命令行客户端设置提交的 Flink 程序的并行度，当用户通过 Flink 集群的 Web UI 提交 Flink 程序时也可以在名为 Parallelism 的输出框中设置该作业的并行度，如图 10-1 所示。

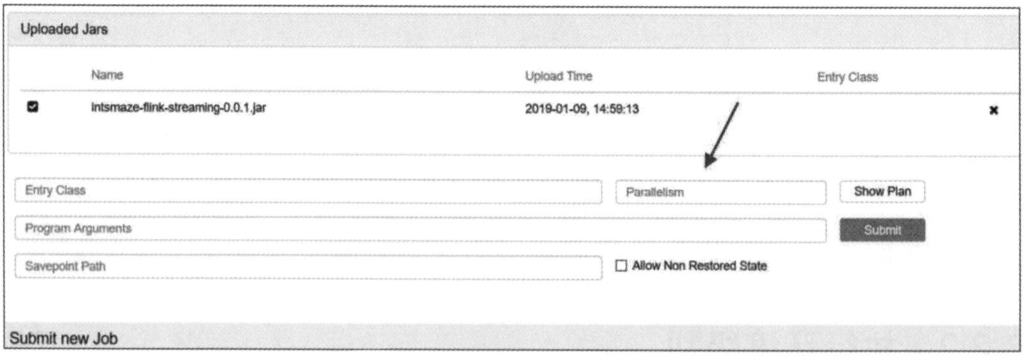

图 10-1

10.2.4 系统级别

除了以上方式，用户还可以在 Flink 集群的<flink_home>/conf/flink-conf.yaml 配置文件中设置 parallelism.default 参数来定义在该集群中运行的所有作业的默认并行度。

```
parallelism.default: 2 # 设置在该 Flink 集群中运行的所有作业的默认并行度为 2
```

当用户在四个级别上都设置并行度时，它们直接的生效级别关系为操作符级别>执行环境级别>客户端级别>系统级别。

10.2.5 设置最大并行度

Flink 还允许在设置并行度的地方（客户端级别和系统级别除外）设置作业的最大并行度，可以在调用 setParallelism(...)方法的地方去调用 setMaxParallelism(...)方法来设置最大并行度。最大并行度的默认设置大致为 operatorParallelism +（operatorParallelism/2），其下限为 127，上限为 32768。将最大并行度设置为非常大的值可能会降低性能，因为某些状态后端必须维持内部数据结构以便能随 Key 组的数量扩展（这是可伸缩状态的内部实现机制）。如果某个作业要使用保存点机制，那么用户应该考虑为该作业设置最大并行度，这样当该作业从保存点还原时，用户可以在不超过最大并行度的限制下去更改某个特定操作符或整个作业中所有操作符的并行度。

10.3 重启策略

Flink 支持用户为每个作业配置不同的重新启动策略，这些策略可以控制当运行在 Flink 集群中的作业出现故障时如何重新启动该作业。当用户没有对某个作业配置特定的重新启动策略时，则该作业将使用集群配置的重新启动策略。如果用户对某个作业配置了特定的重新启动策略，则该作业的重新启动策略将覆盖集群配置的重新启动策略。

集群的重新启动策略是在<flink_home>/conf/Flink-conf.yaml 配置文件中配置的，配置参数 restart-strategy 定义了采用哪种重新启动策略。Flink 目前提供 fixed delay（固定延迟重启策略）、failure rate（故障率重启策略）和 no restart（没有重新启动策略）三种重新启动策略。

当用户没有手动配置重新启动策略时，如果作业未启用检查点机制，则该作业默认使用 no restart 重新启动策略。如果作业启动了检查点机制，则该作业默认使用 fixed delay 重新启动策略并带有 Integer.MAX_VALUE 次重新启动的尝试。

需要注意的是，Flink 集群只有在有足够的任务槽可用来重新启动失败的作业时，作业管理器才能重新启动该作业。如果作业是由于任务管理器的丢失而失败的，那么之后必须仍然有足够的任务槽可用。Flink on YARN 模式下的 Flink 集群支持自动重新启动丢失的 YARN 容器来保证有足够的任务槽去重新启动失败的作业。

10.3.1 固定延迟重启策略

固定延迟重启策略尝试在给定的次数内重新启动失败的作业，同时在重新启动失败的作业之前，作业管理器会等待固定的延迟。如果重新启动作业超过最大尝试次数，那么作业管理器会在声明该作业是失败状态后便不再重新启动该作业。

用户可以在<flink_home>/conf/flink-conf.yaml 配置文件中设置以下配置参数，使得此策略作为 Flink 集群的默认重启策略：

```
restart-strategy: fixed-delay
```

当 Flink 集群的重启策略配置为 fixed delay 后，还需要在<flink_home>/conf/flink-conf.yaml 配置文件中配置如下两个参数：

- restart-strategy.fixed-delay.attempts：在作业被作业管理器声明为失败状态之前，重新启动该作业执行的次数，默认值为 1。如果作业激活了检查点机制，则默认值为 Integer.MAX_VALUE。
- restart-strategy.fixed-delay.delay：延迟重试间隔。延迟重试意味着作业在执行失败后，不会立即重新启动该作业，而是在一定的延迟之后才重新启动该作业。延迟重试间隔的默认值为 akka.ask.timeout 的参数值（10 秒）。如果作业激活了检查点机制，则延迟重试间隔的默认值为 0 秒。此参数便于在尝试重新启动作业之前充分显示与超时相关的故障，以防在重新启动作业后，由于相同的问题导致作业立刻失败。

```
restart-strategy.fixed-delay.attempts: 3
restart-strategy.fixed-delay.delay: 10 s
```

除了配置 Flink 集群上所有作业的默认重启策略为 fixed delay，用户也可以单独设置某个作业的重新启动策略为 fixed delay，只需要在该作业的代码中调用执行环境的 setRestartStrategy(…) 方法进行设置即可，具体如下：

```
import org.apache.flink.api.common.restartstrategy.RestartStrategies;

final StreamExecutionEnvironment env =  StreamExecutionEnvironment.getExecutionEnvironment();
 //final ExecutionEnvironment env =  ExecutionEnvironment.getExecutionEnvironment();
 //在执行环境中设置该作业的重启策略为 fixed delay
```

```
env.setRestartStrategy(RestartStrategies.fixedDelayRestart(
  3, //最大重启次数为 3 次
  Time.of(10, TimeUnit.SECONDS) //作业失败后再次重启该作业的延迟时间为 10 秒
));
...
```

上面的代码设置了作业的重新启动策略为固定延迟重启策略，同时设置该作业失败后最多重新启动 3 次（如果作业重新启动 3 次后还失败，那么作业管理器在声明该作业为失败状态后便不再重新启动该作业），每次失败后重启将等待 10 秒的延迟。

10.3.2 故障率重启策略

故障率重启策略尝试在作业失败后重新启动作业，同时在重新启动失败的作业之前作业管理器会等待固定的延迟。当在给定的时间间隔内重新启动作业的次数超过指定的次数后，作业管理器在声明该作业是失败状态后便不再重新启动该作业。

用户可以在<flink_home>/conf/flink-conf.yaml 配置文件中设置以下配置参数，使得此策略作为 Flink 集群默认的重启策略：

```
restart-strategy: failure-rate
```

当 Flink 集群的重启策略配置为 failure rate 后，还需要在<flink_home>/conf/flink-conf.yaml 配置文件中配置如下三个参数：

- restart-strategy.failure-rate.max-failures-per-interval：在作业被作业管理器声明为失败状态之前，在给定时间间隔内可以重新启动作业的最大次数，默认值为 1。
- restart-strategy.failure-rate.failure-rate-interval：给定时间间隔，默认值为 1 分钟。
- restart-strategy.failure-rate.delay：延迟重试间隔。延迟重试意味着作业在执行失败后，不会立即重新启动该作业，而是在一定的延迟之后才重新启动该作业。延迟重试间隔的默认值为 akka.ask.timeout 的参数值（10 秒）。此参数便于在尝试重新启动作业之前充分显示与超时相关的故障，以防在重新启动作业后，由于相同的问题导致作业再次失败。

```
restart-strategy.failure-rate.max-failures-per-interval: 3
restart-strategy.failure-rate.failure-rate-interval: 5 min
restart-strategy.failure-rate.delay: 10 s
```

除了配置 Flink 集群上所有作业的默认重启策略为 failure rate，用户也可以单独设置某个作业的重新启动策略为 failure rate，只需要在该作业的代码中调用执行环境的 setRestartStrategy(...) 方法进行设置即可，具体如下：

```
import org.apache.flink.api.common.time.Time;
```

```
import java.util.concurrent.TimeUnit;
import org.apache.flink.api.common.restartstrategy.RestartStrategies;

 final StreamExecutionEnvironment env =  StreamExecutionEnvironment.getExecutionEnvironment();
 //final ExecutionEnvironment env =  ExecutionEnvironment.getExecutionEnvironment();
//在执行环境中设置该作业的重启策略为 failurerate
 env.setRestartStrategy(RestartStrategies.failureRateRestart(
   3, //每个时间间隔内重启作业的最大次数
   Time.of(5, TimeUnit.MINUTES), //时间间隔为 5 分钟
   Time.of(10, TimeUnit.SECONDS) //作业失败后再次重启该作业的延迟时间为 10 秒
 ));
 ...
```

上面的代码设置了作业的重新启动策略为故障率重启策略，同时设置该作业在 5 分钟的时间间隔内，失败后最多重新启动 3 次（在一个时间间隔内如果作业重新启动 3 次后还失败，那么作业管理在声明该作业为失败状态后便不再重新启动该作业），每次失败后重启启动将等待 10 秒的延迟。

需要注意的是，如果将上面示例代码的时间间隔 Time.of(5, TimeUnit.MINUTES)改为 Time.of(20, TimeUnit.SECONDS)，因为重新启动的延迟时间为 10 秒，20 秒内最多重新启动三次的策略永远不会触发，那么作业失败后将一直重新启动，导致的结果是无论作业失败多少次都不会被作业管理器声明为失败状态。

10.3.3 没有重新启动策略

没有重新启动策略意味着作业失败后作业管理器不会尝试重新启动该作业，而是立刻被声明为失败状态。用户可以在<flink_home>/conf/flink-conf.yaml 配置文件中设置以下配置参数，使得此策略作为 Flink 集群默认重启策略：

```
restart-strategy: none
```

除了配置 Flink 集群上所有作业的默认重启策略为 no restart，用户也可以单独设置某个作业的重新启动策略为 no restart，只需要在该作业的代码中调用执行环境的 setRestartStrategy(...)方法进行设置即可，具体如下：

```
import org.apache.flink.api.common.restartstrategy.RestartStrategies;

final StreamExecutionEnvironment env = StreamExecutionEnvironment.getExecutionEnvironment();
//final ExecutionEnvironment env = ExecutionEnvironment.getExecutionEnvironment();
//在执行环境中设置该作业的重启策略为 no restart
env.setRestartStrategy(RestartStrategies.noRestart());
...
```

10.3.4 回退重启策略

当作业设置了回退重启策略时，该作业便可以使用集群级别的重新启动策略。当在<flink_home>/conf/flink-conf.yaml 配置文件中设置了重启策略时，这种方式尤其有用。

回退重启策略只可以在作业的代码中进行设置，也就是在执行环境中调用 setRestartStrategy(...)方法进行设置，无法在<flink_home>/conf/flink-conf.yaml 配置文件进行设置：

```
import org.apache.flink.api.common.restartstrategy.RestartStrategies;

final StreamExecutionEnvironment env = StreamExecutionEnvironment.getExecutionEnvironment();
//final ExecutionEnvironment env = ExecutionEnvironment.getExecutionEnvironment();
//在执行环境中设置该作业的重启策略为fall back restart
env.setRestartStrategy(RestartStrategies.fallBackRestart());
...
```

当将作业的重启策略设置为 fall back restart 或者没有对作业设置重启策略时，作业管理器会根据以下几种情况为该作业设置对应的重启策略。

- 如果没有在作业的执行环境中设置重启次数和重启间隔：
  - 如果作业没有开启检查点机制，该作业将使用 no restart（没有重新启动）策略。
  - 如果作业开启了检查点机制，该作业将使用 fixed delay（固定延迟重启）策略，重启次数为 Integer.MAX_VALUE，重启间隔为 0 秒。
- 如果在作业的执行环境中设置了重启次数和重启间隔：
  - 当重启次数>0 且重启间隔≥0 时，该作业将使用 fixed delay（固定延迟重启）策略，重启次数为设置的值，重启间隔为设置的值。
  - 当重启次数==0 时，该作业将使用 no restart（没有重新启动）策略。

```
import org.apache.flink.api.common.restartstrategy.RestartStrategies;

final StreamExecutionEnvironment env = StreamExecutionEnvironment.getExecutionEnvironment();
//final ExecutionEnvironment env = ExecutionEnvironment.getExecutionEnvironment();
//在执行环境中设置该作业的重启间隔
env.getConfig().setExecutionRetryDelay(10000);
//在执行环境中设置该作业的重启次数
env.getConfig().setNumberOfExecutionRetries(3);
...
```

10.4 程序打包和部署

当用户编写好一个 Flink 程序后，下一步就是将该程序打包成一个 JAR 包以发布到 Flink 集群中运行。为此 Flink 提供了多种方式将用户编写的 Flink 程序发布到 Flink 集群中运行，本节主要介绍 Web UI 和命令行客户端两种方式。

10.4.1 打包 Flink 程序

当用户采用 Web UI 或命令行客户端这两种方式去发布 Flink 程序时，该程序内部通过使用 StreamExecutionEnvironment.getExecutionEnvironment()或 ExecutionEnvironment.getExecutionEnvironment()方法去获得对应批处理或流处理的执行环境，该执行环境将根据执行当前程序的上下文环境来选择是充当集群的环境还是本地执行环境。

需要注意的是，采用这两种方式，用户只需将 Flink 程序中所有涉及的类导出到 JAR 文件中，同时 JAR 文件的 MANIFEST.MF 文件中包含指向程序启动的入口类（这个类要带有 public 的 main 方法）即可。最简单的方式是将程序的入口类手动写入 MANIFEST.MF 文件中（例如 Main-Class: com.intsmaze.flink.streaming.programpackage.PackageProgram）。

10.4.2 Web UI（Web 管控台）提交

Flink 为提交和执行用户编写的 Flink 程序提供了一个 Web UI，该页面是作业管理器用于监视 Flink 集群运行状况的端口的一部分，默认情况下在作业管理器所在节点的 8081 端口上运行。用户要想通过 Web UI 去提交 Flink 程序，只需要在作业管理器节点的<flink_home>/conf/flink-conf.yaml 配置文件中设置 web.submit.enable: true 即可，默认值为 true。

将 web.submit.enable 的值设置为 false 后，进入 Flink 集群的 Web 管控台后，在“Submit new Job”页面上可以看到向 Flink 集群提交 Flink 程序的接口不可用，如图 10-2 所示。

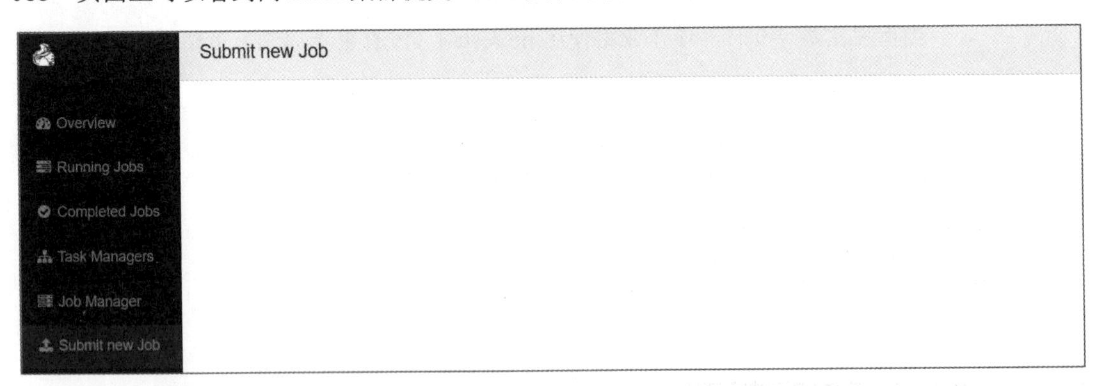

图 10-2

当 web.submit.enable 的值设置为 true 时，这时在“Submit new Job”的页面可以看到如图 10-3 所示的内容。

图 10-3

在“Submit new Job”页面中点击“Add New+”按钮，选择打好的 JAR 包，然后点击“Upload”按钮上传该 JAR 包，如图 10-4 所示。

图 10-4

这个时候勾选上传的 JAR 包后页面会提供 4 个输入框供我们选择，若输入框中什么都不填，直接点击“Submit”按钮，则默认使用 JAR 包的 MANIFEST.MF 文件中指定的入口类启动，如图 10-5 所示。当然也可以在“Entry Class”的输入框里填写我们要启动的入口类的全路径。

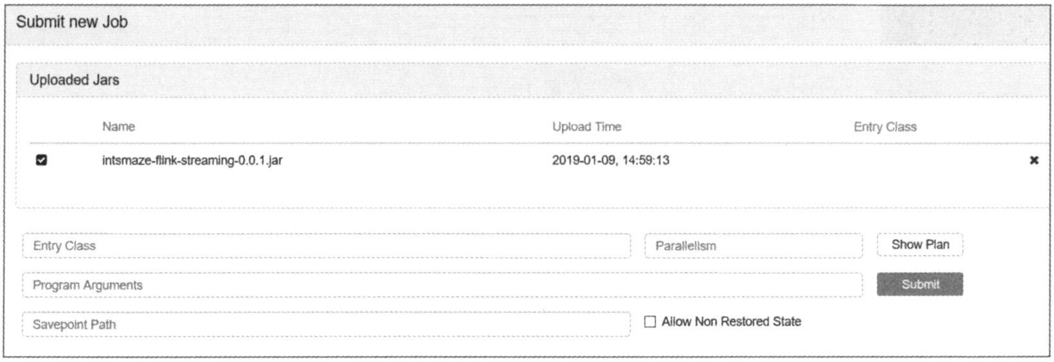

图 10-5

这里我们手动在“Entry Class”的输入框中指定启动 Flink 程序的入口类为 com.intsmaze.flink.streaming.programpackage.PackageProgram（关于该类的具体逻辑可见对应路

径的源码，这里仅演示如何发布 Flink 程序到 Flink 集群），在“Program Arguments”输入框中输入“main 方法的参数”，在“Parallelism”输入框中输入“1”，如图 10-6 所示。

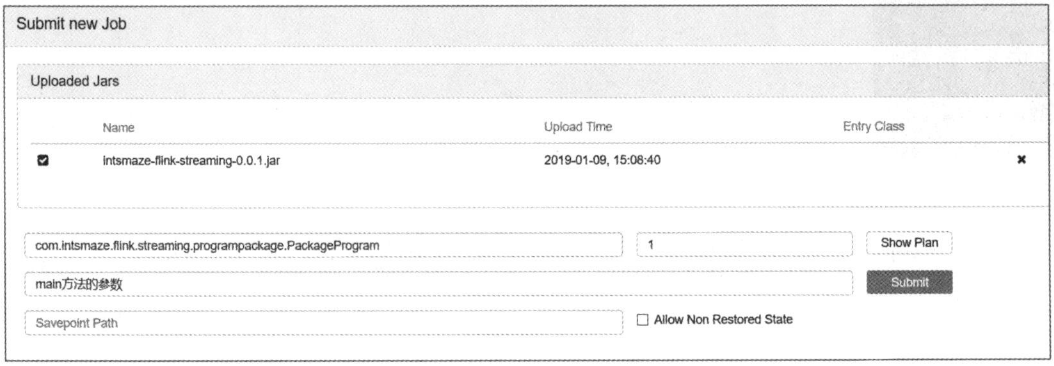

Submit new Job

Uploaded Jars

	Name	Upload Time	Entry Class	
☑	intsmaze-flink-streaming-0.0.1.jar	2019-01-09, 15:08:40		✖

com.intsmaze.flink.streaming.programpackage.PackageProgram | 1 | Show Plan

main方法的参数 | Submit

Savepoint Path | ☐ Allow Non Restored State

图 10-6

点击“Submit”按钮提交 Flink 程序后，我们可以在作业管理器的 Logs 日志里面看到指定入口类的 main 方法中打印出了传递给该 main 方法的参数值，如图 10-7 所示。

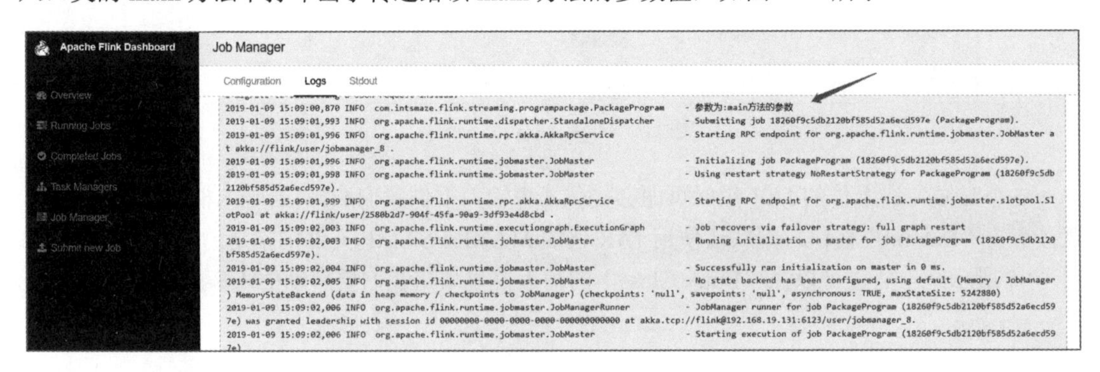

图 10-7

Flink 程序的各个转换操作符中打印的数据可以在任务管理器的 Logs 日志或 Stdout 标准输出文件中查看。Stdout 日志会记录程序中通过标准输出流打印的信息，如图 10-8 所示。

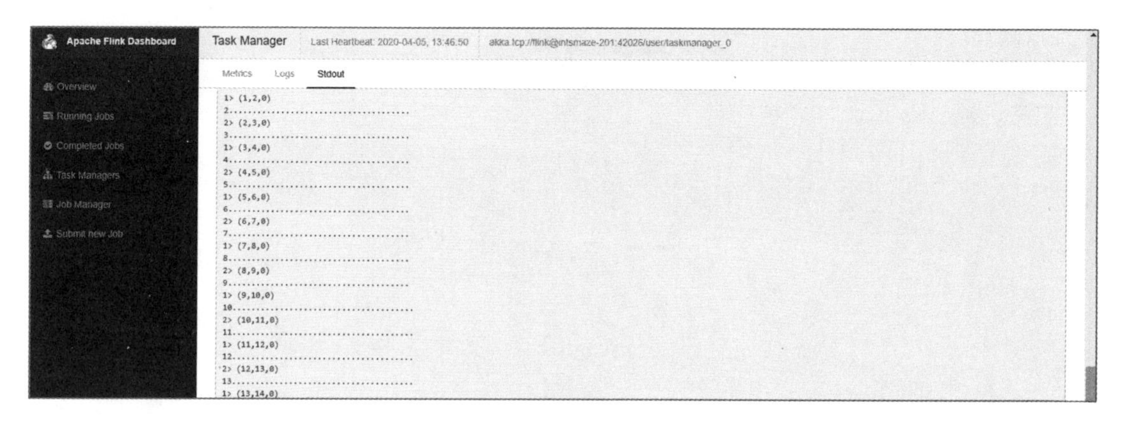

图 10-8

Logs 日志会记录程序中通过 Logger 日志对象打印的信息，如图 10-9 所示。

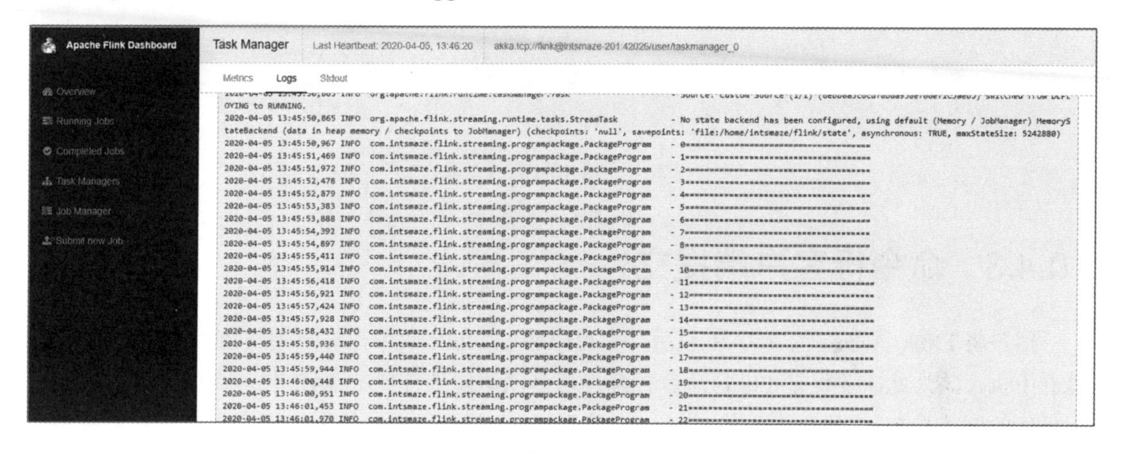

图 10-9

注意：如果在 Flink 程序的代码里面设置了作业的并行度，则在 Web UI 提交该程序时设置的并行度是没有生效的，如图 10-10 所示。

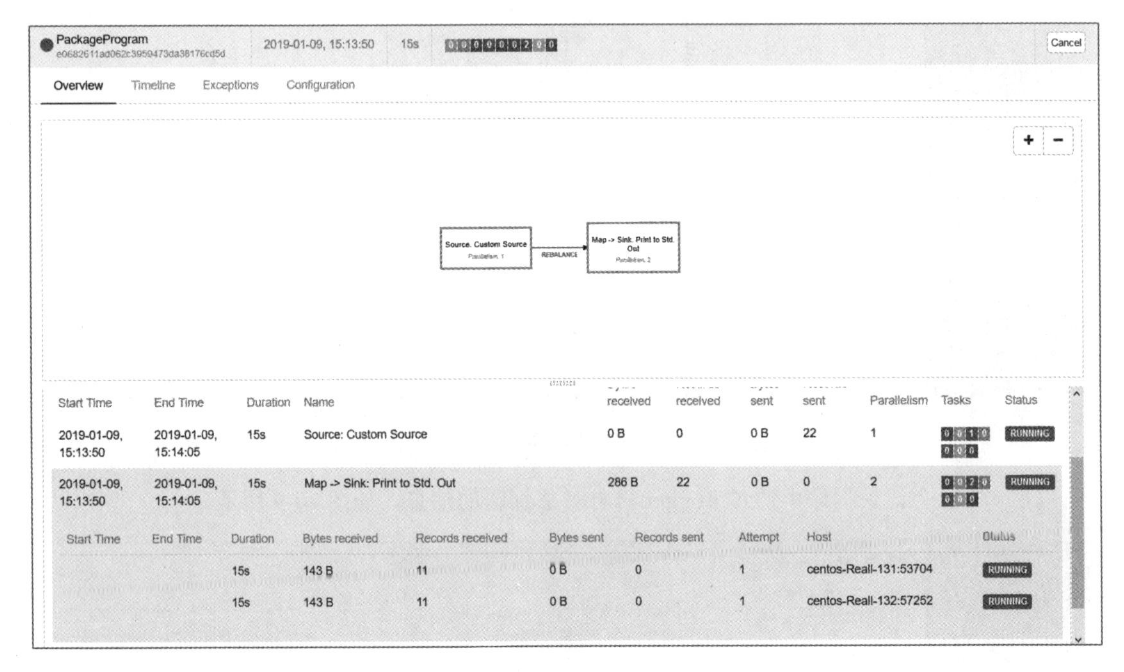

图 10-10

10.4.3 命令行客户端提交

用户将 Flink 程序打包成 JAR 包后，也可以通过 Flink 命令行客户端将该程序提交到 Flink 集群中执行，为此需要保证 Flink 命令行客户端可以访问到打包的 JAR 包。命令行客户端的一个具体的例子是 Flink 的命令行接口（CLI），关于 Flink 命令行接口的详细内容将在下一节讲解。

```
# 使用 JAR 包的 MANIFEST.MF 文件中指定的入口类启动
./bin/flink run ./intsmaze/flink/flink-streaming-1.0-SNAPSHOT.jar

# 手动指定 Flink 程序的入口类
./bin/flink run -c com.intsmaze.flink.streaming.programpackage.PackageProgram \
./intsmaze/flink/flink-streaming-1.0-SNAPSHOT.jar \
```

10.5 命令行接口

Flink 提供了一个命令行接口（CLI）来运行打包为 JAR 文件的 Flink 程序，并控制它的执行方式。该命令行接口位于<flink-home>/bin/flink 下，使用命令行接口的先决条件是 Flink 的作业管理器已经启动或者提供了一个 YARN 环境。

10.5.1 将 Flink 程序提交到 Flink 集群

1. 发布 Flink 程序，不带参数

```
./bin/flink run ./examples/batch/WordCount.jar
```

发布一个 Flink 程序，不带任何参数。这时默认的启动类为 JAR 包的 MANIFEST.MF 文件中指定的 program-class，我们反编译 WordCount.jar 包可以看到如图 10-11 所示的内容。

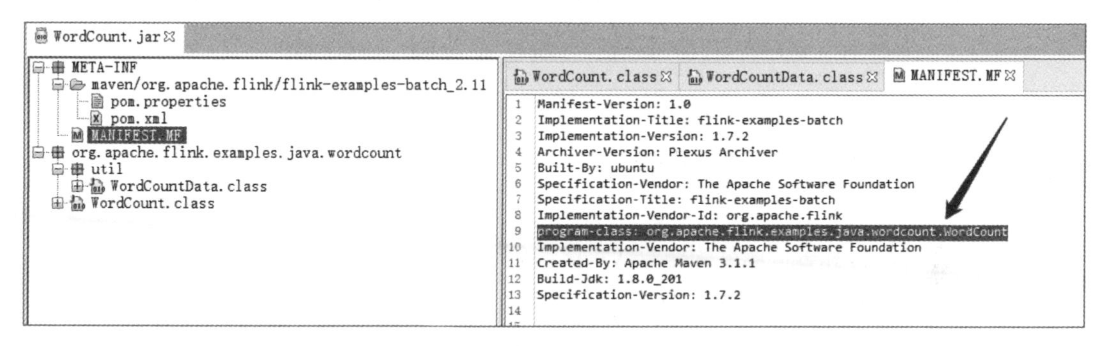

图 10-11

2. 发布 Flink 程序，带有输入和输出文件的路径作为参数

```
./bin/flink run ./examples/batch/WordCount.jar \
--input file:///home/intsmaze/flink/data/input_data.txt \
--output file:///home/intsmaze/flink/data/wordcount_out.txt
```

发布一个 Flink 程序并指定参数，该参数会传入启动类的 main(String[] args)方法。这里参数定义为 Key-Value 键的形式是因为该启动类使用 Flink 自带的 ParameterTool.fromArgs(args)方法解析参数。

3. 发布 Flink 程序，带有输入和输出文件的路径作为参数，并指定该程序的并行度为 16

```
./bin/flink run -p 16 ./examples/batch/WordCount.jar \
--input file:///home/intsmaze/flink/data/input_data.txt \
--output file:///home/intsmaze/flink/data/wordcount_out.txt
```

4. 在指定的作业管理器上发布 Flink 程序

```
./bin/flink run -m JobManagerIP:8081 \
./examples/batch/WordCount.jar
```

5. 指定某个类作为启动类来发布 Flink 程序

```
./bin/flink run -c org.apache.flink.examples.java.wordcount.WordCount \
./examples/batch/WordCount.jar
```

6. 在独立模式下发布 Flink 程序

```
./bin/flink run -d ./examples/batch/WordCount.jar
```

7. 在 YARN 上发布 Flink 程序

```
./bin/flink run -m yarn-cluster -yn 2 \
./examples/batch/WordCount.jar
```

8. 显示 Flink 程序的执行计划，将指定作业类的执行计划以 JSON 的格式显示出来

```
./bin/flink info -c org.apache.flink.examples.java.wordcount.WordCount \
./examples/batch/WordCount.jar
```

10.5.2 列出集群中的作业

1. 列出正在运行和等待调度的作业（包括作业 Id）

```
[root@intsmaze-201 flink-1.7.2]# ./bin/flink list
Waiting for response...
------------------ Running/Restarting Jobs -------------------
06.04.2020 19:20:50 : 8925725a1cd27a5f8feb99d25e832af4 : Intsmaze SavePointedTemplate (RUNNING)
06.04.2020 19:21:25 : 0c9c2c22a50e944ae0a16798505ee33b : hello intsmaze (RUNNING)
--------------------------------------------------------------
No scheduled jobs.
```

2. 列出等待调度的作业（包括作业 id）

```
[root@intsmaze-201 flink-1.7.2]# ./bin/flink list -s
Waiting for response...
No scheduled jobs.
```

3. 列出正在运行的作业（包括作业 id）

```
[root@intsmaze-201 flink-1.7.2]# ./bin/flink list -r
Waiting for response...
------------------ Running/Restarting Jobs -------------------
06.04.2020 19:21:25 : 0c9c2c22a50e944ae0a16798505ee33b : hello intsmaze (RUNNING)
06.04.2020 19:21:50 : 8925725a1cd27a5f8feb99d25e832af4 : Intsmaze SavePointedTemplate (RUNNING)
--------------------------------------------------------------
```

4. 列出所有存在的作业（包括作业 id）

```
[root@intsmaze-201 flink-1.7.2]# ./bin/flink list -a
Waiting for response...
------------------ Running/Restarting Jobs -------------------
06.04.2020 19:24:50 : 8925725a1cd27a5f8feb99d25e832af4 : Intsmaze SavePointedTemplate (RUNNING)
```

```
---------------------------------------------------------------
No scheduled jobs.
---------------------- Terminated Jobs -----------------------
06.04.2020 19:21:25 : 0c9c2c22a50e944ae0a16798505ee33b : hello intsmaze (CANCELED)
---------------------------------------------------------------
```

5. 列出 Flink YARN 会话中运行的作业

./bin/flink list -m yarn-cluster -yid yarnApplicationID -r

```
[root@intsmaze-201 flink-1.7.2]# ./bin/flink list -m yarn-cluster -yid
application_1586234680406_0001 -r
...
Waiting for response...
------------------ Running/Restarting Jobs -------------------
07.04.2020 12:46:53 : f8bba863dbd70d5d9132014cd6299783 : Intsmaze Custom Source (RUNNING)
---------------------------------------------------------------
```

10.5.3 调整集群中的作业

1. 取消正在运行的作业

./bin/flink cancel jobId

```
[root@intsmaze-201 flink-1.7.2]# ./bin/flink cancel 8925725a1cd27a5f8feb99d25e832af4
Cancelling job 8925725a1cd27a5f8feb99d25e832af4.
Cancelled job 8925725a1cd27a5f8feb99d25e832af4.
```

2. 停止正在运行的作业（仅流处理作业可用）

./bin/flink stop jobId

```
[root@intsmaze-201 flink-1.7.2]# ./bin/flink stop 0a544684028c4b10379d4cf06764c60a
Stopping job 0a544684028c4b10379d4cf06764c60a.
Stopped job 0a544684028c4b10379d4cf06764c60a.
```

使用该命令停止作业时，作业中的数据源函数必须实现 StoppableFunction 接口，否则会报如下错误：

```
[root@intsmaze-201 flink-1.7.2]# ./bin/flink stop 68b2ffa3ab697d53e24126d24c68e54f
Stopping job 68b2ffa3ab697d53e24126d24c68e54f.
------------------------------------------------------------
 The program finished with the following exception:

org.apache.flink.util.FlinkException: Could not stop the job 68b2ffa3ab697d53e24126d24c68e54f.
```

```
        ...
    Caused by: java.util.concurrent.ExecutionException: org.apache.flink.runtime.
rest.util.RestClientException:
    [Job termination (STOP) failed: This job is not stoppable.]
        ...
        ... 9 more
    Caused by: org.apache.flink.runtime.rest.util.RestClientException: [Job termination (STOP) failed:
This job is not stoppable.]
        ...
```

除了使用 Flink 命令行停止作业，还可以通过 Web UI 来停止某个正在运行的作业，当作业中的数据源函数实现 StoppableFunction 接口后，在该作业的概要页面会出现一个 Stop 按钮，如图 10-12 所示。

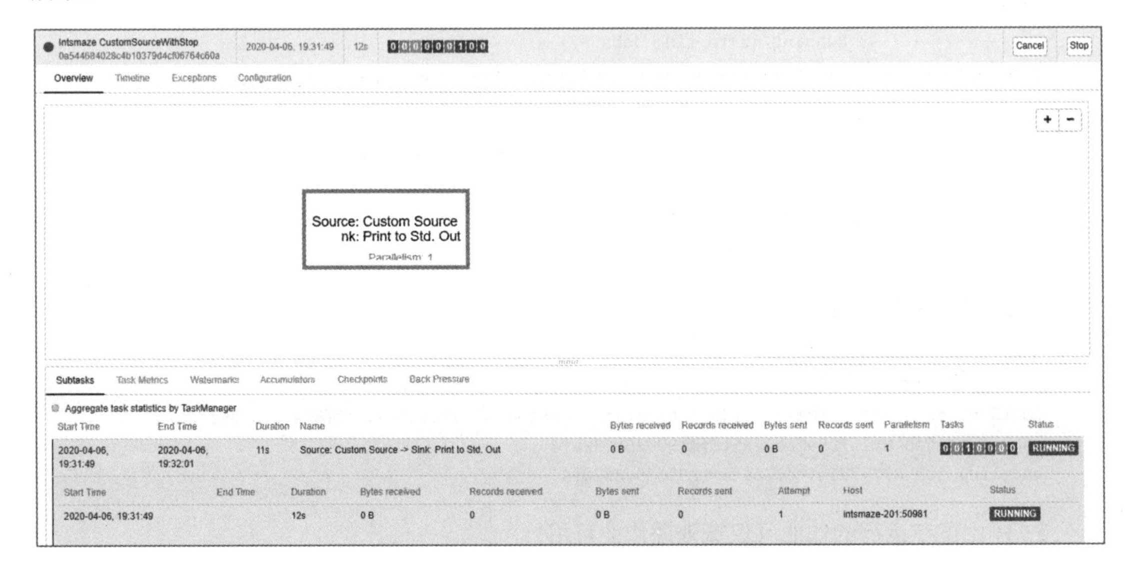

图 10-12

3. 修改正在运行作业的并行度（仅流处理作业可用）

./bin/flink modify -p jobId

```
[root@intsmaze-201 flink-1.7.2]# ./bin/flink modify -p 2 0a544684028c4b10379d4cf06764c60a
Modify job 0a544684028c4b10379d4cf06764c60a.
Rescaled job 0a544684028c4b10379d4cf06764c60a. Its new parallelism is 2.
```

当修改正在运行作业的并行度时，需要在 flink-conf.xml 文件中配置 state.savepoints.dir 来指定保存点路径，否则运行命令会报如下错误：

```
[root@intsmaze-201 flink-1.7.2]# ./bin/flink modify -p 2 e40503a3733f4c0cb95f974012d70ed6
Modify job e40503a3733f4c0cb95f974012d70ed6.
```

```
------------------------------------------------------------
 The program finished with the following exception:
...
Caused by: java.util.concurrent.CompletionException: java.lang.IllegalStateException: No savepoint directory configured. You can either specify a directory while cancelling via -s :targetDirectory or configure a cluster-wide default via key 'state.savepoints.dir'.
...
Caused by: java.lang.IllegalStateException: No savepoint directory configured. You can either specify a directory while cancelling via -s :targetDirectory or configure a cluster-wide default via key 'state.savepoints.dir'.
...
```

10.5.4 保存点操作命令

1. 触发保存点

./bin/flink savepoint jobId [savepointDirectory]

```
[root@intsmaze-201 flink-1.7.2]# ./bin/flink savepoint dc995bae97f446600c94efe69893d043 /home/intsmaze/flink/save/
Triggering savepoint for job dc995bae97f446600c94efe69893d043.
Waiting for response...
Savepoint completed. Path: file:/home/intsmaze/flink/save/savepoint-dc995b-564d32121829
You can resume your program from this savepoint with the run command.
```

如果 Flink 命令行中没有指定取消作业的保存点目录，则需要在 flink-conf.xml 文件中配置 state.savepoints.dir 来指定保存点目录，否则触发保存点将失败。此外指定的用于存储保存点的目标文件系统目录需要能被作业管理器访问。

2. 使用 YARN 触发保存点

./bin/flink savepoint jobId [savepointDirectory] -yid yarnAppId：为 YARN 应用程序的作业（yarnAppId 为 YARN 应用程序的 id，jobId 为 Flink 作业的 id）触发一个保存点操作并返回创建的保存点的路径。其他内容均与上述“触发保存点”部分中所述的相同。

```
[root@intsmaze-201 flink-1.7.2]# ./bin/flink savepoint 1abd1d8ac6ac1ecd51008cd1e895f56f /home/intsmaze/flink/save/ -yid application_1587284988365_0001
...
Triggering savepoint for job 1abd1d8ac6ac1ecd51008cd1e895f56f.
Waiting for response...
Savepoint completed. Path: file:/home/intsmaze/flink/save/savepoint-1abd1d-ea18812d6560
You can resume your program from this savepoint with the run command.
```

3. 触发保存点并取消作业

./bin/flink cancel -s [targetDirectory] jobId

```
[root@intsmaze-201 flink-1.7.2]# ./bin/flink cancel -s /home/intsmaze/flink/save
b94ef923778737b159e58c464cc51858
Cancelling job b94ef923778737b159e58c464cc51858 with savepoint to /home/intsmaze/ flink/save.
Cancelled job b94ef923778737b159e58c464cc51858. Savepoint stored in file:/home/
intsmaze/flink/save/savepoint-b94ef9-010e07007edf.
```

触发一个保存点操作并返回创建的保存点的路径。只有当保存点执行成功了，作业才会被取消。其他内容均与上述“触发保存点”部分中所述的相同。

4. 从保存点恢复作业

./bin/flink run -s savepointPath [runArgs]

-s 表示该作业从保存点进行恢复，SavepointPath 是该作业恢复时依赖的保存点路径。

```
[root@intsmaze-201 flink-1.7.2]# ./bin/flink run -s /home/intsmaze/flink/save/
savepoint-a64e59-7a5c0003a075 -c com.intsmaze.flink.streaming.state.savepoint. SavePointedTemplate
/home/intsmaze/flink-streaming-1.0-SNAPSHOT.jar
Starting execution of program
```

允许 Non-Restored 状态从保存点恢复作业

./bin/flink run -s savepointPath -n [:runArgs]

默认情况下，Flink 尝试将所有保存点状态与提交的作业匹配。如果用户希望允许跳过无法通过新作业恢复的保存点状态，则可以设置 allowNonRestoredState 标志。比如 Flink 程序中删除了一个操作符作为一个新作业从保存点恢复，而该操作符在触发保存点时是旧作业的一部分，那么允许 Non-Restored 状态是十分有用的。

```
[root@intsmaze-201 flink-1.7.2]# ./bin/flink run -s /home/intsmaze/flink/save/
savepoint-a64e59-7a5c0003a075 -c com.intsmaze.flink.streaming.state.savepoint. SavePointedTemplate
/home/intsmaze/flink-streaming-1.0-SNAPSHOT.jar -n
Starting execution of program
```

关于 Flink 命令行支持的更多语法可参见官网，地址为链接 4。

10.6　执行计划

根据 Flink 集群中数据的大小或机器的数量等各种参数，Flink 的优化器会自动为用户编写的 Flink 程序选择一个合适的执行策略。Flink 提供了两种方式来将 Flink 程序的执行计划可视化。

10.6.1　在线可视化工具

Flink 提供了一个将 Flink 程序的执行计划进行可视化的在线工具，它采用 Flink 程序执行计划的 JSON 表示形式，并将其可视化为具有完整执行策略注释的图形。

下面的代码展示了如何在 Flink 程序中打印该程序执行计划的 JSON 数据，通过调用 StreamExecutionEnvironment 或 ExecutionEnvironment 的 getExecutionPlan()方法输出一段描述该程序的执行计划的 JSON 数据：

```
final StreamExecutionEnvironment env = StreamExecutionEnvironment.getExecutionEnvironment();
//final ExecutionEnvironment env = ExecutionEnvironment.getExecutionEnvironment();
...
System.out.println(env.getExecutionPlan());
```

在 IDE 中运行上述程序后，将控制台输出的 JSON 数据粘贴到 Flink 提供的在线可视化工具中，如图 10-13 所示。

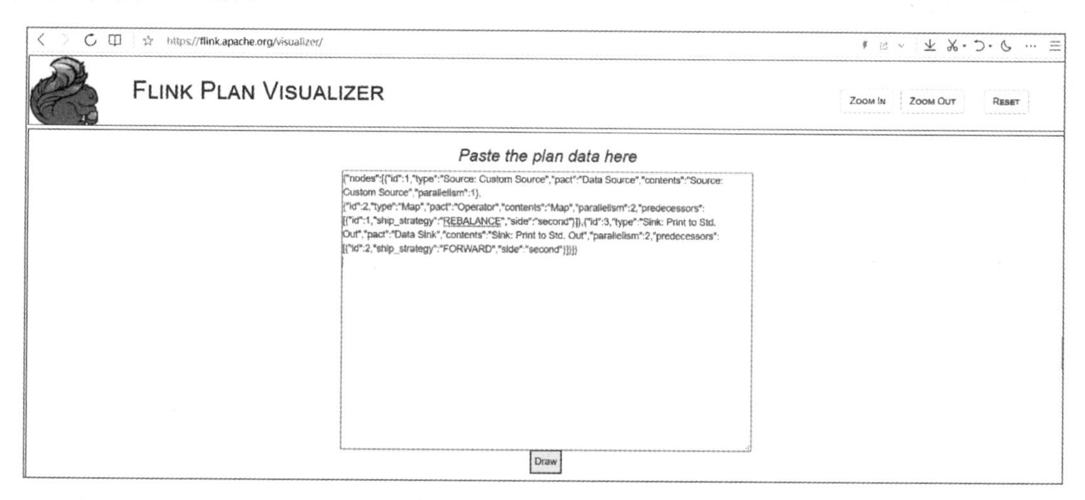

图 10-13

按下“Draw”按钮后，一个详细的执行计划将被可视化，如图 10-14 所示。

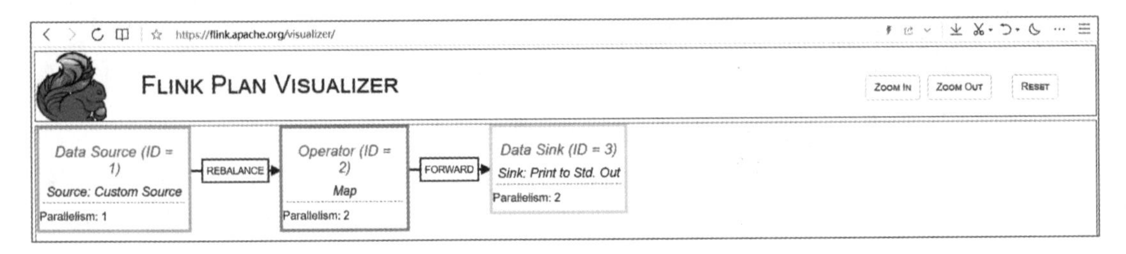

图 10-14

10.6.2 Web 管控台可视化

当用户通过 Flink 集群的 Web 管控台提交 Flink 程序时，在“Submit New Job”界面上传提交的程序 Jar 包后指定启动的 Entry Class（入口类），点击右边的“Show Plan”按钮即可在该页面的下方看到该程序的可视化执行计划，如图 10-15 所示。

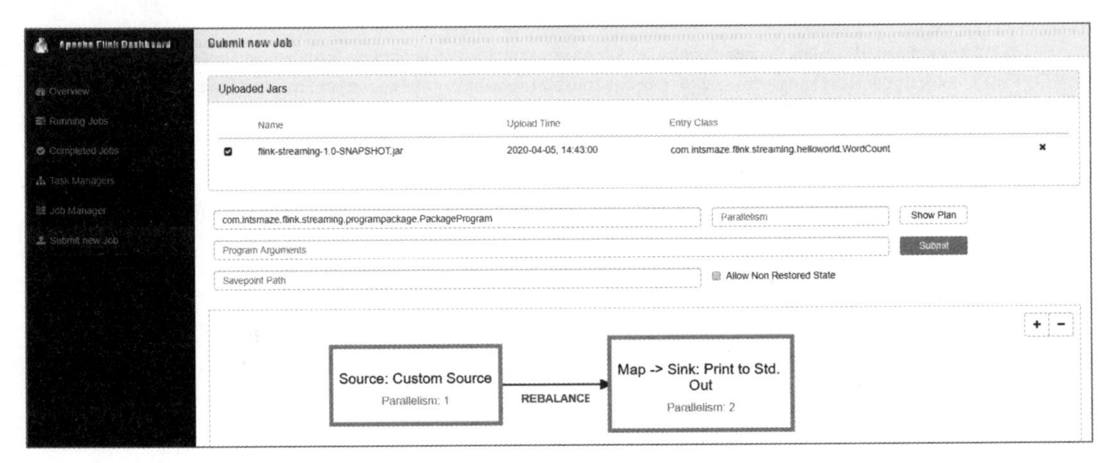

图 10-15